PROBABILIDADE
Aplicações à Estatística

Grupo
Editorial
Nacional

O GEN | Grupo Editorial Nacional – maior plataforma editorial brasileira no segmento científico, técnico e profissional – publica conteúdos nas áreas de ciências exatas, humanas, jurídicas, da saúde e sociais aplicadas, além de prover serviços direcionados à educação continuada e à preparação para concursos.

As editoras que integram o GEN, das mais respeitadas no mercado editorial, construíram catálogos inigualáveis, com obras decisivas para a formação acadêmica e o aperfeiçoamento de várias gerações de profissionais e estudantes, tendo se tornado sinônimo de qualidade e seriedade.

A missão do GEN e dos núcleos de conteúdo que o compõem é prover a melhor informação científica e distribuí-la de maneira flexível e conveniente, a preços justos, gerando benefícios e servindo a autores, docentes, livreiros, funcionários, colaboradores e acionistas.

Nosso comportamento ético incondicional e nossa responsabilidade social e ambiental são reforçados pela natureza educacional de nossa atividade e dão sustentabilidade ao crescimento contínuo e à rentabilidade do grupo.

PROBABILIDADE
Aplicações à Estatística

PAUL L. MEYER

Tradução
Ruy de C. B. Lourenço Filho
Professor da Universidade Federal do Rio de Janeiro e da
Escola Nacional de Ciências Estatísticas (ENCE/IBGE)

2ª EDIÇÃO

 LTC

- **Atendimento ao cliente: (11) 5080-0751 | faleconosco@grupogen.com.br**

- Título do original em inglês: Introductory Probability and Statistical Applications
  Copyright © 1965 e 1969 por Addison-Wesley Publishing Company, Inc.
  All rights reserved. Authorized translation from english language edition published by Addison-Wesley Publishing Company, Inc.

- Direitos exclusivos para a língua portuguesa
  Copyright © 1983 by
  LTC | Livros Técnicos e Científicos Editora Ltda.
  Uma editora integrante do GEN | Grupo Editorial Nacional

- Travessa do Ouvidor, 11
  Rio de Janeiro – RJ – CEP 20040-040
  www.grupogen.com.br

- 1.ª edição: 1969 — Reimpressões: 1970, 1972, 1974, 1975, 1976 (duas), 1977, 1978 (duas), 1980, 1981 e 1982
  2.ª edição: 1983 — Reimpressões: 1991, 1994 (duas), 1995, 1997, 1999, 2000 2003, 2006, 2009, 2010 (duas), 2011, 2012, 2013, 2015 e 2017.

- Editoração eletrônica: Anthares

CIP-BRASIL. CATALOGAÇÃO-NA-FONTE
SINDICATO NACIONAL DOS EDITORES DE LIVROS, RJ.

M561p

Meyer, Paul L.
Probabilidade: aplicações à estatística / Paul L. Meyer; tradução Ruy de C. B. Lourenço Filho. - [Reimpr.]. – Rio de Janeiro: LTC, 2022.
444p.

Tradução de: Introductory probability and statistical applications, 2nd ed
Apêndice
Inclui bibliografia
ISBN 978-85-216-0294-1

1. Probabilidades. 2. Estatística matemática. I. Título.

09-1393.   CDD: 519.5
                           CDU: 519.21

Para Alan e David

NOTA DA EDITORA

Temos por norma, nas traduções que editamos, converter as unidades para o sistema legal no Brasil.

No presente caso, abrimos uma exceção. O livro possui problemas nos sistemas inglês, CGS e MKS, que foram mantidos, a conselho de especialistas no assunto, visando a dar ao estudante maior flexibilidade, pela oportunidade de praticar nos diferentes sistemas.

A EDITORA

PREFÁCIO DA SEGUNDA EDIÇÃO

Devido ao considerável número de observações favoráveis que recebi durante os anos passados, tanto de alunos como de professores que empregaram a primeira edição deste livro, relativamente poucas alterações foram feitas. Durante a minha própria utilização repetida do livro, verifiquei que a organização básica do conteúdo e o nível geral de apresentação (por exemplo, a mistura de demonstrações matemáticas rigorosas com explanações mais informais e exemplos) estão bastante adequados ao tipo de estudante que se inscreve no curso.

No entanto, diversas modificações e acréscimos foram feitos. Antes de mais nada, foi realizado um esforço para eliminar os diversos enganos e erros de impressão que existiam na primeira edição. O autor é extremamente grato aos muitos leitores que não somente descobriram alguns deles, como foram bastante interessados em me apontá-los.

Em segundo lugar, foi feito um esforço para lançar maior esclarecimento na relação entre várias distribuições de probabilidade, de modo que o estudante pudesse alcançar maior compreensão de como diversos modelos probabilísticos podem ser empregados para com um obter aproximação de outro.

Finalmente, alguns problemas novos foram acrescentados à já extensa lista incluída na primeira edição.

O autor deseja agradecer, mais uma vez, à Addison-Wesley Publishing Company, pela sua cooperação em tudo quanto contribuiu para esta nova edição.

P. L. M.

Pullman, Washington

PREFÁCIO DA PRIMEIRA EDIÇÃO

> *Se temer que suspeitem ser sua narrativa*
> *inverídica, lembre-se da probabilidade.*
> *JOHN GAY*

Este livro é destinado a cursos de um semestre ou dois quadrimestres, de Introdução à Teoria da Probabilidade e algumas de suas aplicações. O pré-requisito é um ano de Cálculo Diferencial e Integral. Não se supõe nenhum conhecimento prévio de Probabilidade ou de Estatística. Na Washington State University, o curso, para o qual este livro foi preparado, vem sendo lecionado há alguns anos, principalmente a alunos orientados para a Engenharia ou às Ciências Naturais. A maioria desses alunos pode dedicar somente um semestre ao estudo desta matéria, porém, já que esses alunos estão familiarizados com o Cálculo, estão em condições de começar o estudo desta matéria por um nível além daquele estritamente elementar.

Muitos tópicos da Matemática podem ser apresentados em diferentes estágios de dificuldade, e isto é certamente verdade para a Probabilidade. Neste livro, faz-se um esforço para tirar proveito da base matemática do leitor, sem ultrapassá-la. Linguagem matemática rigorosa é empregada, mas toma-se o cuidado de não se ficar excessivamente mergulhado em minúcias matemáticas desnecessárias. Este não é, seguramente, um "livro de receitas". Embora alguns conceitos sejam introduzidos e explicados de maneira não formal, as definições e os teoremas são enunciados cuidadosamente. Quando uma demonstração pormenorizada de um teorema não é factível ou desejável, ao menos um esboço das ideias importantes é oferecido. Um traço peculiar deste livro são os "Comentários", que se seguem à maioria dos teoremas e definições. Nesses Comentários, o particular conceito ou resultado que esteja sendo apresentado é explicado de maneira intuitiva.

Em virtude da restrição que nos impusemos, de escrever um livro relativamente conciso sobre um domínio muito extenso, algumas escolhas tiveram de ser feitas, quanto à inclusão ou exclusão de determinados tópicos. Não parece existir maneira óbvia de resolver esta questão. Certamente, não sustento que para alguns dos tópicos excluídos, não se pudesse encontrar um lugar; nem pretendo que alguma parte da matéria não se pudesse omitir. Não obstante, para a maior parte dela, deu-se destaque às noções fundamentais, apresentadas bastante pormenorizadamente. Somente o Cap. 11, sobre confiabilidade, poderia ser considerado "artigo supérfluo", mas ainda aqui, sinto que as noções associadas às questões de confiabilidade são de interesse fundamental para muitas pessoas. Além disso, conceitos de confiabilidade constituem veículo excelente para se ilustrarem muitas das ideias anteriormente introduzidas ao livro.

Embora a cobertura seja limitada pelo tempo disponível, uma seleção razoavelmente ampla dos assuntos foi conseguida. De um exame rápido do Sumário, fica evidenciado que cerca de três quartos do livro são dedicados a assuntos probabilísticos, enquanto o último quarto é dedicado a uma explanação da Inferência Estatística. Apesar de nada haver de extraordinário nesta particular divisão de importância entre Probabilidade e Estatística, creio que um sólido conhecimento dos fundamentos da Probabilidade é obrigatório para uma compreensão adequada dos métodos estatísticos. Idealmente, um curso de Probabilidade deveria ser seguido de outro, de Teoria e Metodologia Estatísticas. No entanto, como já mencionei anteriormente, a maioria dos alunos que toma este curso não tem tempo para uma exposição de dois semestres nesse domínio e, por isso, senti-me compelido a explanar ao menos alguns dos mais importantes aspectos do tema geral da Inferência Estatística.

O sucesso potencial de determinada apresentação de um assunto não deve ser avaliado apenas em termos das ideias específicas aprendidas e das técnicas específicas adquiridas. A apreciação final deve também levar em conta quão bem o estudante ficará preparado para continuar seu estudo do assunto, seja por si mesmo, seja através do trabalho em um curso complementar. Se este critério for considerado importante, então se tornará evidente que os conceitos básicos e as técnicas fundamentais devam ser salientados, enquanto métodos e tópicos altamente especializados devam ser relegados a um papel secundário. Isso se torna também um importante fator na seleção de quais tópicos incluir.

A importância da teoria da Probabilidade é difícil de se exagerar. O modelo matemático apropriado para o estudo de um grande número de fenômenos observáveis é mais um modelo probabilístico do que um determinístico. Além disso, todo o assunto da Inferência Estatística é baseado em considerações probabilísticas. Técnicas estatísticas estão entre as mais importantes ferramentas dos cientistas e engenheiros. A fim de empregar inteligentemente essas técnicas, um profundo conhecimento dos conceitos probabilísticos é exigido.

Espera-se que, além dos vários métodos e conceitos específicos com os quais o leitor venha a se familiarizar, ele também desenvolva certa atitude: a de pensar probabilisticamente, substituindo questões como "Quanto tempo este componente funcionará?" por "Quão provável é que este componente funcione mais do que 100 horas?" Em muitas situações, a segunda questão poderá ser não somente a mais apropriada, mas de fato a única que tenha sentido fazer-se.

Tradicionalmente, muitos dos importantes conceitos de probabilidade são ilustrados com o auxílio de diferentes "jogos de azar"; jogadas de moedas ou dados, extração de cartas de um baralho, giração de uma roleta etc. Embora eu não tenha evitado inteiramente a referência a tais jogos, já que eles servem para ilustrar as noções fundamentais, um esforço foi feito para colocar o estudante em contato com ilustrações mais adequadas das aplicações da probabilidade: a emissão de partículas α por uma fonte radioativa, amostragem de lotes, duração da vida de dispositivos eletrônicos, e os problemas relacionados de confiabilidade de componentes e de sistemas etc.

Estou relutante em mencionar o mais óbvio traço de qualquer livro de Matemática: os problemas. E, no entanto, parece-me proveitoso salientar que a resolução de problemas deve ser considerada parte integrante do curso. Somente ao se tomar pessoalmente interessado em propor e resolver os exercícios poderá realmente o estudante desenvolver uma compreensão e apreciação das ideias e uma familiaridade com as técnicas adequadas. Por isso, mais de 330 problemas foram incluídos no livro e, para mais de metade deles, respostas são dadas ao fim da obra. Além dos problemas propostos ao leitor, há numerosos exemplos resolvidos, espalhados pelos capítulos.

Este livro foi escrito de maneira bem encadeada: o entendimento da maioria dos capítulos exige conhecimento profundo dos capítulos anteriores. Contudo, é possível examinar os Caps. 10 e 11 um tanto despreocupadamente, particularmente se alguém estiver interessado em dedicar mais tempo às aplicações estatísticas que são explanadas nos Caps. 13 a 15.

Tal como deve ser certo para qualquer um que escreva um livro, os débitos que tenho são muito numerosos: para com meus colegas, por muitas conversas estimulantes e úteis; para com meus próprios professores, pelo conhecimento e interesse neste assunto; para com os críticos das versões anteriores do manuscrito, por muitas sugestões e críticas úteis; para com a Addison-Wesley

Publishing Company, por sua grande ajuda e cooperação desde as fases iniciais até o fim mesmo deste projeto; para com a Sr.ª Carol Sloan, por ser uma datilógrafa eficiente e atenta; para com D. Van Nostrand, Inc., The Free Press, Inc. e Macmillan Publishing Company, por sua permissão para reproduzir as Tábuas 3, 6 e 1, respectivamente; para com McGraw-Hill Book Co., Inc., Oxford University Press Inc., Pergamon Press, Ltda. e Prentice-Hall, Inc., por suas permissões para citar determinados exemplos no texto, e, finalmente para com minha esposa, não somente por me amparar no esforço, como também por "deixar-me" e levar nossos dois filhos com ela a visitarem os avós, por dois cruciais meses de verão, durante os quais fui capaz de transformar nossa casa em uma desordenada, porém tranquila oficina, da qual surgiu, miraculosamente, a última versão final deste livro.

P. L. M.

Pullman, Washington

Abril, 1965

SUMÁRIO

Capítulo 10. A Função Geratriz de Momentos

Capítulo 11. Aplicações à Teoria da Confiabilidade

Capítulo 12. Somas de Variáveis Aleatórias

Capítulo 13. Amostras e Distribuições Amostrais

Introdução à Probabilidade

1.1. Modelos Matemáticos

Neste capítulo examinaremos o tipo de fenômeno que estudaremos por todo este livro. Além disso, formularemos um modelo matemático que nos ajudará a investigar, de maneira bastante precisa, esse fenômeno.

De início, é muito importante distinguir o próprio fenômeno e o modelo matemático para esse fenômeno. Naturalmente, não exercemos influência sobre aquilo que observamos. No entanto, ao escolher um modelo, podemos lançar mão de nosso julgamento crítico. Isto foi especialmente bem expresso pelo Prof. J. Neyman, que escreveu:*

"Todas as vezes que empregarmos Matemática a fim de estudar alguns fenômenos de observação, deveremos essencialmente começar por construir um modelo matemático (determinístico ou probabilístico) para esses fenômenos. Inevitavelmente, o modelo deve simplificar as coisas e certos pormenores devem ser desprezados. O bom resultado do modelo depende de que os pormenores desprezados sejam ou não realmente sem importância na elucidação do fenômeno estudado. A resolução do problema matemático pode estar correta e, não obstante, estar em grande discordância com os dados observados, simplesmente porque as hipóteses básicas feitas não sejam confirmadas. Geralmente é bastante difícil afirmar com certeza se um modelo matemático especificado é ou não adequado, *antes* que alguns dados de observação sejam obtidos. A fim de verificar a validade de um modelo, deveremos *deduzir* certo número de consequências de nosso modelo e, a seguir, comparar esses resultados *previstos* com observações."

Deveremos nos lembrar das ideias acima enquanto estivermos estudando alguns fenômenos de observação e modelos apropriados para sua explica-

---

University of California Publications in Statistics, Vol. I, University of California Press, 1954.

ção. Vamos examinar, inicialmente, o que se pode adequadamente denominar *modelo determinístico*. Por essa expressão pretendemos nos referir a um modelo que estipule que as condições sob as quais um experimento seja executado *determinem* o resultado do experimento. Por exemplo, se introduzirmos uma bateria em um circuito simples, o modelo matemático que, presumivelmente, descreveria o fluxo de corrente elétrica observável seria $I = E/R$, isto é, a Lei de Ohm. O modelo prognostica o valor de I tão logo os valores de E e R sejam fornecidos. Dizendo de outra maneira, se o experimento mencionado for repetido certo número de vezes, toda vez utilizando-se o mesmo circuito (isto é, conservando-se fixados E e R), poderemos presumivelmente esperar observar o mesmo valor para I. Quaisquer desvios que pudessem ocorrer seriam tão pequenos que, para a maioria das finalidades, a descrição acima (isto é, o modelo) seria suficiente. O importante é que a bateria, fio e amperômetro particulares utilizados para gerar e observar a corrente elétrica, e a nossa capacidade de empregar o instrumento de medição, determinam o resultado em cada repetição. (Existem determinados fatores que bem poderão ser diferentes de repetição para repetição, que, no entanto, não influenciarão de modo digno de nota o resultado. Por exemplo, a temperatura e a umidade no laboratório, ou a estatura da pessoa que lê o amperômetro, pode-se razoavelmente admitir, não terão influência no resultado.)

Na natureza, existem muitos exemplos de "experimentos", para os quais modelos determinísticos são apropriados. Por exemplo, as leis da gravitação explicam bastante precisamente o que acontece a um corpo que cai sob determinadas condições. As leis de Kepler nos dão o comportamento dos planetas. Em cada situação, o modelo especifica que as condições, sob as quais determinado fenômeno acontece, determinam o valor de algumas variáveis observáveis: A *grandeza* da velocidade, a *área* varrida durante determinado período de tempo etc. Esses números aparecem em muitas das fórmulas com as quais estamos familiarizados. Por exemplo, sabemos que, sob determinadas condições, a distância percorrida (verticalmente, acima do solo) por um objeto é dada por $s = -16t^2 + v_0 t$, na qual v_0 é a velocidade inicial e t o tempo gasto na queda. O ponto, no qual desejamos fixar nossa atenção, não é a forma particular da equação acima (que é quadrática), mas antes o fato de que existe uma relação definida entre t e s, a qual determina univocamente a quantidade no primeiro membro da equação, se aquelas no segundo membro forem fornecidas.

Para um grande número de situações, o modelo matemático determinístico apresentado anteriormente é suficiente. Contudo, existem também muitos fenômenos que requerem um modelo matemático diferente para sua investigação. São os que denominaremos modelos *não determinísticos* ou *probabilísticos*. (Outra expressão muito comumente empregada é modelo *estocástico*.) Mais adiante neste capítulo, estudaremos muito minuciosamente, como tais modelos probabilísticos podem ser apresentados. Por ora, examinaremos alguns exemplos.

Suponhamos que se tenha um fragmento de material radioativo que emita partículas *alfa*. Com o auxílio de um dispositivo de contagem, poderemos registrar o número dessas partículas emitidas durante um intervalo de tempo especificado. É evidente que não poderemos antecipar precisamente o número de partículas emitidas, ainda que se conheçam de modo exato a forma, a dimensão, a composição química e a massa do objeto em estudo. Por isso, parece não existir modelo determinístico razoável que forneça o número de partículas emitidas, por exemplo, n, como uma função de várias características pertinentes ao material fonte. Deveremos considerar, em seu lugar, um modelo probabilístico.

Como outro exemplo, considere-se a seguinte situação meteorológica. Deseja-se determinar qual a precipitação de chuva que cairá como resultado de uma tempestade particular, que ocorra em determinada localidade. Dispõe-se de instrumentos para registrar a precipitação. Observações meteorológicas podem nos fornecer considerável informação relativa à tempestade que se avizinhe: Pressão barométrica em vários pontos, variações de pressão, velocidade do vento, origem e direção da tormenta, e várias leituras referentes a altitudes elevadas. Contudo, quão valiosas essas informações possam ser para o prognóstico da natureza geral da precipitação (digamos, fraca, média ou forte), simplesmente não tornam possível dizer-se *quanta* chuva irá cair. Novamente, estaremos nos ocupando de um fenômeno que não se presta a um tratamento determinístico. Um modelo probabilístico explica a situação mais rigorosamente.

Em princípio, poderemos ser capazes de dizer quanta chuva caiu se uma teoria tiver sido desenvolvida (o que não foi). Por isso, empregaremos um modelo probabilístico. No exemplo que trata de desintegração radioativa, deveremos empregar um modelo probabilístico *invariavelmente em princípio*.

Arriscando-nos a adiantarmos demais na apresentação de um conceito que será definido posteriormente, vamos apenas afirmar que, em um modelo determinístico, admite-se que o resultado efetivo (numérico ou de outra espécie) seja determinado pelas condições sob as quais o experimento ou o procedimento seja executado. Em um modelo não determinístico, no entanto, as condições da experimentação determinam somente o comportamento probabilístico (mais especificamente, a lei probabilística) do resultado observável.

Em outras palavras, em um modelo determinístico empregamos "considerações físicas" para prever o resultado, enquanto em um modelo probabilístico empregamos a mesma espécie de considerações para especificar uma distribuição de probabilidade.

1.2. Introdução aos Conjuntos

A fim de expor os conceitos básicos do modelo probabilístico que desejamos desenvolver, será conveniente conhecer algumas ideias e conceitos da teoria matemática dos conjuntos. Este é um assunto dos mais extensos e muito se tem escrito sobre ele. Contudo, necessitaremos apenas de algumas noções fundamentais.

Um *conjunto* é uma coleção de objetos. Usualmente, conjuntos são representados por letras maiúsculas A, B etc. Existem três maneiras de descrever que objetos estão contidos no conjunto A:

(*a*) Poderemos fazer uma lista dos elementos de A. Por exemplo, $A = \{1, 2, 3, 4\}$ descreve o conjunto formado pelos inteiros positivos 1, 2, 3, 4.

(*b*) Poderemos descrever o conjunto A por meio de palavras. Por exemplo, poderemos dizer que A é formado de todos os números reais entre 0 e 1, inclusive.

(*c*) Para descrever o conjunto acima poderemos simplesmente escrever $A = \{x \mid 0 \leq x \leq 1\}$; isto é, A é o conjunto de todos os x, no qual x é um número real entre 0 e 1, inclusive.

Os objetos que individualmente formam a coleção ou conjunto A são denominados *membros* ou *elementos* de A. Quando "a" for um elemento de A, escreveremos $a \in A$, e quando "a" não for um elemento de A, escreveremos $a \notin A$.

Existem dois conjuntos especiais que, frequentemente, nos interessarão. Em muitos problemas nos dedicaremos a estudar um conjunto definido de objetos, e não outros. Por exemplo, poderemos nos interessar por todos os números reais, por todas as peças que saem de uma linha de produção durante um período de 24 horas etc. Definiremos o *conjunto fundamental* como o conjunto de todos os objetos que estejam sendo estudados. Este conjunto é, geralmente, representado pela letra U.

O outro conjunto que deve ser destacado pode surgir da seguinte maneira: Suponha que o conjunto A seja descrito como o conjunto de todos os números *reais* x, que satisfaçam à equação $x^2 + 1 = 0$. Naturalmente, sabemos que não existem tais números; isto é, o conjunto A não contém nenhum elemento. Esta situação ocorre tão frequentemente que se justifica a introdução de um nome especial para esse conjunto. Por isso, definiremos o conjunto *vazio* ou *nulo* como o conjunto que não contenha nenhum elemento. Geralmente se representa esse conjunto por $\emptyset$.

Pode acontecer que, quando dois conjuntos A e B sejam considerados, ser elemento de A implique ser elemento de B. Nesse caso, diremos que A é um *subconjunto* de B, e escreveremos $A \subset B$. Interpretação semelhante será dada para $B \subset A$. Diremos que dois conjuntos constituem o mesmo conjunto, $A = B$, se, e somente se, $A \subset B$ e $B \subset A$. Desse modo, dois conjuntos serão *iguais* se, e somente se, eles contiverem os mesmos elementos.

As duas seguintes propriedades do conjunto vazio e do conjunto fundamental são imediatas:

(*a*) Para todo conjunto A, temos que $\emptyset \subset A$.

(*b*) Desde que se tenha definido o conjunto fundamental, então, para todo conjunto A, considerado na composição de U, teremos $A \subset U$.

Exemplo 1.1. Suponha que $U =$ todos os números reais, $A = \{x \mid x^2 + 2x - 3 = 0\}$, $B = \{x \mid (x - 2)(x^2 + 2x - 3) = 0\}$ e $C = \{x \mid x = -3, 1, 2\}$. Então, $A \subset B$ e $B = C$.

A seguir, estudaremos a importante ideia de *combinar* conjuntos dados, a fim de formarmos um novo conjunto. Há duas operações fundamentais, e essas operações se assemelham, em certos aspectos, às operações de adição e multiplicação de números. Sejam dois conjuntos A e B.

Definiremos C como a *união* de A e B (algumas vezes denominada a soma de A e B), da seguinte maneira:

$$C = \{x \mid x \in A \text{ ou } x \in B \text{ (ou ambos)}\}.$$

Escreveremos a união de A e B, assim: $C = A \cup B$. Desse modo, C será formado de todos os elementos que estejam em A, ou em B, ou em ambos.

Definiremos D como a *interseção* de A e B (algumas vezes denominada o produto de A e B), da seguinte maneira:

$$D = \{x \mid x \in A \text{ e } x \in B\}.$$

Escreveremos a interseção de A e B, assim: $D = A \cap B$. Portanto, D será formado de todos os elementos que estão em A e em B.

Finalmente, introduziremos a noção de *complemento* de um conjunto A, na forma seguinte: O conjunto denotado por $\bar{A}$, constituído por todos os elementos que *não* estejam em A (mas que estejam no conjunto fundamental U) é denominado complemento de A. Isto é, $\bar{A} = \{x \mid x \notin A\}$.

Um recurso gráfico, conhecido como *Diagrama de Venn*, poderá ser vantajosamente empregado quando estivermos combinando conjuntos, na maneira indicada acima. Em cada diagrama na Fig. 1.1, a região *sombreada* representa o conjunto sob exame.

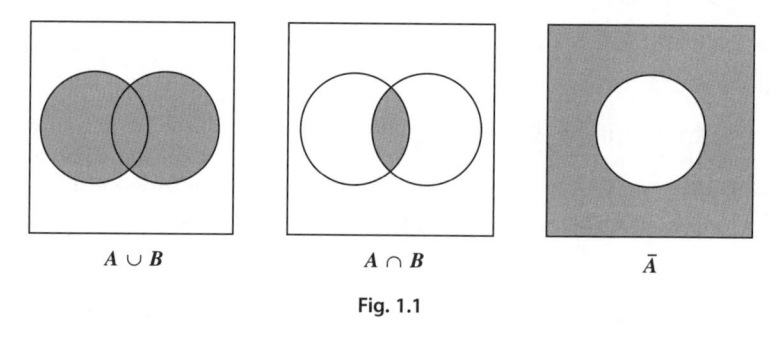

$A \cup B$ $A \cap B$ $\bar{A}$

Fig. 1.1

Exemplo 1.2. Suponha que $U = \{1, 2, 3, 4, 5, 6, 7, 8, 9, 10\}$, $A = \{1, 2, 3, 4\}$, $B = \{3, 4, 5, 6\}$. Então, encontraremos que $\bar{A} = \{5, 6, 7, 8, 9, 10\}$, $A \cup B = \{1, 2, 3, 4, 5, 6\}$ e $A \cap B = \{3, 4\}$. Observe que, ao descrever um conjunto (tal como $A \cup B$), cada elemento é relacionado apenas uma vez.

As operações de união e interseção, definidas acima para dois conjuntos, podem ser estendidas, intuitivamente, para qualquer número finito de conjuntos. Assim, definiremos $A \cup B \cup C$ como $A \cup (B \cup C)$ ou $(A \cup B) \cup C$, o que é equivalente, como se poderá verificar facilmente. De modo análogo, definiremos $A \cap B \cap C$ como $A \cap (B \cap C)$ ou $(A \cap B) \cap C$, o que também se pode verificar serem equivalentes. É evidente que poderemos continuar essas composições de conjuntos para *qualquer número finito* de conjuntos dados.

Afirmamos que alguns conjuntos são equivalentes, por exemplo, $A \cap (B \cap C)$ e $(A \cap B) \cap C$. Conclui-se que existe certo número de tais conjuntos *equivalentes*, alguns dos quais estão relacionados abaixo. Se nos lembrarmos de que dois conjuntos são o mesmo conjunto sempre que eles contenham os mesmos elementos, será fácil mostrar que as afirmações feitas são verdadeiras. O leitor poderá se convencer disso, com a ajuda dos Diagramas de Venn.

$(a)\ A \cup B = B \cup A,$ $\qquad\qquad (b)\ A \cap B = B \cap A,$ $\qquad\qquad$ (1.1)

$(c)\ A \cup (B \cup C) = (A \cup B) \cup C,$ $\quad (d)\ A \cap (B \cap C) = (A \cap B) \cap C.$

Denominaremos (a) e (b) *leis comutativas*, e (c) e (d) *leis associativas*.

Há outras *identidades de conjuntos* encerrando união, interseção e complementação. As mais importantes delas estão enumeradas a seguir. A validade de cada uma delas poderá ser verificada com a ajuda de um Diagrama de Venn.

$(e)\ A \cup (B \cap C) = (A \cup B) \cap (A \cup C),$

$(f)\ A \cap (B \cup C) = (A \cap B) \cup (A \cap C),$

$(g)\ A \cap \emptyset = \emptyset,$ $\qquad\qquad\qquad\qquad\qquad\qquad\qquad$ (1.2)

$(h)\ A \cup \emptyset = A,$ $\qquad\qquad\qquad\qquad (i)\ \overline{(A \cup B)} = \bar{A} \cap \bar{B},$

$(j)\ \overline{(A \cap B)} = \bar{A} \cup \bar{B},$ $\qquad\qquad (k)\ \bar{\bar{A}} = A.$

Observe que (g) e (h) mostram que $\emptyset$ se comporta entre os conjuntos (relativamente às operações $\cup$ e $\cap$) da maneira que o número zero (com relação às operações de adição e multiplicação) o faz entre os números.

Outra maneira de formar conjuntos, quando forem dados dois (ou mais) conjuntos, será necessária a seguir.

Definição. Sejam dois conjuntos A e B. Denominaremos *produto cartesiano* de A e B, denotando-o por $A \times B$, o conjunto $\{(a, b),\ a \in A,\ b \in B\}$, isto é, o conjunto de todos os pares ordenados nos quais o primeiro elemento é tirado de A e o segundo, de B.

Exemplo 1.3. Suponha que $A = \{1, 2, 3\}$; $B = \{1, 2, 3, 4\}$. Então, $A \times B = \{(1, 1), (1, 2),..., (1, 4), (2, 1),..., (2, 4), (3, 1),..., (3, 4)\}$.

Observação. Em geral, $A \times B \neq B \times A$.

A noção citada pode ser estendida da seguinte maneira: Se $A_1,..., A_n$ forem conjuntos, então, $A_1 \times A_2 \times ... \times A_n = \{(a_1, a_2,..., a_n), a_i \in A_i\}$, ou seja, o conjunto de todas as ênuplas ordenadas.

Um caso especial importante surge quando consideramos o produto cartesiano de um conjunto por ele próprio, isto é, $A \times A$ ou $A \times A \times A$. Exemplos disso surgem quando tratamos do plano euclidiano, $R \times R$, no qual R é o conjunto de todos os números reais, e do espaço euclidiano tridimensional, representado por $R \times R \times R$.

O *número de elementos* de um conjunto terá grande importância para nós. Se existir um número finito de elementos no conjunto A, digamos $a_1\ a_2,..., a_n$, diremos que A é *finito*. Se existir um número infinito de elementos em A, os quais possam ser postos em *correspondência biunívoca* com os inteiros positivos, diremos que A é *numerável* ou *infinito numerável*. (Pode-se mostrar, por exemplo, que o conjunto de todos os números racionais é numerável.) Finalmente, deveremos considerar o caso de um conjunto infinito não numerável; este tipo de conjunto possui um número infinito de elementos que não podem ser enumerados. Pode-se mostrar, por exemplo, que para quaisquer dois números reais $b > a$, o conjunto $A = \{x \mid a \leq x \leq b\}$ contém um número não numerável de elementos. Já que poderemos associar um ponto da reta dos números reais a cada número real, o que dissemos acima afirma que qualquer intervalo (não degenerado) contém mais do que um número contável de pontos.

Os conceitos apresentados acima, embora representem apenas um rápido exame da teoria dos conjuntos, são suficientes para nossos objetivos: Expor, com razoável rigor e precisão, as ideias fundamentais da teoria da probabilidade.

1.3. Exemplos de Experimentos Não Determinísticos

Estamos agora em condições de examinar o que entendemos por um experimento "aleatório" ou "não determinístico". (Mais precisamente, daremos exemplos de fenômenos, para os quais modelos não determinísticos são apropriados. Esta é uma distinção que o leitor deverá guardar. Portanto, nos referiremos frequentemente a experimentos não determinísticos ou aleatórios, quando de fato estaremos falando de um *modelo* não determinístico para um experimento.) Não nos esforçaremos em dar uma definição precisa deste conceito. Em vez disso, citaremos um grande número de exemplos que ilustrarão o que temos em mente.

E_1: Jogue um dado e observe o número mostrado na face de cima.

E_2: Jogue uma moeda quatro vezes e observe o número de caras obtido.

E_3: Jogue uma moeda quatro vezes e observe a sequência obtida de caras e coroas.

E_4: Em uma linha de produção, fabrique peças em série e conte o número de peças defeituosas produzidas em um período de 24 horas.

E_5: Uma asa de avião é fixada por um grande número de rebites. Conte o número de rebites defeituosos.

E_6: Uma lâmpada é fabricada. Em seguida é ensaiada quanto à duração da vida, pela colocação em um soquete e anotação do tempo decorrido (em horas) até queimar.

E_7: Um lote de 10 peças contém três defeituosas. As peças são retiradas uma a uma (sem reposição da peça retirada) até que a última peça defeituosa seja encontrada. O número total de peças retiradas do lote é contado.

E_8: Peças são fabricadas até que 10 peças perfeitas sejam produzidas. O número total de peças fabricadas é contado.

E_9: Um míssil é lançado. Em um momento especificado t, suas três velocidades componentes, v_x, v_y e v_z são observadas.

E_{10}: Um míssil recém-lançado é observado nos instantes t_1, t_2,..., t_n. Em cada um desses instantes, a altura do míssil acima do solo é registrada.

E_{11}: A resistência à tração de uma barra metálica é medida.

E_{12}: De uma urna, que só contém bolas pretas, tira-se uma bola e verifica-se sua cor.

E_{13}: Um termógrafo registra a temperatura continuamente, num período de 24 horas. Em determinada localidade e em uma data especificada, esse termógrafo é lido.

E_{14}: Na situação descrita em E_{13}, x e y, as temperaturas mínima e máxima, no período de 24 horas considerado, são registradas.

O que os experimentos acima têm em comum? Os seguintes traços são pertinentes à nossa caracterização de um *experimento aleatório*:

(*a*) Cada experimento poderá ser repetido indefinidamente sob condições essencialmente inalteradas.

(*b*) Embora não sejamos capazes de afirmar que resultado *particular* ocorrerá, seremos capazes de descrever o conjunto de *todos os possíveis* resultados do experimento.

(*c*) Quando o experimento for executado repetidamente, os resultados individuais parecerão ocorrer de uma forma acidental. Contudo, quando o experimento for repetido um *grande* número de vezes, uma configuração definida ou regularidade surgirá. É esta regularidade que torna possível construir um modelo matemático preciso, com o qual se analisará o experimento. Mais tarde, teremos muito que dizer sobre a natureza e a importância desta regularidade. Por ora, o leitor necessita apenas pensar nas repetidas jogadas de uma moeda equilibrada. Embora caras e coroas apareçam sucessivamente, em uma maneira quase arbitrária, é fato empírico bem conhecido que, depois de um grande número de jogadas, a proporção de caras e a de coroas serão aproximadamente iguais.

Deve-se salientar que todos os experimentos descritos acima satisfazem a essas características gerais. (Evidentemente, a última característica mencionada somente pode ser verificada pela experimentação; deixaremos para a intuição do leitor acreditar que se o experimento fosse repetido um grande número de vezes, a regularidade referida seria evidente. Por exemplo, se um grande número de lâmpadas, de um mesmo fabricante, fosse ensaiado, presumivelmente o número de lâmpadas que se queimaria após 100 horas poderia ser previsto com precisão considerável.) Note-se que o experimento E_{12} apresenta o traço peculiar de que somente um resultado é possível. Em geral, tais experimentos não nos interessarão, porque, realmente, o fato de não sabermos qual particular resultado virá a ocorrer, quando um experimento for realizado, é que torna um experimento interessante para nós.

Comentário: Ao descrever os diversos experimentos, nós especificamos não somente o procedimento que tem que ser realizado, mas também aquilo que estaremos interessados em observar (veja, por exemplo, a diferença entre E_2 e E_3, citado anteriormente). Este é um ponto muito importante, ao qual novamente nos referiremos mais tarde, quando explicarmos variáveis aleatórias. Por ora, vamos apenas comentar que, em consequência de um procedimento experimental isolado ou a ocorrência de um fenômeno único, *muitos* valores numéricos diferentes poderiam ser calculados. Por exemplo, se uma pessoa for escolhida de um grupo grande de pessoas (e a escolha real seria o procedimento experimental previamente mencionado), poderíamos estar interessados na altura daquela pessoa, no seu peso, na sua renda anual, no número de filhos dela etc. Naturalmente, na maioria dos casos, saberemos, antes de iniciar nossa experimentação, quais serão as características numéricas em que estaremos interessados.

1.4. O Espaço Amostral

Definição. Para cada experimento ε do tipo que estamos considerando, definiremos o *espaço amostral* como o conjunto de todos os resultados possíveis de ε. Geralmente representaremos esse conjunto por *S*. (Neste contexto, *S* representa o conjunto fundamental, explicado anteriormente.)

Vamos considerar cada um dos experimentos acima e descrever um espaço amostral para cada um deles. O espaço amostral S_i se referirá ao experimento E_i.

S_1: {1, 2, 3, 4, 5, 6}.

S_2: {0, 1, 2, 3, 4}.

S_3: {todas as sequências possíveis da forma a_1, a_2, a_3, a_4}, na qual cada $a_i = H$ ou *T*, conforme apareça cara ou coroa na *i*-ésima jogada.

S_4: {0, 1, 2,..., *N* }, na qual *N* é o número máximo que pode ser produzido em 24 horas.

S_5: {0, 1, 2,..., *M*}, na qual *M* é o número de rebites empregado.

S_6: {$t|t \geq 0$}.

S_7: {3, 4, 5, 6, 7, 8, 9, 10}.

S_8: {10, 11, 12,...}.

S_9: {v_x, v_y, $v_z|$ v_x, v_y, v_z números reais}.

S_{10}: {h_1,..., $h_n|h_i$, ≥ 0, $i = 1, 2,..., n$}.

S_{11}: {$T \mid T \geq 0$}.

S_{12}: {bola preta}.

S_{13}: Este espaço amostral é o mais complexo de todos os considerados aqui. Podemos admitir, com realismo, que a temperatura em determinada localidade nunca possa ocorrer acima ou abaixo de certos valores *M* e *m*. Afora essa restrição, poderemos aceitar a possibilidade de que qualquer gráfico apareça com determinadas restrições. Presumivelmente, o gráfico não terá saltos (isto é, ele representará uma função contínua). Além disso, o gráfico terá certas características de regularização, que podem ser resumidas matematicamente dizendo-se que o gráfico representa uma função derivável. Deste modo, poderemos finalmente afirmar que o espaço amostral será:

{$f \mid f$ uma função derivável, que satisfaça a $m \leq f(t) \leq M$, para todo *t*}.

S_{14}: $\{(x, y) \mid m \leq x \leq y \leq M\}$. Isto é, S_{14} é formado por todos os pontos dentro e sobre um triângulo, no plano x, y bidimensional.

(Neste livro não cuidaremos de espaços amostrais da complexidade encontrada em S_{13}. No entanto, tais espaços amostrais podem surgir, mas exigem para seu estudo mais Matemática avançada do que estamos admitindo aqui.)

A fim de descrever um espaço amostral associado a um experimento, devemos ter uma ideia bastante clara daquilo que estamos mensurando ou observando. Por isso, devemos falar de "um" espaço amostral associado a um experimento, e não de "o" espaço amostral. A esse respeito, note-se a diferença entre S_2 e S_3.

Saliente-se, também, que o resultado de um experimento não é necessariamente, um número. Por exemplo, em E_3, cada resultado é uma sequência de caras (H) e coroas (T). Em E_9 e E_{10} cada resultado é formado por um vetor, enquanto em E_{13}, cada resultado constitui uma função.

Será também importante estudar o *número* de resultados em um espaço amostral. Surgem três possibilidades: O espaço amostral pode ser finito, infinito numerável ou infinito não numerável. Relativamente aos exemplos acima, observamos que S_1, S_2, S_3, S_4, S_5, S_7 e S_{12} são finitos, S_8 é infinito numerável, e S_6, S_9, S_{10}, S_{11}, S_{13} e S_{14} são infinitos não numeráveis.

Neste ponto poderá ser valioso comentar a diferença entre um espaço amostral "idealizado" matematicamente e um espaço realizável experimentalmente. Com este objetivo, consideremos o experimento E_6 e seu espaço amostral associado S_6. É evidente que, quando estivermos realmente registrando o tempo total t, durante o qual uma lâmpada funcione, seremos "vítimas" da precisão de nosso instrumento de medir. Suponha que temos um instrumento que seja capaz de registrar o tempo com duas casas decimais, por exemplo, 16,43 horas. Com esta restrição imposta, nosso espaço amostral se tornará *infinito numerável*: $\{0,00, 0,01, 0,02,...\}$. Além disso, é bastante próximo da realidade admitir que nenhuma lâmpada possa durar mais do que H horas, em que H pode ser um número muito grande. Consequentemente, parece que se formos completamente realistas na descrição deste espaço amostral, estaremos realmente tratando com um espaço amostral *finito*: $\{0,00, 0,01, 0,02,..., H\}$. O número total de resultados seria $(H/0,01) + 1$, que poderá ser um número muito grande, mesmo que H seja moderadamente grande, por exemplo, se $H = 100$. Torna-se bem mais simples e, matematicamente, conveniente, admitir que *todos* os valores de $t \geq 0$ sejam resultados possíveis e, portanto, tratar o espaço amostral S_6 tal como foi originalmente definido.

Diante desses comentários, alguns dos espaços amostrais descritos são idealizados. Em todas as situações subsequentes, o espaço amostral considerado será aquele que for matematicamente mais conveniente. Na maioria dos problemas, pouca dúvida surge quanto à escolha adequada do espaço amostral.

1.5. Eventos

Outra noção fundamental é o conceito de *evento*. Um evento A (relativo a um particular espaço amostral S, associado a um experimento ε) é simplesmente um conjunto de resultados possíveis. Na terminologia dos conjuntos, um evento é um *subconjunto* de um espaço amostral S. Considerando nossa exposição anterior, isto significa que o próprio S constitui um evento, bem como o é o conjunto vazio $\emptyset$. Qualquer resultado individual pode também ser tomado como um evento.

Alguns exemplos de eventos são dados a seguir. Novamente, nos referimos aos experimentos relacionados acima: A_i se referirá ao evento associado ao experimento E_i:

A_1:   Um número par ocorre, isto é, $A_1 = \{2, 4, 6\}$.

A_2: $\{2\}$; isto é, duas caras ocorrem.

A_3: $\{HHHH, HHHT, HHTH, HTHH, THHH\}$; isto é, mais caras do que coroas ocorreram.

A_4: $\{0\}$; isto é, todas as peças são perfeitas.

A_5: $\{3, 4,..., M\}$; isto é, mais do que dois rebites eram defeituosos.

A_6: $\{ t \mid t < 3 \}$; isto é, a lâmpada queima em menos de 3 horas.

A_7: $\{(x, y) \mid y = x + 20\}$; isto é, a temperatura máxima é $20°$ maior do que a mínima.

Quando o espaço amostral S for finito ou infinito numerável, *todo* subconjunto poderá ser considerado um evento. [Constitui um exercício fácil de provar, e o faremos resumidamente, que se S contiver n elementos, existirão exatamente 2^n subconjuntos (eventos).] Contudo, se S for infinito não numerável, surgirá uma dificuldade teórica. Verifica-se que *nem* todo subconjunto imaginável poderá ser considerado um evento. Determinados subconjuntos "não admissíveis" deverão ser excluídos por motivos que ultrapassam o nível desta explanação. Felizmente, tais subconjuntos não admissíveis não surgem nas aplicações e, por isso, não cuidaremos deles aqui. Na exposição subsequente, será admitido tacitamente que sempre que nos referirmos a um evento, ele será da espécie que já admitimos considerar.

Agora, poderemos empregar as várias técnicas de combinar conjuntos (isto é, eventos) e obter novos conjuntos (isto é, eventos), os quais já apresentamos anteriormente.

(*a*) Se *A* e *B* forem eventos, $A \cup B$ será o evento que ocorrerá se, e somente se, *A* ou *B* (ou ambos) ocorrerem.

(*b*) Se *A* e *B* forem eventos, $A \cap B$ será o evento que ocorrerá se, e somente se, *A* e *B* ocorrerem.

(*c*) Se *A* for um evento, $\bar{A}$ será o evento que ocorrerá se, e somente se, *não* ocorrer *A*.

(*d*) Se $A_1,..., A_n$, for qualquer coleção finita de eventos, então, $\cup_{i=1}^{n} A_i$ será o evento que ocorrerá se, e somente se, *ao menos* um dos eventos A_i ocorrer.

(*e*) Se $A_1,..., A_n$, for qualquer coleção finita de eventos, então $\cap_{i=1}^{n} A_i$ será o evento que ocorrerá se, e somente se, *todos* os eventos A_i ocorrerem.

(*f*) Se $A_1,..., A_n,...$ for qualquer coleção infinita (numerável) de eventos, então, $\cup_{i=1}^{\infty}$ será o evento que ocorrerá se, e somente se, *ao menos* um dos eventos A_i ocorrer.

(*g*) Se $A_1,..., A_n,...$ for qualquer coleção infinita (numerável) de eventos, então, $\cap_{i=1}^{\infty} A_i$ será o evento que ocorrerá se, e somente se, *todos* os eventos A_i ocorrerem.

(*h*) Suponha que *S* represente o espaço amostral associado a algum experimento &, e que nós executemos & duas vezes. Então, $S \times S$ poderá ser empregado para representar todos os resultados dessas duas repetições. Portanto, $(S_1, S_2) \in S \times S$ significa que s_1 resultou quando & foi executado a primeira vez e s_2, quando & foi executado a segunda vez.

(*i*) O exemplo contido em (*h*) pode, obviamente, ser generalizado. Considerem-se *n* repetições de um experimento & cujo espaço amostral seja *S*:

$$S \times S \times ... \times S = \{s_1, s_2, ..., s_n\}, s_i \in S, i = 1, ..., n\}$$

Representa o conjunto de todos os possíveis resultados, quando $\mathcal{E}$ for executado n vezes. De certo modo, $S \times S \times ... \times S$ é ele próprio um espaço amostral, a saber, o espaço amostral associado a n repetições de $\mathcal{E}$.

Definição. Dois eventos, A e B, são denominados *mutuamente excludentes*, se eles não puderem ocorrer juntos. Exprimiremos isso escrevendo $A \cap B = \emptyset$, isto é, a interseção de A e B é o conjunto vazio.

Exemplo 1.4. Um dispositivo eletrônico é ensaiado e o tempo total de serviço t é registrado. Admitiremos que o espaço amostral seja $\{t \mid t \geq 0\}$. Sejam A, B e C três eventos definidos da seguinte maneira:

$$A = \{t \mid t < 100\}; B = \{t \mid 50 \leq t \leq 200\}; C = \{t \mid t > 150\}.$$

Consequentemente,

$$A \cup B = \{t \mid t \leq 200\}; A \cap B = \{t \mid 50 \leq t < 100\};$$
$$B \cup C = \{t \mid t \geq 50\}; B \cap C = \{t \mid 150 < t \leq 200\}; A \cap C = \emptyset;$$
$$A \cup C = \{t \mid t < 100 \text{ ou } t > 150\}; \bar{A} = \{t \mid t \geq 100\}; \bar{C} = \{t \mid t \leq 150\}.$$

Uma das características fundamentais do conceito de "experimento", como foi apresentado na seção anterior, é que não sabemos qual resultado particular ocorrerá quando o experimento for realizado. Por outras palavras, se A for um evento associado a um experimento, então, não poderemos afirmar com certeza que A irá ocorrer ou não. Por isso, torna-se muito importante tentar associar um número ao evento A, o qual medirá de alguma maneira quão verossímil é que o evento A venha a ocorrer. Essa tarefa nos leva à teoria da probabilidade.

1.6. Frequência Relativa

A fim de motivar a maneira de tratar o assunto, considere-se o seguinte procedimento: Suponha que repetimos n vezes o experimento $\mathcal{E}$, e sejam A e B dois eventos associados a $\mathcal{E}$. Admitamos que sejam, respectivamente, n_A e n_B o número de vezes que o evento A e o evento B ocorram nas n repetições.

Definição. $f_A = n_A/n$ é denominada *frequência relativa* do evento A nas n repetições de $\mathcal{E}$. A frequência relativa f_A apresenta as seguintes propriedades, de fácil verificação:

(1) $0 \leq f_A \leq 1$.

(2) $f_A = 1$ se, e somente se, A ocorrer em *todas* as n repetições.

(3) $f_A = 0$ se, e somente se, A *nunca* ocorrer nas n repetições.

(4) Se A e B forem eventos mutuamente excludentes, e se $f_{A \cup B}$ for a frequência relativa associada ao evento $A \cup B$, então, $f_{A \cup B} = f_A + f_B$.

(5) f_A, com base em n repetições do experimento e considerada como uma função de n, "converge" em certo sentido probabilístico para $P(A)$, quando $n \rightarrow \infty$.

Comentário: A Propriedade (5) está evidentemente expressada um tanto vagamente, nesta seção. Somente mais tarde (Seção 12.2), estaremos aptos a tornar esta ideia mais precisa. Por enquanto, podemos apenas afirmar que a Propriedade (5) envolve a noção nitidamente intuitiva de que a frequência relativa, baseada em um número crescente de observações, tende a se "estabilizar" próximo de algum valor definido. Este *não* é o mesmo conceito usual de convergência encontrado em alguma parte da Matemática. De fato, tal como afirmamos aqui, esta não é, de modo algum, uma conclusão matemática, mas apenas um fato empírico.

A maioria de nós está intuitivamente a par deste fenômeno de estabilização, embora nunca o tenhamos verificado. Fazê-lo exige considerável porção de tempo e de paciência, porque inclui um grande número de repetições de um experimento. Contudo, algumas vezes, poderemos ser ingênuos observadores deste fenômeno, como ilustra o seguinte exemplo:

Exemplo 1.5. Admitamos que estejamos postados na calçada e fixemos nossa atenção em dois blocos de meio-fio adjacentes. Suponha que comece a chover de tal maneira que sejamos realmente capazes de distinguir pingos isolados de chuva e registrar se esses pingos caem num meio-fio ou noutro. Ficamos a observar os pingos e anotar seu ponto de impacto. Denotando o i-ésimo pingo por X_i, em que $X_i = 1$ se o pingo cair no primeiro meio-fio, e igual a 0 se cair no outro, poderemos observar uma sequência como, por exemplo, 1, 1, 0, 1, 0, 0, 0, 1, 0, 0, 1. É evidente que não seremos capazes de prever onde um particular pingo irá cair. (Nosso experimento consta de alguma espécie de situação meteorológica que causa a queda dos pingos de chuva.) Se calcularmos a frequência relativa do evento $A = \{$o pingo cai no meio-fio 1$\}$, então, a sequência de resultados acima dará origem às seguintes frequências relativas (baseadas na observação de 1, 2, 3, ... pingos): 1, 1, 2/3, 3/4, 3/5, 3/6, 3/7, 4/8, 4/9, 4/10, 5/11, ... Esses números evidenciam um elevado grau de variação, especialmente no início. É intuitivamente evidente que, se o experimento acima continuasse indefinidamente, essas frequências relativas iriam se estabilizar próximas do valor 1/2. Consequentemente, teríamos toda razão em acreditar que, depois de algum tempo decorrido, os dois meios-fios estariam igualmente molhados.

Esta propriedade de estabilidade da frequência relativa é, por enquanto, uma noção inteiramente intuitiva, porém mais tarde estaremos aptos a torná-la matematicamente precisa. A essência desta propriedade é que, se um experimento for executado um grande número de vezes, a frequência relativa da ocorrência de algum evento A tenderá a variar cada vez menos à medida que o número de repetições for aumentada. Esta característica é também conhecida como *regularidade estatística*.

Fomos um tanto vagos em nossa definição de experimento. Quando um procedimento ou mecanismo constituirá, em nossa acepção, um experimento capaz de ser estudado matematicamente por meio de um modelo não determinístico? Já afirmamos, anteriormente, que um experimento deve ser capaz de ser realizado repetidamente, sob condições essencialmente inalteradas. Agora, podemos acrescentar outra condição. Quando o experimento for repetidamente realizado, ele deverá apresentar a regularidade estatística mencionada acima. Mais adiante, estudaremos um teorema (denominado Lei dos Grandes Números) que mostrará que a regularidade estatística é, de fato, uma *consequência* da primeira condição: Reprodutibilidade.

1.7. Noções Fundamentais de Probabilidade

Voltemos agora ao problema proposto acima: Atribuir um número a cada evento A, o qual avaliará quão verossímil será a ocorrência de A quando o experimento for realizado. Uma *possível* maneira de tratar a questão seria a seguinte: Repetir o experimento um grande número de vezes, calcular a frequência relativa f_A e utilizar esse número. Quando recordamos as propriedades de f_A, torna-se evidente que este número *fornece* uma informação muito precisa de quão verossímil é a ocorrência de A. Além disso, sabemos que à medida que o experimento se repetir mais e mais vezes, a frequência relativa f_A se estabilizará próxima de algum número, suponhamos p. Há, contudo, duas sérias objeções a esta maneira de tratar a questão: (*a*) Não está esclarecido quão grande deva ser n, antes que se conheça o número: 1.000? 2.000? 10.000? (*b*) Uma vez que o experimento tenha sido completamente descrito e o evento A especificado, o número que estamos procurando não deverá depender do experimentador ou da particular veia de sorte que ele possua. (Por exemplo, é possível que uma moeda perfeitamente equilibrada, quando jogada 10 vezes, venha a apresentar 9 caras e 1 coroa. A frequência relativa do evento $A = \{\text{ocorrer cara}\}$ seria, nesse caso, igual a 9/10. No entanto, é evidente que nas próximas 10 jogadas o padrão de caras e coroas possa se inverter.) O que desejamos é um meio de obter tal número, sem recorrer à experimentação. Naturalmente, para que o número que convencionarmos tenha significado, qualquer experimentação subsequente deverá produzir uma frequência relativa que seja "próxima" do valor convencionado, particularmente se o número de repetições, no qual a frequência relativa calculada se tenha baseado, for muito grande. Procederemos, formalmente, da seguinte maneira:

Definição. Seja ε um experimento. Seja S um espaço amostral associado a ε. A cada evento A associaremos um número real representado por $P(A)$ e denominado *probabilidade de A*, que satisfaça às seguintes propriedades:

(1) $0 \leq P(A) \leq 1$.

(2) $P(S) = 1$. $\qquad\qquad\qquad\qquad\qquad\qquad\qquad\qquad$ (1.3)

(3) Se A e B forem eventos mutuamente excludentes, $P(A \cup B) = P(A) + P(B)$.

(4) Se $A_1, A_2,..., A_n,...$ forem, dois a dois, eventos mutuamente excludentes, então,

$$P(\cup_{i=1}^{\infty} A_i) = P(A_1) + P(A_2) + ... + P(A_n) + ...$$

Observe-se que da Propriedade 3, *decorre* imediatamente que, para qualquer *n finito*,

$$P\left(\bigcup_{i=1}^{n} A_i\right) = \sum_{i=1}^{n} P(A_i).$$

A Propriedade 4 *não* se seguirá; no entanto, quando considerarmos o espaço amostral idealizado, esta propriedade será imposta e, por isso, foi incluída aqui.

A escolha das propriedades da probabilidade acima relacionadas é obviamente, sugerida pelas correspondentes características da frequência relativa. A propriedade, antes mencionada como regularidade estatística, será mais adiante vinculada a esta definição de probabilidade. Por enquanto, apenas afirmamos que se pode mostrar como os números $P(A)$ e f_A são "próximos" um do outro (em determinado sentido), se f_A for baseado em um grande número de repetições. É este fato que nos dá a justificativa da utilização de $P(A)$ para avaliarmos quão verossímil é a ocorrência de A.

Por enquanto não sabemos *como* calcular $P(A)$. Apenas arrolamos algumas propriedades gerais que $P(A)$ possui. O leitor terá que ser um pouco mais paciente (até o próximo capítulo), antes que aprenda como avaliar $P(A)$. Antes de voltarmos a esta questão, vamos enunciar e demonstrar várias consequências relacionadas a $P(A)$, que decorrem das condições acima e que não dependem da maneira pela qual realmente calculamos $P(A)$.

Teorema 1.1. Se $\emptyset$ for o conjunto vazio, então $P(\emptyset) = 0$.

Demonstração: Para qualquer evento A, podemos escrever $A = A \cup \emptyset$. Uma vez que A e $\emptyset$ são mutuamente excludentes, decorre da Propriedade 3, que $P(A) = P(A \cup \emptyset) = P(A) + P(\emptyset)$. Daqui, a conclusão do teorema é imediata.

Comentário: Mais tarde, teremos ocasião de ver que a recíproca do teorema acima não é verdadeira. Isto é, se $P(A) = 0$, não poderemos, em geral, concluir que $A = \emptyset$, porque existem situações nas quais atribuímos probabilidade zero a um evento que pode ocorrer.

Teorema 1.2. Se $\overline{A}$ for o evento complementar de A, então

$$P(A) = 1 - P(\overline{A}). \tag{1.4}$$

Demonstração: Podemos escrever $S = A \cup \overline{A}$ e, empregando as Propriedades 2 e 3, obteremos $1 = P(A) + P(\overline{A})$.

Comentário: Este é um resultado particularmente útil, porque ele significa que sempre que desejarmos avaliar $P(A)$, poderemos calcular $P(A)$ e, depois, obtermos o resultado desejado por subtração. Veremos mais tarde que, em muitos problemas, é muito mais fácil calcular $P(\overline{A})$ do que $P(A)$.

Teorema 1.3. Se A e B forem dois eventos *quaisquer*, então

$$P(A \cup B) = P(A) + P(B) - P(A \cap B). \tag{1.5}$$

Demonstração: A ideia desta demonstração é decompor $A \cup B$ e B em dois eventos mutuamente excludentes e, em seguida, aplicar a Propriedade 3. (Veja o Diagrama de Venn na Fig. 1.2.)

Desse modo escreveremos

$$A \cup B = A \cup (B \cap \overline{A}),$$
$$B = (A \cap B) \cup (B \cap \overline{A}).$$

Consequentemente,

$$P(A \cup B) = P(A) + P(B \cap \overline{A}),$$
$$P(B) = P(A \cap B) + P(B \cap \overline{A}).$$

Subtraindo a segunda igualdade da primeira, obtém-se

$$P(A \cup B) - P(B) = P(A) - P(A \cap B)$$

e daí chega-se ao resultado.

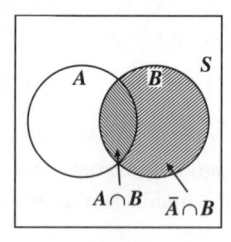

Fig. 1.2

Comentário: Este teorema representa uma extensão imediata da Propriedade 3, porque $A \cap B = \emptyset$, obteremos do enunciado acima a Propriedade 3.

Teorema 1.4. Se A, B e C forem três eventos quaisquer, então

$$P(A \cup B \cup C) = P(A) + P(B) + P(C) - P(A \cap B) - P(A \cap C) - P(B \cap C) + P(A \cap B \cap C). \qquad (1.6)$$

Demonstração: A demonstração consiste em escrever $A \cup B \cup C$ na forma $(A \cup B) \cup C$ e aplicar o resultado do teorema anterior. Deixa-se ao leitor completar a demonstração.

Comentário: Uma extensão óbvia do teorema é sugerida. Sejam $A_1,..., A_k$, quaisquer k eventos. Então,

$$P(A_1 \cup A_2 \cup ... \cup A_k) = \sum_{i=1}^{k} P(A_i) - \sum_{i<j=2}^{k} P(A_i \cap A_j) +$$

$$+ \sum_{i<j<r=3}^{k} P(A_i \cap A_j \cap A_r) + ... + (-1)^{k-1} P(A_1 \cap A_2 \cap ... \cap A_k). \qquad (1.7)$$

Este resultado pode ser facilmente estabelecido por indução matemática.

Teorema 1.5. Se $A \subset B$, então $P(A) \leq P(B)$.

Demonstração: Podemos decompor B em dois eventos mutuamente excludentes, na seguinte forma: $B = A \cup (B \cap \bar{A})$. Consequentemente, $P(B) = P(A) + P(B \cap \bar{A}) \geq P(A)$, porque $P(B \cap \bar{A}) \geq 0$, pela Propriedade 1.

Comentário: Este resultado é, certamente, de conhecimento intuitivo, pois ele afirma que se B deve ocorrer sempre que A ocorra, consequentemente, B é mais provável do que A.

1.8. Algumas Observações

(a) Cabe aqui uma palavra de advertência. Da exposição anterior poderia ser (incorretamente) inferido que quando escolhermos um modelo probabilístico para a descrição de algum fenômeno de observação, estaremos abandonando todas as relações determinísticas. Nada poderia estar mais distante da verdade. Nós ainda utilizamos o fato de que, por exemplo, a Lei de Ohm $I = E/R$ vale em determinadas circunstâncias. A diferença seria uma diferença de interpretação. Em vez de afirmar que a relação acima determina I para E e R dados, admitiremos que E ou R (ou ambos) possam variar de alguma maneira aleatória imprevisível e que, em consequência, I variará também de alguma forma aleatória. Para E e R *dados*, I será. ainda determinado pela relação acima. O importante é que, quando se adotar um modelo probabilístico para a descrição de um circuito, considera-se a possibilidade de que E e R possam variar de alguma maneira imprevisível, a qual somente pode ser descrita probabilisticamente. Portanto, desde que tenha sentido considerar somente a *probabilidade* de que E e R tomem certos valores, torna-se significativo falar somente da probabilidade de que I venha a tomar certos valores.

(b) Algumas vezes, pode ser difícil realizar a escolha entre a adoção de um modelo determinístico ou um modelo probabilístico. Poderá depender da complicação de nossa técnica de mensuração e da exatidão associada a ela. Por exemplo, se medidas exatas forem tão difíceis de obter que leituras repetidas da mesma quantidade conduzam a resultados variados, um modelo probabilístico será sem dúvida mais adequado para descrever a situação.

(c) Indicaremos resumidamente que, sob certas circunstâncias, teremos condições de fazer hipóteses adicionais sobre o comportamento probabilístico de nossos resultados experimentais, as quais nos conduzirão a um método de avaliação das probabilidades básicas. A escolha dessas hipóteses adicionais pode ser baseada em considerações físicas do experimento (por exemplo, propriedades de simetria), evidência empírica ou, em alguns casos, apenas julgamento pessoal, baseado em experiência anterior de uma situação similar. A frequência relativa f_A pode desempenhar um importante papel em nossa deliberação sobre a atribuição numérica de $P(A)$. Contudo, é importante compreender que qualquer suposição que façamos sobre $P(A)$ deve ser tal, que sejam satisfeitos os axiomas básicos desde (1) até (4) da Definição (1.3).

(d) No curso do desenvolvimento das ideias básicas da teoria da probabilidade, faremos algumas referências a determinadas analogias mecânicas. A primeira delas pode ser apropriada aqui. Em Mecânica, atribuímos a cada corpo B sua massa, digamos $m(B)$. Em seguida, faremos diversos cálculos e obteremos várias conclusões sobre o comportamento de B e suas relações com outros corpos, muitas das quais envolvem sua massa $m(B)$. O fato de que poderemos ter que recorrer a alguma aproximação para obter realmente $m(B)$ para um corpo especificado não diminui a utilidade do conceito de massa. Semelhantemente, estipularemos para cada evento A associado ao espaço amostral de um experimento um número $P(A)$, denominado *probabilidade de A*, e satisfazendo nossos axiomas básicos. Ao calcular realmente $P(A)$ para um evento específico, teremos que fazer hipóteses adicionais ou que obter uma aproximação baseada em evidência empírica.

(e) É muito importante compreender que tenhamos *postulado* a existência do número $P(A)$, e que tenhamos postulado determinadas propriedades que esse número possui. A validade das várias consequências (teoremas), decorrentes desses postulados, de modo algum depende da maneira pela qual iremos obter um valor numérico para $P(A)$. É essencial que este ponto fique claro. Por exemplo, admitimos que $P(A \cup B) = P(A) + P(B)$. A fim de empregar esta relação para a *avaliação* concreta de $P(A \cup B)$, deveremos conhecer os valores de $P(A)$ e de $P(B)$. Explicaremos, resumidamente, que sob certas circunstâncias, poderemos fazer suposições adicionais que conduzam a um método de avaliação dessas probabilidades. Se essas (ou outras) suposições não forem fundamentadas, poderemos ter de recorrer à experimentação a fim de alcançar o valor de $P(A)$ a partir de dados reais. A frequência relativa f_A desempenhará nisso um importante papel e será, de fato, utilizada para aproximar $P(A)$.

Contudo, é importante saber que f_A e $P(A)$ não são a mesma coisa; que apenas utilizaremos f_A para aproximar $P(A)$ e que, sempre que nos referirmos a $P(A)$, estaremos nos referindo ao valor postulado. Se "identificarmos" f_A com $P(A)$, deveremos compreender que estaremos tão somente substituindo um valor postulado por uma aproximação obtida experimentalmente. Quão boa ou má essa aproximação possa ser, de modo algum influencia a estrutura lógica de nosso modelo. Embora o fenômeno que o modelo tente representar tenha sido levado em conta na construção do modelo, nós nos teremos distanciado do próprio fenômeno (ao menos temporariamente), quando entrarmos no reino do modelo.

Problemas

1.1. Suponha que o conjunto fundamental seja formado pelos inteiros positivos de 1 a 10. Sejam $A = \{2, 3, 4\}$, $B = \{3, 4, 5\}$ e $C = \{5, 6, 7\}$. Enumere os elementos dos seguintes conjuntos:

(a) $\overline{A} \cap B$.   (b) $\overline{A} \cup B$.   (c) $\overline{A \cap \overline{B}}$.   (d) $\overline{A \cap (B \cap C)}$.   (e) $\overline{A \cap (B \cup C)}$.

1.2. Suponha que o conjunto fundamental U seja dado por $U = \{x \mid 0 \le x \le 2\}$. Sejam os conjuntos A e B definidos da forma seguinte: $A = \{x \mid 1/2 < x \le 1\}$ e $B = \{x \mid 1/4 \le x < 3/2\}$. Descreva os seguintes conjuntos:

(a) $\overline{A \cup B}$.   (b) $A \cup \overline{B}$.   (c) $\overline{A \cap B}$.   (d) $\overline{A} \cap B$.

1.3. Quais das seguintes relações são verdadeiras?

(a) $(A \cup B) \cap (A \cup C) = A \cup (B \cap C)$.   (b) $(A \cup B) = (A \cap \overline{B}) \cup B$.
(c) $\overline{A} \cap B = A \cup B$.   (d) $\overline{(A \cup B)} \cap C = \overline{A} \cap \overline{B} \cap \overline{C}$.
(e) $(A \cap B) \cap (\overline{B} \cap C) = \emptyset$.

1.4. Suponha que o conjunto fundamental seja formado por todos os pontos (x, y) de coordenadas ambas inteiras, e que estejam dentro ou sobre a fronteira do quadrado limitado pelas retas $x = 0$, $y = 0$, $x = 6$ e $y = 6$. Enumere os elementos dos seguintes conjuntos:

(a) $A = \{(x, y) \mid x^2 + y^2 \le 6\}$.   (b) $B = \{(x, y) \mid y \le x^2\}$.
(c) $C = \{(x, y) \mid x \le y^2\}$.   (d) $B \cap C$.   (e) $(B \cup A) \cap \overline{C}$.

1.5. Empregue diagramas de Venn para estabelecer as seguintes relações:

(a) $A \subset B$ e $B \subset C$ implicam que $A \subset C$.   (b) $A \subset B$ implica que $A = A \cap B$.
(c) $A \subset B$ implica que $\overline{B} \subset \overline{A}$.   (d) $A \subset B$ implica que $A \cup C \subset B \cup C$.
(e) $A \cap B = \emptyset$ e $C \subset A$ implicam que $B \cap C = \emptyset$.

1.6. Peças que saem de uma linha de produção são marcadas defeituosa (D) ou não defeituosa (N). As peças são inspecionadas e sua condição registrada. Isto é feito até que duas peças defeituosas consecutivas sejam fabricadas ou que quatro peças tenham sido inspecionadas, aquilo que ocorra em primeiro lugar. Descreva um espaço amostral para este experimento.

1.7. (*a*) Uma caixa com N lâmpadas contém r lâmpadas ($r < N$) com filamento partido. Essas lâmpadas são verificadas uma a uma, até que uma lâmpada defeituosa seja encontrada. Descreva um espaço amostral para este experimento.

(*b*) Suponha que as lâmpadas acima sejam verificadas uma a uma, até que todas as defeituosas tenham sido encontradas. Descreva o espaço amostral para este experimento.

1.8. Considere quatro objetos, a, b, c e d. Suponha que a *ordem* em que tais objetos sejam listados represente o resultado de um experimento. Sejam os eventos A e B definidos assim: $A = \{a$ está na primeira posição$\}$; $B = \{b$ está na segunda posição$\}$.

(*a*) Enumere todos os elementos do espaço amostral.

(*b*) Enumere todos os elementos dos eventos $A \cap B$ e $A \cup B$.

1.9. Um lote contém peças pesando 5, 10, 15,..., 50 gramas. Admitamos que ao menos duas peças de cada peso sejam encontradas no lote. Duas peças são retiradas do lote. Sejam X o peso da primeira peça escolhida e Y o peso da segunda. Portanto, o par de números (X, Y) representa um resultado simples do experimento. Empregando o plano XY, marque o espaço amostral e os seguintes eventos:

(*a*) $\{X = Y\}$.   (*b*) $\{Y > X\}$.

(*c*) A segunda peça é duas vezes mais pesada que a primeira.

(*d*) A primeira peça pesa menos 10 gramas que a segunda peça.

(*e*) O peso médio de duas peças é menor do que 30 gramas.

1.10. Durante um período de 24 horas, em algum momento X, uma chave é posta na posição "ligada". Depois, em algum momento futuro Y (ainda durante o mesmo período de 24 horas), a chave é virada para a posição "desligada". Suponha que X e Y sejam medidas em horas, no eixo dos tempos, com o início do período na origem da escala. O resultado do experimento é constituído pelo par de números (X, Y).

(*a*) Descreva o espaço amostral.

(*b*) Descreva e marque no plano XY os seguintes eventos:

    (i) O circuito está ligado por uma hora ou menos.

    (ii) O circuito está ligado no tempo z, no qual z é algum instante no período dado de 24 horas.

    (iii) O circuito é ligado antes do tempo t_1 e desligado depois do tempo t_2 (no qual também $t_1 < t_2$ são dois instantes durante o período de 24 horas especificado).

    (iv) O circuito permanece ligado duas vezes mais tempo do que desligado.

1.11. Sejam A, B e C três eventos associados a um experimento. Exprima em notações de conjuntos, as seguintes afirmações verbais:

(*a*) Ao menos um dos eventos ocorre.

(*b*) Exatamente um dos eventos ocorre.

(*c*) Exatamente dois dos eventos ocorrem.

(*d*) Não mais de dois dos eventos ocorrem simultaneamente.

1.12. Demonstre o Teor. 1.4.

1.13. (*a*) Verifique que para dois eventos quaisquer, A_1 e A_2, temos que $P(A_1 \cup A_2) \leq P(A_1) + P(A_2)$.

(*b*) Verifique que para quaisquer *n* eventos $A_1,..., A_n$, temos que

$$P(A_1 \cup ... \cup A_n) \leq P(A_1) +... + P(A_n).$$

[*Sugestão*: Empregue a indução matemática. O resultado enunciado em (*b*) é denominado desigualdade de Boole.]

1.14. O Teor. 1.3 trata da probabilidade de que *ao menos* um de dois eventos *A* ou *B* ocorra. O seguinte enunciado se refere à probabilidade de que *exatamente* um dos eventos *A* ou *B* ocorra. Verifique que

$$P[(A \cap \bar{B}) \cup (B \cap \bar{A})] = P(A) + P(B) - 2P(A \cap B).$$

1.15. Certo tipo de motor elétrico falha se ocorrer uma das seguintes situações: Emperramento dos mancais, queima dos enrolamentos, desgaste das escovas. Suponha que o emperramento seja duas vezes mais provável do que a queima, esta sendo quatro vezes mais provável do que o desgaste das escovas. Qual será a probabilidade de que a falha seja devida a cada uma dessas circunstâncias?

1.16. Suponha que *A* e *B* sejam eventos tais que $P(A) = x$, $P(B) = y$, e $P(A \cap B) = z$. Exprima cada uma das seguintes probabilidades em termos de *x*, *y* e *z*.

(*a*) $P(\bar{A} \cup \bar{B})$.   (*b*) $P(\bar{A} \cap B)$.   (*c*) $P(\bar{A} \cup B)$.   (*d*) $P(\bar{A} \cap \bar{B})$.

1.17. Suponha que *A*, *B* e *C* sejam eventos tais que $P(A) = P(B) = P(C) = 1/4$, $P(A \cap B) = P(C \cap B) = 0$ e $P(A \cap C) = 1/8$. Calcule a probabilidade de que ao menos um dos eventos *A*, *B* ou *C* ocorra.

1.18. Uma instalação é constituída de duas caldeiras e uma máquina. Admita que o evento *A* seja que a máquina esteja em boas condições de funcionamento, enquanto os eventos B_k (*k* = 1, 2) são os eventos de que a *k*-ésima caldeira esteja em boas condições. O evento *C* é que a instalação possa funcionar. Se a instalação puder funcionar sempre que a máquina e pelo menos uma das caldeiras funcionar, expresse os eventos *C* e $\bar{C}$, em termos de *A* e dos B_k.

1.19. Um mecanismo tem dois tipos de unidades: I e II. Suponha que se disponha de duas unidades do tipo I e três unidades do tipo II. Defina os eventos A_k, *k* = 1, 2 e B_j, *j* = 1, 2, 3 da seguinte maneira: A_k: a *k*-ésima unidade do tipo I está funcionando adequadamente; B_j a *j*-ésima unidade do tipo II está funcionando adequadamente. Finalmente, admita que *C* represente o evento: o mecanismo funciona. Admita que o mecanismo funcione se ao menos uma unidade do tipo I e ao menos duas unidades do tipo II funcionarem; expresse o evento *C* em termos dos A_k e dos B_j.

Espaços Amostrais Finitos

2.1. Espaço Amostral Finito

Neste capítulo nos ocuparemos unicamente de experimentos para os quais o espaço amostral S seja formado de um número *finito* de elementos. Isto é, admitiremos que S possa ser escrito sob a forma $S = \{a_1, a_2,..., a_k\}$. Se nos reportarmos aos exemplos de espaços amostrais da Seção 1.4, observaremos que S_1, S_2, S_3, S_4, S_5, S_7 e S_{12} são todos finitos.

A fim de caracterizar $P(A)$ para este modelo, deveremos inicialmente considerar o evento formado por um *resultado simples*, algumas vezes denominado evento *simples* ou *elementar*, $A = \{a_i\}$. Procederemos da seguinte maneira: A cada evento simples $\{a_i\}$ associaremos um número p_i, denominado probabilidade de $\{a_i\}$, que satisfaça às seguintes condições:

(a) $p_i \geq 0$, $i = 1, 2,..., k$,

(b) $p_1 + p_2 + ... + p_k = 1$.

[Porque $\{a_i\}$ é um evento, essas condições devem ser coerentes com aquelas postuladas para as probabilidades dos eventos em geral, como foi feito na Eq. (1.3). É fácil verificar que isso se dá.]

Em seguida, suponha que um evento A seja constituído por r resultados, $1 \leq r \leq k$, a saber

$$A = \left\{a_{j_1}, a_{j_2},..., a_{j_r}\right\},$$

no qual $j_1, j_2,..., j_r$, representam qualquer um dos r índices, de 1 até k. Consequentemente, conclui-se da Eq. (1.3), Propriedade 4, que

$$P(A) = p_{j_1} + p_{j_2} + ... + p_{j_r}. \tag{2.1}$$

Para resumir: A atribuição de probabilidades P_i a cada evento elementar $\{a_i\}$, sujeito às condições (a) e (b) citadas anteriormente, determina unicamente $P(A)$ para cada evento $A \subset S$, no qual $P(A)$ é dado pela Eq. (2.1).

Para avaliarmos os P_j individuais, alguma hipótese referente aos resultados individuais deve ser feita.

Exemplo 2.1. Suponha que somente três resultados sejam possíveis em um experimento, a saber, a_1, a_2, a_3. Além disso, suponha que a_1 seja duas vezes mais provável de ocorrer que a_2, o qual por sua vez é duas vezes mais provável de ocorrer que a_3.

Portanto, $p_1 = 2p_2$ e $p_2 = 2p_3$. Já que $p_1 + p_2 + p_3 = 1$, teremos $4p_3 + 2p_3 + p_3 = 1$, o que finalmente dá

$$p_3 = \frac{1}{7}, \quad p_2 = \frac{2}{7} \quad e \quad p_1 = \frac{4}{7}.$$

Comentário: Na exposição que se segue, empregaremos a expressão "igualmente verossímeis" para significar "igualmente prováveis".

2.2. Resultados Igualmente Verossímeis

A hipótese mais comumente feita para espaços amostrais finitos é a de que todos os resultados sejam igualmente verossímeis. Esta hipótese não pode ser, contudo, tomada como segura; ela deve ser cuidadosamente justificada. Existem muitos experimentos para os quais tal hipótese é assegurada, mas existem também muitas situações experimentais nas quais seria absolutamente errôneo aceitar-se essa suposição. Por exemplo, seria bastante irreal supor que seja igualmente verossímil não ocorrerem chamadas telefônicas em um centro entre 1 e 2 horas da madrugada e entre 17 e 18 horas.

Se todos os k resultados forem igualmente verossímeis, segue-se que cada probabilidade será $p_i = 1/k$. Consequentemente, a condição $p_1 + \ldots + p_k = 1$ torna-se $kp_i = 1$ para todo i. Disto decorre que, para qualquer evento A formado de r resultados, teremos

$$P(A) = r/k.$$

Este método de avaliar $P(A)$ é frequentemente enunciado da seguinte maneira:

$$P(A) = \frac{\text{número de casos favoráveis a } A \text{ pelos quais } \varepsilon \text{ pode ocorrer}}{\text{número total de casos pelos quais } \varepsilon \text{ pode ocorrer}}$$

É muito importante compreender que a expressão de $P(A)$ acima é apenas uma consequência da suposição de que todos os resultados sejam igualmente verossímeis, e ela é aplicável somente quando essa suposição for atendida. Ela certamente não serve como uma definição geral de probabilidade.

Exemplo 2.2. Um dado é lançado e todos os resultados se supõem igualmente verossímeis. O evento A ocorrerá se, e somente se, um número maior do que 4 aparecer, isto é, $A = \{5, 6\}$. Consequentemente, $P(A) = 1/6 + 1/6 = 2/6$.

Exemplo 2.3. Uma moeda equilibrada é atirada duas vezes. Seja A o evento: {aparece uma cara}. Na avaliação de $P(A)$, a análise do problema poderia ser a seguinte: O espaço amostral é $S = \{0, 1, 2\}$ onde cada resultado representa o número de caras que ocorre. Portanto, seria encontrada $P(A) = 1/3$! Esta análise é obviamente incorreta, porque no espaço amostral considerado acima, todos os resultados *não* são igualmente verossímeis. A fim de aplicar os métodos expostos, deveremos considerar em seu lugar o espaço amostral $S' = \{HH, HT, TH, TT\}$, no qual H representa cara, e T coroa. Neste espaço amostral todos os resultados são igualmente verossímeis e, por isso, obteremos como solução correta de nosso problema: $P(A) = 2/4 = 1/2$. Poderíamos empregar corretamente o espaço S da seguinte maneira: Os resultados 0 e 2 são igualmente verossímeis, enquanto o resultado 1 é duas vezes mais provável que qualquer um dos outros. Portanto, $P(A) = 1/2$, o que concorda com a resposta anterior.

Este exemplo ilustra dois aspectos. Primeiro, deveremos estar bastante seguros de que todos os resultados possam supor-se igualmente verossímeis, antes de empregar o procedimento acima. Segundo, poderemos frequentemente, por uma escolha apropriada do espaço amostral, reduzir o problema a outro, em que todos os resultados *sejam* igualmente verossímeis. Sempre que possível, isto deve ser feito porque geralmente torna o cálculo mais simples. Este aspecto será de novo mencionado em exemplos subsequentes.

Muito frequentemente, a maneira pela qual o experimento é executado determina se os resultados possíveis são igualmente verossímeis ou não. Por exemplo, suponha que retiremos um parafuso de uma caixa que contenha três parafusos de tamanhos diferentes. Se simplesmente escolhermos o parafuso estendendo a mão dentro da caixa e apanhando aquele que tocarmos primeiro, é óbvio que o parafuso maior terá maior probabilidade de ser escolhido que os outros dois. No entanto, etiquetando cuidadosamente cada parafuso com um número, escrevendo o número em um cartão, e escolhendo um cartão, tentaremos garantir que cada parafuso tenha de fato a mesma probabilidade de ser escolhido. Assim, poderemos nos meter em enorme trabalho a fim de assegurarmos que a suposição matemática de resultados igualmente verossímeis seja de fato apropriada.

Nos exemplos já vistos e em muitos que se seguirão, trataremos da escolha ao acaso de um ou mais objetos de uma dada coleção de objetos. Definamos esta noção mais precisamente. Suponhamos que se tenha N objetos, a saber $a_1, a_2,..., a_N$.

(a) *Escolher ao acaso um objeto*, dentre N objetos, significa que cada objeto tem a mesma probabilidade de ser escolhido, isto é,

$$\text{Prob (escolher } a_i) = 1/N, \quad i = 1, 2,..., N.$$

(b) *Escolher ao acaso dois objetos*, dentre N objetos, significa que *cada par* de objetos (deixada a ordem à parte) tem a mesma probabilidade de ser escolhido que qualquer outro par. Por exemplo, se devemos escolher ao acaso dois objetos dentre (a_1, a_2, a_3, a_4), obter a_1 e a_2 é então tão provável quanto obter a_2 e a_3 etc. Esta formulação levanta imediatamente a questão de *quantos* pares diferentes existem. Admita-se que existam K desses pares. Então, a probabilidade de cada par seria $1/K$. Logo, veremos como calcular K.

(c) *Escolher ao acaso n objetos* ($n \leq N$) dentre N objetos significa que cada ênupla, a saber $a_{i_1}, a_{i_2},..., a_{i_n}$ é tão provável de ser escolhida quanto qualquer outra ênupla.

Comentário: Já sugerimos acima que se deve tomar extremo cuidado durante o procedimento experimental, para assegurarmos que a suposição matemática de "escolher ao acaso" seja atendida.

2.3. Métodos de Enumeração

Deveremos fazer uma digressão, a esta altura, para aprendermos como enumerar. Considere-se novamente a forma já vista de $P(A)$, a saber $P(A) = r/k$, na qual k é igual ao número total de maneiras pelas quais ε pode ocorrer, enquanto r é igual ao número de maneiras pelas quais A pode ocorrer. Nos exemplos apresentados até aqui, pequena dificuldade foi encontrada para calcular r e k. Mas precisamos estudar situações apenas um pouco mais complicadas, para percebermos a necessidade de alguns procedimentos sistemáticos de contagem ou enumeração.

Exemplo 2.4. Uma partida de cem peças é composta de 20 peças defeituosas e 80 peças perfeitas. Dez dessas peças são escolhidas ao acaso, sem reposição de nenhuma peça escolhida antes que a seguinte seja escolhida. Qual é a probabilidade de que exatamente metade das peças escolhidas seja defeituosa?

Para analisarmos este problema, consideremos o seguinte espaço amostral S. Cada elemento de S é constituído de dez possíveis peças da partida, $(i_1, i_2, ..., i_{10})$. Quantos resultados desses existem? E dentre esses resultados, quantos têm a característica de que exatamente a metade das peças seja defeituosa? Nós, evidentemente, precisamos ter condições de responder a tais questões a fim de resolvermos o problema em estudo. Muitos problemas semelhantes dão origem a questões análogas. Nas poucas seções seguintes, apresentaremos algumas técnicas sistemáticas de enumeração.

A. Regra da Multiplicação. Suponha que um procedimento designado por 1 possa ser executado de n_1 maneiras. Admita-se que um segundo procedimento, designado por 2, possa ser executado de n_2 maneiras. Suponha, também, que cada maneira de executar 1 possa ser seguida por qualquer daquelas para executar 2. Então, o procedimento formado por 1 seguido de 2 poderá ser executado de $n_1 \cdot n_2$ maneiras. Para indicar a validade deste princípio, é mais fácil considerar o seguinte tratamento sistemático.

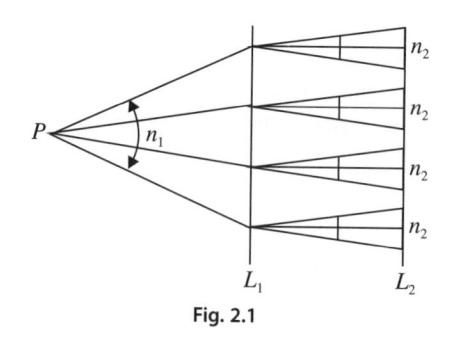

Fig. 2.1

Considerem-se um ponto P e duas retas L_1 e L_2. Admita-se que o procedimento 1 consista em ir de P até L_1, enquanto o procedimento 2 consista em ir de L_1 até L_2. A Fig. 2.1 indica como o resultado final é obtido.

Comentário: Obviamente, esta regra pode ser estendida a qualquer número de procedimentos. Se existirem k procedimentos e o i-ésimo procedimento puder ser executado de n_i maneiras, $i = 1, 2, ..., k$, então o procedimento formado por 1, seguido por 2, ..., seguido pelo procedimento k, poderá ser executado de $n_1 n_2 ... n_k$ maneiras.

Exemplo 2.5. Uma peça manufaturada deve passar por três estações de controle. Em cada estação, a peça é inspecionada para determinada característica e marcada adequadamente. Na primeira estação, três classificações são possíveis, enquanto nas duas últimas, quatro classificações são possíveis. Consequentemente, existem $3 \cdot 4 \cdot 4 = 48$ maneiras pelas quais uma peça pode ser marcada.

B. *Regra da Adição*. Suponha que um procedimento, designado por 1, possa ser realizado de n_1 maneiras. Admita-se que um segundo procedimento, designado por 2, possa ser realizado de n_2 maneiras. Além disso, suponha que *não* seja possível que *ambos* os procedimentos 1 e 2 sejam realizados em conjunto. Então, o número de maneiras pelas quais poderemos realizar ou 1 ou 2 será $n_1 + n_2$.

Novamente, empregaremos um tratamento esquemático para nos convencermos da validade da regra da adição, como a Fig. 2.2 indica.

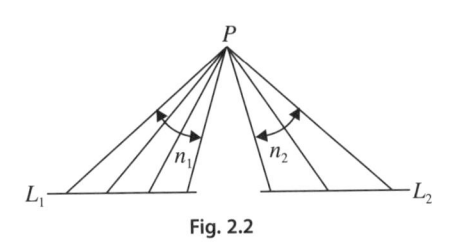

Fig. 2.2

Comentário: Esta regra também pode ser generalizada da seguinte maneira: Se existirem k procedimentos e o i-ésimo procedimento puder ser realizado de n_i maneiras, $i = 1, 2, ...,$ k, então, o número de maneiras pelas quais poderemos realizar *ou* o procedimento 1, *ou* o procedimento 2, *ou* ..., *ou* o procedimento k; é dado por $n_1 + n_2 + ... + n_k$, supondo que dois quaisquer deles não se possam realizar conjuntamente.

Exemplo 2.6. Suponha que estejamos planejando uma viagem e devamos escolher entre o transporte por ônibus ou por trem. Se existirem três rodovias e duas ferrovias, então existirão $3 + 2 = 5$ caminhos disponíveis para a viagem.

C. *Permutações e Arranjos*. (*a*) Suponha que temos n objetos diferentes. De quantas maneiras $_nP_n$ poderemos dispor (permutar) esses objetos? Por exemplo, se tivermos os objetos a, b e c, poderemos considerar as seguintes permutações: *abc, acb, bac, bca, cab* e *cba*. Portanto, a resposta é 6. Considere-se, em geral, o seguinte esquema: Permutar os n objetos equivale a colocá-los dentro de uma caixa com n compartimentos, em alguma ordenação:

1	2	.	.	.	n

O primeiro compartimento pode ser ocupado por qualquer umas das n maneiras, o segundo compartimento por qualquer uma das $(n - 1)$ maneiras, ..., e o último compartimento apenas por uma maneira. Portanto, aplicando-se a regra da multiplicação, vista acima, verifica-se que a caixa poderá ser carregada de n $(n - 1)$ $(n - 2)$ ... 1 maneiras. Este número aparece tão frequentemente em Matemática que se adotam um nome e um símbolo especiais para ele.

Definição. Sendo n um inteiro positivo, definimos $n! = (n)(n - 1)$ $(n - 2)$ ... 1 e o denominamos *fatorial de n*. Também definimos $0! = 1$.

Dessa maneira, o número de permutações de n objetos diferentes é dado por

$$_nP_n = n!$$

(*b*) Considerem-se novamente n objetos *diferentes*. Agora desejamos escolher r desses objetos, $0 \le r \le n$ e permutar os r escolhidos. Denotaremos o número de maneiras de fazer isso (arranjos) por $_nA_r$. Recorremos novamente ao esquema acima, de encher uma caixa de n compartimentos; desta vez simplesmente paramos depois que o compartimento de ordem r tenha sido ocupado. Assim, o primeiro compartimento pode ser preenchido de n maneiras, o segundo de $(n - 1)$ maneiras, ... e o de ordem r de $n - (r - 1)$ maneiras. Portanto, o procedimento completo poderá ser executado, novamente aplicando-se a regra da multiplicação, de

$$n(n - 1) \, (n - 2) \, ... \, (n - r + 1)$$

maneiras. Empregando a notação de fatorial, introduzida acima, poderemos escrever

$$_nA_r = \frac{n!}{(n - r)!} \, .$$

D. Combinações. Considerem-se, novamente, n objetos diferentes. Agora, trataremos da contagem do número de maneiras de escolher r dentre esses n

objetos *sem* considerarmos a ordem. Por exemplo, temos os objetos *a*, *b*, *c*, *d* e *r* = 2; desejamos contar *ab*, *ac*, *ad*, *bc*, *bd* e *cd*; por outras palavras, *não* contaremos *ab* e *ba*, porque os mesmos objetos estão incluídos e somente a ordem é diversa.

Para obtermos o resultado geral, recordaremos a fórmula deduzida acima: o número de maneiras de escolher *r* objetos dentre *n*, e permutar os *r* escolhidos é $n!/(n - r)!$ Seja *C* o número de maneiras de escolher *r* dentre os *n*, não considerada a ordem. (Isto é, *C* é o número procurado.) Observe-se que, uma vez que *r* objetos tenham sido escolhidos, existirão *r*! maneiras de permutá-los. Consequentemente, aplicando-se novamente a regra da multiplicação, juntamente com esse resultado, obteremos

$$Cr! = \frac{n!}{(n - r)!} \,.$$

Portanto, o número de maneiras de escolher *r* dentre *n* objetos diferentes, não se considerando a ordem, é dado por

$$C = \frac{n!}{r!(n - r)!} \,.$$

Este número surge em muitas passagens da Matemática e, por isso, um símbolo especial é empregado para ele. Escreveremos

$$\frac{n!}{r!(n - r)!} = \binom{n}{r}$$

Para nossos objetivos atuais, $\binom{n}{r}$ somente fica definido para *n* inteiro positivo e *r* um inteiro tal que $0 \leq r \leq n$. Contudo, poderemos definir $\binom{n}{r}$ de modo mais geral, para qualquer número real *n* e para qualquer inteiro não negativo *r*, na forma seguinte:

$$\binom{n}{r} = \frac{n(n - 1)(n - 2) \cdots (n - r + 1)}{r!} \,.$$

Os números $\binom{n}{r}$ são frequentemente denominados *coeficientes binomiais*, porque eles aparecem como coeficientes no desenvolvimento da expressão binomial $(a + b)^n$. Se *n* for um inteiro positivo, $(a + b)^n = (a + b)(a + b) \ldots (a + b)$. Quando a multiplicação tiver sido executada, cada termo será formado de *k* elementos *a*, e de $(n - k)$ elementos *b*, *k* = 0, 1, 2, ..., *n*. Quantos termos da forma $a^k b^{n-k}$ existirão? Simplesmente contaremos o número de maneiras possíveis de escolher k dentre os n elementos a, deixando de lado a ordem. Mas isto é justamente dado por $\binom{n}{k}$. Daí obtermos o que é conhecido como o *teorema binominal*:

$$(a + b)^n = \sum_{k=0}^{n} \binom{n}{k} a^k b^{n-k}. \tag{2.2}$$

Os números $\binom{n}{r}$ apresentam muitas propriedades interessantes, apenas duas das quais mencionaremos aqui: (A menos que se diga expressamente de modo diverso, admitiremos que n seja inteiro positivo e r um inteiro, $0 \le r \le n$.)

$$(a)\ \binom{n}{r} = \binom{n}{n-r}, \qquad (b)\ \binom{n}{r} = \binom{n-1}{r-1} + \binom{n-1}{r}$$

É fácil verificar algebricamente as duas identidades acima. Basta desenvolverem-se, em cada uma, o primeiro e o segundo membros, e verificar que são iguais.

Existe, contudo, outra maneira de verificar essas identidades, que emprega a interpretação que demos para $\binom{n}{r}$, a saber, o número de maneiras de escolher r dentre n coisas.

(*a*) Quando escolhemos r dentre n coisas, estamos ao mesmo tempo deixando $(n - r)$ coisas não escolhidas, e, por isso, escolher r dentre n é equivalente a escolher $(n - r)$ dentre n. Ora, isso é exatamente a primeira identidade a verificar.

(*b*) Vamos fixar um qualquer dos n objetos, por exemplo o primeiro, a_1. Ao escolher r objetos, a_1 estará incluído ou estará excluído, mas não ambas as coisas. Portanto, ao contar o número de maneiras de escolher r objetos, poderemos aplicar a Regra da Adição, explicada anteriormente.

Se a_1 for excluído, então deveremos escolher os r objetos desejados dentre os restantes $(n - 1)$ objetos, e existem $\binom{n-1}{r}$ maneiras de se fazer isso.

Se a_1 for incluído, então somente $(r - 1)$ mais objetos devem ser escolhidos dentre os restantes $(n - 1)$ objetos e isto pode ser feito de $\binom{n-1}{r-1}$ maneiras. Consequentemente, o número procurado é a *soma* desses dois, o que verifica a segunda identidade.

Comentário: Neste contexto, os coeficientes binomiais $\binom{n}{k}$ têm sentido somente se n e k forem inteiros não negativos, com $0 \leq k \leq n$. Todavia, se escrevermos

$$\binom{n}{k} = \frac{n!}{k!(n-k)!} = \frac{n(n-1)\dots(n-k+1)}{k!},$$

observaremos que a última expressão tem sentido se n for qualquer número real e k for qualquer inteiro não negativo. Portanto

$$\binom{-3}{5} = \frac{(-3)(-4)\dots(-7)}{5!}$$

e assim por diante.

Empregando esta versão estendida dos coeficientes binomiais, poderemos estabelecer a *forma generalizada do teorema binomial*:

$$(1+x)^n = \sum_{k=0}^{\infty} \binom{n}{k} x^k$$

Esta série tem significado para qualquer n real e para todo x tal que $|x| < 1$. Observe-se que, se n for um inteiro positivo, a série infinita se reduz a um número finito de termos, porque, neste caso, $\binom{n}{k} = 0$ se $k > n$.

Exemplo 2.7. (*a*) Dentre oito pessoas, quantas comissões de três membros podem ser escolhidas? Desde que duas comissões sejam a mesma comissão se forem constituídas pelas mesmas pessoas (não se levando em conta a ordem em que sejam escolhidas), teremos $\binom{8}{3} = 56$ comissões possíveis.

(*b*) Com oito bandeiras diferentes, quantos sinais feitos com três bandeiras se podem obter? Este problema parece-se muito com o anterior. No entanto, aqui a ordem acarreta diferença e, por isso, obteremos $8!/5! = 336$ sinais.

(*c*) Um grupo de oito pessoas é formado de cinco homens e três mulheres. Quantas comissões de três pessoas podem ser constituídas, incluindo exatamente dois homens? Aqui deveremos fazer duas coisas: Escolher dois homens (dentre cinco) e escolher uma mulher (dentre três). Daí obteremos como número procurado $\binom{5}{2} \cdot \binom{3}{1} = 30$ comissões.

(*d*) Agora poderemos verificar uma afirmação feita anteriormente, a saber, a de que o número de subconjuntos (ou partes) de um conjunto constituído de n elementos é igual a 2^n (contados o conjunto vazio e o próprio conjunto).

Simplesmente associemos a cada elemento o valor um ou zero, conforme esse elemento deva ser incluído ou excluído do subconjunto. Existem duas maneiras de rotular cada elemento e existem ao todo n desses elementos. Daí a regra da multiplicação nos dizer que existem $2 \cdot 2 \cdot 2 \cdots 2 = 2^n$ rotulações possíveis. Mas cada rotulação particular representa uma escolha de um subconjunto. Por exemplo, $(1, 1, 0, 0, 0, ..., 0)$ constituiria o subconjunto formado exatamente por a_1 e a_2. Ainda, $(1, 1, ..., 1)$ representaria o próprio S, e $(0, 0, ..., 0)$ representaria o conjunto vazio.

(*e*) Poderíamos obter o resultado acima, pelo emprego da Regra da Adição, na forma seguinte: Para obter subconjuntos, deveremos escolher o conjunto vazio, aqueles subconjuntos constituídos exatamente por um elemento, aqueles constituídos exatamente por dois elementos, ..., e o próprio conjunto constituído por todos os n elementos. Isto seria feito de

$$\binom{n}{0} + \binom{n}{1} + \binom{n}{2} + ... + \binom{n}{n}$$

maneiras. Ora, a soma desses coeficientes binomiais é exatamente o desenvolvimento de $(1 + 1)^n = 2^n$.

Voltemos agora ao Ex. 2.4. De uma partida formada por 20 peças defeituosas e 80 peças perfeitas, escolhemos ao acaso 10 (sem reposição). O número de maneiras de fazer isso é $\binom{100}{10}$. Daí, a probabilidade de achar exatamente 5 peças defeituosas e 5 perfeitas entre as 10 escolhidas será dada por

$$\frac{\binom{20}{5} \binom{80}{5}}{\binom{100}{10}}.$$

Por meio de logaritmos de fatoriais (os quais se acham tabulados), a expressão acima pode ser avaliada como igual a 0,021.

Exemplo 2.8. Vamos generalizar o problema acima. Admitamos que temos N peças. Se escolhermos ao acaso n delas, sem reposição, teremos $\binom{N}{n}$ diferentes amostras possíveis, todas elas com a mesma probabilidade de serem escolhidas. Se as N peças forem formadas por r_1 da classe A e r_2 da classe B

(com $r_1 + r_2 = N$), então, a probabilidade de que as n peças escolhidas sejam exatamente s_1 da classe A e $(n - s_1)$ da classe B será dada por

$$\frac{\binom{r_1}{s_1}\binom{r_2}{n - s_1}}{\binom{N}{n}}.$$

(A expressão acima se denomina *probabilidade hipergeométrica*, e será ainda reencontrada.)

Comentário: É muito importante especificar, quando falarmos de peças extraídas ao acaso, se a escolha é *com* ou *sem reposição*. Na maioria dos casos concretos, pretenderemos a última. Por exemplo, quando inspecionamos certo número de peças manufaturadas a fim de descobrirmos quantas defeituosas poderão existir, geralmente não tencionaremos examinar a mesma peça duas vezes. Já dissemos que o número de maneiras de escolher r coisas dentre n, não considerada a ordem, é dado por $\binom{n}{r}$. O número de maneiras de escolher r coisas dentre n, com reposição, é dado por n^r. Neste caso, estaremos interessados na ordem em que as peças sejam escolhidas.

Exemplo 2.9. Admitamos que se escolham ao acaso dois objetos, dentre os quatro denominados a, b, c e d.

(*a*) Se escolhermos sem reposição, o espaço amostral S poderá ser representado da forma abaixo:

$$S = \{(a, b); (a, c); (b, c); (b, d); (c, d); (a, d)\}.$$

Existem $\binom{4}{2} = 6$ resultados possíveis. Cada um desses resultados indica somente *quais* os dois objetos que foram escolhidos e *não* a ordem em que eles foram escolhidos.

(*b*) Se escolhermos com reposição, o espaço amostral S' poderá ser representado por:

$$S' = \begin{cases} (a, a); (a, b); (a, c); (a, d); (b, a); (b, b); (b, c); (b, d); \\ (c, a); (c, b); (c, c); (c, d); (d, a); (d, b); (d, c); (d, d) \end{cases}.$$

Existem $4^2 = 16$ resultados possíveis. Aqui, cada um desses resultados indica quais objetos foram escolhidos *e* a ordem em que eles o foram. Escolher ao acaso implica que, se escolhermos sem reposição, todos os resultados em S serão igualmente verossímeis, enquanto se escolhermos com reposição, então todos os resultados em S' serão igualmente verossímeis. Portanto, se A for o evento {o objeto c é escolhido}, então teremos: De S, $P(A) = 3/6 = 1/2$ se escolhermos sem reposição; e de S', $P(A) = 7/16$ se escolhermos com reposição.

E. *Permutações com Alguns Elementos Repetidos*. Em todas as técnicas de enumeração já apresentadas, admitimos que todos os objetos considerados fossem diferentes (isto é, distinguíveis). No entanto, não é sempre essa a situação que ocorre.

Suponha, a seguir, que temos n objetos, tais que n_1 sejam de uma primeira espécie, n_2 de uma segunda espécie, ..., n_k de uma k-ésima espécie, com $n_1 + n_2 + ... + n_k = n$. Nesse caso, o número de permutações possíveis desses n objetos é dado por

$$\frac{n!}{n_1!n_2!...n_k!}.$$

Deixa-se ao leitor a dedução dessa fórmula. Note-se que, se todos os objetos *fossem* diferentes, teríamos $n_i = 1$, $i = 1, 2, ..., k$, e, consequentemente, a fórmula acima se reduziria a $n!$, que é o resultado obtido anteriormente.

Comentário: Devemos salientar mais uma vez que a atribuição realística de probabilidades a resultados individuais de um espaço amostral (ou a uma coleção de resultados, isto é, um evento) constitui alguma coisa que não pode ser deduzida matematicamente, mas que deve ser originada de outras considerações. Por exemplo, poderemos recorrer a determinados traços simétricos do experimento para averiguar se todos os resultados são igualmente prováveis. Além disso, poderemos construir um procedimento de amostragem (por exemplo, escolhendo um ou vários indivíduos de uma população especificada) de tal maneira que seja razoável admitir que todas as escolhas sejam igualmente prováveis. Em muitos outros casos, quando nenhuma suposição básica natural seja apropriada, deveremos recorrer à aproximação da frequência relativa. Repetiremos o experimento n vezes e, em seguida, calcularemos a proporção de vezes em que o resultado (ou evento) em estudo tenha ocorrido. Ao empregar isto como uma aproximação, sabemos que é bastante improvável que esta frequência relativa difira da "verdadeira" probabilidade (cuja existência tenha sido especificada por nosso modelo teórico), de um valor apreciável, se n for suficientemente grande. Quando for impossível estabelecer suposições razoáveis sobre a probabilidade de um resultado e também impossível repetir o experimento um grande número de vezes (em virtude de considerações de custo ou de tempo, por exemplo), será realmente bastante sem sentido prosseguir com um estudo probabilístico do experimento, exceto em uma base puramente teórica. (Para um comentário adicional sobre este mesmo ponto, veja a Seção 13.5.)

Problemas

2.1. O seguinte grupo de pessoas está numa sala: 5 homens maiores de 21 anos; 4 homens com menos de 21 anos; 6 mulheres maiores de 21 anos, e 3 mulheres menores. Uma pessoa é escolhida ao acaso. Definem-se os seguintes eventos: A = {a pessoa é maior de 21 anos}; B = {a pessoa é menor de 21 anos}; C = {a pessoa é homem}; D = {a pessoa é mulher}. Calcule:

(a) $P(B \cup D)$ (b) $P(\bar{A} \cap \bar{C})$

2.2. Em uma sala, 10 pessoas estão usando emblemas numerados de 1 até 10. Três pessoas são escolhidas ao acaso e convidadas a saírem da sala simultaneamente. O número de seu emblema é anotado.

(a) Qual é a probabilidade de que o menor número de emblema seja 5?

(b) Qual é a probabilidade de que o maior número de emblema seja 5?

2.3. (a) Suponha que os três dígitos 1, 2 e 3 sejam escritos em ordem aleatória. Qual a probabilidade de que ao menos um dígito ocupe seu lugar próprio?

(b) O mesmo que em (a), com os dígitos 1, 2, 3 e 4.

(c) O mesmo que em (a), com os dígitos 1, 2, 3, ..., n.

Sugestão: Empregue (1.7).

(d) Examine a resposta a (c), quando n for grande.

2.4. Uma remessa de 1.500 arruelas contém 400 peças defeituosas e 1.100 perfeitas. Duzentas arruelas são escolhidas ao acaso (sem reposição) e classificadas.

(a) Qual a probabilidade de que sejam encontradas exatamente 90 peças defeituosas?

(b) Qual a probabilidade de que se encontrem ao menos 2 peças defeituosas?

2.5. Dez fichas numeradas de 1 até 10 são misturadas em uma urna. Duas fichas, numeradas (X, Y), são extraídas da urna, sucessivamente e sem reposição. Qual é a probabilidade de que seja $X + Y = 10$?

2.6. Um lote é formado de 10 artigos bons, 4 com defeitos menores e 2 com defeitos graves. Um artigo é escolhido ao acaso. Ache a probabilidade de que:

(a) Ele não tenha defeitos.

(b) Ele não tenha defeitos graves.

(c) Ele ou seja perfeito ou tenha defeitos graves.

2.7. Se do lote de artigos descrito no Problema 2.6, dois artigos forem escolhidos (sem reposição), ache a probabilidade de que:

(a) Ambos sejam perfeitos. (b) Ambos tenham defeitos graves. (c) Ao menos um seja perfeito. (d) No máximo um seja perfeito. (e) Exatamente um seja perfeito. (j) Nenhum deles tenha defeitos graves. (g) Nenhum deles seja perfeito.

2.8. Um produto é montado em três estágios. No primeiro estágio, existem 5 linhas de montagem; no segundo estágio, existem 4 linhas de montagem e no terceiro estágio, existem 6 linhas de montagem. De quantas maneiras diferentes poderá o produto se deslocar durante o processo de montagem?

2.9. Um inspetor visita 6 máquinas diferentes durante um dia. A fim de evitar que os operários saibam quando ele os irá inspecionar, o inspetor varia a ordenação de suas visitas. De quantas maneiras isto poderá ser feito?

2.10. Um mecanismo complexo pode falhar em 15 estágios. De quantas maneiras poderá ocorrer que ele falhe em 3 estágios?

2.11. Existem 12 categorias de defeitos menores de uma peça manufaturada, e 10 tipos de defeitos graves. De quantas maneiras poderão ocorrer 1 defeito menor e 1 grave? E 2 defeitos menores e 2 graves?

2.12. Um mecanismo pode ser posto em uma dentre quatro posições: a, b, c e d. Existem 8 desses mecanismos incluídos em um sistema.

    (a) De quantas maneiras esse sistema pode ser disposto?

    (b) Admita que esses mecanismos sejam instalados em determinada ordem (linear) preestabelecida. De quantas maneiras o sistema poderá ser disposto, se dois mecanismos adjacentes não estiverem em igual posição?

    (c) Quantas maneiras de dispor serão possíveis, se somente as posições a e b forem usadas, e o forem com igual frequência?

    (d) Quantas maneiras serão possíveis, se somente duas posições forem usadas, e dessas posições uma ocorrer três vezes mais frequentemente que a outra?

2.13. Suponha que de N objetos, n sejam escolhidos ao acaso, *com* reposição. Qual será a probabilidade de que nenhum objeto seja escolhido mais do que uma vez? (Admita $n < N$.)

2.14. Com as seis letras a, b, c, d, e, f quantas palavras-código de 4 letras poderão ser formadas se:

    (a) Nenhuma letra puder ser repetida?

    (b) Qualquer letra puder ser repetida qualquer número de vezes?

2.15. Supondo que $\binom{99}{5} = a$ e $\binom{99}{4} = b$, expresse $\binom{100}{95}$ em termos de a e b. (*Sugestão: Não* calcule as expressões acima, para resolver o problema.)

2.16. Uma caixa contém etiquetas numeradas 1, 2, ..., n. Duas etiquetas são escolhidas ao acaso. Determine a probabilidade de que os números das etiquetas sejam inteiros consecutivos se:

    (a) As etiquetas forem escolhidas sem reposição.

    (b) As etiquetas forem escolhidas com reposição.

2.17. Quantos subconjuntos se podem formar, contendo ao menos um elemento, de um conjunto de 100 elementos?

2.18. Um inteiro é escolhido ao acaso, dentre os números 1, 2, ..., 50. Qual será a probabilidade de que o número escolhido seja divisível por 6 ou por 8?

2.19. Dentre 6 números positivos e 8 negativos, escolhem-se ao acaso 4 números (sem reposição) e multiplicam-se esses números. Qual será a probabilidade de que o produto seja um número positivo?

2.20. Determinado composto químico é obtido pela mistura de 5 líquidos diferentes. Propõe-se despejar um líquido em um tanque e, em seguida, juntar os outros líquidos sucessivamente. Todas as sequências possíveis devem ser ensaiadas, para verificar-se qual delas dará o melhor resultado. Quantos ensaios deverão ser efetuados?

2.21. Um lote contém n peças, das quais se sabe serem r defeituosas. Se a ordem da inspeção das peças se fizer ao acaso, qual a probabilidade de que a peça inspecionada em k-ésimo lugar ($k \geq r$) seja a última peça defeituosa contida no lote?

2.22. Dentre os números 0, 1, 2, ..., 9 são escolhidos ao acaso (sem reposição) r números ($0 < r < 10$). Qual é a probabilidade de que não ocorram dois números iguais?

Probabilidade Condicionada e Independência

3.1. Probabilidade Condicionada

Vamos reexaminar a diferença entre extrair uma peça de um lote, ao acaso, com ou sem reposição. No Ex. 2.4, o lote estudado tinha a seguinte composição: 80 não defeituosas e 20 defeituosas. Suponha que escolhemos duas peças desse lote: (*a*) com reposição; (*b*) sem reposição.

Definamos os dois eventos seguintes:

A = {a primeira peça é defeituosa}; B = {a segunda peça é defeituosa}.

Se estivermos extraindo *com* reposição, $P(A) = P(B) = 20/100 = 1/5$, porque cada vez que extrairmos do lote, existirão 20 peças defeituosas no total de 100. No entanto, se estivermos extraindo *sem* reposição, os resultados não serão tão imediatos. É ainda verdade, naturalmente, que $P(A) = 1/5$. Mas e sobre $P(B)$? É evidente que, a fim de calcularmos $P(B)$, deveremos conhecer a composição do lote *no momento de se extrair a segunda peça*. Isto é, deveremos saber se A ocorreu ou não. Este exemplo mostra a necessidade de se introduzir o seguinte importante conceito.

Sejam A e B dois eventos associados ao experimento ε. Denotaremos por $P(B \mid A)$ a *probabilidade condicionada* do evento B, *quando A tiver ocorrido*.

No exemplo acima, $P(B \mid A) = 19/99$, porque se A tiver ocorrido, então para a segunda extração restarão somente 99 peças, das quais 19 delas serão defeituosas.

Sempre que calcularmos $P(B \mid A)$, estaremos essencialmente calculando $P(B)$ em relação ao *espaço amostral reduzido A*, em lugar de fazê-lo em relação ao espaço amostral original S. Consideremos o Diagrama de Venn da Fig. 3.1.

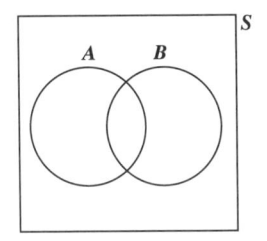

Fig. 3.1

Quando calcularmos $P(B)$ estaremos nos perguntando quão provável será estarmos em B, sabendo que devemos estar em S. E quando calcularmos $P(B \mid A)$ estaremos perguntando quão provável será estarmos em B, sabendo que devemos estar em A. (Isto é, o espaço amostral ficou *reduzido* de S para A.) Logo, daremos uma definição rigorosa de $P(B \mid A)$. Por enquanto, contudo, empregaremos nossa noção intuitiva de probabilidade condicionada e daremos um exemplo.

Exemplo 3.1. Dois dados equilibrados são lançados, registrando-se o resultado como (x_1, x_2), no qual x_i é o resultado do i-ésimo dado, $i = 1, 2$. Por isso, o espaço amostral S pode ser representado pela seguinte lista de 36 resultados igualmente prováveis.

$$S = \begin{cases} (1,1) & (1,2) & \cdots & (1,6) \\ (2,1) & (2,2) & \cdots & (2,6) \\ \vdots & & & \vdots \\ (6,1) & (6,2) & \cdots & (6,6) \end{cases}.$$

Consideremos os dois eventos seguintes:

$$A = \{(x_1, x_2) \mid x_1 + x_2 = 10\}, \quad B = \{(x_1, x_2) \mid x_1 > x_2\}.$$

Assim, $A = \{(5, 5), (4,6), (6, 4)\}$ e $B = \{(2, 1), (3, 1), (3, 2), ..., (6,5)\}$.

Portanto, $P(A) = \dfrac{3}{36}$ e $P(B) = \dfrac{15}{36}$. E $P(B \mid A) = \dfrac{1}{3}$, uma vez que o espaço amostral é, agora, formado por A (isto é, três resultados), e somente um desses três resultados é coerente com o evento B. De modo semelhante, poderemos calcular $P(A|B) = 1/15$.

Finalmente, vamos calcular $P(A \cap B)$. O evento $A \cap B$ ocorre se, e somente se, a soma dos dois dados for 10 *e* se o primeiro dado tiver apresentado um valor maior que o segundo dado. Existe apenas *um* desses resultados e, por isso, $P(A \cap B) = 1/36$. Se fizermos um exame cuidadoso dos vários números já calculados, concluiremos que

$$P(A \mid B) = \frac{P(A \cap B)}{P(B)} \quad e \quad P(B \mid A) = \frac{P(A \cap B)}{P(A)}.$$

Essas relações não surgiram apenas do particular exemplo que considerramos. Ao contrário, elas são bastante gerais, e nos dão um caminho para *definir rigorosamente* a probabilidade condicionada.

Para sugerir essa definição, voltemos ao conceito de frequência relativa. Admitamos que um experimento ε tenha sido repetido n vezes. Sejam n_A, n_B e $n_{A \cap B}$ o número de vezes que, respectivamente, os eventos A, B e $A \cap B$ tenham ocorrido em n repetições. Qual o significado de $n_{A \cap B}/n_A$? Representa a frequência relativa de B naqueles resultados em que A tenha ocorrido. Isto é, $n_{A \cap B}/n_A$ é a frequência relativa de B, condicionada a que A tenha ocorrido. Poderemos escrever $n_{A \cap B}/n_A$, da seguinte forma:

$$\frac{n_{A \cap B}}{n_A} = \frac{n_{A \cap B}/n}{n_A/n} = \frac{f_{A \cap B}}{f_A},$$

na qual $f_{A \cap B}$ e f_A são as frequências relativas dos eventos $A \cap B$ e A, respectivamente. Como já dissemos (e explicaremos mais tarde) se n, o número de repetições for grande, $f_{A \cap B}$ será próxima de $P(A \cap B)$ e f_A será próxima de $P(A)$. Consequentemente, a relação acima sugere que $n_{A \cap B}/n_A$ será próxima de $P(B \mid A)$. Por isso, estabeleceremos a seguinte definição:

Definição.

$$P(B \mid A) = \frac{P(A \cap B)}{P(A)}, \text{ desde que } P(A) > 0. \tag{3.1}$$

Comentários: (*a*) É importante compreender que isso não é um teorema (não demonstramos coisa alguma), nem é um axioma. Apenas introduzimos a noção intuitiva de probabilidade condicionada e, depois, estabelecemos uma definição formal daquilo que essa noção significa. O fato de que nossa definição formal corresponde à nossa noção intuitiva é fundamentado pelo parágrafo que precede à definição.

(*b*) É assunto simples verificar que $P(B \mid A)$ para A fixado, satisfaz aos vários postulados de probabilidade da Eq. (1.3). (Ver Probl. 3.22.) Isto é, temos

(1') $0 \leq P(B|A) \leq 1$,

(2') $P(S|A) = 1$,

(3') $P(B_1 \cup B_2|A) \ P(B_1|A) + P(B_2|A)$ se $B_1 \cap B_2 = \emptyset$,   (3.2)

(4') $P(B_1 \cup B_2 \cup ... |A) = P(B_1|A) + P(B_2|A) + ...$ se $B_i \cap B_j = \emptyset$ para $i \neq j$.

(*c*) Se $A = S$, $P(B \mid S) = P(B \cap S) \mid P(S) = P(B)$.

(*d*) A cada evento $B \subset S$ poderemos associar dois números, $P(B)$, a probabilidade (não condicionada) de B, e $P(B \mid A)$, a probabilidade condicionada de B, desde que algum evento A (para o qual $P(A) > 0$) tenha ocorrido. Em geral, essas duas medidas de probabilidade atribuirão probabilidades diferentes ao evento *B*, como indicaram os exemplos precedentes. Dentro em breve, estudaremos um caso especial importante, para o qual $P(B)$ e $P(B \mid A)$ serão iguais.

(*e*) Observe-se que a probabilidade condicionada está definida em termos da medida de probabilidade não condicionada *P*, isto é, se conhecermos $P(B)$ para todo $B \subset S$, poderemos calcular $P(B \mid A)$ para todo $B \subset S$.

Deste modo, temos duas maneiras de calcular a probabilidade condicionada $P(B \mid A)$:

(*a*) Diretamente, pela consideração da probabilidade de *B* em relação ao espaço amostral reduzido *A*.

(*b*) Empregando a definição acima, na qual $P(A \cap B)$ e $P(A)$ são calculados em relação ao espaço amostral original *S*.

Comentário: Se $A = S$, obteremos $P(B \mid S) = P(B \cap S)/P(S) = P(B)$, porque $P(S) = 1$ e $B \cap S = B$. Isto é como seria de se esperar, porque dizer que *S* ocorreu é apenas dizer que o experimento *foi* realizado.

Tab. 3.1

	E	M	
N	40	30	70
U	20	10	30
	60	40	100

Exemplo 3.2. Suponha que um escritório possua 100 máquinas de calcular. Algumas dessas máquinas são elétricas (*E*), enquanto outras são manuais (*M*); e algumas são novas (*N*), enquanto outras são muito usadas (*U*). A Tab. 3.1 dá o número de máquinas de cada categoria. Uma pessoa entra no escritório, pega uma máquina ao acaso, e descobre que é nova. Qual será a probabilidade de que seja elétrica? Em termos da notação introduzida, desejamos calcular $P(E \mid N)$.

Considerando-se somente o espaço amostral reduzido *N* (isto é, as 70 máquinas novas), temos $P(E \mid N) = 40/70 = 4/7$. Empregando a definição de probabilidade condicionada, temos que

$$P(E \mid N) = \frac{P(E \cap N)}{P(N)} = \frac{40/100}{70/100} = \frac{4}{7}.$$

A mais importante consequência da definição de probabilidade condicionada acima é obtida ao se escrever:

$P(A \cap B) = P(B \mid A)P(A)$ ou, equivalentemente,

$$P(A \cap B) = P(A \mid B)P(B) \tag{3.3.a}$$

Isto é, algumas vezes, mencionado como o *teorema da multiplicação* de probabilidades.

Podemos aplicar esse teorema para calcular a probabilidade da ocorrência conjunta dos eventos A e B.

Exemplo 3.3. Consideremos novamente o lote formado de 20 peças defeituosas e 80 não defeituosas, estudado no início da Seção 3.1. Se escolhermos ao acaso duas peças, sem reposição, qual será a probabilidade de que ambas as peças sejam defeituosas?

Como anteriormente, definamos os eventos A e B, na seguinte forma.

$A = \{$a primeira peça é defeituosa$\}$; $B = \{$a segunda peça é defeituosa$\}$.

Consequentemente, pediremos $P(A \cap B)$, que poderemos calcular, de acordo com a fórmula acima, como $P(B \mid A) \, P(A)$. Mas, $P(B \mid A) = 19/99$, enquanto $P(A) = 1/5$. Portanto, $P(A \cap B) = 19/495$.

Comentário: O teorema da multiplicação de probabilidades (3.3.a) pode ser generalizado para mais de dois eventos, da seguinte maneira:

$$P[A_1 \cap A_2 \cap ... \cap A_n] =$$
$$= P(A_1) \, P(A_2 \mid A_1) \, P(A_3 \mid A_1, A_2) \, ... \, P(A_n \mid A_1, ... \, A_{n-1}). \tag{3.3.b}$$

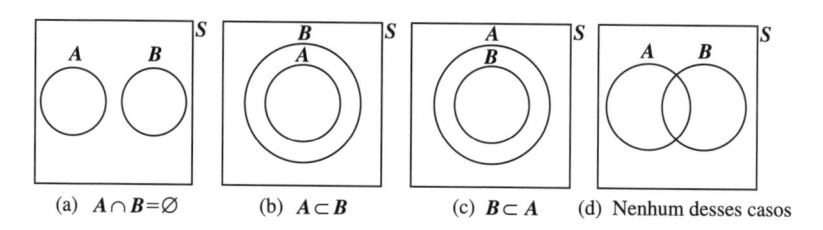

(a) $A \cap B = \varnothing$ (b) $A \subset B$ (c) $B \subset A$ (d) Nenhum desses casos

Fig. 3.2

Examinemos agora, rapidamente, se poderemos fazer uma afirmação geral sobre a grandeza relativa de $P(A \mid B)$ e $P(A)$. Consideraremos quatro casos, que estão ilustrados pelos Diagramas de Venn, na Fig. 3.2. Teremos:

(a) $P(A \mid B) = 0 \le P(A)$, porque A não poderá ocorrer se B tiver ocorrido.

(b) $P(A \mid B) = P(A \cap B)/P(B) = [P(A)|P(B)] \geq P(A)$, já que $0 \leq P(B) \leq 1$.

(c) $P(A \mid B) = P(A \cap B)/P(B) = P(B)/P(B) = 1 \geq P(A)$.

(d) Neste caso nada poderemos afirmar sobre a grandeza relativa de $P(A \mid B)$ e $P(A)$.

Observe-se que em dois dos casos acima, $P(A) \leq P(A \mid B)$; em um caso, $P(A) \geq P(A \mid B)$; e no quarto caso, não podemos fazer nenhuma comparação.

Até aqui, empregamos o conceito de probabilidade condicionada a fim de avaliar a probabilidade de ocorrência conjunta de dois eventos. Poderemos aplicar esse conceito em outra maneira de calcular a probabilidade de um evento simples A. Necessitaremos da seguinte definição:

Definição. Dizemos que os eventos B_1, B_2, ..., B_k representam uma *partição* do espaço amostral S, quando

(a) $B_i \cap B_j = \emptyset$, para todo $i \neq j$.

(b) $\bigcup_{i=1}^{k} B_i = S$.

(c) $P(B_i) > 0$ para todo i.

Explicando: Quando o experimento ε é realizado *um, e somente um*, dos eventos B_i ocorre.

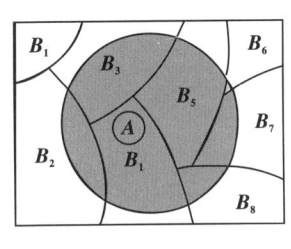

Fig. 3.3

(Por exemplo: Na jogada de um dado, $B_1 = \{1, 2\}$, $B_2 = \{3, 4, 5\}$ e $B_3 = \{6\}$ representariam uma partição do espaço amostral, enquanto $C_1 = \{1, 2, 3, 4\}$ e $C_2 = \{4, 5, 6\}$ não o representariam.)

Consideremos A um evento qualquer referente a S, e $B_1, B_2, ..., B_k$ uma partição de S. O Diagrama de Venn na Fig. 3.3 ilustra isso para $k = 8$. Portanto, poderemos escrever

$$A = A \cap B_1 \cup A \cap B_2 \cup ... \cup A \cap B_k.$$

Naturalmente, alguns dos conjuntos $A \cap B_j$ poderão ser vazios, mas isso não invalida essa decomposição de A. O ponto importante é que todos os eventos $A \cap B_1$, ..., $A \cap B_k$ são dois a dois mutuamente excludentes. Por isso, poderemos aplicar a propriedade da adição de eventos mutuamente excludentes [Eq. (1.3)], e escrever

$$P(A) = P(A \cap B_1) + P(A \cap B_2) + \dots + P(A \cap B_k).$$

Contudo, cada termo $P(A \cap B_j)$ pode ser expresso na forma $P(A \mid B_j) \cdot P(B_j)$ e, daí, obteremos o que se denomina o teorema da *probabilidade total*:

$$P(A) = P(A \mid B_1) P(B_1) + P(A \mid B_2)P(B_2) + \dots + P(A \mid B_k)P(B_k). \quad (3.4)$$

Este resultado representa uma relação extremamente útil, porque frequentemente, quando $P(A)$ é pedida, pode ser difícil calculá-la diretamente. No entanto, com a informação adicional de que B_j tenha ocorrido, seremos capazes de calcular $P(A \mid B_j)$ e, em seguida, empregar a fórmula acima.

Exemplo 3.4. Consideremos (pela última vez) o lote de 20 peças defeituosas e 80 não defeituosas, do qual extrairemos duas peças, *sem reposição*. Novamente definindo-se A e B como iguais a

$$A = \{\text{a primeira peça extraída é defeituosa}\},$$

$$B = \{\text{a segunda peça extraída é defeituosa}\},$$

poderemos, agora, calcular $P(B)$, assim:

$$P(B) = P(B \mid A)P(A) + P(B \mid \overline{A})P(\overline{A}).$$

Empregando alguns dos cálculos realizados no Ex. 3.3, encontramos que

$$P(B) = \frac{19}{99} \cdot \frac{1}{5} + \frac{20}{99} \cdot \frac{4}{5} = \frac{1}{5}$$

Este resultado pode ser um tanto surpreendente, especialmente se o leitor se recordar de que no início da Seção 3.1 encontramos que $P(B) = 1/5$, quando extraímos as peças *com* reposição.

Exemplo 3.5. Uma determinada peça é manufaturada por três fábricas, digamos 1, 2 e 3. Sabe-se que 1 produz o dobro de peças que 2, e 2 e 3 produziram o mesmo número de peças (durante um período de produção especificado). Sabe-se também que 2% das peças produzidas por 1 e por 2 são defeituosas, enquanto 4% daquelas produzidas por 3 são defeituosas. Todas as peças produzidas são colocadas em um depósito, e depois uma peça é extraída ao acaso. Qual é a probabilidade de que essa peça seja defeituosa?

Vamos introduzir os seguintes eventos: $A = \{\text{a peça é defeituosa}\}$, $B_1 = \{\text{a peça provém de 1}\}$, $B_2 = \{\text{a peça provém de 2}\}$, $B_3 = \{\text{a peça provém de 3}\}$.

Pede-se $P(A)$, e empregando-se o resultado anterior, poderemos escrever:

$$P(A) = P(A \mid B_1)P(B_1) + P(A \mid B_2)P(B_2) + P(A \mid B_3)P(B_3).$$

Ora, $P(B_1) = 1/2$, enquanto $P(B_2) = P(B_3) = 1/4$. Também, $P(A \mid B_1) = P(A \mid B_2) = 0,02$, enquanto $P(A \mid B_3) = 0,04$. Levando-se esses valores à expressão acima, encontraremos $P(A) = 0,025$.

Comentário: A seguinte analogia com o teorema da probabilidade total é observada em Química: Suponha-se que temos k frascos contendo diferentes soluções de um mesmo sal totalizando, digamos, um litro. Seja $P(B_i)$ o volume do i-ésimo frasco e seja $P(A \mid B_i)$ a concentração da solução no i-ésimo frasco. Se reunirmos todas as soluções em um só frasco e se $P(A)$ denotar a concentração da solução resultante, teremos:

$$P(A) = P(A \mid B_1)P(B_1) + \ldots + P(A \mid B_k)P(B_k).$$

3.2. Teorema de Bayes

Poderemos empregar o Ex. 3.5 para sugerir outro importante resultado. Suponha que uma peça seja retirada do depósito e se verifique ser ela defeituosa. Qual é a probabilidade de que tenha sido produzida na fábrica 1?

Empregando a notação já introduzida, pede-se $P(B_1 \mid A)$. Poderemos calcular esta probabilidade como uma consequência da seguinte exposição: Seja $B_1, B_2, \ldots, B_k$ uma partição do espaço amostral S e seja A um evento associado a S. Aplicando-se a definição de probabilidade condicionada, poderemos escrever

$$P(B_i \mid A) = \frac{P(A \mid B_i)P(B_i)}{\sum_{j=1}^{k} P(A \mid B_j)P(B_j)} \quad i = 1, 2, \ldots, k. \tag{3.5}$$

Este resultado é conhecido como *Teorema de Bayes*. É também denominado fórmula da probabilidade das "causas" (ou dos "antecedentes"). Desde que os B_i constituam uma partição do espaço amostral um, e somente um, dos eventos B_i ocorrerá. (Isto é, *um* dos eventos B_i deverá ocorrer e *somente um poderá ocorrer*.) Portanto, a expressão acima nos dá a probabilidade de um particular B_i (isto é, uma "causa"), dado que o evento A *tenha* ocorrido. A fim de aplicar esse teorema, deveremos conhecer os valores das $P(B_i)$. Muito frequentemente, esses valores são desconhecidos, e isso limita a aplicabilidade do teorema. Tem havido considerável controvérsia sobre o Teorema de Bayes; ele é perfeitamente correto matematicamente; somente a escolha imprópria dos $P(B_i)$ pode tornar o resultado discutível.

Voltando ao problema proposto acima, e agora aplicando a Eq. (3.5), obtemos:

$$P(B_1 \mid A) = \frac{(0,02)(1/2)}{(0,02)(1/2) + (0,02)(1/4) + (0,04)(1/4)} = 0,40.$$

Comentário: De novo, podemos encontrar para o Teorema de Bayes, uma analogia da Química. Em k frascos, temos soluções do mesmo sal, porém de concentrações diferentes. Admita-se que o volume total das soluções seja um litro. Denotando por $P(B_i)$ o volume da solução do i-ésimo frasco, e a concentração do sal nesse i-ésimo frasco por $P(A \mid B_i)$, verificaremos que a Eq. (3.5) fornece a proporção da quantidade total do sal que é encontrada no i-ésimo frasco.

O seguinte exemplo do Teorema de Bayes nos dará uma oportunidade para introduzir a ideia do *diagrama de árvore*, um esquema bastante útil para analisar determinados problemas.

Suponha-se que um grande número de caixas de bombons sejam compostas de dois tipos, A e B. O tipo A contém 70% de bombons doces e 30% de bombons amargos, enquanto no tipo B essas percentagens de sabor são inversas. Além disso, suponha que 60% de todas as caixas de bombons sejam do tipo A, enquanto as restantes sejam do tipo B.

Você agora se defronta com o seguinte problema de decisão: uma caixa do tipo desconhecido lhe é oferecida. Você terá permissão para tirar uma amostra de bombom (uma situação reconhecidamente irrealística, mas que nos permitirá introduzir ideias importantes, sem ficar muito complicado), e com esta informação você deve decidir se adivinha que a caixa que lhe foi oferecida é do tipo A ou se do tipo B. O seguinte "diagrama de árvore" (assim denominado por causa dos vários passos ou ramos que aparecem) nos ajudará a analisar o problema. (S_d e S_a correspondem, respectivamente, a escolher um bombom de sabor doce ou um bombom de sabor amargo.)

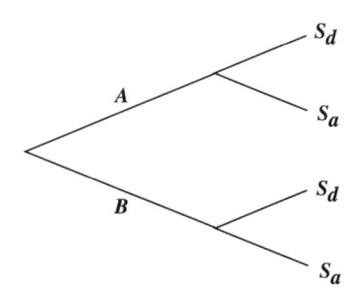

Façamos alguns cálculos:

$P(A) = 0,6; P(B) = 0,4; P(S_d \mid A) = 0,7;$

$P(S_a \mid A) = 0,3; P(S_d \mid B) = 0,3; P(S_a \mid B) = 0,7.$

Desejamos realmente saber:

$$P(A \mid S_d), P(A \mid S_a), P(B \mid S_d) \text{ e } P(B \mid S_a).$$

Suponha que realmente retiremos um bombom de sabor doce. Qual decisão seríamos mais tentados a tomar? Vamos comparar

$$P(A \mid S_d) \text{ e } P(B \mid S_d).$$

Empregando a fórmula de Bayes, teremos

$$P(A \mid S_d) = \frac{P(S_d \mid A)P(A)}{P(S_d \mid A)P(A) + P(S_d \mid B)P(B)} =$$

$$= \frac{(0,7)(0,6)}{(0,7)(0,6) + (0,3)(0,4)} = \frac{7}{9}.$$

Cálculo semelhante dará

$$P(B \mid S_d) = 2/9.$$

Dessa maneira, baseados na evidência que tivemos (isto é, a tirada de um bombom de sabor doce) é $2\frac{1}{2}$ vezes mais provável que estejamos diante de uma caixa do tipo A, em vez de uma do tipo B. Consequentemente, poderíamos presumivelmente decidir que uma caixa do tipo A foi apresentada. (Naturalmente, poderíamos estar errados. A sugestão desta análise é que estaremos escolhendo aquela alternativa que pareça a mais provável, com base na evidência limitada que tivermos.)

Em termos do diagrama de árvore, o que era realmente necessário (e foi feito) era uma análise para o passado. Assim, dado o que foi observado S_d, neste caso qual a probabilidade de que o tipo A seja o envolvido?

Uma situação mais interessante surge, se nos for permitido tirar *dois* bombons antes de decidir se se trata do tipo A ou do tipo B. Neste caso, o diagrama de árvore aparece como na figura a seguir:

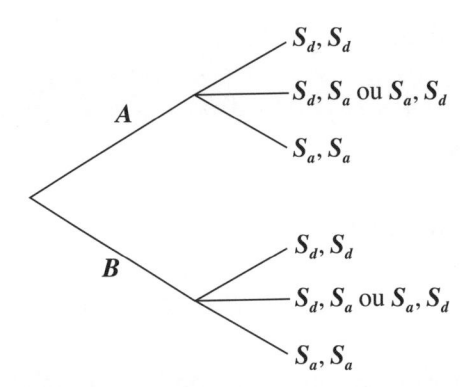

No Probl. 3.26, você será chamado a decidir de qual dos dois tipos, A ou B, você tirou a amostra, na dependência de qual seja observado dentre três resultados experimentais possíveis.

3.3. Eventos Independentes

Já consideramos eventos A e B que não podem ocorrer conjuntamente, isto é, $A \cap B = \emptyset$. Tais eventos são denominados mutuamente excludentes, ou eventos incompatíveis. Observamos que se A e B forem mutuamente excludentes, então $P(A \mid B) = 0$, porque a ocorrência dada de B impede a ocorrência de A. No outro extremo, temos a situação já estudada, na qual $B \supset A$ e, consequentemente, $P(B \mid A) = 1$.

Em cada uma das situações mencionadas, saber que B já ocorreu nos dá alguma informação bastante definida referente à probabilidade de ocorrência de A. Existem, porém, muitas situações nas quais saber que algum evento B ocorreu não tem nenhum interesse quanto à ocorrência ou não ocorrência de A.

Exemplo 3.6. Suponhamos que um dado equilibrado seja jogado duas vezes. Definamos os eventos A e B, da seguinte forma:

$$A = \{\text{o primeiro dado mostra um número par}\},$$
$$B = \{\text{o segundo dado mostra um 5 ou um 6}\}.$$

É intuitivamente compreensível que os eventos A e B são inteiramente não relacionados. Saber que B ocorreu não fornece nenhuma informação sobre a ocorrência de A. De fato, o seguinte cálculo mostra isso. Tomando como nosso espaço amostral os 36 resultados igualmente prováveis, considerados no

Ex. 3.1, encontraremos que $P(A) = 18/36 = 1/2$, $P(B) = 12/36 = 1/3$, enquanto $P(A \cap B) = 6/36 = 1/6$. Consequentemente, $P(A \mid B) = P(A \cap B) / P(B) = (1/6)/(1/3) = 1/2$.

Deste modo, encontramos, como seria de se esperar, que a probabilidade absoluta (ou não condicionada) é igual à probabilidade condicionada $P(A \mid B)$. Semelhantemente,

$$P(B \mid A) = \frac{P(B \cap A)}{P(A)} = \frac{\left(\dfrac{1}{6}\right)}{\left(\dfrac{1}{2}\right)} = \frac{1}{3} = P(B).$$

Daí, poderíamos ser tentados a dizer que A e B serão independentes se, e somente se, $P(A \mid B) = P(A)$ e $P(B \mid A) = P(B)$. Embora isso pudesse ser essencialmente apropriado, existe outra forma de colocar a questão que contorna a dificuldade encontrada aqui, a saber, que tanto $P(A)$ como $P(B)$ devem ser não nulos para que as igualdades acima tenham significado.

Consideremos $P(A \cap B)$, supondo que as probabilidades condicionadas sejam iguais às correspondentes probabilidades absolutas. Teremos:

$$P(A \cap B) = P(A \mid B)P(B) = P(A)P(B),$$

$$P(A \cap B) = P(B \mid A)P(A) = P(B)P(A).$$

Desse modo, desde que nem $P(A)$ nem $P(B)$ sejam iguais a zero, verificamos que as probabilidades absolutas serão iguais às probabilidades condicionadas se, e somente se, $P(A \cap B) = P(A) P(B)$. Em consequência, formulamos a seguinte definição, a qual será também válida quer $P(A)$ ou $P(B)$ seja nulo:

Definição. A e B serão *eventos independentes* se, e somente se,

$$P(A \cap B) = P(A)P(B). \tag{3.6}$$

Comentário: Esta definição é, essencialmente, equivalente àquela sugerida acima, a saber, que A e B são independentes quando $P(B \mid A) = P(B)$ e $P(A \mid B) = P(A)$. Esta última forma é ligeiramente mais intuitiva, porque diz precisamente o que se tinha tentado dizer antes: Que A e B serão independentes se o conhecimento da ocorrência de A de nenhum modo influenciar a probabilidade da ocorrência de B.

Pelo exame do seguinte exemplo, vê-se que a definição formal acima adotada apresenta também certa atração intuitiva.

Exemplo 3.7. Consideremos novamente o Ex. 3.2. Inicialmente examinaremos apenas a tabela adiante, em que são fornecidos somente os valores marginais. Isto é, existem 60 máquinas elétricas e 40 manuais, e delas 70 são novas enquanto 30 são usadas.

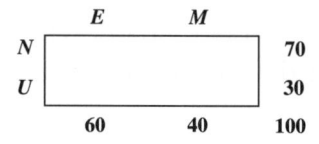

Existem muitas maneiras de preencher as casas da tabela, concordantes com os totais marginais dados. A seguir apresentaremos algumas dessas possibilidades.

	E	M	
N	60	10	70
U	0	30	30
	60	40	100

(a)

	E	M	
N	30	40	70
U	30	0	30
	60	40	100

(b)

	E	M	
N	42	28	70
U	18	12	30
	60	40	100

(c)

Consideremos a Tab. (a). Aqui *todas* as máquinas elétricas são novas e *todas* as máquinas usadas são manuais. Desse modo, existe uma conexão óbvia (não necessariamente causal) entre a característica de ser elétrica e a de ser nova. Semelhantemente, na Tab. (b), *todas* as máquinas manuais são novas e *todas* as máquinas usadas são elétricas. Também, uma conexão definida existe entre essas características. No entanto, quando chegamos à Tab. (c), a situação fica bem diferente: Aqui, nenhuma relação evidente existe. Por exemplo, 60% de todas as máquinas são elétricas, e exatamente 60% das máquinas usadas são elétricas. Semelhantemente, 70% de todas as máquinas são novas, enquanto exatamente 70% das máquinas manuais são novas etc. Portanto, nenhuma indicação está evidente de que a característica de "ser nova" e de "ser elétrica" tenham qualquer conexão uma com a outra. Naturalmente, esta tabela foi construída justamente de modo a apresentar essa propriedade. Como foram obtidos os valores das casas da tabela? Apenas com o emprego da Eq. (3.6); isto é, porque $P(E) = 60/100$ e $P(N) = 70/100$, deveremos ter, para independência, $P(E \cap N) = P(E) P(N) = 42/100$. Daí, a casa na tabela que indique o número de máquinas elétricas novas deverá conter o número 42. As outras casas seriam obtidas de maneira análoga.

Na maioria das aplicações, teremos que *adotar a hipótese* de independência de dois eventos A e B, e depois empregar essa suposição para calcular $P(A \cap B)$ como igual a $P(A) P(B)$. Geralmente, condições físicas sob as quais o experimento seja realizado tornarão possível decidir se tal suposição será justificada ou ao menos aproximadamente justificada.

Exemplo 3.8. Consideremos um lote grande de peças, digamos 10 mil. Admitamos que 10% dessas peças sejam defeituosas e 90% perfeitas. Duas peças são extraídas. Qual é a probabilidade de que ambas sejam perfeitas?

Definamos os eventos A e B, assim:

$$A = \{\text{a primeira peça é perfeita}\},$$

$$B = \{\text{a segunda peça é perfeita}\}.$$

Se admitirmos que a primeira peça seja reposta, antes que a segunda seja escolhida, então os eventos A e B podem ser considerados independentes e, portanto, $P(A \cap B) = (0,9)\,(0,9) = 0,81$. Na prática, contudo, a segunda peça é escolhida sem a reposição da primeira peça; neste caso,

$$P(A \cap B) = P(B \mid A)P(A) = \frac{8999}{9999}\,(0,9)$$

que é aproximadamente igual a 0,81. Assim, embora A e B não sejam independentes no segundo caso, a hipótese de independência (que simplifica consideravelmente os cálculos) acarreta apenas um erro desprezível. (Recorde-se o objetivo de um modelo matemático, tal como foi apresentado na Seção 1.1.) Se existissem somente poucas peças no lote, digamos 30, a hipótese de independência teria acarretado um erro grande. Por isso, torna-se importante verificar cuidadosamente as condições sob as quais o experimento é realizado, a fim de estabelecer a validade de uma suposição de independência entre os vários eventos.

Exemplo 3.9. Admitamos que um mecanismo seja constituído por dois componentes montados em série, como indicado na Fig. 3.4. Cada componente tem uma probabilidade p de não funcionar. Qual será a probabilidade de que o mecanismo funcione?

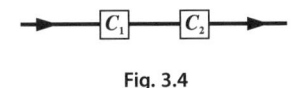

Fig. 3.4

É evidente que o mecanismo funcionará se, e somente se, *ambos* os componentes estiverem funcionando. Por isso,

Prob (o mecanismo funcione) = Prob (C_1 funcione e C_2 funcione). A informação fornecida não nos permite continuar sem que se saiba (ou se suponha) que os dois mecanismos trabalhem independentemente um do outro. Isto pode, ou não, ser uma suposição realista, dependendo de como as duas partes sejam engatadas. Se admitirmos que as duas partes trabalhem independentemente, obteremos para a probabilidade pedida o valor $(1 - p)^2$.

Será importante para nós, estendermos a noção de independência para mais de dois eventos. Consideremos, inicialmente, três eventos associados a um experimento, digamos A, B e C. Se A e B, A e C, B e C forem independentes *dois a dois* (no sentido acima), então não se concluirá, em geral, que não exista dependência entre os três eventos. O exemplo seguinte (um tanto artificial) ilustra esse ponto.

Exemplo 3.10. Suponha que joguemos dois dados. Definam-se os eventos A, B e C da seguinte forma:

A = {o primeiro dado mostra um número par},

B = {o segundo dado mostra um número ímpar},

C = {ambos os dados mostram números ímpares ou ambos mostram números pares}.

Temos $P(A) = P(B) = P(C) = 1/2$. Além disso, $P(A \cap B) = P(A \cap C) = P(B \cap C) = 1/4$. Portanto, os três eventos são todos independentes dois a dois. Contudo, $P(A \cap B \cap C) = 0 \neq P(A) P(B) P(C)$.

Este exemplo sugere a seguinte definição.

Definição. Diremos que os três eventos A, B e C são *mutuamente independentes* se, e somente se, *todas* as condições seguintes forem válidas:

$$P(A \cap B) = P(A)P(B), \qquad P(A \cap C) = P(A)P(C), \qquad (3.7)$$
$$P(B \cap C) = P(B)P(C), \qquad P(A \cap B \cap C) = P(A)P(B)P(C).$$

Finalmente, generalizaremos esta noção para n eventos, na seguinte definição:

Definição. Os n eventos A_1, A_2, ..., A_n serão mutuamente independentes se, e somente se, tivermos para $k = 2, 3, ..., n$:

$$P(A_{i_1} \cap A_{i_2} \cap \cdots \cap A_{i_k}) = P(A_{i_1})P(A_{i_2}) \cdots P(A_{i_k}). \qquad (3.8)$$

(Existem ao todo $2^n - n - 1$ condições aí arroladas; veja o Probl. 3.18.)

Comentário: Na maioria das aplicações, não precisaremos verificar todas essas condições, porque geralmente *admitimos* a independência (baseada naquilo que conhecermos do experimento). Depois, empregaremos essa suposição para calcular, digamos $P(A_{i_x} \cap A_{i_2} \cap \cdots \cap A_{i_k})$ como $P(A_{i_x})P(A_{i_2}) \cdots P(A_{i_k})$.

Exemplo 3.11. A probabilidade de fechamento de cada relé do circuito apresentado na Fig. 3.5 é dada por p. Se todos os relés funcionarem independentemente, qual será a probabilidade de que haja corrente entre os terminais L e R?

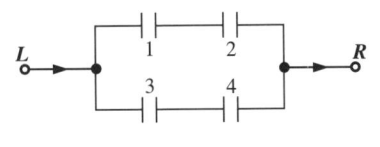

Fig. 3.5

Represente-se por A_i o evento {o relé i está fechado}, $i = 1, 2, 3, 4$. Represente-se por E o evento {a corrente passa de L para R}. Em consequência, $E = (A_1 \cap A_2) \cup (A_3 \cap A_4)$. (Observe-se que $A_1 \cap A_2$ e $A_3 \cap A_4$ *não* são mutuamente excludentes.) Portanto,

$$P(E) = P(A_1 \cap A_2) + P(A_3 \cap A_4) - P(A_1 \cap A_2 \cap A_3 \cap A_4)$$
$$= p^2 + p^2 - p^4 = 2p^2 - p^4.$$

Exemplo 3.12. Suponhamos novamente que, para o circuito da Fig. 3.6, a probabilidade de que cada relé esteja fechado é p, e que todos os relés funcionem independentemente. Qual será a probabilidade de que exista corrente entre os terminais L e R?

Empregando a mesma notação do Ex. 3.11, teremos que

$$P(E) = P(A_1 \cap A_2) + P(A_5) + P(A_3 \cap A_4) - P(A_1 \cap A_2 \cap A_5)$$
$$- P(A_1 \cap A_2 \cap A_3 \cap A_4) - P(A_5 \cap A_3 \cap A_4)$$
$$+ P(A_1 \cap A_2 \cap A_3 \cap A_4 \cap A_5)$$
$$= p^2 + p + p^2 - p^3 - p^4 - p^3 + p^5 = p + 2p^2 - 2p^3 - p^4 + p^5.$$

Vamos terminar este capítulo com a indicação de uma bastante comum, mas errônea, resolução de um problema.

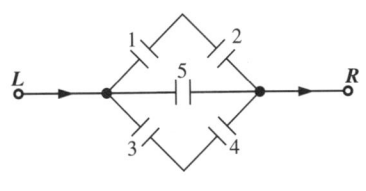

Fig. 3.6

Exemplo 3.13. Admita-se que dentre seis parafusos, dois sejam menores do que um comprimento especificado. Se dois dos parafusos forem escolhidos ao acaso, qual será a probabilidade de que os dois parafusos mais curtos sejam extraídos? Seja A_i o evento {o i-ésimo parafuso escolhido é curto}, $i = 1, 2$.

Portanto, desejamos calcular $P(A_1 \cap A_2)$. A solução correta é obtida, naturalmente, escrevendo

$$P(A_1 \cap A_2) = P(A_2 \mid A_1)P(A_1) = \frac{1}{5} \cdot \frac{2}{6} = \frac{1}{15}.$$

A solução comum, mas *incorreta*, é obtida escrevendo-se

$$P(A_1 \cap A_2) = P(A_2)P(A_1) = \frac{1}{5} \cdot \frac{2}{6} = \frac{1}{15}.$$

Naturalmente, o importante é que, embora a resposta esteja numericamente correta, a identificação de 1/5 com $P(A_2)$ é incorreta; 1/5 representa $P(A_2|A_1)$. Para calcular $P(A_2)$ corretamente, escreveremos

$$P(A_2) = P(A_2|A_1)P(A_1) + P(A_2|\overline{A}_1)P(\overline{A}_1) = \frac{1}{5} \cdot \frac{2}{6} + \frac{2}{5} \cdot \frac{4}{6} = \frac{1}{3}.$$

3.4. Considerações Esquemáticas; Probabilidade Condicionada e Independência

A abordagem esquemática seguinte poderá ser útil para compreender a probabilidade condicionada. Suponhamos que A e B sejam dois eventos associados a um espaço amostral para o qual as várias probabilidades estão indicadas no Diagrama de Venn, dado na Fig. 3.7.

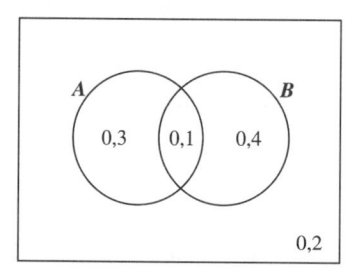

Fig. 3.7

Tem-se $P(A \cap B) = 0,1$; $P(A) = 0,1 + 0,3 = 0,4$ e $P(B) = 0,1 + 0,4 = 0,5$.

Em seguida, representaremos as várias probabilidades pelas *áreas* dos retângulos, como na Fig. 3.8. Em cada caso, as regiões sombreadas indicam o evento B: no retângulo da esquerda, estamos representando $A \cap B$ e, no da direita, $A' \cap B$.

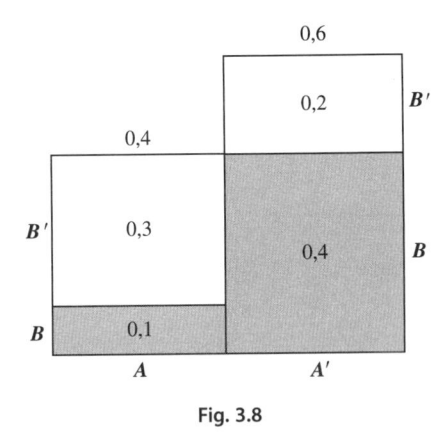

Fig. 3.8

Agora, admitamos que se deseje calcular $P(B \mid A)$. Por isso, necessitamos somente considerar A, isto é, A' pode ser ignorado no cálculo. Observamos que a proporção de B em A é 1/4. (Poderemos também verificar isso pela aplicação da Eq. (3.1): $P(B \mid A) = P(A \cap B) \mid P(A) = 0,1/0,4 = 1/4$.) Portanto, $P(B' \mid A) = 3/4$, e nosso diagrama representando essa probabilidade condicionada seria dado pela Fig. 3.9.

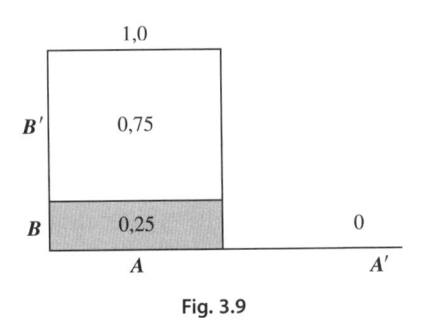

Fig. 3.9

Observe-se, também, que se A for dado como tendo ocorrido, toda a probabilidade (isto é, 1) deverá ser associada ao evento A, enquanto nenhuma probabilidade (isto é, 0) estará associada a A'. Além disso, observe-se que, no retângulo da esquerda, representando A, somente os valores individuais mudaram na Fig. 3.8 para a Fig. 3.9 (cuja soma é 1, em lugar de 0,4). Contudo, as proporções dentro do retângulo permaneceram as mesmas (isto é, 3:1).

Vamos também ilustrar a noção de independência, empregando a abordagem esquemática introduzida anteriormente. Suponhamos que A e B sejam como indicado na Fig. 3.10. Nesse caso, as proporções nos dois retângulos, representando A e A', são *as mesmas*: 3:1 nos dois casos. Por isso, teremos $P(B) = 0,1 + 0,15 = 0,25$ e $P(B \cap A) = 0,1/0,4 = 0,25$.

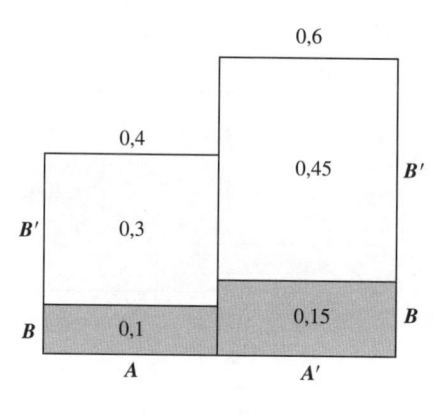

Fig. 3.10

Finalmente, observe-se que, simplesmente olhando a Fig. 3.8, poderemos também calcular as outras probabilidades condicionadas: $P(A \mid B) = 1/5$ (desde que 1/5 da área total retangular representando B esteja ocupada por A); $P(A' \mid B) = 4/5$.

Problemas

3.1. A urna 1 contém x bolas brancas e y bolas vermelhas. A urna 2 contém z bolas brancas e v bolas vermelhas. Uma bola é escolhida ao acaso da urna 1 e posta na urna 2. *A seguir*, uma bola é escolhida ao acaso da urna 2. Qual será a probabilidade de que esta bola seja branca?

3.2. Duas válvulas defeituosas se misturam com duas válvulas perfeitas. As válvulas são ensaiadas, uma a uma, até que ambas as defeituosas sejam encontradas.

(*a*) Qual será a probabilidade de que a última válvula defeituosa seja encontrada no segundo ensaio?

(*b*) Qual será a probabilidade de que a última válvula defeituosa seja encontrada no terceiro ensaio?

(*c*) Qual será a probabilidade de que a última válvula defeituosa seja encontrada no quarto ensaio?

(*d*) Some os números obtidos em (*a*), (*b*) e (*c*) acima. O resultado é surpreendente?

3.3. Uma caixa contém 4 válvulas defeituosas e 6 perfeitas. Duas válvulas são extraídas juntas. Uma delas é ensaiada e se verifica ser perfeita. Qual a probabilidade de que a outra válvula também seja perfeita?

3.4. No problema anterior, as válvulas são verificadas extraindo-se uma válvula ao acaso, ensaiando-a e repetindo-se o procedimento até que todas as 4 válvulas defeituosas sejam encontradas. Qual será a probabilidade de que a quarta válvula defeituosa seja encontrada:

(*a*) No quinto ensaio?

(*b*) No décimo ensaio?

3.5. Suponha que A e B sejam eventos independentes associados a um experimento. Se a probabilidade de A ou B ocorrerem for igual a 0,6, enquanto a probabilidade da ocorrência de A for igual a 0,4, determine a probabilidade da ocorrência de B.

3.6. Vinte peças, 12 das quais são defeituosas e 8 perfeitas, são inspecionadas uma após a outra. Se essas peças forem extraídas ao acaso, qual será a probabilidade de que:

(*a*) As duas primeiras peças sejam defeituosas?

(*b*) As duas primeiras peças sejam perfeitas?

(*c*) Das duas primeiras peças inspecionadas, uma seja perfeita e a outra defeituosa?

3.7. Suponha que temos duas urnas 1 e 2, cada uma com duas gavetas. A urna 1 contém uma moeda de ouro em uma gaveta e uma moeda de prata na outra gaveta; enquanto a urna 2 contém uma moeda de ouro em cada gaveta. Uma urna é escolhida ao acaso; a seguir uma de suas gavetas é aberta ao acaso. Verifica-se que a moeda encontrada nessa gaveta é de ouro. Qual a probabilidade de que a moeda provenha da urna 2?

3.8. Um saco contém três moedas, uma das quais foi cunhada com duas caras, enquanto as duas outras moedas são normais e não viciadas. Uma moeda é tirada ao acaso do saco e jogada quatro vezes, em sequência. Se sair cara *toda* vez, qual será a probabilidade de que essa seja a moeda de duas caras?

3.9. Em uma fábrica de parafusos, as máquinas A, B e C produzem 25, 35 e 40% do total produzido, respectivamente. Da produção de cada máquina, 5, 4 e 2%, respectivamente, são parafusos defeituosos. Escolhe-se ao acaso um parafuso e se verifica ser defeituoso. Qual será a probabilidade de que o parafuso venha da máquina A? Da B? Da C?

3.10. Sejam A e B dois eventos associados a um experimento. Suponha que $P(A) = 0,4$, enquanto $P(A \cup B) = 0,7$. Seja $P(B) = p$.

(*a*) Para que valor de p, A e B serão mutuamente excludentes?

(*b*) Para que valor de p, A e B serão independentes?

3.11. Três componentes C_1, C_2 e C_3, de um mecanismo são postos em série (em linha reta). Suponha que esses componentes sejam dispostos em ordem aleatória. Seja R o evento {C_2 está à direita de C_1}, e seja S o evento {C_3 está à direita de C_1}. Os eventos R e S são independentes? Por quê?

3.12. Um dado é lançado e, independentemente, uma carta é extraída de um baralho completo (52 cartas). Qual será a probabilidade de que:

(*a*) O dado mostre um número par e a carta seja de um naipe vermelho?

(*b*) O dado mostre um número par ou a carta seja de um naipe vermelho?

3.13. Um número binário é constituído apenas dos dígitos zero e um. (Por exemplo, 1 011, 1 100 etc.) Esses números têm importante papel na utilização de computadores eletrônicos. Suponha que um número binário seja formado de n dígitos. Suponha que a probabilidade de um dígito incorreto aparecer seja p e que os erros em diferentes dígitos sejam independentes uns dos outros. Qual será a probabilidade de formar-se um *número* incorreto?

3.14. Um dado é atirado n vezes. Qual é a probabilidade de que "6" apareça ao menos uma vez em n jogadas?

3.15. Cada uma de duas pessoas joga três moedas equilibradas. Qual é a probabilidade de que elas obtenham o mesmo número de caras?

3.16. Jogam-se dois dados. Desde que as faces mostrem números diferentes, qual é a probabilidade de que uma face seja 4?

3.17. Sabe-se que na fabricação de certo artigo, defeitos de um tipo ocorrem com probabilidade 0,1 e defeitos de outro tipo com probabilidade 0,05. Qual será a probabilidade de que:

(*a*) Um artigo não tenha ambos os tipos de defeitos?

(*b*) Um artigo seja defeituoso?

(*c*) Um artigo tenha apenas um tipo de defeito, sabido que é defeituoso?

3.18. Verifique que o número de condições impostas pela Eq. (3.8) é dado por $2^n - n - 1$.

3.19. Demonstre que, se A e B forem eventos independentes, também o serão A e $\bar{B}$, $\bar{A}$ e B, $\bar{A}$ e $\bar{B}$.

3.20. Na Fig. 3.11 (*a*) e (*b*), suponha que a probabilidade de que cada relé esteja fechado seja p, e que cada relé seja aberto ou fechado independentemente um do outro. Em cada caso, determine a probabilidade de que a corrente passe de L para R.

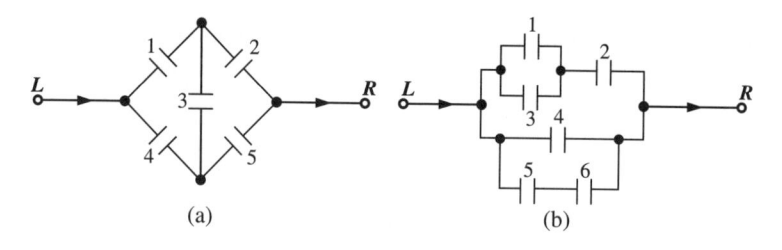

(a) (b)

Fig. 3.11

3.21. Duas máquinas A e B, sendo operadas independentemente, podem ter alguns desarranjos cada dia. A Tab. 3.2 dá a distribuição de probabilidades dos desarranjos para cada máquina. Calcule as seguintes probabilidades:

(*a*) A e B tenham o mesmo número de desarranjos.

(*b*) O número total de desarranjos seja menor que 4; menor que 5.

(c) A tenha mais desarranjos que B.

(d) B tenha duas vezes mais desarranjos que A.

(e) B tenha 4 desarranjos, quando se saiba que B já tenha tido 2 desarranjos.

(f) O número mínimo de desarranjos das duas máquinas seja 3; seja menor do que 3.

(g) O número máximo de desarranjos das máquinas seja 3; seja maior que 3.

Tab. 3.2

Número de desarranjos	0	1	2	3	4	5	6
A	0,1	0,2	0,3	0,2	0,09	0,07	0,04
B	0,3	0,1	0,1	0,1	0,1	0,15	0,15

3.22. Verifique pelas Eqs. (3.2) que, sendo A fixo, $P(B \mid A)$ satisfaz aos vários postulados da probabilidade.

3.23. Se cada elemento de um determinante de segunda ordem for zero ou um, qual será a probabilidade de que o valor do determinante seja positivo? (Admita que os elementos do determinante sejam escolhidos independentemente, a cada valor se atribuindo a probabilidade 1/2.)

3.24. Verifique que o teorema da multiplicação $P(A \cap B) = P(A \mid B)P(B)$, estabelecido para dois eventos, pode ser estendido para três eventos, da seguinte maneira:

$$P(A \cap B \cap C) = P(A \mid B \cap C)P(B \mid C)P(C).$$

3.25. Uma montagem eletrônica é formada de dois subsistemas A e B. De procedimentos de ensaio anteriores, as seguintes probabilidades se admitem conhecidas:

$P(A \text{ falhe}) = 0,20$, $P(A \text{ e } B \text{ falhem}) = 0,15$, $P(B \text{ falhe } sozinho) = 0,15$.

Calcule as seguintes probabilidades:

(a) $P(A \text{ falhe} \mid B \text{ tenha falhado})$. (b) $P(A \text{ falhe sozinho})$.

3.26. Conclua a análise do exemplo dado na Seção 3.2, pela decisão de qual dos dois tipos de caixa de bombons, A ou B, foi apresentada, baseando-se na evidência dos dois bombons que foram tirados na amostra.

3.27. Sempre que um experimento é realizado, a ocorrência de um particular evento A é igual a 0,2. O experimento é repetido independentemente, até que A ocorra. Calcule a probabilidade de que seja necessário levar a cabo o experimento até a quarta vez.

3.28. Suponha que um equipamento possua N válvulas, todas necessárias para seu funcionamento. A fim de localizar uma válvula com mau funcionamento, faz-se a substituição de cada válvula, sucessivamente, por uma válvula nova. Calcule a probabilidade de que seja necessário trocar N válvulas, se a probabilidade (constante) de uma válvula estar desarranjada for p.

3.29. Demonstre: Se $P(A \mid B) > P(A)$, então, $P(B \mid A) > P(B)$.

3.30. Uma válvula a vácuo pode provir de três fabricantes, com probabilidades $p_1 = 0,25$, $p_2 = 0,50$ e $p_3 = 0,25$. As probabilidades de que, durante determinado período de tempo, a válvula funcione bem são, respectivamente, 0,1; 0,2 e 0,4 para cada um dos fabricantes. Calcule a probabilidade de que uma válvula escolhida ao acaso funcione bem durante o período de tempo especificado.

3.31. Um sistema elétrico é composto de dois comutadores do tipo A, um do tipo B, e quatro do tipo C, ligados como indica a Fig. 3.12. Calcule a probabilidade de que uma pane no circuito não possa ser eliminada com a chave K, se os comutadores A, B e C estiverem abertos (isto é, desligados) com probabilidades 0,3; 0,4 e 0,2, respectivamente, e se eles operarem independentemente.

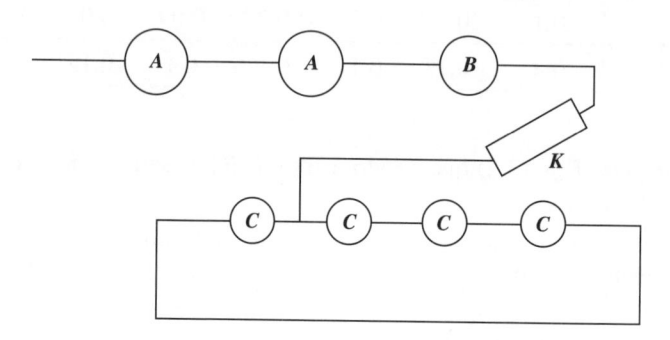

Fig. 3.12

3.32. A probabilidade de que um sistema fique sobrecarregado é 0,4 durante cada etapa de um experimento. Calcule a probabilidade de que o sistema deixe de funcionar em três tentativas independentes do experimento, se as probabilidades de falhas em 1, 2 ou 3 tentativas forem iguais, respectivamente, a 0,2; 0,5 e 0,8.

3.33. Quatro sinais de rádio são emitidos sucessivamente. Se a recepção de cada um for independente da recepção de outro, e se essas probabilidades forem 0,1; 0,2; 0,3 e 0,4, respectivamente, calcule a probabilidade de que k sinais venham a ser recebidos para $k = 0, 1, 2, 3, 4$.

3.34. A seguinte (de algum modo simplória) previsão de tempo é empregada por um amador. O tempo, diariamente, é classificado como "seco" ou "úmido", e supõe-se que a probabilidade de que qualquer dia dado seja igual ao dia anterior seja uma constante p $(0 < p < 1)$. Com base em registros passados, admite-se que 1º de janeiro tenha probabilidade β de ser dia "seco". Fazendo β_n = probabilidade (de que o n-ésimo dia do ano seja "seco"), pede-se obter uma expressão para β_n em termos de β e de p. Calcule também $\lim_{n \to \infty} \beta_n$ e interprete o seu resultado. [*Sugestão*: Exprima β_n em termos de β_{n-1}.]

3.35. Três jornais A, B e C são publicados em uma cidade e uma recente pesquisa entre os leitores indica o seguinte: 20% leem A; 26% leem B; 14% leem C; 8% leem A e B; 5% leem A e C; 2% leem A, B e C; e 40% leem B e C. Para um adulto escolhido ao acaso, calcule a probabilidade de que: (*a*) ele não leia nenhum dos jornais; (*b*) ele leia exatamente um dos jornais; (c) ele leia ao menos A e B, se se souber que ele lê ao menos um dos jornais publicados.

3.36. Uma moeda equilibrada é jogada $2n$ vezes. (a) Obtenha a probabilidade de que ocorrerá um igual número de caras e coroas; (b) Mostre que a probabilidade calculada em (a) é uma função decrescente de n.

3.37. Cada uma das urnas: Urna 1, Urna 2, ... , Urna n, contém α bolas brancas e β bolas pretas. Uma bola é retirada da Urna 1 e posta na Urna 2; em seguida, uma bola é retirada da Urna 2 e posta na Urna 3, e assim por diante. Finalmente, uma bola é retirada da Urna n. Se a primeira bola transferida for branca, qual será a probabilidade de que a última bola escolhida seja branca? Que acontece, se $n \to \infty$? [*Sugestão*: Faça p_n = Prob (a n-ésima bola transferida seja branca) e exprima p_n em termos de p_{n-1}.]

3.38. A Urna 1 contém α bolas brancas e β bolas pretas, enquanto a Urna 2 contém β bolas brancas e α pretas. Uma bola é extraída (de uma das urnas) e é em seguida reposta naquela urna. Se a bola extraída for branca, escolha a próxima bola da Urna 1; se a bola extraída for preta, escolha a próxima bola da Urna 2. Continue a operar dessa maneira. Dado que a primeira bola escolhida venha da Urna 1, calcule Prob (n-ésima bola escolhida seja branca) e também o limite dessa probabilidade, quando $n \to \infty$.

3.39. Uma máquina impressora pode imprimir n letras, digamos $\alpha_1, \alpha_2, ..., \alpha_n$. Ela é acionada por impulsos elétricos, cada letra sendo produzida por um impulso diferente. Suponha que exista uma probabilidade constante p de imprimir a letra correta e também suponha independência. Um dos n impulsos, escolhido ao acaso, foi alimentado na máquina duas vezes e, em ambas, a letra α_1 foi impressa. Calcule a probabilidade de que o impulso escolhido tenha sido para imprimir α_1.

Variáveis Aleatórias Unidimensionais

Capítulo 4

4.1. Noção Geral de Variável Aleatória

Ao descrever o espaço amostral de um experimento, não especificamos que um resultado individual necessariamente seja um número. De fato, apresentamos alguns exemplos nos quais os resultados do experimento não eram uma quantidade numérica. Por exemplo, ao descrever uma peça manufaturada, podemos empregar apenas as categorias "defeituosa" e "não defeituosa". Também, ao observar a temperatura durante o período de 24 horas, podemos simplesmente registrar a curva traçada pelo termógrafo. Contudo, em muitas situações experimentais, estaremos interessados na mensuração de alguma coisa e no seu registro como um *número*. Mesmo nos casos mencionados acima, poderemos atribuir um número a cada resultado (não numérico) do experimento. Por exemplo, poderemos atribuir o valor um às peças perfeitas e o valor zero às defeituosas. Poderemos registrar a temperatura máxima do dia ou a temperatura mínima ou a média das temperaturas máxima e mínima.

Os exemplos acima são bastante típicos de uma classe muito geral de problemas: Em muitas situações experimentais, desejamos atribuir um número real x a todo elemento s do espaço amostral S. Isto é, $x = X(s)$ é o valor de uma função X do espaço amostral no espaço dos números reais. Com isto em mente, formulamos a seguinte definição.

Definição. Sejam ε, um experimento e S um espaço amostral associado ao experimento. Uma *função X*, que associe a cada elemento $s \in S$ um número real, $X(s)$, é denominada *variável aleatória*.

Comentários: (*a*) A terminologia acima é um tanto infeliz, mas é tão universalmente aceita, que não nos afastaremos dela. Tornamos tão claro quanto possível que X é uma *função*, e contudo, a denominamos uma variável (aleatória)!

(*b*) É evidente que *nem* toda função imaginável pode ser considerada uma variável aleatória. Um requisito (embora não seja o mais geral) é que, para todo número real x, o evento $[X(s) = x]$ e, para todo intervalo I, o evento $[X(s) \in I]$ têm probabilidades bem definidas, consistentes com os axiomas básicos. Na maioria das aplicações, essa dificuldade não surge e não voltaremos a nos referir a ela.

(*c*) Em algumas situações, o resultado s do espaço amostral já constitui a característica numérica que desejamos registrar. Simplesmente tomaremos $X(s) = s$, a função identidade.

(*d*) Na maior parte de nossa subsequente exposição sobre variáveis aleatórias, não necessitaremos indicar a natureza funcional de X. Geralmente, estaremos interessados nos *valores* possíveis de X, mais do que de onde eles se originam. Por exemplo, suponha-se que atiremos duas moedas e consideremos o espaço associado a este experimento. Isto é,

$$S = \{HH, HT, TH, TT\}.$$

Definamos a variável aleatória da seguinte maneira: X é o número de caras (H) obtidas nas duas moedas. Daí, $X(HH) = 2$, $X(HT) = X(TH) = 1$ e $X(TT) = 0$.

$$S = \text{espaço amostral de } \mathcal{E} \quad R_x = \text{valores possíveis de } X$$

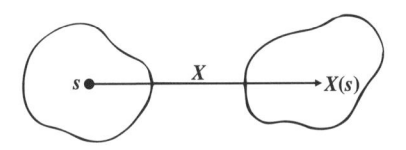

Fig. 4.1

(*e*) É muito importante compreender uma exigência fundamental de uma função (unívoca): A *cada* $s \in S$ corresponderá *exatamente um* valor $X(s)$. Isto está apresentado esquematicamente na Fig. 4.1. Diferentes valores de s *podem* levar ao mesmo valor de X. Por exemplo, na ilustração acima, verificamos que $X(HT) = X(TH) = 1$.

O espaço R_x, conjunto de todos os valores possíveis de X, é algumas vezes denominado *contradomínio*. De certo modo, poderemos considerar R_x como outro espaço amostral. O espaço amostral (original) S corresponde ao resultado (possivelmente não numérico) do experimento, enquanto R_x é o espaço amostral associado à variável aleatória X, representando a característica numérica que nos poderá interessar. Se for $X(s) = s$, teremos $S = R_x$.

Embora estejamos prevenidos do perigo didático inerente a dar muitas explicações para uma mesma coisa, vamos salientar que poderemos pensar em uma variável aleatória X, de duas maneiras:

(*a*) Realizamos o experimento $\mathcal{E}$ que dá um resultado $s \in S$; *a seguir* calculamos o número $X(s)$.

(*b*) Realizamos $\mathcal{E}$, obtemos o resultado *s* e (imediatamente) calculamos $X(s)$. Neste caso, o número $X(s)$ é pensado como o próprio resultado do experimento e R_x se torna *o* espaço amostral do experimento.

A diferença entre as interpretações (*a*) e (*b*) é percebida com dificuldade; é relativamente secundária, mas merecedora de atenção. Em (*a*), o experimento essencialmente termina com a observação de *s*. A avaliação de $X(s)$ é considerada alguma coisa que é feita posteriormente, e que não é influenciada pela aleatoriedade de $\mathcal{E}$. Em (*b*), o experimento não é considerado concluído até que o número $X(s)$ tenha sido realmente calculado, desse modo se originando o espaço amostral R_x. Embora a primeira interpretação, (*a*), seja aquela geralmente pretendida, a segunda interpretação, (*b*), poderá ser muito útil e o leitor deverá lembrar-se dela.

Aquilo que estamos dizendo, e isso ficará cada vez mais claro nas seções posteriores, é que no estudo das variáveis aleatórias estaremos mais interessados nos valores que X toma do que em sua forma funcional. Consequentemente, em muitos casos, ignoramos completamente o espaço amostral subjacente no qual X pode ser definido.

Exemplo 4.1. Suponha que uma lâmpada tenha sido posta em um soquete. O experimento será considerado terminado quando a lâmpada queimar. Qual será um possível resultado, *s*? Uma das maneiras de descrever *s* seria apenas registrar o dia e a hora em que a lâmpada queimou, por exemplo: 19 de maio, 16 h e 32 min. Em consequência, o espaço amostral poderia ser representado por $S = \{(d, t) \mid d = \text{dia}, t = \text{momento do dia}\}$. Presumivelmente, a variável aleatória que interessa é X, a duração até queimar. Observe-se que, uma vez que $s = (d, t)$ tenha sido observado, o *cálculo* de $X(s)$ não inclui nenhuma aleatoriedade. Quando *s* é especificado, $X(s)$ fica completamente determinado.

As duas interpretações explicadas acima podem ser aplicadas a este exemplo, como se segue. Em (*a*), consideramos o experimento terminado com a observação $s = (d, t)$, o dia e a hora. O cálculo de $X(s)$ é realizado depois, abrangendo uma operação aritmética simples. Em (*b*), consideramos que o experimento somente estará terminado *depois* que $X(s)$ tenha sido calculado e um número, por exemplo, $X(s) = 107$ horas seja então considerado o resultado do experimento.

Pode-se salientar que análise semelhante se aplicaria a qualquer outra variável que interessasse, por exemplo, $Y(s)$, a temperatura da sala no momento em que a lâmpada tenha queimado.

Exemplo 4.2. Três moedas são atiradas sobre a mesa. Tão logo as moedas repousem, a fase "aleatória" do experimento terminou. Um resultado simples *s* poderia consistir na descrição detalhada de como e onde as moedas pousaram. Presumivelmente, estaremos somente interessados em certas características numéricas associadas a este experimento. Por exemplo, poderíamos avaliar:

$X(s)$ = número de caras que apareceram,

$Y(s)$ = distância máxima entre duas moedas quaisquer,

$Z(s)$ = distância mínima das moedas a um bordo qualquer da mesa.

Se for a variável X que interesse, poderemos, como se explicou no exemplo anterior, incluir a avaliação de $X(s)$ na descrição de nosso experimento e, depois, simplesmente afirmar que o espaço amostral associado ao experimento é $\{0, 1, 2, 3\}$, correspondendo aos valores de X. Conquanto muito frequentemente venhamos a adotar esta interpretação, é importante compreender que a contagem do número de caras é feita *depois* que os aspectos aleatórios do experimento tenham terminado.

Comentário: Referindo-nos a variáveis aleatórias, empregamos quase sem exceção letras maiúsculas, como X, Y, Z etc. Contudo, quando falamos do *valor* que essas variáveis aleatórias tomam, usaremos, em geral, letras minúsculas, como x, y, z etc. Esta é uma *distinção muito importante* a ser feita e o estudante pode bem parar para considerá-la. Por exemplo, quando falamos em escolher uma pessoa ao acaso, de alguma população designada, e medimos sua altura (em centímetros, por exemplo), poderemos nos referir aos resultados *possíveis* como uma variável aleatória X. Poderemos então formular várias questões sobre X, como indagar se $P(X \geqslant 60)$. No entanto, uma vez que tenhamos escolhido uma pessoa e medido sua altura, obteremos um valor específico de X, digamos x. Por isso, não teria sentido indagar se $P(x \geqslant 60)$, uma vez que x é ou não é $\geqslant 60$. Esta distinção entre uma variável aleatória e seu valor é importante e voltaremos a fazer referência a ela.

Quando estivermos interessados nos eventos associados a um espaço amostral S, verificaremos a necessidade de examinar os eventos relativamente à variável aleatória X, isto é, subespaços do contradomínio R_x. Frequentemente, certos eventos associados a S são "relacionados" (em um sentido a ser explicado) a eventos associados com R_x, na seguinte forma:

Definição. Sejam um experimento ε e seu espaço amostral S. Seja X uma variável aleatória definida em S e seja R_x seu contradomínio. Seja B um evento definido em relação a R_x, isto é, $B \subset R_x$.

Então, A será definido assim:

$$A = \{s \in S \mid X(s) \in B\}. \tag{4.1}$$

Explicando: A será constituído por todos os resultados em S, para os quais $X(s) \in B$ (veja Fig. 4.2). Neste caso, diremos que A e B são *eventos equivalentes*.

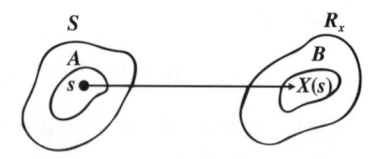

Fig. 4.2

Comentários: (a) Dizendo a mesma coisa, com menos rigor: A e B serão equivalentes sempre que ocorram juntos. Isto é, quando A ocorre, B ocorre, e inversamente. Porque se A tiver ocorrido, então um resultado s terá ocorrido, para o qual $X(s) \in B$ e, portanto, B ocorreu. Reciprocamente, se B ocorreu, um valor $X(s)$ terá sido observado, para o qual $s \in A$ e, portanto, A ocorreu.

(b) É importante compreender que, em nossa definição de eventos equivalentes, A e B são associados a espaços amostrais *diferentes*.

Exemplo 4.3. Considere-se a jogada de duas moedas. Daí, $S = \{HH, HT, TH, TT\}$. Seja X o número de caras obtido. Portanto, $R_x = \{0, 1, 2\}$. Seja $B = \{1\}$. Já que $X(HT) = X(TH) = 1$ se, e somente se, $X(s) = 1$, temos que $A = \{HT, TH\}$ é equivalente *a* B.

Agora, daremos a seguinte importante definição.

Definição. Seja B um evento no contradomínio R_x. Nesse caso, *definimos* $P(B)$ da seguinte maneira

$$P(B) = P(A), \text{ em que } A = [s \in S \mid X(s) \in B]. \tag{4.2}$$

Explicando: Definimos $P(B)$ igual à probabilidade do evento $A \subset S$, o qual é equivalente a B, no sentido da Eq. (4.1).

Comentários: (a) Estamos admitindo que probabilidades possam ser associadas a eventos em S. Portanto, a definição acima torna possível atribuir probabilidades a eventos associados a R_x em termos de probabilidades definidas sobre S.

(b) É realmente possível *demonstrar* que $P(B)$ deve ser definida tal como o fizemos. Contudo, isto envolveria algumas dificuldades teóricas que desejamos evitar e, por isso, procedemos como acima.

(c) Desde que na formulação da Eq. (4.2) os eventos A e B se referem a espaços amostrais diferentes, deveríamos realmente empregar notação diferente quando referíssemos a probabilidades definidas sobre S e àquelas definidas sobre R_x, digamos alguma coisa tal como $P(A)$

e $P_x(B)$. No entanto, não faremos isso, mas continuaremos simplesmente a escrever $P(A)$ e $P(B)$. O contexto em que tais expressões apareçam tornará clara a interpretação.

(*d*) As probabilidades associadas a eventos no espaço amostral (original) S são, de certo modo, determinadas por "forças fora de nosso controle", ou como às vezes se diz "pela Natureza". A composição de uma fonte radioativa que emita partículas, a disposição de um grande número de pessoas que façam chamadas telefônicas durante certa hora, e a agitação térmica que dê origem a um fluxo ou as condições atmosféricas que deem origem a uma tempestade, ilustram esse aspecto. Quando introduzimos uma variável aleatória X e seu contradomínio R_x estamos *induzindo* probabilidades nos eventos associados a R_x, as quais serão estritamente determinadas se as probabilidades associadas a eventos em S forem especificadas.

Exemplo 4.4. Se as moedas consideradas no Ex. 4.3 forem "equilibradas", teremos $P(HT) = P(TH) = 1/4$. Portanto, $P(HT, TH) = 1/4 + 1/4 = 1/2$. (Os cálculos acima são uma consequência direta de nossa suposição fundamental referente à propriedade de equilíbrio ou simetria das moedas.) Visto que o evento $\{X = 1\}$ é equivalente ao evento $\{HT, TH\}$, empregando a Eq. (4.1), teremos que $P(X = 1) = P(HT, TH) = 1/2$. [Na realidade não existe escolha para o valor de $P(X = 1)$ coerente com a Eq. (4.2), uma vez que $P(HT, TH)$ tenha sido determinada. É neste sentido que probabilidades associadas a eventos de R_x são *induzidas*.]

Comentário: Agora que já estabelecemos a existência de uma função de probabilidade induzida sobre o contradomínio de X – Eqs. (4.1) e (4.2) – achamos conveniente *suprimir* a natureza funcional de X. Por isso, escreveremos (como fizemos no exemplo acima) $P(X = 1) = 1/2$. O que se quer dizer é que, certo evento no espaço amostral S, a saber $\{HT, TH\} = \{s\}X(s) = 1\}$ ocorre com probabilidade 1/2. Daí atribuirmos essa mesma probabilidade ao evento $\{X = 1\}$ no contradomínio. Continuaremos a escrever expressões semelhantes a $P(X = 1)$, $P(X \leq 5)$ etc. É *muito importante* para o leitor compreender o que essas expressões realmente representam.

Uma vez que as probabilidades associadas aos vários resultados (ou eventos) no contradomínio R_x tenham sido determinadas (mais precisamente, induzidas), ignoraremos frequentemente o espaço amostral original S, que deu origem a essas probabilidades. Assim, no exemplo anterior, simplesmente estaremos interessados em $R_x = \{0, 1, 2\}$ e as probabilidades associadas (1/4, 1/2, 1/4). O fato de que essas probabilidades sejam *determinadas* por uma função de probabilidade definida sobre o espaço amostral original S, não nos interessa, quando estamos apenas interessados em estudar os *valores* da variável aleatória X.

Ao apresentar, em minúcias, muitos dos importantes conceitos referentes a variáveis aleatórias, julgamos conveniente distinguir dois casos importantes: As variáveis aleatórias discretas e as variáveis aleatórias contínuas.

4.2. Variáveis Aleatórias Discretas

Definição. Seja X uma variável aleatória. Se o número de valores possíveis de X (isto é, R_x, o contradomínio) for finito ou infinito numerável, denominaremos X de *variável aleatória discreta*. Isto é, os *valores* possíveis de X, podem ser postos em lista como $x_1, x_2, ..., x_n$. No caso finito, a lista acaba, e no caso infinito numerável, a lista continua indefinidamente.

Exemplo 4.5. Uma fonte radioativa está emitindo partículas α. A emissão dessas partículas é observada em um dispositivo contador, durante um período de tempo especificado. A variável aleatória seguinte é a que interessa:

$$X = \text{número de partículas observadas.}$$

Quais são os valores possíveis de X? Admitiremos que esses valores são todos os inteiros não negativos, isto é, $R_x = \{0, 1, 2, ..., n, ...\}$. Uma objeção com que já nos defrontamos uma vez pode, novamente, ser levantada neste ponto. Pode-se argumentar que durante um especificado intervalo (finito) de tempo, é impossível observar mais do que, digamos N partículas, em que N pode ser um inteiro positivo muito grande. Consequentemente, os valores possíveis para X realmente seriam: 0, 1, 2, ..., N. Contudo, torna-se matematicamente mais simples considerar a descrição idealizada feita acima. De fato, sempre que admitirmos que os valores possíveis de uma variável aleatória X sejam infinito numerável, estaremos realmente considerando uma representação idealizada de X.

À vista de nossas explicações anteriores da descrição probabilística de eventos com um número finito ou infinito numerável de elementos, a descrição probabilística de uma variável aleatória discreta não apresentará nenhuma dificuldade. Procederemos da seguinte maneira:

Definição. Seja X uma variável aleatória discreta. Portando, R_x o contradomínio de X, será formado no máximo por um número infinito numerável de valores $x_1, x_2, ...$ A cada possível resultado x_i, associaremos um número

$p(x_i) = P(X = x_i)$, denominado probabilidade de x_i. Os números $p(x_i)$, $i = 1$, 2, ... devem satisfazer às seguintes condições:

$$(a) \quad p(x_i) \geq 0 \text{ para todo } i,$$

$$(b) \quad \sum_{i=1}^{\infty} p(x_i) = 1. \tag{4.3}$$

A função p, definida acima, é denominada *função de probabilidade* (ou função de probabilidade no ponto) da variável aleatória X. A coleção de pares $[x_i, p(x_i)]$, $i = 1, 2, ...$, é algumas vezes denominada *distribuição de probabilidade* de X.

Comentários: (a) A escolha particular dos números $p(x_i)$ é presumivelmente determinada a partir da função de probabilidade associada aos eventos no espaço amostral S, no qual X seja definida. Isto é, $p(x_i) = P[s \mid X(s) = x_i]$. [Veja as Eqs. (4.1) e (4.2).] Contudo, já que estamos interessados apenas nos valores de X, isto é, R_x, e as probabilidades associadas a estes valores, estaremos novamente suprimindo a natureza funcional de X. (Veja a Fig. 4.3.) Embora, na maioria dos casos, os números sejam de fato determinados a partir da distribuição de probabilidades em algum espaço amostral subjacente S, *qualquer* conjunto de números $p(x_i)$, que satisfaçam às Eqs. (4.3), pode servir como descrição probabilística apropriada de uma variável aleatória discreta.

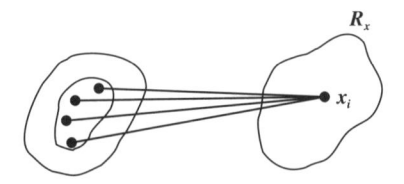

Fig. 4.3

(b) Se X tomar apenas um número finito de valores, digamos $x_1, ..., x_N$, então $p(x_i) = 0$ para $i > N$, e, portanto, a série infinita na Eq. (4.3) se transforma em uma soma finita.

(c) Podemos salientar, novamente, uma analogia com a Mecânica, ao considerarmos a massa total de uma unidade distribuída sobre a reta real, com a massa total concentrada nos pontos $x_1, x_2, ...$ Os números $p(x_i)$ representam a quantidade de massa localizada no ponto x_i.

(d) A interpretação geométrica (Fig. 4.4) de uma distribuição de probabilidade é frequentemente útil.

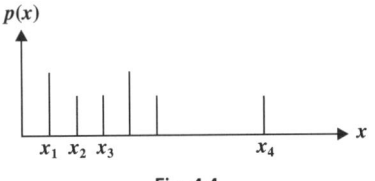

Fig. 4.4

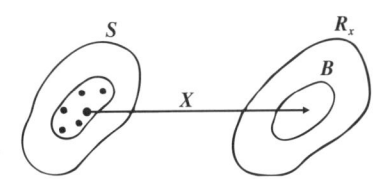

Fig. 4.5

Seja B um evento associado à variável aleatória X; isto é, $B \subset R_X$ (Fig. 4.5). Suponha, especificamente, que $B = \{x_{i_1}, x_{i_2}, ...\}$. Daí,

$P(B) = P[s \mid X(s) \in B]$ (porque esses eventos são equivalentes)

$$= P\left[s \mid X(s) = x_{i_j}, j = 1, 2, ...\right] = \sum_{j=1}^{\infty} p\left(x_{i_j}\right). \tag{4.4}$$

Explicando: A probabilidade de um evento B é igual à soma das probabilidades dos resultados individuais associados com B.

Comentários: (a) Suponhamos que a variável aleatória discreta X possa tomar somente um número finito de valores, x_1, ..., x_N. Se os resultados forem igualmente prováveis, então teremos obviamente $p(x_1) = ... = p(x_N) = 1/N$.

(b) Se X tomar um número infinito numerável de valores, então é *impossível* ter todos os valores igualmente prováveis; porque não poderemos satisfazer à condição $\sum_{i=1}^{\infty} p(x_i) = 1$, se tivermos $p(x_i) = c$ para todo i.

(c) Em todo intervalo finito, existirá no máximo um número finito de valores possíveis de X. Se algum desses intervalos não contiver nenhum desses valores possíveis, atribuiremos a ele probabilidade zero. Assim, se $R_x = [x_1, x_2, ..., x_n]$ e se nenhum $x_i \in [a, b]$, então $P[a \leq X \leq b] = 0$.

Exemplo 4.6. Suponhamos que uma válvula eletrônica seja posta em um soquete e ensaiada. Admitamos que a probabilidade de que o teste seja positivo seja 3/4; daí, a probabilidade de que seja negativo é igual a 1/4. Admitamos também que estejamos ensaiando uma partida grande dessas válvulas. Os ensaios continuam até que a primeira válvula positiva apareça. Definamos a variável aleatória, assim: X é o número de testes necessários para concluir o experimento. O espaço amostral associado a este experimento é:

$$S = \{+, -+, --+, ---+, ...\}.$$

Para determinarmos a distribuição de probabilidade de X, raciocinaremos da seguinte forma: Os valores possíveis de X são 1, 2, ..., n, ... (estamos, obviamente, tratando com um espaço amostral idealizado). E será $X = n$ se, e somente se, as primeiras $(n - 1)$ válvulas forem negativas e a n-ésima válvula for positiva. Se aceitarmos que a condição de uma válvula não influencie a condição de outra, poderemos escrever

$$p(n) = P(X = n) = \left(\frac{1}{4}\right)^{n-1}\left(\frac{3}{4}\right), \quad n = 1, 2, ...$$

Para verificarmos que esses valores de $p(n)$ satisfazem à Eq. (4.3) observaremos que

$$\sum_{n=1}^{\infty} p(n) = \frac{3}{4}\left(1 + \frac{1}{4} + \frac{1}{16} + \ldots\right)$$
$$= \frac{3}{4} \cdot \frac{1}{1 - \frac{1}{4}} = 1.$$

Comentário: Estamos empregando aqui o resultado de que a *série geométrica* $1 + r + r^2 + \ldots$ converge para $1/(1 - r)$ sempre que $|r| < 1$. Este é um resultado que será mencionado muitas vezes. Suponha que desejemos calcular $P(A)$, na qual A é definido como: {O experimento termina depois de um número par de repetições}. Empregando a Eq. (4.4), teremos:

$$P(A) = \sum_{n=1}^{\infty} p(2n) = \frac{3}{16} + \frac{3}{256} + \ldots$$
$$= \frac{3}{16}\left(1 + \frac{1}{16} + \ldots\right) = \frac{3}{16} \cdot \frac{1}{1 - \frac{1}{16}} = \frac{1}{5}.$$

4.3. A Distribuição Binomial

Nos próximos capítulos, estudaremos pormenorizadamente algumas variáveis discretas importantes. Agora estudaremos apenas uma delas e, em seguida, a empregaremos para ilustrar alguns conceitos importantes.

Exemplo 4.7. Suponha que peças saiam de uma linha de produção e sejam classificadas como defeituosas (D) ou como não defeituosas (N), isto é, perfeitas. Admita que três dessas peças, da produção de um dia, sejam escolhidas ao acaso e classificadas de acordo com esse esquema. O espaço amostral para esse experimento, S, pode ser assim, apresentado:

$$S = \{DDD, DDN, DND, NDD, NND, NDN, DNN, NNN\}.$$

(Outra maneira de descrever S é como $S = S_1 \times S_2 \times S_3$, o produto cartesiano de S_1, S_2 e S_3, no qual cada $S_i = \{D, N\}$.)

Suponhamos que seja 0,2 a probabilidade de uma peça ser defeituosa e 0,8 a de ser não defeituosa. Admitamos que essas probabilidades sejam as *mesmas* para cada peça, ao menos enquanto durar o nosso estudo. Finalmente, admita-se que a classificação de qualquer peça em particular, seja independente da classificação de qualquer outra peça. Empregando essas suposições, segue-se que as probabilidades associadas aos vários resultados do espaço amostral S, como se explicou acima, são:

$$(0,2)^3, (0,8)(0,2)^2, (0,8)(0,2)^2, (0,8)(0,2)^2, (0,2)(0,8)^2, (0,2)(0,8)^2,$$
$$(0,2)(0,8)^2, (0,8)^3.$$

Geralmente, nosso interesse não está dirigido para os resultados individuais de S. Ao contrário, desejamos tão somente conhecer *quantas* peças defeituosas seriam encontradas (não interessando a ordem em que tenham ocorrido). Isto é, desejamos estudar a variável aleatória X, a qual atribui a cada resultado $s \in S$ o número de peças defeituosas encontradas em s. Consequentemente, o conjunto dos valores possíveis de X é $\{0, 1, 2, 3\}$.

Poderemos obter a distribuição de probabilidade de X, $p(x_i) = P(X = x_i)$, da seguinte maneira:

$X = 0$ se, e somente se, ocorrer *NNN*;

$X = 1$ se, e somente se, ocorrer *DNN*, *NDN*, ou *NND*;

$X = 2$ se, e somente se, ocorrer *DDN*, *DND*, ou *NDD*;

$X = 3$ se, e somente se, ocorrer *DDD*.

(Note-se que $\{NNN\}$ é equivalente a $\{X = 0\}$ etc.) Então,

$$p(0) = P(X = 0) = (0,8)^3 \qquad p(1) = P(X = 1) = 3(0,2)(0,8)^2,$$
$$p(2) = P(X = 2) = 3\,(0,2)^2(0,8), \quad p(3) = P(X = 3) = (0,2)^3.$$

Observe que a soma dessas probabilidades é igual a 1, porque a soma pode ser escrita como igual a $(0,8 + 0,2)^3$.

Comentário: A explicação dada ilustra como as probabilidades em um contradomínio R_x (neste caso $\{0, 1, 2, 3\}$) são *induzidas* pelas probabilidades definidas sobre o espaço amostral S. Porque a hipótese de que os oito resultados de

$$S = \{DDD, DDN, DND, NDD, NND, NDN, DNN, NNN\}$$

tenham as probabilidades dadas no Ex. 4.7, *determinou* o valor de $p(x)$ para todo $x \in R_x$.

Vamos agora generalizar as noções introduzidas no exemplo anterior.

Definição. Consideremos um experimento ε e seja A algum evento associado a ε. Admita-se que $P(A) = p$ e consequentemente $P(\bar{A}) = 1 - p$. Considerem-se n repetições de ε. Daí, o espaço amostral será formado por todas as sequências possíveis $\{a_1, a_2, ..., a_n\}$, nas quais cada a_i é ou A ou $\bar{A}$, dependendo de que tenha ocorrido A ou $\bar{A}$ na i-ésima repetição de ε. (Existem 2^n dessas sequências.) Além disso, suponha-se que $P(A) = p$ permaneça a mesma para todas as repetições. A variável aleatória X será assim definida: X = número de vezes que o evento A tenha ocorrido. Denominaremos X de variável aleatória *binomial*, com parâmetros n e p. Seus valores possíveis são evidentemente 0, 1, 2, ..., n. (De maneira equivalente, diremos que X tem uma *distribuição binomial*.)

As repetições individuais de ε, serão denominadas *Provas de Bernouilli*.

Teorema 4.1. Seja X uma variável binomial, baseada em n repetições. Então,

$$P(X = k) = \binom{n}{k} p^k (1 - p)^{n-k}, \quad k = 0, 1, ..., n. \tag{4.5}$$

Demonstração: Considere-se um particular elemento do espaço amostral de ε satisfazendo à condição X = k. Um resultado como esse poderia surgir, por exemplo, se nas primeiras k repetições de ε ocorresse A, enquanto nas últimas $n - k$ repetições ocorresse $\bar{A}$, isto é,

$$\underbrace{AAA\cdots A}_{k} \; \underbrace{\bar{A}\bar{A}\bar{A}\cdots\bar{A}}_{n-k}.$$

Como todas as repetições são independentes, a probabilidade desta sequência particular seria $p^k(1 - p)^{n-k}$, mas exatamente essa mesma probabilidade seria associada a qualquer outro resultado para o qual X = k. O número total de tais resultados é igual a $\binom{n}{k}$, porque deveremos escolher exatamente k posições (dentre n) para o evento A. Ora, isso dá o resultado acima, porque esses $\binom{n}{k}$ resultados são todos mutuamente excludentes.

Comentários: (*a*) Para verificar nosso resultado, observemos que empregando o teorema binomial temos,

$$\sum_{k=0}^{n} P(X=k) = \sum_{k=0}^{n} \binom{n}{k} p^k (1-p)^{n-k} = \left[p + (1-p) \right]^n = 1^n = 1,$$

como era de se esperar. Como as probabilidades $\binom{n}{k} p^k (1-p)^{n-k}$ são obtidas pelo desenvolvimento da expressão binomial $[p + (1-p)]^n$, ela recebe a denominação de distribuição binomial.

(*b*) Sempre que realizarmos repetições independentes de um experimento e estivermos interessados somente em uma dicotomia – defeituoso *ou* não defeituoso (perfeito); dureza acima *ou* abaixo de certo padrão; nível de ruído em um sistema de comunicações acima *ou* abaixo de um limiar preestabelecido – estaremos virtualmente tratando com um espaço amostral no qual podemos definir uma variável aleatória binomial. Enquanto as condições da experimentação permaneçam suficientemente estáveis, de modo que a probabilidade de algum atributo, digamos *A*, permaneça constante, poderemos empregar o modelo acima.

(*c*) Se *n* for pequeno, os termos individuais da distribuição binomial serão relativamente fáceis de calcular. Contudo, se *n* for relativamente grande, os cálculos se tornam bastante incômodos. Felizmente, foram preparadas tábuas de probabilidades binomiais; existem várias dessas tábuas. (Veja o Apêndice.)

Exemplo 4.8. Suponha que uma válvula eletrônica, instalada em determinado circuito, tenha probabilidade 0,2 de funcionar mais do que 500 horas. Se ensaiarmos 20 válvulas, qual será a probabilidade de que delas, exatamente *k*, funcionem mais que 500 horas, *k* = 0, 1, 2, ..., 20?

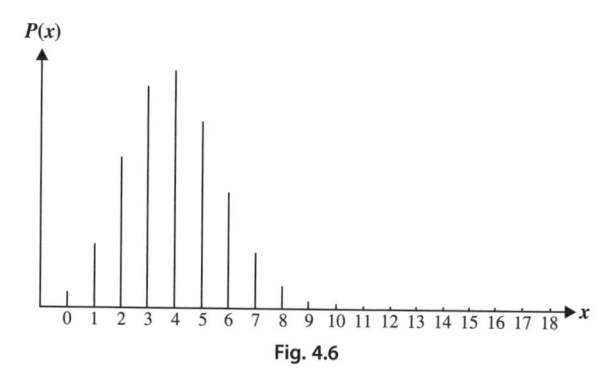

Fig. 4.6

Se *X* for o número de válvulas que funcionem mais de 500 horas, admitiremos que *X* tenha uma distribuição binomial. Então, $P(X=k) = \binom{20}{k}(0,2)^k (0,8)^{20-k}$. Os valores podem ser lidos na Tab. 4.1.

Se marcarmos os valores dessa distribuição, obteremos o gráfico apresentado na Fig. 4.6. A configuração que observamos aqui é bastante geral. As probabilidades binomiais crescem monotonicamente, até que atingem um valor máximo e, depois, decrescem monotonicamente. (Veja o Probl. 4.8.)

Tab. 4.1

$P(X = 0) = 0,012$	$P(X = 4) = 0,218$	$P(X = 8) = 0,022$
$P(X = 1) = 0,058$	$P(X = 5) = 0,175$	$P(X = 9) = 0,007$
$P(X = 2) = 0,137$	$P(X = 6) = 0,109$	$P(X = 10) = 0,002$
$P(X = 3) = 0,205$	$P(X = 7) = 0,055$	$P(X = k) = 0^+$ para $k \geq 11$

(As probabilidades restantes são menores do que 0,001.)

Exemplo 4.9. Ao operar determinada máquina, existe alguma probabilidade de que o operador da máquina cometa um erro. Pode-se admitir, razoavelmente, que o operador aprenda, no sentido de que decresça a probabilidade de cometer um erro, se ele usar repetidamente a máquina. Suponha que o operador faça n tentativas e que as n repetições sejam estatisticamente independentes. Suponhamos, especificamente, que P (um erro a ser cometido na i-ésima repetição) $= 1/(i + 1)$, $i = 1, 2, ..., n$. Admitamos que se pretendam 4 tentativas (isto é, $n = 4$) e definamos a variável aleatória X como o número de operações da máquina, executadas sem erro. Note-se que X não tem distribuição binomial, porque a probabilidade de "sucesso" não é constante.

Para calcular a probabilidade de que $X = 3$, por exemplo, procede-se do seguinte modo: $X = 3$ se, e somente se, houver exatamente uma tentativa malsucedida. Isto pode ocorrer na primeira, segunda, terceira ou quarta tentativas. Portanto,

$$P(X=3) = \frac{1}{2}\frac{2}{3}\frac{3}{4}\frac{4}{5} + \frac{1}{2}\frac{1}{3}\frac{3}{4}\frac{4}{5} + \frac{1}{2}\frac{2}{3}\frac{1}{4}\frac{4}{5} + \frac{1}{2}\frac{2}{3}\frac{3}{4}\frac{1}{5} = \frac{5}{12}.$$

Exemplo 4.10. Considere-se uma situação semelhante àquela apresentada no Ex. 4.9. Agora, admitiremos que exista uma probabilidade constante p_1 de não cometer um erro na máquina, durante cada uma das n_1 tentativas, e uma probabilidade constante $p_2 \leq p_1$ de não cometer um erro em cada uma das n_2 repetições subsequentes. Seja X o número de operações bem-sucedidas da máquina durante as $n = n_1 + n_2$ tentativas independentes. Vamos procurar a expressão geral de $P(X = k)$. Pelo mesmo motivo dado no exemplo precedente, X não tem distribuição binomial. Para obter $P(X = k)$, procede-se da seguinte maneira:

Sejam Y_1 o número de operações corretas durante as primeiras n_1 tentativas, e Y_2 o número de operações corretas durante as n_2 tentativas subsequentes. Portanto, Y_1 e Y_2 são variáveis aleatórias independentes e $X = Y_1 + Y_2$. Assim,

$X = k$ se, e somente se, $Y_1 = r$ e $Y_2 = k - r$, para qualquer inteiro r que satisfaça às condições $0 \le r \le n_1$ e $0 \le k - r \le n_2$.

As restrições acima, sobre r, são equivalentes a $0 \le r \le n_1$ e $k - n_2 \le r \le k$. Combinando-as, poderemos escrever máx. $(0, k - n_2) \le r \le$ mín. (k, n_1). Portanto, teremos

$$P(X=k)=$$

$$= \sum_{r=\text{máx.}(0,\,k-n_2)}^{r=\text{mín.}(k,\,n_1)} \binom{n_1}{r} p_1^r \, (1-p_1)^{n_1-r} \binom{n_2}{k-r} p_2^{\,k-r} \, (1-p_2)^{\,n_2-(k-r)}.$$

Com nossa convenção usual de que $\binom{a}{b} = 0$ sempre que $b > a$ ou $b < 0$, poderemos escrever a probabilidade acima como

$$P(X=k)= \sum_{r=0}^{n_1} \binom{n_1}{r} p_1^r \, (1-p_1)^{n_1-r} \binom{n_2}{k-r} p_2^{\,k-r} \, (1-p_2)^{n_2-k+r} \tag{4.6}$$

Por exemplo, se $p_1 = 0,2$, $p_2 = 0,1$, $n_1 = n_2 = 10$ e $k = 2$, a probabilidade acima fica, depois de um cálculo direto:

$$P(X=2)= \sum_{r=0}^{2} \binom{10}{r}(0,2)^r (0,8)^{10-r} \binom{10}{2-r}(0,1)^{2-r}(0,9)^{8+r} = 0,27.$$

Comentário: Suponha que $p_1 = p_2$. Neste caso, a Eq. (4.6) se reduz a $\binom{n}{k} p_1^k (1 - p_1)^{n-k}$, porque agora a variável aleatória X *tem* uma distribuição binomial. Para verificar que é assim, note-se que poderemos escrever, (desde que $n_1 + n_2 = n$):

$$P(X=k)= p_1^{\,k} (1-p_1)^{n-k} \sum_{r=0}^{n_1} \binom{n_1}{r} \binom{n_2}{k-r}.$$

Para verificar que a soma acima é igual a $\binom{n}{k}$, basta comparar os coeficientes das potências de x^k em ambos os membros da identidade $(1 + x)^{n_1} (1 + x)^{n_2} = (1 + x)^{n_1+n_2}$.

4.4. Variáveis Aleatórias Contínuas

Suponha que o contradomínio de X seja formado por um número finito muito grande de valores, digamos todos os valores x no intervalo $0 \le x \le 1$, da forma: 0; 0,01; 0,02; ...; 0,98; 0,99; 1,00. A cada um desses valores está associado um número não negativo $p(x_i) = P(X = x_i)$, $i = 1, 2, ...$, cuja soma é igual a 1. Esta operação está representada geometricamente na Fig. 4.7.

Já salientamos que poderia ser matematicamente mais fácil idealizar a apresentação probabilística de X, pela suposição de que X pudesse tomar *todos* os valores possíveis, $0 \le x \le 1$. Se fizermos isso, que acontecerá às probabilidades no ponto $p(x_i)$? Como os valores possíveis de X não são numeráveis, não podemos realmente falar do i-ésimo valor de X, e, por isso, $p(x_i)$ se torna sem sentido. O que faremos é substituir a função p definida somente para x_1, x_2, ... por uma função f definida (neste contexto) para *todos* os valores de x, $0 \le x \le 1$. As propriedades da Eq. (4.3) serão substituídas por $f(x) \ge 0$ e $\int_0^1 f(x)dx = 1$. Vamos proceder formalmente como se segue.

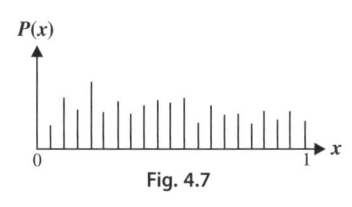

Fig. 4.7

Definição. Diz-se que X é uma *variável aleatória contínua*, se existir uma função f, denominada *função densidade de probabilidade* (*fdp*) de X que satisfaça às seguintes condições:

(*a*) $f(x) \ge 0$ para todo x,

(*b*) $\int_{-\infty}^{+\infty} f(x)dx = 1$, $\qquad\qquad$ (4.7)

(*c*) para quaisquer a, b, com $-\infty < a < b < +\infty$, teremos $P(a \le X \le b) = \int_a^b f(x)dx$. $\qquad\qquad$ (4.8)

Comentários: (*a*) Estaremos essencialmente dizendo que X é uma variável aleatória contínua, se X puder tomar todos os valores em algum intervalo (*c*, *d*), no qual *c* e *d* podem ser $-\infty$ e $+\infty$, respectivamente. A existência estipulada de uma fdp constitui um artifício matemático, que possui considerável apelo intuitivo e torna nossos cálculos mais simples. Em relação a isso, também devemos salientar que, quando supomos que X seja uma variável aleatória contínua, estamos tratando com uma descrição *idealizada* de X.

(*b*) $P(c < X < d)$ representa a área sob a curva no gráfico da Fig. 4.8, da fdp *f*, entre $x = c$ e $x = d$.

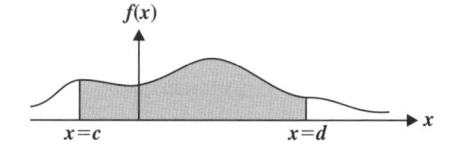

Fig. 4.8

(c) Constitui uma consequência da descrição probabilística de X, acima, que, para *qualquer* valor especificado de X, digamos x_0, teremos $P(X = x_0) = 0$, porque $P(X = x_0) = \int_{x_0}^{x_0} f(x)\ dx = 0$. Este resultado pode parecer muito contrário à nossa intuição. Contudo, devemos compreender que se permitirmos que X tome *todos* os valores em algum intervalo, então a probabilidade zero não é equivalente à impossibilidade. Por isso, no caso contínuo, $P(A) = 0$ não implica ser $A = \emptyset$, o conjunto vazio. (Veja o Teor. 1.1.) Explicando isso menos rigorosamente, considere-se a escolha de um ponto ao acaso, no segmento de reta $\{x \mid 0 \leq x \leq 2\}$. Embora possamos estar desejosos em concordar (para objetivos matemáticos) que cada ponto imaginável no segmento possa ser resultado de nosso experimento, ficaríamos completamente surpreendidos quanto a isso, se de fato escolhêssemos precisamente o ponto médio do segmento ou qualquer outro ponto *especificado*. Quando expressamos isto em linguagem matemática rigorosa, dizemos que o evento tem "probabilidade zero". Tendo em vista essas observações, as seguintes probabilidades serão todas *iguais*, se X for uma variável aleatória contínua:

$$P(c \leq X \leq d),\ P(c \leq X < d),\ P(c < X \leq d)\ \text{e}\ P(c < X < d).$$

(d) Apesar de não verificarmos aqui os detalhes, pede-se mostrar que essa atribuição de probabilidades a eventos em R_X satisfaz aos axiomas básicos da probabilidade [Eq. (1.3)], no qual poderemos tomar $\{x \mid -\infty < x < +\infty\}$ como nosso espaço amostral.

(e) Se uma função f^* satisfizer às condições $f^*(x) \geq 0$ para todo x, e $\int_{-\infty}^{+\infty} f^*(x)\ dx = K$, em que K é um número real positivo (não necessariamente igual a 1), então f^* não satisfaz a todas as condições para ser uma fdp. No entanto, poderemos facilmente definir uma nova função, digamos f, em termos de f^*, assim:

$$f(x) = \frac{f^*(x)}{K} \quad \text{para todo } x.$$

Em consequência, f satisfará a todas as condições de uma fdp.

(f) Se X tomar valores somente em algum intervalo finito $[a, b]$, poderemos simplesmente pôr $f(x) = 0$ para todo $x \notin [a, b]$. Em consequência, a fdp ficará definida para *todos* os valores reais de x, e poderemos exigir $\int_{-\infty}^{+\infty} f(x)dx = 1$. Sempre que a fdp for especificada somente para determinados valores de x, deveremos supor que seja zero em todos os demais.

(g) $f(x)$ não representa a probabilidade de coisa alguma! Anteriormente já salientamos que, por exemplo, $P(X = 2) = 0$ e, consequentemente, $f(2)$ certamente não representa essa probabilidade. Somente quando a função for integrada entre dois limites, ela produzirá uma probabilidade. Poderemos, contudo, dar uma interpretação de $f(x)\Delta x$, da seguinte maneira: Do teorema do valor médio, em Cálculo, tem-se que

$$P(x \leq X \leq x+\Delta x) = \int_x^{x+\Delta x} f(s)\ ds = \Delta x f(\xi), \quad x \leq \xi \leq x+\Delta x.$$

Se Δx for pequeno, $f(x)\Delta x$ será *aproximadamente* igual a $P(x \leq X \leq x + \Delta x)$. (Se f for contínua à direita, esta aproximação se tornará mais exata quando $\Delta x \to 0$.)

(*h*) Devemos novamente salientar que a distribuição de probabilidade (neste caso a fdp) é induzida em R_X: Pela probabilidade subjacente associada com eventos em S. Por isso, quando escrevemos $P(c < X < d)$, queremos significar como sempre $P(c < X(s) < d]$, que por sua vez é igual a $P[s|\ c < X(s) < d]$, já que esses eventos são equivalentes. A definição anterior, Eq. (4.8), estipula essencialmente a existência de uma fdp f definida sobre R_X tal que

$$P\left[s\,|\,c < X(s) < d\right] = \int_c^d f(x)\,dx.$$

Novamente suprimiremos a natureza funcional de X e, por isso, trataremos somente com R_X e a fdp f.

(*i*) No caso contínuo, também poderemos considerar a seguinte *analogia com a Mecânica*: Suponha-se que temos uma massa total de uma unidade continuamente distribuída sobre o intervalo $a \leq x \leq b$. Nesse caso, $f(x)$ representa a densidade de massa no ponto x e $\int_c^d f(x)\,dx$ representa a massa total contida no intervalo $c \leq x \leq d$.

Exemplo 4.11. A existência de uma fdp foi admitida na exposição de uma variável aleatória contínua. Vamos considerar um exemplo simples, no qual poderemos facilmente determinar a fdp, fazendo uma suposição apropriada sobre o comportamento probabilístico da variável aleatória. Suponhamos que um ponto seja escolhido no intervalo $(0,1)$. Representemos por X a variável aleatória cujo valor seja a abscissa x do ponto escolhido.

Supor: Se I for qualquer intervalo em $(0,1)$, então Prob $[X \in I]$ será diretamente proporcional ao cumprimento de I, digamos $L(I)$. Isto é, Prob $[X \in I] = kL(I)$, em que k é a constante de proporcionalidade. (É fácil verificar, tomando-se $I = (0,1)$ e observando-se que $L\,[(0,1)] = 1$ e Prob $[X \in (0,1)] = 1$, que $k = 1$.)

Obviamente, X torna todos os valores em $(0,1)$. Qual é sua fdp? Assim, podemos encontrar uma função f tal que

$$P\left(a < X < b\right) = \int_a^b f(x)\,dx?$$

Note que, se $a < b < 0$ ou $1 < a < b$, $P(a < X < b) = 0$ e, por isso, $f(x) = 0$. Se $0 < a < b < 1$, $P(a < X < b) = b - a$ e, consequentemente, $f(x) = 1$. Portanto, encontramos

$$f(x) = \begin{cases} 1, & 0 < x < 1 \\ 0, & \text{para quaisquer outros valores.} \end{cases}$$

Exemplo 4.12. Suponhamos que a variável aleatória X seja contínua. (Veja a Fig. 4.9.) Seja a fdp f dada por

$$f(x) = 2x, \quad 0 < x < 1,$$
$$= 0, \quad \text{para quaisquer outros valores.}$$

Evidentemente, $f(x) \geq 0$ e $\int_{-\infty}^{+\infty} f(x)dx = \int_0^1 2x\, dx = 1$. Para calcular $P(X \leq 1/2)$, deve-se apenas calcular a integral $\int_0^{1/2} (2x)\, dx = 1/4$.

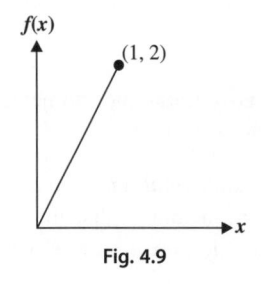

Fig. 4.9

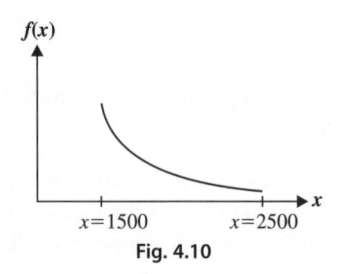

Fig. 4.10

O conceito de probabilidade condicionada, explicado no Cap. 3, pode ser significativamente aplicado a variáveis aleatórias. Assim, no exemplo acima. podemos calcular $P(X \leq \frac{1}{2} \mid \frac{1}{3} \leq X \leq \frac{2}{3})$. Aplicando-se diretamente a definição de probabilidade condicionada, teremos

$$P\left(X \leq \frac{1}{2} \middle| \frac{1}{3} \leq X \leq \frac{2}{3}\right) = \frac{P\left(\frac{1}{3} \leq X \leq \frac{1}{2}\right)}{P\left(\frac{1}{3} \leq X \leq \frac{2}{3}\right)}$$

$$= \frac{\int_{1/3}^{1/2} 2x\, dx}{\int_{1/3}^{2/3} 2x\, dx} = \frac{5/36}{1/3} = \frac{5}{12}.$$

Exemplo 4.13. Seja X a duração da vida (em horas) de certo tipo de lâmpada. Admitindo que X seja uma variável aleatória contínua, suponha que a fdp f de X seja dada por

$$f(x) = a/x^3, 1.500 \leq x \leq 2.500,$$
$$= 0, \text{para quaisquer outros valores.}$$

(Isto é, está se atribuindo probabilidade zero aos eventos $\{X < 1.500\}$ e $\{X > 2.500\}$.) Para calcular a constante a, recorre-se à condição $\int_{-\infty}^{\infty} f(x)\, dx = 1$, que neste caso se torna $\int_{1.500}^{2.500} (a/x^3)\, dx = 1$. Daí se obtém $a = 7.031.250$. O gráfico de f está apresentado na Fig. 4.10.

Em capítulo posterior estudaremos, pormenorizadamente, muitas variáveis aleatórias importantes, tanto discretas como contínuas. Sabemos, de nosso emprego de modelos determinísticos, que certas funções gozam de papel mais importante que outras. Por exemplo, as funções linear, quadrática, exponencial e trigonométrica têm papel vital na explicação de modelos determinísticos. Ao desenvolver modelos não determinísticos (isto é, probabilísticos) verificaremos que certas variáveis aleatórias são de notável importância.

4.5. Função de Distribuição Acumulada

Vamos introduzir outro importante conceito geral neste capítulo.

Definição. Seja X uma variável aleatória, discreta ou contínua. Define-se a função F como a *função de distribuição acumulada* da variável aleatória X (abreviadamente indicada fd) como $F(x) = P(X \leq x)$.

Teorema 4.2. (a) Se X for uma variável aleatória discreta

$$F(x) = \sum_j p(x_j),\qquad(4.9)$$

na qual o somatório é estendido a todos os índices j que satisfaçam à condição $x_j \leq x$.

(b) Se X for uma variável aleatória contínua com fdp f,

$$F(x) = \int_{-\infty}^{x} f(s)ds.\qquad(4.10)$$

Demonstração. Ambos os resultados decorrem imediatamente da definição.

Exemplo 4.14. Suponhamos que a variável aleatória X tome os três valores 0, 1 e 2, com probabilidades 1/3, 1/6 e 1/2, respectivamente. Então,

$$
\begin{aligned}
F(x) &= 0 && \text{se } x < 0,\\
&= \frac{1}{3} && \text{se } 0 \leq x < 1,\\
&= \frac{1}{2} && \text{se } 1 \leq x < 2,\\
&= 1 && \text{se } x \geq 2.
\end{aligned}
$$

(Observe-se que é muito importante indicar a inclusão ou a exclusão dos limites, na descrição dos diversos intervalos.) O gráfico de F está apresentado na Fig. 4.11.

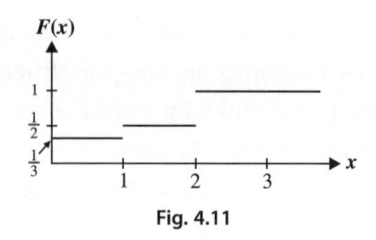

Fig. 4.11

Exemplo 4.15. Suponhamos que X seja uma variável contínua com fdp

$$f(x) = 2x, \quad 0 < x < 1,$$

$$= 0, \text{ para quaisquer outros valores.}$$

Portanto, a fdp de F é dada por

$$F(x) = 0 \text{ se } x \le 0,$$
$$= \int_0^x 2s \, ds = x^2$$
$$\text{se } 0 < x \le 1,$$
$$= 1 \text{ se } x > 1.$$

O gráfico está apresentado na Fig. 4.12.

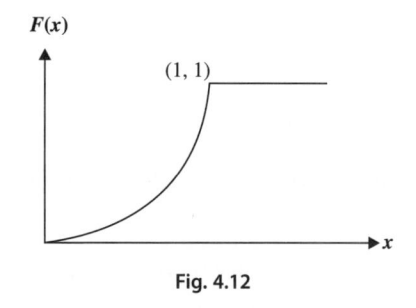

Fig. 4.12

Os gráficos apresentados nas Figs. 4.11 e 4.12 para as fd são, em cada caso, bastante típicos, no seguinte sentido:

(*a*) Se X for uma variável aleatória discreta, com um número finito de valores possíveis, o gráfico da fd será constituído por segmentos de reta horizontais (nesse caso, a fd se denomina *função em degraus*). A função F é contínua, exceto nos valores possíveis de X: x_1, ..., x_n, ... No valor x_j o gráfico apresenta um "salto" de magnitude $p(x_j) = P(X = x_j)$.

(*b*) Se X for uma variável aleatória contínua, F será uma função contínua para todo x.

(*c*) A fd *F* é definida para *todos* os valores de *x*, o que é um motivo importante para considerá-la.

Existem duas outras importantes propriedades da fd, que resumiremos no teorema seguinte:

Teorema 4.3. (*a*) A função *F* é não decrescente. Isto é, se $x_1 \leq x_2$, teremos $F(x_1) \leq F(x_2)$.

(*b*) $\lim_{x \to -\infty} F(x) = 0$ e $\lim_{x \to \infty} F(x) = 1$. [Frequentemente, escrevemos isto como $F(-\infty) = 0$ e $F(\infty) = 1$.]

Demonstração: (*a*) Definamos os eventos *A* e *B*, assim: $A = \{X \leq x_1\}$, $B = \{X \leq x_2\}$. Portanto, como $x_1 \leq x_2$, teremos $A \subset B$ e, pelo Teor. 1.5, $P(A) \leq P(B)$, que é o resultado desejado.

(*b*) No caso contínuo, teremos:

$$F(-\infty) = \lim_{x \to -\infty} \int_{-\infty}^{x} f(s)\, ds = 0,$$
$$F(\infty) = \lim_{x \to \infty} \int_{-\infty}^{x} f(s)\, ds = 1.$$

No caso discreto, o raciocínio é análogo.

A função de distribuição (acumulada) é importante por muitas razões. Isto é particularmente verdadeiro quando tratarmos com uma variável aleatória contínua, porque nesse caso não poderemos estudar o comportamento probabilístico de *X* através do cálculo de $P(X = x)$. Aquela probabilidade é sempre igual a zero no caso contínuo. Contudo, poderemos indagar de $P(X \leq x)$ e, como demonstra o teorema seguinte, obter a fdp de *X*.

Teorema 4.4. (*a*) Seja *F* a fd de uma variável aleatória contínua, com fdp *f*. Então,

$$f(x) = \frac{d}{dx} F(x),$$

para todo *x* no qual *F* seja derivável.

(*b*) Seja *X* uma variável aleatória discreta, com valores possíveis x_1, x_2, ..., e suponha que esses valores tenham sido indexados de modo que $x_1 < x_2 < ...$ Seja *F* a fd de *X*. Então,

$$p(x_j) = P(X = x_j) = F(x_j) - F(x_{j-1}). \tag{4.11}$$

Demonstração: (*a*) $F(x) = P(X \leq x) = \int_{-\infty}^{x} f(s)\, ds$. Por isso, aplicando-se o teorema fundamental do Cálculo, obteremos $F'(x) = f(x)$.

(b) Como admitimos $x_1 < x_2 < \ldots$, teremos

$$F\left(x_j\right) = P\left(X = x_j \cup X = x_{j-1} \cup \cdots \cup X = x_1\right)$$
$$= p(j) + p(j-1) + \cdots + p(1),$$

e

$$F\left(x_{j-1}\right) = P\left(X = x_{j-1} \cup X = x_{j-2} \cup \cdots \cup X = x_1\right)$$
$$= p(j-1) + p(j-2) + \cdots + p(1).$$

Portanto,

$$F\left(x_j\right) - F\left(x_{j-1}\right) = P\left(X = x_j\right) = p\left(x_j\right).$$

Comentário: Vamos resumidamente reconsiderar a parte (*a*) do Teorema 4.4. Recordemos a definição de derivada de uma função F:

$$F'(x) = \lim_{h \to 0} \frac{F(x+h) - F(x)}{h}$$
$$= \lim_{h \to 0^+} \frac{P(X \le x+h) - P(X \le x)}{h}$$
$$= \lim_{h \to 0^+} \frac{1}{h}\left[P(x < X \le x+h)\right].$$

Portanto, se h for pequeno e positivo,

$$F'(x) = f(x) \cong \frac{P(x < X \le x+h)}{h}.$$

Assim, $f(x)$ é aproximadamente igual à "quantidade de probabilidade no intervalo $(x, x + h)$ pelo comprimento h". Daí o nome *função densidade de probabilidade*.

Exemplo 4.16. Suponha que uma variável aleatória contínua tenha a fd F dada por

$$F(x) = 0, \quad x \le 0,$$
$$= 1 - e^{-x}, \, x > 0.$$

Nesse caso, $F'(x) = e^{-x}$ para $x > 0$, e, por isso, a fdp será dada por

$$f(\dot{x}) = e^{-x}, \quad x \ge 0,$$
$$= 0, \text{ para quaisquer outros valores.}$$

Comentário: É oportuno dizer uma palavra final sobre a terminologia. Esta terminologia, embora ainda não uniforme, tornou-se bastante padronizada. Quando falamos da *distribuição de probabilidade* de uma variável aleatória X, nos referimos à sua fdp se X for contínua, ou à sua função de probabilidade no ponto, p, definida para $x_1, x_2, \ldots$ se X for discreta. Quando falamos da função de distribuição acumulada, ou algumas vezes apenas *função de distribuição* (ou *função de repartição*), queremos sempre nos referir a F, na qual $F(x) = P(X \le x)$.

4.6. Distribuições Mistas

Restringimos nossa explanação tão somente a variáveis aleatórias que sejam discretas ou contínuas. Tais variáveis são certamente as mais importantes nas aplicações. Contudo, há situações em que poderemos encontrar um tipo *misto*: A variável aleatória X pode tomar alguns valores diferentes, digamos x_1, ... x_n, com probabilidade não nula, e também tomar todos os valores em algum intervalo, digamos $a \leq x \leq b$. A distribuição de probabilidade de tal variável aleatória seria obtida pela combinação das ideias já examinadas na descrição de variáveis aleatórias discretas e de contínuas, como se verá a seguir. A cada valor x_i associa-se um número $p(x_i)$ tal que $p(x_i) \geq 0$ para todo i, e tal que $\sum_{i=1}^{n} p(x_i) = p < 1$. Em seguida, define-se uma função f, satisfazendo a $f(x) \geq 0$, $\int_a^b f(x)\, dx = 1 - p$. Para todo a, b, com $-\infty < a < b < +\infty$, $P(a \leq X \leq b) = \int_a^b f(x)\, dx + \sum_{\{i\,:\,a\,\leq\,x_i\,\leq\,b\}} p(x_i)$. Desta maneira, atenderemos à condição $P(S) = P(-\infty < X < \infty) = 1$.

Uma variável aleatória de tipo misto poderia surgir da maneira explicada a seguir. Suponha que estejamos ensaiando algum equipamento e façamos igual a X o tempo de funcionamento. Em muitos problemas, descreveremos X como uma variável aleatória contínua, com valores possíveis $x \geq 0$. No entanto, podem surgir situações nas quais exista uma probabilidade não nula de que a peça não funcione de modo algum, isto é, falhe no momento $X = 0$. Nesse caso, desejaríamos modificar nosso modelo e atribuir uma probabilidade $p > 0$ ao resultado $X = 0$. Consequentemente, teríamos $P(X = 0) = p$ e $P(X > 0) = 1 - p$. Deste modo, p descreveria a distribuição de X no ponto 0, enquanto a fdp f descreveria a distribuição para valores de $X > 0$. (Veja a Fig. 4.13.)

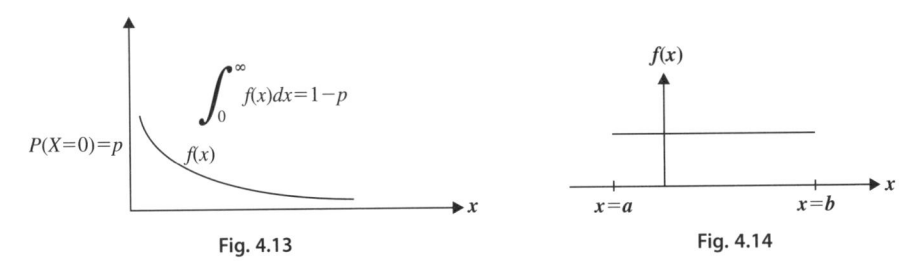

Fig. 4.13   Fig. 4.14

4.7. Variáveis Aleatórias Uniformemente Distribuídas

Nos Caps. 8 e 9, estudaremos minuciosamente muitas variáveis aleatórias discretas e contínuas importantes. Já introduzimos a importante variável aleatória binomial. Vamos agora examinar, resumidamente, uma importante variável aleatória contínua.

Definição. Suponha que X seja uma variável aleatória contínua, que tome todos os valores no intervalo $[a, b]$, no qual a e b sejam ambos finitos. Se a fdp de X for dada por

$$f(x) = \frac{1}{b-a}, \quad a \le x \le b, \qquad (4.12)$$

= 0, para quaisquer outros valores, diremos que X é *uniformemente distribuída* sobre o intervalo $[a, b]$. (Veja a Fig. 4.14.)

Comentários: (a) Uma variável aleatória uniformemente distribuída tem uma fdp que é *constante* sobre o intervalo de definição. A fim de satisfazer à condição $\int_{-\infty}^{+\infty} f(x)\, dx = 1$, essa constante deve ser igual ao inverso do comprimento do intervalo.

(b) Uma variável aleatória uniformemente distribuída representa o análogo contínuo dos resultados igualmente prováveis, no seguinte sentido. Para qualquer subintervalo $[c, d]$, em que $a \le c < d \le b$, $P(c \le X \le d)$ é a *mesma* para todos os subintervalos que tenham o mesmo comprimento. Isto é,

$$P(c \le X \le d) = \int_{c}^{d} f(x)\, dx = \frac{d-c}{b-a}$$

e, por isso, depende unicamente do comprimento do intervalo e não da posição desse intervalo.

(c) Agora podemos tornar mais precisa a noção intuitiva de *escolher ao acaso um ponto P*, em um intervalo $[a, b]$. Por isso, simplesmente queremos dizer que a coordenada x do ponto escolhido, digamos X, é uniformemente distribuída sobre $[a, b]$.

Exemplo 4.17. Um ponto é escolhido ao acaso no segmento de reta $[0, 2]$. Qual será a probabilidade de que o ponto escolhido esteja entre 1 e 3/2?

Fazendo-se X representar a coordenada do ponto escolhido, temos que a fdp de X é dada por $f(x) = 1/2$, $0 < x < 2$ e, portanto, $P(1 \le X \le 3/2) = 1/4$.

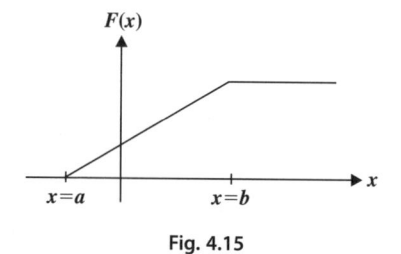

Fig. 4.15

Exemplo 4.18. A dureza *H* de uma peça de aço (avaliada na escala Rockwell) pode-se supor ser uma variável aleatória contínua uniformemente distribuída sobre o intervalo [50, 70], da escala *B*. Consequentemente,

$$f(h) = \frac{1}{20}, \; 50 < h < 70,$$
$$= 0, \text{ para quaisquer outros valores.}$$

Exemplo 4.19. Vamos obter a expressão da fd de uma variável aleatória uniformemente distribuída.

$$F(x) = P(X \le x) = \int_{-\infty}^{x} f(s) \, ds$$
$$= 0 \qquad \text{se } x < a,$$
$$= \frac{x-a}{b-a} \text{ se } a \le x < b,$$
$$= 1 \qquad \text{se } x \ge b.$$

O gráfico está apresentado na Fig. 4.15.

4.8. Uma Observação

Repetidamente temos salientado que em algum estágio de nosso desenvolvimento de um modelo probabilístico, algumas probabilidades devem ser atribuídas a resultados, com base ou em evidência experimental (como as frequências relativas, por exemplo) ou em alguma outra consideração, como a experiência passada com o fenômeno que esteja em estudo. A seguinte questão pode ocorrer ao estudante: Por que não podemos obter todas as probabilidades em que estejamos interessados por tais meios não dedutivos? A resposta é que muitos eventos cujas probabilidades desejamos conhecer são tão complicados que nosso conhecimento intuitivo é insuficiente. Por exemplo, suponhamos que 1000 peças estejam saindo diariamente de uma linha de produção, algumas das quais defeituosas. Desejamos saber a probabilidade de ter 50 ou menos peças defeituosas em certo dia. Mesmo que estejamos familiarizados com o comportamento geral do processo de produção, poderá ser difícil para associarmos uma medida quantitativa com o evento: 50 ou menos peças são defeituosas. No entanto, poderemos ser capazes de fazer a afirmação de que qualquer peça individual tenha probabilidade de 0,10 de ser defeituosa. (Assim, a experiência passada nos dá a informação de que cerca de 10% das peças são defeituosas.) Além disso, poderemos estar inclinados a admitir que, individualmente, as peças sejam defeituosas ou perfeitas independentemente uma da outra. *Agora*, poderemos proceder dedutivamente e obter a probabilidade do evento em estudo. Assim, se X = número de peças defeituosas,

$$P(X \leqslant 50) = \sum_{k=0}^{50} \binom{1000}{k} (0,10)^k (0,90)^{1000-k}$$

O que se quer destacar aqui é que os vários métodos que deduzimos para calcular probabilidades (e outros que serão estudados subsequentemente) são de enorme importância, porque com eles poderemos avaliar probabilidades associadas a eventos bastante complicados, as quais seriam difíceis de obter por meios intuitivos ou empíricos.

Problemas

4.1. Sabe-se que uma determinada moeda apresenta cara três vezes mais frequentemente que coroa. Essa moeda é jogada três vezes. Seja X o número de caras que aparece. Estabeleça a distribuição de probabilidade de X e também a fd. Faça um esboço do gráfico de ambas.

4.2. De um lote que contém 25 peças, das quais 5 são defeituosas, são escolhidas 4 ao acaso. Seja X o número de defeituosas encontradas. Estabeleça a distribuição de probabilidade de X, quando:

(*a*) As peças forem escolhidas com reposição.

(*b*) As peças forem escolhidas sem reposição.

4.3. Suponha que a variável aleatória X tenha os valores possíveis 1, 2, 3, ..., e $P(X = j) = 1/2^j$, $j = 1, 2, ...$

(*a*) Calcule $P(X$ ser par).

(*b*) Calcule $P(X \geq 5)$.

(*c*) Calcule $P(X$ ser divisível por 3).

4.4. Considere uma variável aleatória X com resultados possíveis: 0, 1, 2, ... Suponha que $P(X = j) = (1 - a)a^j$, $j = 0, 1, 2, ...$

(*a*) Para que valores de a o modelo acima tem sentido?

(*b*) Verifique que essa expressão representa uma legítima distribuição de probabilidade.

(*c*) Mostre que, para quaisquer dois inteiros positivos s e t,

$$P(X > s + t \mid X > s) = P(X \geq t).$$

4.5. Suponha que a máquina 1 produza (por dia) o dobro das peças que são produzidas pela máquina 2. No entanto, 4% das peças fabricadas pela máquina 1 tendem a ser defeituosas, enquanto somente cerca de 2% de defeituosas produz a máquina 2. Admita que a produção diária das duas máquinas seja misturada. Uma amostra aleatória de 10 peças é extraída da produção total. Qual será a probabilidade de que essa amostra contenha 2 peças defeituosas?

4.6. Foguetes são lançados até que o primeiro lançamento bem-sucedido tenha ocorrido. Se isso não ocorrer até 5 tentativas, o experimento é suspenso e o equipamento inspecionado. Admita que exista uma probabilidade constante de 0,8 de haver um lançamento bem-sucedido e que os sucessivos lançamentos sejam independentes. Suponha que o custo do primeiro lançamento seja K dólares, enquanto os lançamentos subsequentes custam $K/3$ dólares. Sempre que ocorre um lançamento bem-sucedido, uma certa quantidade de informação é obtida, a qual pode ser expressa como um ganho financeiro de C dólares. Sendo T o custo líquido desse experimento, estabeleça a distribuição de probabilidade de T.

4.7. Calcule $P(X = 5)$, em que X é a variável aleatória definida no Ex. 4.10. Suponha que $n_1 = 10$, $n_2 = 15$, $p_1 = 0,3$ e $p_2 = 0,2$.

4.8. (*Propriedades das Probabilidades Binomiais.*) Na explanação do Ex. 4.8, um padrão geral para as probabilidades binomiais $\binom{n}{k} p^k (1 - p)^{n-k}$ foi sugerido. Vamos denotar essas probabilidades por $p_n(k)$.

(*a*) Mostre que, para $0 \leq k < n$, temos

$$p_n(k + 1)/p_n(k) = [(n - k)/(k + 1)] [p/(1 - p)].$$

(*b*) Empregando (*a*), mostre que

(i) $p_n(k + 1) > p_n(k)$ se $k < np - (1 - p)$,

(ii) $p_n(k + 1) = p_n(k)$ se $k = np - (1 - p)$,

(iii) $p_n(k + 1) < p_n(k)$ se $k > np - (1 - p)$.

(*c*) Mostre que se $np - (1 - p)$ for um inteiro, $p_n(k)$ toma seu valor máximo para dois valores de k, a saber, $k_0 = np - (1 - p)$ e $k_0' = np - (1 - p) + 1$.

(*d*) Mostre que se $np - (1 - p)$ não for um inteiro, então $p_n(k)$ toma seu valor máximo quando k for igual ao menor inteiro maior que k_0.

(*e*) Mostre que se $np - (1 - p) < 0$, $p_n(0) > p_n(1) > ... > p_n(n)$, enquanto se $np - (1 - p) = 0$, $p_n(0) = p_n(1) > p_n(2) > ... > p_n(n)$.

4.9. A variável aleatória contínua X tem para fdp: $f(x) = x/2$, $0 \leq x \leq 2$. São feitas duas determinações independentes de X. Qual será a probabilidade de que ambas essas determinações sejam maiores do que 1? Se três determinações independentes forem feitas, qual a probabilidade de que exatamente duas delas sejam maiores do que 1?

4.10. Seja X a duração da vida de uma válvula eletrônica e admita-se que X possa ser representada por uma variável aleatória contínua, com fdp $f(x) = be^{-bx}$, $x \geq 0$. Seja $p_j = P(j \leq X < j + 1)$. Verifique que p_j é da forma $(1 - a)a^j$ e determine a.

4.11. A variável aleatória contínua X tem fdp $f(x) = 3x^2$, $-1 \leq x \leq 0$ se b for um número que satisfaça a $-1 < b < 0$, calcule $P(X > b|X < b/2)$.

4.12. Suponha que f e g sejam fdp no mesmo intervalo $a \leq x \leq b$.

(a) Verifique que $f + g$ não é uma fdp nesse intervalo.

(b) Verifique que, para todo número β, $0 < \beta < 1$, $\beta f(x) + (1 - \beta)g(x)$ é uma fdp nesse intervalo.

4.13. Suponha que o gráfico na Fig. 4.16 represente a fdp de uma variável aleatória X.

(a) Qual será a relação entre a e b?

(b) Se $a > 0$ e $b > 0$, que se pode dizer do maior valor que b pode tomar? (Veja a Fig. 4.16.)

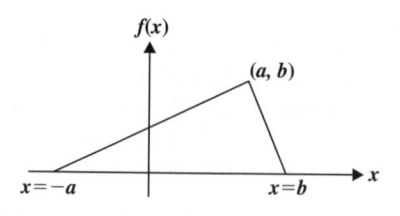

Fig. 4.16

4.14. A percentagem de álcool ($100\ X$) em certo composto pode ser considerada uma variável aleatória, na qual X, $0 < X < 1$, tem a seguinte fdp:

$$f(x) = 20x^3(1 - x), \quad 0 < x < 1.$$

(a) Estabeleça a expressão da fd F e esboce seu gráfico.

(b) Calcule $P(X \leq 2/3)$.

(c) Suponha que o preço de venda desse composto dependa do conteúdo de álcool. Especificamente, se $1/3 < X < 2/3$, o composto se vende por C_1 dólares/galão; caso contrário, ele se vende por C_2 dólares/galão. Se o custo for C_3 dólares/galão, calcule a distribuição de probabilidade do lucro líquido por galão.

4.15. Seja X uma variável aleatória contínua, com fdp dada por

$$\begin{aligned}
f(x) &= ax, & 0 \leq x \leq 1, \\
&= a, & 1 \leq x \leq 2, \\
&= -ax + 3a, & 2 \leq x \leq 3, \\
&= 0, & \text{para quaisquer outros valores.}
\end{aligned}$$

(a) Determine a constante a. (b) Determine a fd F e esboce o seu gráfico. (c) Se X_1, X_2 e X_3 forem três observações independentes de X, qual será a probabilidade de, exatamente, um desses três números ser maior do que 1,5?

4.16. O diâmetro X de um cabo elétrico supõe-se ser uma variável aleatória contínua X, com fdp $f(x) = 6x(1 - x)$, $0 \leq x \leq 1$.

(a) Verifique que essa expressão é uma fdp e esboce o seu gráfico.

(b) Obtenha uma expressão para a fd de X e esboce o seu gráfico.

(c) Determine um número b tal que $P(X < b) = 2P(X > b)$.

(d) Calcule $P(X \leq 1/2 | 1/3 < X < 2/3)$.

4.17. Cada uma das seguintes funções representa a fd de uma variável aleatória contínua. Em cada caso, $F(x) = 0$ para $x < a$ e $F(x) = 1$ para $x > b$, em que $[a, b]$ é o intervalo indicado. Em cada caso, esboce o gráfico da função F, determine a fdp f e faça o seu gráfico. Também verifique que f é uma fdp.

(a) $F(x) = x/5$, $0 \leq x \leq 5$. (b) $F(x) = (2/\pi) \operatorname{sen}^{-1}\left(\sqrt{x}\right)$, $0 \leq x \leq 1$.

(c) $F(x) = e^{3x}$, $-\infty < x \leq 0$. (d) $F(x) = x^3/2 + \dfrac{1}{2}$, $-1 \leq x \leq 1$.

4.18. Seja X a duração da vida (medida em horas) de um dispositivo eletrônico. Suponha que X seja X variável aleatória contínua com fdp $f(x) = k/x^n$, $2.000 \leq x \leq 10.000$.

(a) Para $n = 2$, determine k.

(b) Para $n = 3$, determine k.

(c) Para n em geral, determine k.

(d) Qual a probabilidade de que o dispositivo falhe antes que 5.000 horas se tenham passado?

(e) Esboce a fd $F(t)$ para a letra (c) e determine sua forma algébrica.

4.19. Seja X uma variável aleatória com distribuição binomial, baseada em 10 repetições de um experimento. Se $p = 0{,}3$, calcule as seguintes probabilidades, empregando a tábua da distribuição binomial do Apêndice:

(a) $P(X \leq 8)$; (b) $P(X = 7)$; (c) $P(X > 6)$.

4.20. Suponha que X seja uniformemente distribuída sobre $[-\alpha, +\alpha]$, em que $\alpha > 0$. Quando possível, determine α de modo que as seguintes relações sejam satisfeitas:

(a) $P(X > 1) = \dfrac{1}{3}$. (b) $P(X > 1) = \dfrac{1}{2}$. (c) $P\left(X < \dfrac{1}{2}\right) = 0{,}7$.

(d) $P\left(X < \dfrac{1}{2}\right) = 0{,}3$. (e) $P(|X| < 1) = P(|X| > 1)$.

4.21. Suponha que X tenha distribuição uniforme sobre $[0, \alpha]$, $\alpha > 0$. Responda às perguntas do Probl. 4.20.

4.22. Um ponto é escolhido ao acaso, sobre uma reta de comprimento L. Qual é a probabilidade de que o quociente do segmento mais curto para o mais longo seja menor do que 1/4?

4.23. Uma fábrica produz 10 recipientes de vidro por dia. Deve-se supor que exista uma probabilidade constante $p = 0{,}1$ de produzir um recipiente defeituoso. Antes que esses recipientes sejam estocados, eles são inspecionados e os defeituosos são separados. Admita que exista uma probabilidade constante $r = 0{,}1$ de que um recipiente defeituoso seja mal classificado. Faça X igual ao número de recipientes classificados como defeituosos ao fim de um dia de produção. (Admita que todos os recipientes fabricados em um dia sejam inspecionados naquele dia.)

(a) Calcule $P(X = 3)$ e $P(X > 3)$. (b) Obtenha a expressão de $P(X = k)$.

4.24. Suponha que 5% de todas as peças que saiam de uma linha de fabricação sejam defeituosas. Se 10 dessas peças forem escolhidas e inspecionadas, qual será a probabilidade de que no máximo 2 defeituosas sejam encontradas?

4.25. Suponha que a duração da vida (em horas) de uma certa válvula seja uma variável aleatória contínua X com fdp $f(x) = 100/x^2$, para $x > 100$, e zero para quaisquer outros valores de x.

(a) Qual será a probabilidade de que uma válvula dure menos de 200 horas, se soubermos que ela ainda está funcionando após 150 horas de serviço?

(b) Se três dessas válvulas forem instaladas em um conjunto, qual será a probabilidade de que exatamente uma delas tenha de ser substituída após 150 horas de serviço?

(c) Qual será o número máximo de válvulas que poderá ser colocado em um conjunto, de modo que exista uma probabilidade de 0,5 de que após 150 horas de serviço todas elas ainda estejam funcionando?

4.26. Um experimento consiste em n tentativas independentes. Deve-se admitir que por causa da "aprendizagem", a probabilidade de obter um resultado favorável cresça com o número de tentativas realizadas. Especificamente, suponha que P (sucesso na i-ésima repetição) $= (i + 1)/(i + 2)$, $i = 1, 2, ..., n$.

(a) Qual será a probabilidade de ter ao menos 3 resultados favoráveis, em 8 repetições?

(b) Qual será a probabilidade de que o primeiro resultado favorável ocorra na oitava repetição?

4.27. Com referência ao Ex. 4.10:

(a) Calcule $P(X = 2)$, se $n = 4$.

(b) Para n arbitrário, verifique que $P(X = n - 1) = P$ (exatamente uma tentativa malsucedida) é igual a $[1/(n + 1)] \sum_{i=1}^{n} (1/i)$.

4.28. Se a variável aleatória K for uniformemente distribuída sobre $(0, 5)$, qual será a probabilidade de que as raízes da equação $4x^2 + 4xK + K + 2 = 0$ sejam reais?

4.29. Suponha que a variável aleatória X tenha valores possíveis, 1, 2, 3, ... e que

$$P(X = r) = k(1 - \beta)^{r-1}, 0 < \beta < 1.$$

(a) Determine a constante k.

(b) Ache a *moda* desta distribuição (isto é, o valor de r que torne $P(X = r)$ a maior de todas).

4.30. Uma variável aleatória X pode tomar quatro valores, com probabilidades $(1 + 3x)/4$, $(1 - x)/4$, $(1 + 2x)/4$ e $(1 - 4x)/4$. Para que valores de x é esta uma distribuição de probabilidade?

Funções de Variáveis Aleatórias

5.1. Um Exemplo

Suponhamos que o raio do orifício de um tubo calibrado com precisão X seja considerado uma variável aleatória contínua com fdp f. Seja $A = \pi X^2$ a área da seção transversal do orifício. É intuitivamente evidente que, uma vez que o valor de X é o resultado de um experimento aleatório, o valor de A também o é. Quer dizer, A é uma variável aleatória (contínua) e desejamos obter sua fdp, que denotaremos g. Esperamos, uma vez que A é função de X, que a fdp g seja de algum modo deduzível do conhecimento da fdp f. Neste capítulo, trataremos de problemas desse tipo geral. Antes porém de nos familiarizarmos com algumas das técnicas específicas necessárias, vamos exprimir os conceitos acima mais rigorosamente.

5.2. Eventos Equivalentes

Seja ε um experimento e seja S um espaço amostral associado a ε. Seja X uma variável aleatória definida em S. Suponha que $y = H(x)$ seja uma função real de x. Então, $Y = H(X)$ é uma

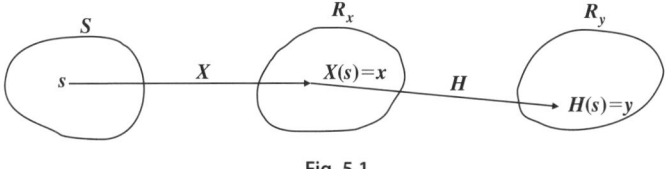

Fig. 5.1

variável aleatória, porque para todo $s \in S$, um valor de Y fica determinado, a saber $y = H[X(s)]$. Esquematicamente, teremos a Fig. 5.1.

Como anteriormente, denominaremos R_X o contradomínio de X, o conjunto de todos os valores possíveis da função X. Semelhantemente, definiremos R_Y como o *contradomínio da variável aleatória Y*, o conjunto de todos os valores possíveis de Y. Anteriormente, já definimos [Eq. (4.1)] a noção de eventos equivalentes em S e em R_X. Agora, estenderemos esse conceito na seguinte forma natural.

Definição. Seja C um evento (subconjunto) associado ao contradomínio R_Y, de Y, como se explicou acima. Seja $B \subset R_X$ definido assim:

$$B = \{x \in R_X : H(x) \in C\}. \tag{5.1}$$

Em palavras: B é o conjunto de todos os valores de X, tais que $H(x) \in C$. Se B e C forem relacionados desse modo, os denominaremos *eventos equivalentes*.

Comentários: (a) Como anteriormente, a interpretação não formal disso é que B e C serão eventos equivalentes se, e somente se, B e C ocorrerem conjuntamente. Isto é, quando B ocorrer, C ocorrerá, e inversamente.

(b) Suponha que A seja um evento associado a S, o qual é equivalente a um evento B associado a R_X. Então, se C for um evento associado a R_Y o qual é equivalente a B, teremos que A será equivalente a C.

(c) É também importante compreender que quando falamos de eventos equivalentes (no sentido acima), esses eventos são associados a diferentes espaços amostrais.

Exemplo 5.1. Suponha que $H(x) = \pi x^2$, tal como na Seç. 5.1. Então, os eventos B: $\{X > 2\}$ e C: $\{Y > 4\pi\}$ são equivalentes. Porque, se $Y = \pi X^2$, então $\{X > 2\}$ ocorrerá se, e somente se, $\{Y > 4\pi\}$ ocorrer, desde que X não possa tornar valores negativos no caso presente. (Veja a Fig. 5.2.)

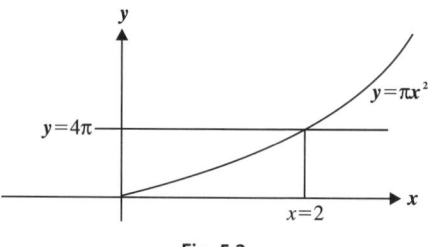

Fig. 5.2

Comentário: É também importante salientar que uma notação abreviada está sendo empregada quando escrevemos expressões tais como $\{X > 2\}$ e $\{Y > 4\pi\}$. Aquilo a que nos estaremos referindo, naturalmente, são os valores de X e os valores de Y, isto é, $\{s \mid X(s) > 2\}$ e $\{x \mid Y(x) > 4\pi\}$.

Tal como fizemos no Cap. 4, [Eq. (4.2)], daremos a seguinte definição.

Definição. Seja uma variável aleatória X definida no espaço amostral S. Seja R_X o contradomínio de X. Seja H uma função real e considere-se a variável aleatória $Y = H(X)$ com contradomínio R_Y. Para qualquer evento $C \subset R_Y$, *definiremos $P(C)$ assim*:

$$P(C) = P[\{x \in R_X : H(x) \in C\}]. \tag{5.2}$$

Em linguagem corrente: A probabilidade de um evento associado ao contradomínio de Y é definida como a probabilidade do evento equivalente (em termos de X), como indicado pela Eq. (5.2).

Comentários: (*a*) A definição acima torna possível calcular probabilidades que envolvam eventos associados a Y, se conhecermos a distribuição de probabilidade de X e se pudermos determinar o evento equivalente em apreço.

(*b*) Uma vez que explicamos anteriormente [Eqs. (4.1 e 4.2)] como relacionar probabilidades associadas a R_X com probabilidades associadas a S, podemos reescrever a Eq. (5.2) assim:

$$P(C) = P[\{x \in R_X : H(x) \in C\}] = P[\{s \in S : H\,[X(s)] \in C\}].$$

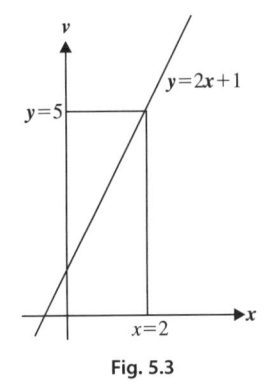

Fig. 5.3

Exemplo 5.2. Seja X uma variável contínua com fdp

$$f(x) = e^{-x}, \quad x > 0.$$

(Uma integração simples confirma que $\int_0^\infty e^{-x}\,dx = 1$.)

Suponha que $H(x) = 2x + 1$. Em consequência, $R_X = \{x \mid x > 0\}$, enquanto $R_Y = \{y \mid y > 1\}$. Suponha que o evento C seja definido deste modo: $C = \{Y \geq 5\}$. Então, $y \geq 5$ se, e somente se, $2x + 1 \geq 5$, o que por sua vez acarreta $x \geq 2$. Daí, C é equivalente a $B = \{X \geq 2\}$.

(Veja Fig. 5.3.) Então, $P(X \geq 2) = \int_2^\infty e^{-x}\,dx = 1/e^2$. Aplicando-se então a Eq. (5.2) encontraremos que

$$P(Y \geq 5) = 1/e^2.$$

Comentários: (*a*) É novamente proveitoso salientar que poderemos considerar a incorporação de ambas as avaliações de $x = X(s)$ e de $y = H(x)$ em nosso experimento e, consequentemente, considerar apenas R_Y, o contradomínio de Y, como o espaço amostral de nosso experimento.

Rigorosamente falando, o espaço amostral de nosso experimento é S e o resultado do experimento é s. Tudo o que se faz subsequentemente não é influenciado pela natureza aleatória do experimento. A determinação de $x = X(s)$ e a avaliação de $y = H(x)$ são processos rigorosamente determinísticos depois que s tenha sido observado. Contudo, como já explicamos, podemos incorporar esses cálculos na descrição de nosso experimento e, deste modo, tratar diretamente com o contradomínio R_Y.

(*b*) Exatamente do modo como a distribuição de probabilidade foi induzida em R_X pela distribuição de probabilidade sobre o espaço amostral original S, a distribuição de probabilidade de Y será determinada quando a distribuição de probabilidade de X for conhecida. Assim, no Ex. 5.2, a distribuição especificada de X determinou completamente o valor de $P(Y \geq 5)$.

(*c*) Ao considerar uma função de uma variável aleatória X, digamos $Y = H(X)$, devemos observar que nem toda função H concebível poderá ser aceita. Contudo, as funções que surgem nas aplicações estão infalivelmente entre aquelas que podemos considerar e, por isso, não nos referiremos mais a esta pequena dificuldade.

5.3. Variáveis Aleatórias Discretas

Caso 1. X é uma variável aleatória discreta. Se X for uma variável aleatória discreta e $Y = H(X)$, nesse caso segue-se imediatamente que Y será também uma variável aleatória discreta.

Porque supor que os valores possíveis de X possam ser enumerados como $x_1, x_2, ..., x_n, ...$ acarreta que certamente os valores possíveis de Y sejam enumerados como $y_1 = H(x_1)$, $y_2 = H(x_2)$, ... (Alguns desses valores de Y poderão ser iguais, mas isso certamente não perturba o fato de que esses valores possam ser enumerados.)

Exemplo 5.3. Suponhamos que a variável aleatória X tome os três valores -1, 0 e 1, com probabilidades 1/3, 1/2 e 1/6, respectivamente. Seja $Y = 3X + 1$. Nesse caso os valores possíveis de Y são -2, 1 e 4, tomados com probabilidades 1/3, 1/2 e 1/6.

Este exemplo sugere o seguinte *procedimento geral*: Se $x_1, ..., x_n, ...$ forem os valores possíveis de X, $p(x_i) = P(X = x_i)$, e H for uma função tal que, a cada valor Y corresponda exatamente um valor x, então a distribuição de probabilidade de Y será obtida do seguinte modo:

Valores possíveis de Y: $\quad y_i = H(x_i)$, $i = 1, 2, ..., n, ...$;

Probabilidades de Y: $\quad q(y_i) = P(Y = y_i) = p(x_i)$.

Muito frequentemente a função H não possui a característica acima, e poderá acontecer que vários valores de X levem ao mesmo valor de Y, como ilustra o exemplo seguinte.

Exemplo 5.4. Suponha que consideramos a mesma variável aleatória X, como no Ex. 5.3 acima. Contudo, introduzimos $Y = X^2$. Portanto, os valores possíveis de Y são zero e um, tomados com probabilidades 1/2 e 1/2, porque $Y = 1$ se, e somente se, $X = -1$ ou $X = 1$ e a probabilidade deste último evento é $1/3 + 1/6 = 1/2$. Em termos de nossa terminologia preliminar, os eventos B: $\{X = \pm1\}$ e C: $\{Y = 1\}$ são eventos equivalentes e, em consequência, pela Eq. (5.2) têm iguais probabilidades.

O *procedimento geral* para situações como a apresentada no exemplo acima é o seguinte: Sejam $x_{i_1}, x_{i_2}, ..., x_{i_k}, ...$ os valores de X que tenham a propriedade $H(x_{i_j}) = y_i$ para todo j. Então,

$$q(y_i) = P(Y = y_i) = p(x_{i_1}) + p(x_{i_2}) + ...$$

isto é, para calcular a probabilidade do evento $\{Y = y_i\}$, acha-se o evento equivalente em termos de X (no contradomínio R_X) e em seguida adicionam-se todas as probabilidades correspondentes. (Veja a Fig. 5.4.)

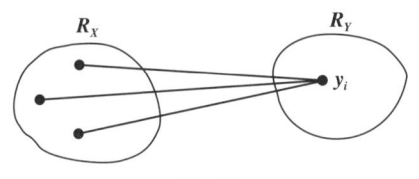

Fig. 5.4

Exemplo 5.5. Admita que X tenha os valores possíveis 1, 2, ..., n, ... e suponha que $P(X = n) = (1/2)^n$. Seja

$$Y = 1 \quad \text{se } X \text{ for par,}$$
$$Y = -1 \quad \text{se } X \text{ for ímpar.}$$

Portanto, Y toma os dois valores -1 e $+1$. Desde que $Y = 1$ se, e somente se, $X = 2$, ou $X = 4$, ou $X = 6$, ou ... , a aplicação da Eq. (5.2) fornece

$$P(Y = 1) = \frac{1}{4} + \frac{1}{16} + \frac{1}{64} + ... = \frac{1}{3}.$$

Consequentemente:

$$P(Y = -1) = 1 - P(Y = 1) = \frac{2}{3}$$

Caso 2. X é uma variável aleatória contínua. Pode acontecer que X seja uma variável aleatória contínua enquanto Y seja discreta. Por exemplo, suponha que X possa tomar todos os valores reais, enquanto Y seja definido igual a $+1$ se $X \geq 0$, e $Y = -1$ se $X < 0$. A fim de obter a distribuição de probabilidade de Y, determina-se apenas o evento equivalente (no contra-domínio R_X) correspondente aos diferentes valores de Y. Neste caso, $Y = 1$ se, e somente se, $X \geq 0$, enquanto $Y = -1$ se, e somente se, $X < 0$. Por isso, $P(Y = 1) = P(X \geq 0)$, enquanto $P(Y = -1) = P(X < 0)$. Se a fdp de X for conhecida, essas probabilidades poderão ser calculadas. No caso geral, se $\{Y = y_i\}$ for equivalente a um evento, por exemplo A, no contradomínio de X, então

$$q(y_i) = P(Y = y_i) = \int_A f(x)\,dx.$$

5.4. Variáveis Aleatórias Contínuas

O caso mais importante (e mais frequentemente encontrado) aparece quando X for uma variável aleatória contínua com fdp f e H for uma função contínua. Consequentemente $Y = H(X)$ será uma variável aleatória contínua, e nossa tarefa será obter sua fdp, que denotaremos por g.

O *procedimento geral* será:

(*a*) Obter G, a fd de Y, na qual $G(y) = P(Y \leq y)$, achando-se o evento A (no contradomínio de X) o qual é equivalente ao evento $\{Y \leq y\}$.

(*b*) Derivar $G(y)$ em relação a y, a fim de obter $g(y)$.

(*c*) Determinar aqueles valores de y no contra-domínio de Y, para os quais $g(y) > 0$.

Exemplo 5.6. Suponhamos que X tenha fdp

$f(x) = 2x, \quad 0 < x < 1$
$\quad = 0$, para outros quaisquer valores,

Seja $H(x) = 3x + 1$. Daí, para obter a fdp de $Y = H(X)$, teremos (veja a Fig. 5.5).

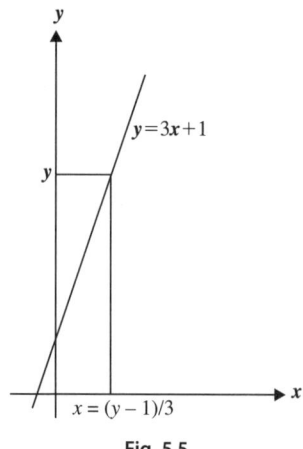

Fig. 5.5

$$G(y) = P(Y \le y) = P(3X + 1 \le y)$$
$$= P[X \le (y-1)/3]$$
$$= \int_0^{(y-1)/3} 2x \, dx = [(y-1)/3]^2 .$$

Daí

$$g(y) = G'(y) = \frac{2}{9}(y-1).$$

Desde que $f(x) > 0$ para $0 < x < 1$, encontramos que $g(y) > 0$ para $1 < y < 4$.

Comentário: O evento A, referido acima, equivalente ao evento $\{Y \le y\}$ é apenas $\{X \le (y-1)/3\}$.

Existe uma outra maneira, ligeiramente diferente, de obter o mesmo resultado, a qual será de utilidade mais tarde. Consideremos novamente

$$G(y) = P(Y \le y) = P\left(X \le \frac{y-1}{3}\right) = F\left(\frac{y-1}{3}\right),$$

em que F é a fd de X; isto é,

$$F(x) = P(X \le x).$$

A fim de calcular a derivada de G, $G'(y)$, empregaremos a regra de derivação de função, como segue:

$$\frac{dG(y)}{dy} = \frac{dG(y)}{du} \cdot \frac{du}{dy}, \quad \text{na qual} \quad u = \frac{y-1}{3}.$$

Portanto,

$$G'(y) = F'(u) \cdot \frac{1}{3} = f(u) \cdot \frac{1}{3} = 2\left(\frac{y-1}{3}\right) \cdot \frac{1}{3},$$

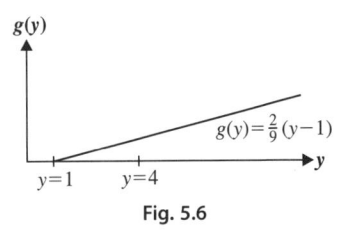

$g(y) = \frac{2}{9}(y-1)$

$y=1 \qquad y=4$

Fig. 5.6

como anteriormente. A fdp de Y tem o gráfico apresentado na Fig. 5.6. (Para verificar o cálculo, observe que $\int_1^4 g(y)dy = 1$.)

Exemplo 5.7. Suponhamos que uma variável aleatória contínua tenha a fdp como foi dada no Ex. 5.6. Seja $H(x) = e^{-x}$. Para achar a fdp de $Y = H(X)$, procederemos como se indica a seguir (veja a Fig. 5.7):

$$G(y) = P(Y \le y) = P(e^{-X} \le y)$$
$$= P(X \ge -\ln y) = \int_{-\ln y}^1 2x \, dx$$
$$= 1 - (-\ln y)^2.$$

Daí, $g(y) = G'(y) = -2\ln y/y$. Visto que $f(x) > 0$ para $0 < x < 1$, encontramos que $g(y) > 0$ para $1/e < y < 1$. [Observe que o sinal algébrico para $g(y)$ está correto, pois que $\ln y < 0$ para $1/e < y < 1$.] O gráfico de $g(y)$ está esboçado na Fig. 5.8.

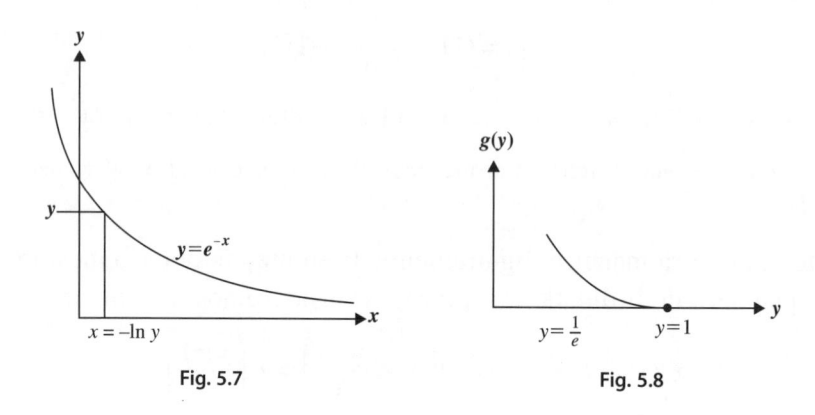

Fig. 5.7   Fig. 5.8

Poderemos também obter o resultado acima por um tratamento um pouco diferente, que esboçaremos resumidamente. Tal como anteriormente

$$G(y) = P(Y \le y) = P(X \ge -\ln y)$$
$$= 1 - P(X \le -\ln y) = 1 - F(-\ln y),$$

em que F é a fd de X, como antes. A fim de obter a derivada de G, aplicaremos também a regra de derivação de função de função, como se segue:

$$\frac{dG(y)}{dy} = \frac{dG}{du}\frac{du}{dy}, \quad \text{em que } u = -\ln y.$$

Deste modo

$$G'(y) = -F'(u)\left(-\frac{1}{y}\right) = +2\ln y \cdot \left(-\frac{1}{y}\right),$$

tal como anteriormente.

Vamos agora generalizar o tratamento sugerido pelos exemplos acima. O passo mais importante em cada um dos exemplos foi dado quando substituímos o evento $\{Y \le y\}$ pelo evento equivalente em termos da variável aleatória X. Nos problemas anteriores, isso foi relativamente fácil porque em cada caso a função de X era estritamente crescente ou estritamente decrescente.

Na Fig. 5.9, y é uma função estritamente crescente de x. Por isso, poderemos resolver $y = H(x)$ em termos de y, isto é, $x = H^{-1}(y)$, na qual H^{-1} é denominada função inversa de H. Portanto, se H for estritamente crescente $\{H(X) \leq y\}$ será equivalente a $\{X \leq H^{-1}(y)\}$, enquanto se H for estritamente decrescente, $\{H(X) \leq y\}$ será equivalente a $\{X \geq H^{-1}(y)\}$.

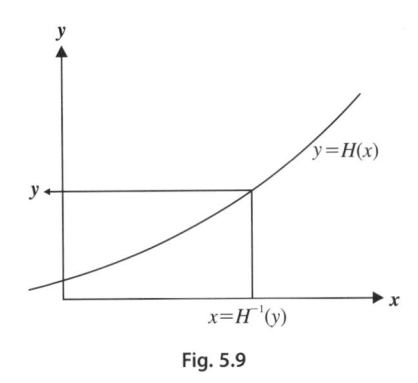

Fig. 5.9

O processo empregado nos exemplos acima pode agora ser generalizado, na seguinte forma:

Teorema 5.1. Seja X uma variável aleatória contínua com fdp f, na qual $f(x) > 0$, para $a < x < b$. Suponha que $y = H(x)$ seja uma função de x estritamente monótona (ou crescente ou decrescente). Admita-se que essa função seja derivável (e, portanto, contínua) para todo x. Então, a variável aleatória Y, definida como $Y = H(X)$ possui a fdp g dada por

$$g(y) = f(x)\left|\frac{dx}{dy}\right|, \qquad (5.3)$$

na qual x é expresso em termos de y. Se H for crescente, então g será não nula para aqueles valores de y que satisfaçam $H(a) < y < H(b)$. Se H for decrescente, então g será não nula para aqueles valores de y que satisfaçam $H(b) < y < H(a)$.

Demonstração: (a) Suponha que H seja uma função estritamente crescente. Daí

$$G(y) = P(Y \leq y) = P[H(X) \leq y]$$
$$= P[X \leq H^{-1}(y)] = F[H^{-1}(y)].$$

Derivando $G(y)$ em relação a y, obteremos com o emprego da regra da derivada de função de função:

$$\frac{dG(y)}{dy} = \frac{dG(y)}{dx}\frac{dx}{dy}, \qquad \text{na qual } x = H^{-1}(y).$$

Portanto,

$$G'(y) = \frac{dF(x)}{dx}\frac{dx}{dy} = f(x)\frac{dx}{dy}.$$

(*b*) Suponha que *H* seja uma função decrescente. Daí

$$G(y) = P(Y \le y) = P[H(X) \le y] = P[X \ge H^{-1}(y)]$$
$$= 1 - P[X \le H^{-1}(y)] = 1 - F[H^{-1}(y)].$$

Procedendo tal como acima, poderemos escrever

$$\frac{dG(y)}{dy} = \frac{dG(y)}{dx}\frac{dx}{dy} = \frac{d}{dx}[1 - F(x)]\frac{dx}{dy} = -f(x)\frac{dx}{dy}.$$

Comentário: O sinal algébrico obtido em (*b*) está correto porque, se *y* for uma função decrescente de *x*, *x* será uma função decrescente de *y* e, consequentemente, *dx/dy* < 0. Deste modo, pelo emprego do sinal, com o valor absoluto em torno de *dx/dy*, poderemos combinar o resultado de (*a*) e de (*b*) e obter a forma final do teorema.

Exemplo 5.8. Vamos reexaminar os Exs. 5.6 e 5.7 pela aplicação do Teor. 5.1.

(*a*) No Ex. 5.6 tivemos $f(x) = 2x$, $0 < x < 1$, e $y = 3x + 1$. Consequentemente, $x = (y - 1)/3$ e $dx/dy = 1/3$. Por isso, $g(y) = 2 [(y - 1)/3](1/3) = (2/9)$ $(y - 1)$, $1 < y < 4$, o que confirma o resultado obtido anteriormente.

(*b*) No Ex. 5.7, tivemos $f(x) = 2x$, $0 < x < 1$ e $y = e^{-x}$. Em consequência, $x = -\ln y$ e $dx/dy = -1/y$. Deste modo, $g(y) = -2(\ln y)/y$, $1/e < y < 1$, o que também confirma o resultado já obtido.

Se $y = H(x)$ não for uma função monótona de *x*, não poderemos aplicar diretamente o processo acima. Em vez disso, voltaremos ao processo geral esquematizado acima. O exemplo seguinte ilustra esse procedimento.

Exemplo 5.9. Suponhamos que

$$f(x) = 1/2, \quad -1 < x < 1,$$
$$= 0, \quad \text{fora desse intervalo.}$$

Seja $H(x) = x^2$. Obviamente, esta *não* é uma função monótona sobre o intervalo [−1, 1] (Fig. 5.10). Por isso, obteremos a fdp de $Y = X^2$ do seguinte modo:

$$G(y) = P(Y \le y) = P(X^2 \le y)$$
$$= P(-\sqrt{y} \le X \le \sqrt{y})$$
$$= F(\sqrt{y}) - F(-\sqrt{y}),$$

na qual F é a fd da variável aleatória X. Logo,

$$g(y) = G'(y) = \frac{f(\sqrt{y})}{2\sqrt{y}} - \frac{f(-\sqrt{y})}{-2\sqrt{y}}$$

$$= \frac{1}{2\sqrt{y}}[f(\sqrt{y}) + f(-\sqrt{y})].$$

Deste modo, $g(y) = (1/2\sqrt{y})\,(1/2 + 1/2) = 1/2\sqrt{y}$, $0 < y < 1$. (Veja a Fig. 5.11.)

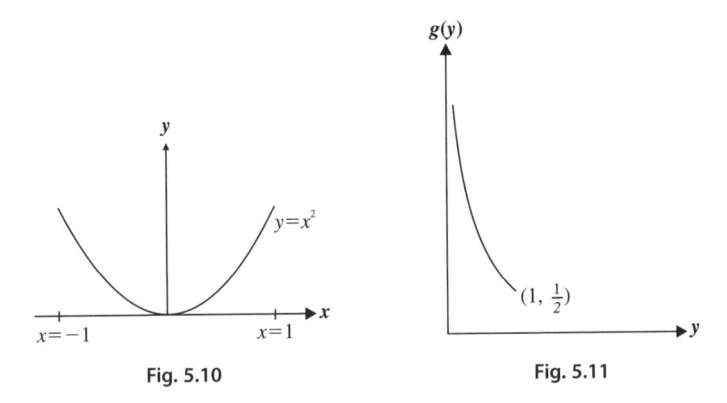

Fig. 5.10   Fig. 5.11

O processo empregado no exemplo acima fornece o seguinte resultado geral.

Teorema 5.2. Seja X uma variável aleatória contínua com fdp f. Façamos $Y = X^2$. Então, a variável aleatória Y tem a fdp dada por

$$g(y) = \frac{1}{2\sqrt{y}}[f(\sqrt{y}) + f(-\sqrt{y})].$$

Demonstração: Veja o Ex. 5.9.

Problemas

5.1. Suponha que X seja uniformemente distribuída sobre $(-1, 1)$. Seja $Y = 4 - X^2$. Achar a fdp de Y, $g(y)$, e fazer seu gráfico. Verifique também que $g(y)$ é a fdp adequada.

5.2. Suponha que X seja uniformemente distribuída sobre $(1, 3)$. Ache a fdp das seguintes variáveis aleatórias:

(*a*) $Y = 3X + 4$,   (*b*) $Z = e^X$.

Verifique em cada caso que a função obtida é a fdp. Esboce os gráficos.

5.3. Suponha que a variável aleatória contínua X tenha fdp $f(x) = e^{-x}$, $x > 0$. Ache a fdp das seguintes variáveis aleatórias:

(a) $Y = X^3$,   (b) $Z = 3/(X + 1)^2$.

5.4. Suponha que a variável aleatória discreta X tome os valores 1, 2 e 3 com igual probabilidade. Ache a distribuição de probabilidade de $Y = 2X + 3$.

5.5. Suponha que X seja uniformemente distribuída sobre o intervalo $(0, 1)$. Ache a fdp das seguintes variáveis aleatórias:

(a) $Y = X^2 + 1$,   (b) $Z = 1/(X + 1)$.

5.6. Suponha que X seja uniformemente distribuída sobre $(-1, 1)$. Ache a fdp das seguintes variáveis aleatórias:

(a) $Y = \operatorname{sen}(\pi/2)X$,   (b) $Z = \cos(\pi/2)X$,   (c) $W = |X|$.

5.7. Suponha que o raio de uma esfera seja uma variável aleatória contínua. (Em virtude de imprecisões do processo de fabricação, os raios das diferentes esferas podem ser diferentes.) Suponha que o raio R tenha fdp $f(r) = 6r(1 - r)$, $0 < r < 1$. Ache a fdp do volume V e da área superficial S da esfera.

5.8. Uma corrente elétrica oscilante I pode ser considerada como uma variável aleatória uniformemente distribuída sobre o intervalo $(9, 11)$. Se essa corrente passar em um resistor de 2 ohms, qual será a fdp da potência $P = 2I^2$?

5.9. A velocidade de uma molécula em um gás uniforme em equilíbrio é uma variável aleatória V cuja fdp é dada por

$$f(v) = av^2 e^{-bv^2}, \quad v > 0,$$

na qual $b = m/2kT$ e k, T e m denotam respectivamente a constante de Boltzmann, a temperatura absoluta e a massa da molécula.

(a) Calcular a constante a (em termos de b). [*Sugestão*: Considere o fato de que $\int_0^\infty e^{-x^2}\, dx = \sqrt{\pi}/2$ e integre por partes.]

(b) Estabeleça a distribuição da variável aleatória. $W = mV^2/2$, a qual representa a energia cinética da molécula.

5.10. A tensão elétrica aleatória X é uniformemente distribuída sobre o intervalo $(-k, k)$. Se Y for a entrada de um dispositivo não linear, com as características indicadas na Fig. 5.12, ache a distribuição de probabilidade de Y, nos três casos seguintes: (a) $k < a$, (b) $a < k < x_0$, (c) $k > x_0$.

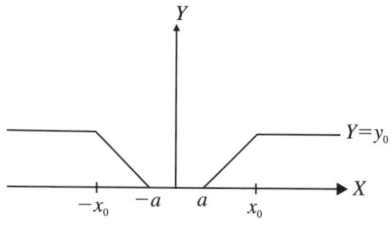

Fig. 5.12

Comentário: A distribuição de probabilidade de Y constitui um exemplo de uma distribuição *mista*. Y toma o valor zero com probabilidade não nula e também toma todos os valores em certos intervalos. (Veja a Seção 4.6.)

5.11. A energia radiante (em Btu/hora/pé²) é dada pela seguinte função da temperatura T (em escala Fahrenheit): $E = 0,173 \, (T/100)^4$. Suponha que a temperatura T seja considerada uma variável aleatória contínua como fdp

$$f(t) = 200 \, t^{-2}, \quad 40 \le t \le 50,$$
$$= 0, \quad \text{para outros quaisquer valores.}$$

Estabeleça a fdp da energia radiante E.

5.12. Para medir velocidades do ar, utiliza-se um tubo (conhecido como tubo estático de Pitot), o qual permite que se meça a pressão diferencial. Esta pressão diferencial é dada por $P = (1/2) \, dV^2$, na qual d é a densidade do ar e V é a velocidade do vento (mph). Achar a fdp de P, quando V for uma variável aleatória uniformemente distribuída sobre (10, 20).

5.13. Suponha que $P(X \le 0,29) = 0,75$, na qual X é uma variável aleatória contínua com alguma distribuição definida sobre (0, 1). Quando $Y = 1 - X$, determinar k de modo que $P(Y \le k) = 0,25$.

Variáveis Aleatórias de Duas ou Mais Dimensões

6.1. Variáveis Aleatórias Bidimensionais

Até aqui, em nosso estudo de variáveis aleatórias, consideramos apenas o caso unidimensional. Isto é, o resultado do experimento seria registrado como um único número x.

Em muitas situações, no entanto, estamos interessados em observar dois ou mais característicos simultaneamente. Por exemplo, a dureza H e a tensão de ruptura T de uma peça manufaturada de aço poderão interessar, e consideraríamos (h, t) como um único resultado experimental. Poderíamos estudar a estatura H e o peso W de alguma pessoa escolhida, o que forneceria o resultado (h, w). Finalmente poderíamos observar a altura total da chuva R e a temperatura T em certa localidade, durante um mês especificado, dando origem ao resultado (r, t).

Faremos a seguinte definição formal.

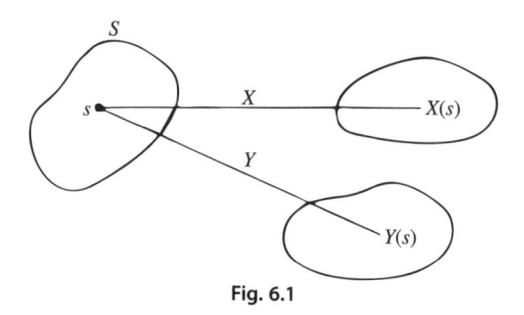

Fig. 6.1

Definição. Sejam ε um experimento e S um espaço amostral associado a ε. Sejam $X = X(s)$ e $Y = Y(s)$ duas funções, cada uma associando um número real a cada resultado $s \in S$ (Fig. 6.1). Denominaremos (X, Y) uma *variável aleatória bidimensional* (algumas vezes chamada um *vetor aleatório*).

Se $X_1 = X_1(s)$, $X_2 = X_2(s)$, ..., $X_n = X_n(S)$ forem n funções, cada uma associando um número real a cada resultado $s \in S$, denominaremos $(X_1, ..., X_n)$ uma *variável aleatória n-dimensional* (ou um vetor aleatório n-dimensional).

Comentário: Tal como no caso unidimensional, não estaremos interessados na natureza funcional de $X(s)$ e $Y(s)$, mas sim nos valores que X e Y tomam. Também falaremos do *contradomínio* de (X, Y), a saber $R_{X \times Y}$, como o conjunto de todos os valores possíveis de (X, Y). No caso bidimensional, por exemplo, o contradomínio de (X, Y) será um subconjunto do plano euclidiano. Cada resultado $X(s)$, $Y(s)$ poderá ser representado como um ponto (x, y) no plano. Também supriremos a natureza funcional de X e Y, ao escrevermos, por exemplo, $P[X \leq a, Y \leq b]$ em lugar de $P[X(s) \leq a, Y(s) \leq b]$.

Tal como no caso unidimensional, distinguiremos dois tipos básicos de variáveis aleatórias: As variáveis aleatórias discretas e as contínuas.

Definição. (X, Y) será uma variável aleatória *discreta bidimensional* se os valores possíveis de (X, Y) forem finitos ou infinitos numeráveis. Isto é, os valores possíveis de (X, Y) possam ser representados por (x_i, y_j), $i = 1, 2, ..., n, ...$; $j = 1, 2, ..., m...$

(X, Y) será uma variável aleatória *contínua bidimensional* se (X, Y) puder tomar todos os valores em algum conjunto não numerável do plano euclidiano. [Por exemplo, se (X, Y) tomar todos os valores no retângulo $\{(x, y) \mid a \leq x \leq b, c \leq Y \leq d\}$ ou todos os valores no círculo $\{(x, y) \mid x^2 + y^2 \leq 1\}$, poderemos dizer que (X, Y) é uma variável aleatória bidimensional contínua.]

Comentários: (*a*) Falando não rigorosamente, (X, Y) será uma variável aleatória bidimensional se ela representar o resultado de um experimento aleatório no qual tenhamos medido os *dois* característicos numéricos X e Y.

(*b*) Pode acontecer que um dos componentes de (X, Y), por exemplo X, seja discreto, enquanto o outro seja contínuo. No entanto, em muitas aplicações trataremos somente com os casos apresentados acima, nos quais ambos os componentes serão discretos ou ambos serão contínuos.

(*c*) Em muitas situações as duas variáveis X e Y, quando consideradas conjuntamente, constituirão de maneira muito natural o resultado de um único experimento, como se ilustrou nos exemplos acima. Por exemplo, X e Y podem representar a estatura e o peso do mesmo indivíduo etc. Contudo, esta espécie de conexão não existe necessariamente. Por exemplo, X poderá ser a corrente que passe em um circuito em dado momento, enquanto Y poderá ser a temperatura da sala naquele momento, e poderemos considerar, então, a variável aleatória bidimensional (X, Y). Em quase todas as aplicações existe uma razão bastante definida para considerar X e Y conjuntamente.

Procederemos de modo análogo ao caso unidimensional ao expor a distribuição de probabilidade de (X, Y).

Definição. (*a*) Seja (X, Y) uma variável aleatória discreta bidimensional. A cada resultado possível (x_i, y_j) associaremos um número $p(x_i, y_j)$ representando $P(X = x_i, Y = y_j)$ e satisfazendo às seguintes condições:

(1) $p\left(x_i, y_j\right) \geq 0$ para todo (x, y),

(2) $\displaystyle\sum_{j=1}^{\infty} \sum_{i=1}^{\infty} p\left(x_i, y_j\right) = 1.$

$$(6.1)$$

A função p definida para todo (x_i, y_j) no contradomínio de (X, Y) é denominada *função de probabilidade* de (X, Y). O conjunto dos termos $[x_i, y_j, p(x_i, y_j)]$, $i, j = 1, 2, \ldots$ é, algumas vezes, denominado *distribuição de probabilidade* de (X, Y).

(*b*) Seja (X, Y) uma variável aleatória contínua tomando todos os valores em alguma região R do plano euclidiano. A *função densidade de probabilidade conjunta f* é uma função que satisfaz às seguintes condições:

(3) $f(x, y) \geq$ para todo $(x, y) \in R$

(4) $\displaystyle\iint_{R} f(x, y)\, dx\, dy = 1.$

$$(6.2)$$

Comentários: (*a*) A analogia com a distribuição de massa é também aqui evidente. Temos uma massa unitária distribuída sobre uma região no plano. No caso discreto, toda a massa está concentrada em um número finito ou infinito numerável de lugares com massa $p\{x_i, y_j\}$ situada em (x_i, y_j). No caso contínuo, a massa é encontrada em todos os pontos de algum conjunto não numerável, no plano.

(*b*) A condição (4) afirma que o *volume* total sob a superfície dada pela equação $z = f(x, y)$ é igual a 1.

(*c*) Como no caso unidimensional, $f(x, y)$ não representa a probabilidade de coisa alguma. Contudo, para Δx positivo e Δy suficientemente pequeno, $f(x, y)\, \Delta x\, \Delta y$ é aproximadamente igual a $P(x \leq X \leq x + \Delta x, y \leq Y \leq y + \Delta y)$.

(*d*) Como no caso unidimensional, adotaremos a convenção de que *que $f(x, y) = 0$ se $(x, y) \notin$* R. Por isso, poderemos considerar f definida para todo (x, y) no plano e a condição (4) acima se torna $\int_{-\infty}^{+\infty} \int_{-\infty}^{+\infty} f(x, y)\, dx\, dy = 1$.

(*e*) Também *suprimiremos* a natureza funcional da variável aleatória bidimensional (X, Y). *Deveríamos* sempre escrever expressões da forma $P\ [X(s) = x_i, Y(s) = y_j]$ etc. No entanto, se nossa notação abreviada for compreendida, nenhuma dificuldade deverá surgir.

(*f*) Também, como no caso unidimensional, a distribuição de probabilidade de (X, Y) é realmente *induzida* pela probabilidade dos eventos associados ao espaço amostral original S. Contudo, estaremos interessados principalmente nos valores de (X, Y) e, por isso, trataremos diretamente com o contradomínio de (X, Y). Não obstante, o leitor não deverá perder de vista o fato de que se $P(A)$ for especificado para todos os eventos $A \subset S$, então a probabilidade associada aos eventos no contradomínio de (X, Y) ficará determinada. Isto é, se R estiver no contradomínio de (X, Y), teremos

$$P(B) = P\{[X(s), Y(s)] \in B\} = P\{s|[X(s), Y(s)] \in B\}.$$

Esta última probabilidade se refere a um evento em S e, consequentemente, *determina* a probabilidade de B. De acordo com nossa terminologia anterior, B e $\{s \mid [X(s), Y(s)] \in B\}$ são eventos *equivalentes* (Fig. 6.2).

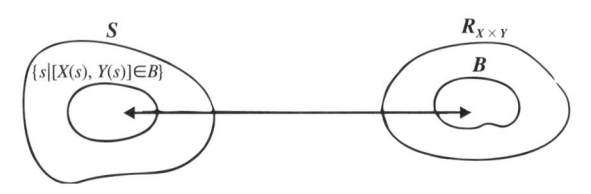

Fig. 6.2

Se B estiver no contradomínio de (X, Y), teremos

$$P(B) = \sum_B \sum p(x_i, y_j), \tag{6.3}$$

se (X, Y) for discreta, na qual a soma é feita para todos os índices (i, j) para os quais $(x_i, y_j) \in B$. E

$$P(B) = \iint_B f(x, y) \, dx \, dy, \tag{6.4}$$

se (X, Y) for contínua.

Exemplo 6.1. Duas linhas de produção fabricam certo tipo de peça. Suponha que a capacidade (em qualquer dia) seja 5 peças na linha I e 3 peças na linha II. Admita que o número de peças realmente produzidas em qualquer linha seja uma variável aleatória, e que (X, Y) represente a variável aleatória bidimensional que fornece o número de peças produzidas pela linha I e a linha II, respectivamente. A Tab. 6.1 dá a distribuição de probabilidade conjunta de (X, Y). Cada casa representa

$$p(x_i, y_j) = P(X = x_i, Y = y_j).$$

Assim, $p(2, 3) = P(X = 2, Y = 3) = 0,04$ etc. Portanto, se B for definido como

$$B = \{\text{Mais peças são produzidas pela linha I que pela linha II}\}$$

encontraremos que

$$\begin{aligned} P(B) = \; &0,01 + 0,03 + 0,05 + 0,07 + 0,09 + 0,04 + 0,05 + 0,06 \\ &+ 0,08 + 0,05 + 0,05 + 0,06 + 0,06 + 0,05 = 0,75. \end{aligned}$$

Tab. 6.1

Y \ X	0	1	2	3	4	5
0	0	0,1	0,03	0,05	0,07	0,09
1	0,01	0,02	0,04	0,05	0,06	0,08
2	0,01	0,03	0,05	0,05	0,05	0,06
3	0,01	0,02	0,04	0,06	0,06	0,05

Exemplo 6.2. Suponha que um fabricante de lâmpadas esteja interessado no número de lâmpadas encomendadas a ele durante os meses de janeiro e fevereiro. Sejam X e Y, respectivamente, o número de lâmpadas encomendadas durante esses dois meses. Admitiremos que (X, Y) seja uma variável aleatória contínua bidimensional, com a seguinte fdp conjunta (veja a Fig. 6.3):

$$f(x, y) = c \text{ se } 5.000 \le x \le 10.000 \text{ e } 4.000 \le y \le 9.000,$$

$$= 0 \text{ para quaisquer outros valores.}$$

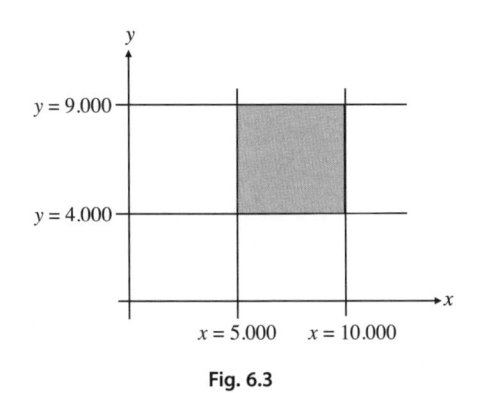

Fig. 6.3

Para determinar c, levaremos em conta o fato de que

$$\int_{-\infty}^{+\infty} \int_{-\infty}^{+\infty} f(x, y)\, dx\, dy = 1.$$

Por conseguinte,

$$\int_{-\infty}^{+\infty} \int_{-\infty}^{+\infty} f(x, y)\, dx\, dy = \int_{4.000}^{9.000} \int_{5.000}^{10.000} f(x, y)\, dx\, dy = c[5.000]^2.$$

Assim, $c = (5.000)^{-2}$. Daí, se $B = \{X \geq Y\}$, teremos

$$P(B) = 1 - \frac{1}{(5.000)^2} \int_{5.000}^{9.000} \int_{5.000}^{y} dx\, dy$$

$$= 1 - \frac{1}{(5.000)^2} \int_{5.000}^{9.000} [y - 5.000]\, dy = \frac{17}{25}.$$

Comentário: No Ex. 6.2, X e Y devem, evidentemente, ser inteiras, porque não podemos encomendar um número fracionário de lâmpadas! No entanto, estamos novamente tratando com uma situação idealizada, na qual permitimos que X tome todos os valores entre 5.000 e 10.000 (inclusive).

Exemplo 6.3. Suponhamos que a variável aleatória contínua bidimensional (X, Y) tenha fdp conjunta dada por

$$f(x, y) = x^2 + \frac{xy}{3}, \quad 0 \leq x \leq 1, \quad 0 \leq y \leq 2,$$
$$= 0 \text{ para quaisquer outros valores.}$$

Para verificar que $\int_{-\infty}^{+\infty} \int_{-\infty}^{+\infty} f(x, y)\, dx\, dy = 1$:

$$\int_{-\infty}^{+\infty} \int_{-\infty}^{+\infty} f(x, y)\, dx\, dy = \int_0^2 \int_0^1 \left(x^2 + \frac{xy}{3} \right) dx\, dy$$

$$= \int_0^2 \frac{x^3}{3} + \frac{x^2 y}{6} \Big|_{x=0}^{x=1} dy$$

$$= \int_0^2 \left(\frac{1}{3} + \frac{y}{6} \right) dy = \frac{1}{3} y + \frac{y^2}{12} \Big|_0^2$$

$$= \frac{2}{3} + \frac{4}{12} = 1.$$

Seja $B = \{X + Y \geq 1\}$. (Veja a Fig. 6.4.) Deveremos calcular $P(B)$ pela avaliação de $1 - P(\bar{B})$, no qual $\bar{B} = \{X + Y < 1\}$. Portanto,

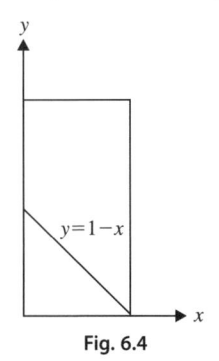

$$P(B) = 1 - \int_0^1 \int_0^{1-x} \left(x^2 + \frac{xy}{3} \right) dx\, dy$$

$$= 1 - \int_0^1 \left[x^2 (1-x) + \frac{x(1-x)^2}{6} \right] dx$$

$$= 1 - \frac{7}{72} = \frac{65}{72}.$$

Fig. 6.4

Ao estudar variáveis aleatórias unidimensionais, vimos que F, a função de distribuição acumulada, representava importante papel. No caso bidimensional, também definimos uma função acumulada, da seguinte maneira:

Definição. Seja (X, Y) uma variável aleatória bidimensional. A *função de distribuição acumulada* (fd) F da variável aleatória bidimensional (X, Y) é definida por

$$F(x, y) = P(X \leq x, Y \leq y).$$

Comentário: F é uma função de *duas* variáveis e tem muitas propriedades análogas àquelas expostas para a fd unidimensional. (Veja a Seção 4.5.) Mencionaremos somente a seguinte propriedade importante:

Se F for a fd de uma variável aleatória bidimensional com fdp f, então

$$\partial^2 F(x, y)/\partial x \, \partial y = f(x, y)$$

sempre que F for derivável. Este resultado é análogo ao Teor. 4.4, no qual provamos que $(d/dx)F(x) = f(x)$, em que f é a fdp da variável aleatória unidimensional X.

6.2. Distribuições de Probabilidade Marginal e Condicionada

A cada variável aleatória bidimensional (X, Y) associamos duas variáveis aleatórias unidimensionais, a saber X e Y, individualmente. Isto é, poderemos estar interessados na distribuição de probabilidade de X *ou* na distribuição de probabilidade de Y.

Exemplo 6.4. Vamos novamente considerar o Ex. 6.1. Em complementação às casas da Tab. 6.1, vamos também calcular os totais "marginais", isto é, a soma das 6 colunas e 4 linhas da tabela. (Veja a Tab. 6.2.)

As probabilidades que aparecem nas margens, linha e coluna, representam a distribuição de probabilidade de Y e de X, respectivamente. Por exemplo, $P(Y = 1) = 0,26$, $P(X = 3) = 0,21$ etc. Em virtude da forma de apresentação da Tab. 6.2, aludiremos, de modo muito usual, à distribuição *marginal* de X ou à distribuição *marginal* de Y, sempre que tivermos uma variável aleatória bidimensional (X, Y), quer discreta, quer contínua.

Tab. 6.2

Y \ X	0	1	2	3	4	5	Soma
0	0	0,01	0,03	0,05	0,07	0,09	0,25
1	0,01	0,02	0,04	0,05	0,06	0,08	0,26
2	0,01	0,03	0,05	0,05	0,05	0,06	0,25
3	0,01	0,02	0,04	0,06	0,06	0,05	0,24
Soma	0,03	0,08	0,16	0,21	0,24	0,28	1,00

No caso *discreto*, procederemos assim: Desde que $X = x_i$ deve ocorrer junto com $Y = y_j$ para algum j e pode ocorrer com $Y = y_j$ somente para um j, teremos

$$p(x_i) = P(X = x_i) = P(X = x_i, Y = y_1 \text{ ou } X = x_i, Y = y_2 \text{ ou} \cdots)$$
$$= \sum_{j=1}^{\infty} p(x_i, y_i).$$

A função p definida para $x_1, x_2, \ldots$, representa a *distribuição de probabilidade marginal* de X. Analogamente definimos $q(y_j) = P(Y = Y_j) = \sum_{i=1}^{\infty} p(x_i, y_j)$ como a *distribuição de probabilidade marginal* de Y.

No caso *contínuo*, procederemos do seguinte modo: Seja f a fdp conjunta da variável aleatória bidimensional contínua (X, Y). Definiremos g e h, respectivamente as *funções densidade de probabilidade marginal* de X e de Y, assim:

$$g(x) = \int_{-\infty}^{+\infty} f(x, y)\, dy; \qquad h(y) = \int_{-\infty}^{+\infty} f(x, y)\, dx.$$

Essas fdp correspondem às fdp básicas das variáveis aleatórias unidimensionais X e Y, respectivamente. Por exemplo

$$P(c \leq X \leq d) = P[c \leq X \leq d, \; -\infty < Y < \infty]$$
$$= \int_c^d \int_{-\infty}^{+\infty} f(x, y)\, dy\, dx$$
$$= \int_c^d g(x)\, dy\, dx.$$

Exemplo 6.5. Duas características do desempenho do motor de um foguete são o empuxo X e a taxa de mistura Y. Suponha que (X, Y) seja uma variável aleatória contínua bidimensional com fdp conjunta:

$$f(x, y) = 2(x + y - 2xy), \; 0 \leq x \leq 1, \; 0 \leq y \leq 1,$$
$$= 0, \quad \text{para quaisquer outros valores.}$$

(As unidades foram escolhidas de modo a empregar valores entre 0 e 1.) A fdp marginal de X é dada por

$$g(x) = \int_0^1 2(x + y - 2xy)\, dy = 2\left(xy + y^2/2 - xy^2\right)\Big|_0^1$$
$$= 1, \quad 0 \leq x \leq 1.$$

Quer dizer, X é uniformemente distribuída sobre [0, 1].

A fdp marginal de Y é dada por

$$h(y) = \int_0^1 2(x+y-2xy)\,dy = 2(x^2/2+xy-x^2y)\big|_0^1$$
$$= 1, \quad 0 \le y \le 1.$$

Portanto, Y é também uniformemente distribuída sobre $[0, 1]$.

Definição. Dizemos que a variável aleatória contínua bidimensional é *uniformemente distribuída* sobre a região R do plano euclidiano quando

$$f(x, y) = \text{cte} \quad \text{para } (x, y) \in R,$$
$$= 0 \quad \text{para qualquer outra região.}$$

Em virtude da condição $\int_{-\infty}^{+\infty}\int_{-\infty}^{+\infty} f(x, y)\,dx\,dy = 1$, a definição acima acarreta que a constante será igual a 1/área (R). Estamos supondo que R seja uma região com área finita, não nula.

Comentário: Essa definição representa o análogo bidimensional da variável aleatória unidimensional distribuída uniformemente.

Exemplo 6.6. Suponhamos que a variável aleatória (X, Y) seja *uniformemente distribuída* sobre a região sombreada R indicada na Fig. 6.5. Portanto,

$$f(x, y) = \frac{1}{\text{área}(R)}, \qquad (x, y) \in R.$$

Encontraremos que

$$\text{área}(R) = \int_0^1 (x - x^2)\,dx = \frac{1}{6}.$$

Logo, a fdp será dada por

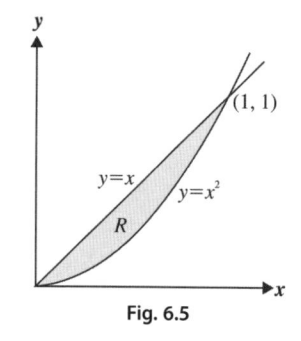

Fig. 6.5

$$f(x, y) = 6, \quad (x, y) \in R,$$
$$= 0, \quad (x, y) \notin R.$$

Encontraremos as fdp marginais de X e Y, pelas seguintes expressões:

$$g(x) = \int_{-\infty}^{+\infty} f(x, y)\,dy = \int_{x^2}^{x} 6\,dy = 6(x - x^2), \quad 0 \le x \le 1;$$
$$h(y) = \int_{-\infty}^{+\infty} f(x, y)\,dx = \int_{y}^{\sqrt{y}} 6\,dx = 6(\sqrt{y} - y), \quad 0 \le y \le 1.$$

Os gráficos dessas fdp estão esboçados na Fig. 6.6.

O conceito de probabilidade condicionada pode ser introduzido de maneira bastante natural.

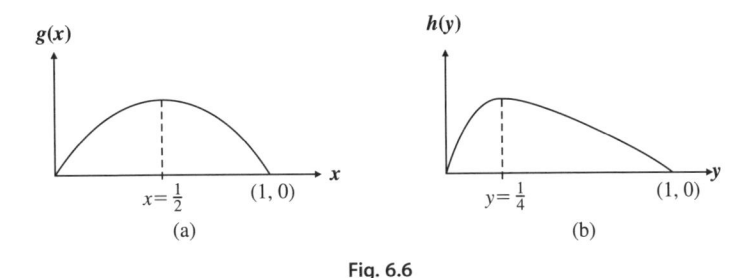

Fig. 6.6

Exemplo 6.7. Consideremos novamente os Exs. 6.1 e 6.4. Suponhamos que se deseje calcular a probabilidade condicionada $P(X = 2 \mid Y = 2)$. De acordo com a definição de probabilidade condicionada, teremos

$$P\left(X = 2 \mid Y = 2\right) = \frac{P\left(X = 2, Y = 2\right)}{P\left(Y = 2\right)} = \frac{0,05}{0,25} = 0,20.$$

Para o caso discreto, poderemos realizar esse cálculo de maneira bastante geral. Teremos

$$p\left(x_i \mid y_j\right) = P\left(X = x_i \mid Y = y_j\right)$$
$$= \frac{p\left(x_i, y_j\right)}{p\left(x_i\right)} \qquad \text{se } q\left(y_j\right) > 0, \qquad (6.5)$$
$$q\left(y_j \mid x_i\right) = P\left(Y = y_j \mid X = x_i\right)$$
$$= \frac{p\left(x_i, y_j\right)}{p\left(x_i\right)} \qquad \text{se } p\left(x_i\right) > 0. \qquad (6.6)$$

Comentário: Para um dado j, $p(x_i|y_j)$ satisfaz a todas as condições de uma distribuição de probabilidade. Temos $p(x_i|y_j) \geq 0$ e também

$$\sum_{i=1}^{\infty} p\left(x_i \mid y_j\right) = \sum_{i=1}^{\infty} \frac{p\left(x_i, y_j\right)}{q\left(y_j\right)} = \frac{q\left(y_j\right)}{q\left(y_j\right)} = 1.$$

No *caso contínuo*, a formulação da probabilidade condicionada apresenta alguma dificuldade, uma vez que para quaisquer x_0, y_0 dados, teremos $P(X = x_0) = P(Y = y_0) = 0$. Estabeleçamos as seguintes definições.

Definição. Seja (X, Y) uma variável aleatória contínua bidimensional com fdp conjunta f. Sejam g e h as fdp marginais de X e Y, respectivamente.

A fdp de X *condicionada* a um dado $Y = y$ é definida por

$$g(x \mid y) = \frac{f(x,y)}{h(y)}, \qquad h(y) > 0. \tag{6.7}$$

A fdp de Y *condicionada* a um dado $X = x$ é definida por

$$h(y \mid x) = \frac{f(x,y)}{g(x)}, \qquad g(x) > 0. \tag{6.8}$$

Comentários: (*a*) As fdp condicionadas, acima, satisfazem a todas as condições impostas para uma fdp unidimensional. Deste modo, para y fixado, nós teremos $g(x \mid y) \geq 0$ e

$$\int_{-\infty}^{+\infty} g(x \mid y) dx = \int_{-\infty}^{+\infty} \frac{f(x,y)}{h(y)} \, dx = \frac{1}{h(y)} \int_{-\infty}^{+\infty} f(x,y) dx = \frac{h(y)}{h(y)} = 1.$$

Um cálculo análogo pode ser feito para $h(y \mid x)$. Daí, as Eqs. (6.7) e (6.8) *definirem* fdp em R_X e R_Y, respectivamente.

(*b*) Uma interpretação intuitiva de $g(x \mid y)$ é obtida se considerarmos a superfície representada pela fdp conjunta f cortada pelo plano $y = c$, por exemplo. A interseção do plano com a superfície $z = f(x, y)$ determinará uma fdp unidimensional, a saber a fdp de X para $Y = c$. Isto será justamente $g(x \mid c)$.

(*c*) Suponhamos que (X, Y) represente a estatura e o peso de uma pessoa, respectivamente. Sejam f a fdp conjunta de (X, Y) e g a fdp marginal de X (sem levar em conta Y). Portanto, $\int_{5,8}^{6} g(x) \, dx$ representaria a probabilidade do evento $\{5,8 \leq X \leq 6\}$ sem considerar o peso Y. E $\int_{5,8}^{6} g(x \mid 150) \, dx$ seria interpretada como $P(5,8 \leq X \leq 6 \mid Y = 150)$. Estritamente falando, esta probabilidade condicionada não é definida, tendo em vista nossa convenção já feita para a probabilidade condicionada, porque $P(Y = 150) = 0$. Contudo, apenas empregamos a integral acima para definir essa probabilidade. Certamente, em base intuitiva, este deve ser o significado desse número.

Exemplo 6.8. Com referência ao Ex. 6.3, teremos

$$g(x) = \int_0^2 \left(x^2 + \frac{xy}{3} \right) dy = 2x^2 + \frac{2}{3}x,$$

$$h(y) = \int_0^1 \left(x^2 + \frac{xy}{3} \right) dx = \frac{y}{6} + \frac{1}{3}.$$

Portanto,

$$g(x \mid y) = \frac{x^2 + xy/3}{1/3 + y/6} = \frac{6x^2 + 2xy}{2 + y}, \qquad 0 \leq x \leq 1, \quad 0 \leq y \leq 2;$$

$$h(y \mid x) = \frac{x^2 + xy/3}{2x^2 + 2/3(x)} = \frac{3x^2 + 2xy}{6x^2 + 2x} = \frac{3x + y}{6x + 2}, \qquad 0 \leq y \leq 2, \quad 0 \leq x \leq 1.$$

Para verificar que $g(x|y)$ é uma fdp, teremos

$$\int_0^1 \frac{6x^2 + 2xy}{2+y}\, dx = \frac{2+y}{2+y} = 1 \quad \text{para todo } y.$$

Um cálculo semelhante pode ser feito para $h(y|x)$.

6.3. Variáveis Aleatórias Independentes

Exatamente da maneira pela qual definimos o conceito de independência de dois eventos, A e B, agora definiremos *variáveis aleatórias independentes*. Intuitivamente, pretenderemos dizer que X e Y são variáveis aleatórias independentes quando o resultado de X, por exemplo, de modo algum influenciar o resultado de Y. Esta é uma noção extremamente importante e existem numerosas situações em que tal suposição é válida.

Exemplo 6.9. Consideremos duas fontes de material radioativo, a alguma distância uma da outra, as quais estão emitindo partículas α. Suponhamos que essas duas fontes sejam observadas durante um período de duas horas e o número de partículas emitidas seja registrado. Admitamos que se esteja interessado nas seguintes variáveis aleatórias: X_1 e X_2, respectivamente, o número de partículas emitidas pela primeira fonte durante a primeira e a segunda horas; e Y_1 e Y_2, o número de partículas emitidas pela segunda fonte durante a primeira e a segunda horas, respectivamente. Parece intuitivamente óbvio que $(X_1$ e $Y_1)$, ou $(X_1$ e $Y_2)$, ou $(X_2$ e $Y_1)$ ou $(X_2$ e $Y_2)$ sejam todos os pares de variáveis aleatórias independentes; porque os X_i dependem somente das características da fonte 1, enquanto os Y_j dependem apenas das características da fonte 2, e não existe presumivelmente motivo para supor que as duas fontes influenciem, de qualquer modo, o comportamento uma da outra. Quando consideramos a possível independência de X_1 e X_2, no entanto, a questão não é assim tão nítida. Será o número de partículas emitidas durante a segunda hora influenciado pelo número das que tenham sido emitidas durante a primeira hora? Para responder a essa pergunta, deveremos obter informação adicional sobre o processo de emissão. Não poderíamos certamente supor, *a priori*, que X_1 e X_2 sejam independentes.

Vamos agora tomar essa noção intuitiva de independência mais precisa.

Definição. (*a*) Seja (X, Y) uma variável aleatória discreta bidimensional. Diremos que X e Y são variáveis aleatórias independentes se, e somente se, $P(x_i, y_j) = p(x_i)q(y_j)$ para quaisquer i e j. Isto é, $P(X = x_i, Y = y_j) = P(X = x_i) P(Y = y_j)$ para todo i e j.

(b) Seja (X, Y) uma variável aleatória contínua bidimensional. Diremos que X e Y são variáveis aleatórias independentes se, e somente se, $f(x, y) = g(x)$ $h(y)$ para todo (x, y), em que f é a fdp conjunta, e g e h são as fdp marginais de X e Y, respectivamente.

Comentário: Se compararmos a definição acima com aquela dada para eventos independentes, a semelhança fica evidente: Estamos essencialmente exigindo que a probabilidade conjunta (ou fdp conjunta) possa ser fatorada. O teorema seguinte indica que a definição acima é equivalente a outra maneira de tratar o assunto, que poderíamos ter adotado.

Teorema 6.1. (a) Seja (X, Y) uma variável aleatória discreta bidimensional. Nesse caso, X e Y serão independentes se, e somente se, $p(x_i|y_j) = p(x_i)$ para todo i e j [ou, o que é equivalente se, e somente se, $q(y_j|x_i) = q(y_j)$ para todo i e j].

(b) Seja (X, Y) uma variável aleatória contínua bidimensional. Nesse caso, X e Y serão independentes se, e somente se, $g(x|y) = g(x)$, ou equivalentemente, se e somente se, $h(y|x) = h(y)$, para todo (x, y).

Demonstração: Veja o Probl. 6.10.

Exemplo 6.10. Suponhamos que uma máquina seja utilizada para determinada tarefa durante a manhã e para uma tarefa diferente durante a tarde. Representemos por X e Y, respectivamente, o número de vezes que a máquina para por desarranjo de manhã e à tarde. A Tab. 6.3 dá a distribuição de probabilidade conjunta de (X, Y).

Um cálculo fácil mostra que, para *todas* as casas da Tab. 6.3, teremos

$$p(x_i, y_j) = p(x_i)q(y_j).$$

Portanto, X e Y são variáveis aleatórias independentes. (Veja também o Ex. 3.7, para comparação.)

Tab. 6.3

Y \ X	0	1	2	$q(y_j)$
0	0,1	0,2	0,2	0,5
1	0,04	0,08	0,08	0,2
2	0,06	0,12	0,12	0,3
$p(x_i)$	0,2	0,4	0,4	1,0

Exemplo 6.11. Sejam X e Y a duração da vida de dois dispositivos eletrônicos. Suponha que sua fdp conjunta seja dada por

$$f(x, y) = e^{-(x+y)}, \ x \geq 0, \ y \geq 0.$$

Desde que podemos fatorar $f(x, y) = e^{-x}e^{-y}$, a independência de X e Y fica estabelecida.

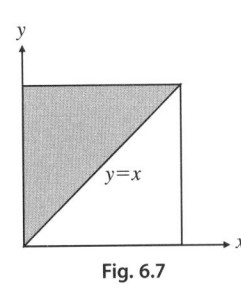

Fig. 6.7

Exemplo 6.12. Suponha que $f(x, y) = 8xy$, $0 \leq x \leq y \leq 1$. (O domínio é indicado pela região sombreada na Fig. 6.7.) Embora f seja (já) escrita na forma fatorada, X e Y *não* são independentes, já que o campo de definição $\{(x, y) \mid 0 \leq x \leq y \leq 1\}$ é tal que para dado x, y pode tomar somente valores maiores do que aquele dado x e menores que 1. Por isso, X e Y não são independentes.

Comentário: Da definição de distribuição de probabilidade marginal (quer no caso discreto, quer no caso contínuo) torne-se evidente que a distribuição de probabilidade conjunta determina, univocamente, a distribuição de probabilidade marginal. Isto é, do conhecimento da fdp conjunta f, poderemos obter as fdp marginais g e h. No entanto, a recíproca não é verdadeira! De fato, em geral, o conhecimento das fdp marginais g e h não determina a fdp conjunta f. Somente quando X e Y forem independentes isso será verdadeiro, porque nesse caso teremos $f(x, y) = g(x)h(y)$.

O teorema seguinte mostra que nossa definição de variáveis aleatórias independentes é coerente com nossa definição anterior de eventos independentes.

Teorema 6.2. Seja (X, Y) uma variável aleatória bidimensional. Sejam A e B eventos cuja ocorrência (ou não ocorrência) dependa apenas de X e Y, respectivamente. (Isto é, A é um subconjunto de R_X, o contradomínio de X, enquanto B é um subconjunto de R_Y, o contradomínio de Y.) Então, se X e Y forem variáveis aleatórias independentes, teremos $P(A \cap B) = P(A)P(B)$.

Demonstração (apenas para o caso contínuo):

$$P(A \cap B) = \iint_{A \cap B} f(x, y) \, dx \, dy = \iint_{A \cap B} g(x)h(y) \, dx \, dy$$
$$= \int_A g(x) \, dx \ \int_B h(y) \, dy = P(A)P(B).$$

6.4. Funções de Variável Aleatória

Ao definir uma variável aleatória X, salientamos bastante que X é uma *função* definida a partir do espaço amostral S para os números reais. Ao definir uma variável aleatória bidimensional (X, Y) estaremos interessados em um par de funções, $X = X(s)$, $Y = Y(s)$, cada uma das quais é definida no espaço amostral de algum experimento e associa um número real a todo $s \in S$, desse modo fornecendo o vetor bidimensional $[X(s), Y(s)]$.

Vamos agora considerar $Z = H_1(X, Y)$, uma função de duas variáveis aleatórias X e Y. Fica evidente que $Z = Z(s)$ é também uma variável aleatória. Consideremos a seguinte sequência de etapas:

(*a*) Executar o experimento ε e obter o resultado s.

(*b*) Calcular os números $X(s)$ e $Y(s)$.

(*c*) Calcular o número $Z = H_1[X(s), Y(s)]$.

O valor de Z depende evidentemente de s, o resultado original do experimento. Ou seja, $Z = Z(s)$ é uma função que associa um número real $Z(s)$ a todo resultado $s \in S$. Consequentemente, Z é uma variável aleatória. Algumas das importantes variáveis aleatórias, nas quais estaremos interessados, são: $X + Y$, XY, X/Y, mín (X, Y), máx (X, Y) etc.

O problema que resolvemos no capítulo anterior, para a variável aleatória unidimensional, surge novamente: Dada a distribuição de probabilidade conjunta de (X, Y), qual é a distribuição de probabilidade de $Z = H_1(X, Y)$? (Deve ter ficado evidente, das muitas explanações anteriores sobre este assunto, que uma distribuição de probabilidade é *induzida* em R_Z, o espaço amostral de Z.)

Se (X, Y) for uma variável aleatória discreta, este problema estará resolvido bastante facilmente. Suponha que (X, Y) tenha a distribuição dada nos Exs. 6.1 e 6.4. As seguintes variáveis aleatórias (unidimensionais) poderão interessar à questão:

$U = $ mín $(X, Y) = $ menor número de peças produzidas pelas duas linhas;

$V = $ máx $(X, Y) = $ maior número de peças produzidas pelas duas linhas;

$W = X + Y = $ número total de peças produzidas pelas duas linhas.

Para obter a distribuição de probabilidade de U, procederemos como se segue. Os valores possíveis de U são: 0, 1, 2 e 3. Para calcular $P(U = 0)$, raciocinaremos que $U = 0$ se, e somente se, um dos seguintes ocorrer: $X = 0$, $Y = 0$ ou $X = 0$, $Y = 1$ ou $X = 0$, $Y = 2$ ou $X = 0$, $Y = 3$ ou $X = 1$, $Y = 0$ ou $X = 2$, $Y = 0$ ou $X = 3$, $Y = 0$ ou $X = 4$, $Y = 0$ ou $X = 5$, $Y = 0$. Portanto, $P(U = 0) = 0,28$. As outras probabilidades associadas a U podem ser obtidas de modo semelhante. Daí, a distribuição de probabilidade de U poder ser assim resumida: u: 0, 1, 2, 3; $P(U = u)$: 0,28, 0,30, 0,25, 0,17. A distribuição de probabilidade das variáveis aleatórias V e W, como definidas acima, pode ser obtida de maneira semelhante. (Veja o Probl. 6.9.)

Se (X, Y) for uma variável aleatória bidimensional contínua e se $Z = H_1(X, Y)$ for uma função contínua de (X, Y), então Z será uma variável aleatória contínua (unidimensional) e o problema de achar sua fdp é um pouco mais complicado. A fim de resolver este problema, precisaremos de um teorema que enunciaremos e explicaremos a seguir. Antes de fazê-lo, vamos esboçar resumidamente a ideia fundamental.

Para procurar a fdp de $Z = H_1(X, Y)$ é frequentemente mais simples introduzir uma segunda variável aleatória, por exemplo $W = H_2(X, Y)$, e primeiro obter a fdp *conjunta* de Z e W, digamos $k(z, w)$. Com o conhecimento de $k(z, w)$, poderemos então obter a fdp de Z desejada, isto é, $g(z)$, pela simples integração de $k(z, w)$ com relação a w, ou seja,

$$g(z) = \int_{-\infty}^{+\infty} k(z, w)\, dw.$$

Os problemas restantes são: (1) como encontrar a fdp conjunta de Z e W, e (2) como escolher a variável aleatória apropriada $W = H_2(X, Y)$. Para resolver o último problema, devemos dizer que geralmente se faz a mais simples escolha possível para W. Nesta passagem, W possui apenas papel intermediário, e não estamos realmente interessados nela em si mesma. A fim de encontrar a fdp conjunta de Z e W, temos necessidade do Teor. 6.3.

Teorema 6.3. Suponhamos que (X, Y) seja uma variável aleatória contínua bidimensional com fdp conjunta f. Sejam $Z = H_1(X, Y)$ e $W = H_2(X, Y)$, e admitamos que as funções H_1 e H_2 satisfaçam às seguintes condições:

(*a*) As equações $z = H_1(x, y)$ e $w = H_2(x, y)$ podem ser univocamente resolvidas para x e y, em termos de z e w, isto é, $x = G_1(z, w)$ e $y = G_2(z, w)$.

(b) As derivadas parciais $\partial x/\partial z$, $\partial x/\partial w$, $\partial y/\partial z$ e $\partial y/\partial w$ existem e são contínuas.

Nessas circunstâncias, a fdp conjunta de (Z, W), isto é, $k(z, w)$ é dada pela seguinte expressão: $k(z, w) = f[G_1(z, w), G_2(z, w)] \mid J(z, w) \mid$, na qual $J(z, w)$ é o seguinte determinante 2×2:

$$J(z,w) = \begin{vmatrix} \dfrac{\partial x}{\partial z} & \dfrac{\partial x}{\partial w} \\ \dfrac{\partial y}{\partial z} & \dfrac{\partial y}{\partial w} \end{vmatrix}$$

Este determinante é denominado *Jacobiano* da transformação $(x, y) \rightarrow (z, w)$ e, algumas vezes, é denotado por $\partial(x, y)/\partial(z, w)$. Salientamos que $k(z, w)$ será não nula para aqueles valores de (z, w) correspondentes a valores de (x, y) para os quais $f(x, y)$ não seja nula.

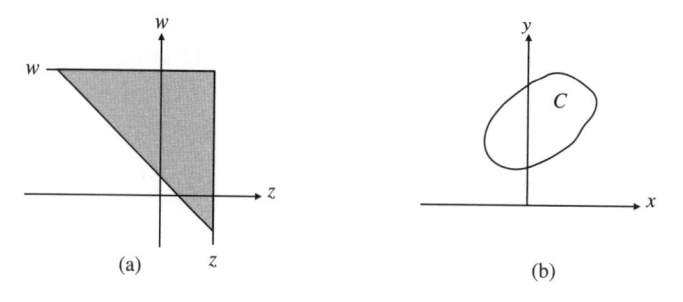

(a)

(b)

Fig. 6.8

Comentários: (a) Embora não demonstremos este teorema, indicaremos ao menos o que se deseja e onde residem as dificuldades. Consideremos a fd conjunta da variável aleatória bidimensional (Z, W), isto é,

$$K(z,w) = P(Z \leq z, \ W \leq w) = \int_{-\infty}^{w} \int_{-\infty}^{z} k(s, t) \, ds \, dt,$$

na qual k é a fdp procurada. Como se supõe que a transformação $(x, y) \rightarrow (z, w)$ seja biunívoca [veja a hipótese (a), acima], poderemos achar o evento, equivalente a $\{Z \leq z, W \leq w\}$, em termos de X e Y. Suponhamos que este evento seja denotado por C. (Veja a Fig. 6.8.) Sendo assim, $\{(X, Y) \in C]$ se, e somente se, $\{Z \leq z, W \leq w]$. Consequentemente,

$$\int_{-\infty}^{w} \int_{-\infty}^{z} k(s,t) \, ds \, dt = \int_C \int f(x,y) \, dx \, dy.$$

Como se admite f conhecida, a integral do segundo membro pode ser calculada. O cálculo de suas derivadas em relação a z e w fornecerá a fdp pedida. Na maior parte dos manuais de Cálculo avançado, mostra-se que essas técnicas conduzem ao resultado, tal como foi enunciado no teorema anterior.

(*b*) Observe-se a acentuada semelhança entre o resultado anterior e o resultado obtido no caso unidimensional, explicado no capítulo anterior. (Veja o Teor. 5.1.) A exigência de monotonicidade para a função $y = H(x)$ é substituída pela suposição de que a correspondência entre (x, y) e (z, w) seja biunívoca. A condição de derivabilidade é substituída por algumas hipóteses sobre as derivadas parciais consideradas. A solução final obtida é, também, muito semelhante àquela obtida no caso unidimensional: As variáveis x e y são simplesmente substituídas por suas expressões equivalentes em termos de z e w, e o valor absoluto de dx/dy é substituído pelo valor absoluto do Jacobiano.

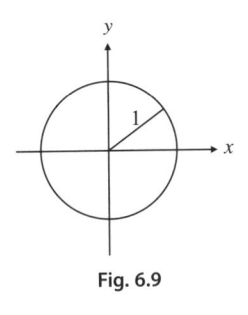

Fig. 6.9

Exemplo 6.13. Suponha que estejamos fazendo mira em um alvo circular, de raio unitário, que tenha sido colocado de modo que seu centro se situe na origem de um sistema de coordenadas retangulares (Fig. 6.9). Admita-se que as coordenadas (X, Y) do ponto de impacto estejam uniformemente distribuídas sobre o círculo. Isto é,

$f(x, y) = 1/\pi$, se (x, y) estiver dentro (ou na circunferência) do círculo,

$f(x, y) = 0$, se em qualquer outra parte.

Suponha que estejamos interessados na variável aleatória R, que representa a *distância* da origem. (Veja a Fig. 6.10.) Então, $R = \sqrt{X^2 + Y^2}$. Encontraremos a fdp de R, digamos g, assim: Seja $\Phi = \text{tg}^{-1}(Y/X)$. Portanto, $X = H_1(R, \Phi)$ e $Y = H_2(R, \Phi)$, em que $x = H_1(r, \phi) = r \cos \phi$ e $y = H_2(r, \phi) = r \operatorname{sen} \phi$. (Estamos apenas introduzindo coordenadas polares.)

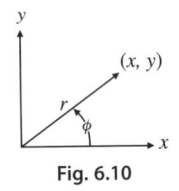

Fig. 6.10

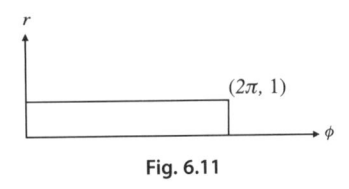

Fig. 6.11

O jacobiano é

$$J = \begin{vmatrix} \dfrac{\partial x}{\partial r} & \dfrac{\partial x}{\partial \phi} \\[2mm] \dfrac{\partial y}{\partial r} & \dfrac{\partial y}{\partial \phi} \end{vmatrix} = \begin{vmatrix} \cos \phi & -r \operatorname{sen} \phi \\[1mm] \operatorname{sen} \phi & r \cos \phi \end{vmatrix}$$
$$= r \cos^2 \phi + r \operatorname{sen}^2 \phi = r.$$

Pela transformação acima, o círculo unitário no plano xy fica transformado no retângulo no plano ϕr, na Fig. 6.11. Em consequência, a fdp conjunta de (Φ, R) será dada por

$$g(\phi,r)=\frac{r}{\pi}, \quad 0\le r\le 1, \quad 0\le\phi<2\pi.$$

Portanto, a fdp de R, pedida, e que vamos denotar por h; é dada por

$$h(r)=\int_0^{2\pi}g(\phi,r)d\phi=2r, \quad 0\le r\le 1.$$

Comentário: Este exemplo salienta a importância de obter-se uma representação precisa da região dos valores possíveis para as novas variáveis aleatórias introduzidas.

6.5. Distribuição do Produto e do Quociente de Variáveis Aleatórias Independentes

Dentre as mais importantes funções de X e Y que desejamos examinar estão a soma $S = X + Y$, o produto $W = XY$ e o quociente $Z = X/Y$. Poderemos empregar o método apresentado nesta seção para obter a fdp de cada uma dessas variáveis aleatórias, sob condições bastante gerais.

No Cap. 11, estudaremos a soma de variáveis aleatórias muito minuciosamente. Por isso, adiaremos para aquela ocasião o estudo da distribuição de probabilidade de $X + Y$. Consideraremos, entretanto, o produto e o quociente nos dois teoremas seguintes.

Teorema 6.4. Seja (X, Y) uma variável aleatória contínua bidimensional e admita-se que X e Y sejam *independentes*. Consequentemente, a fdp f pode ser escrita como $f(x, y) = g(x)h(y)$. Façamos $W = XY$.

Nesse caso, a fdp de W, digamos p, é dada por

$$(w)= \int_{-\infty}^{+\infty} g(u)h\left(\frac{w}{u}\right)\left|\frac{1}{u}\right| du. \tag{6.9}$$

Demonstração: Sejam $w = xy$ e $u = x$. Portanto, $x = u$ e $y = w/u$. O jacobiano é

$$J=\begin{vmatrix} 1 & 0 \\ \dfrac{-w}{u^2} & \dfrac{1}{u} \end{vmatrix}=\frac{1}{u}.$$

Daí, a fdp conjunta de $W = XY$ e $U = X$ é

$$s(w, u) = g(u)h\left(\frac{w}{u}\right)\left|\frac{1}{u}\right|$$

A fdp marginal de W será obtida pela integração de $s(w, u)$ em relação a u, fornecendo o resultado procurado. Os valores de w, para os quais $p(w) > 0$, dependerão dos valores de (x, y) para os quais $f(x, y) > 0$.

Comentário: Para calcular a integral acima, poderemos nos basear no fato de que

$$\int_{-\infty}^{+\infty} g(u)h\left(\frac{w}{u}\right)\left|\frac{1}{u}\right| du = \int_{0}^{\infty} g(u)h\left(\frac{w}{u}\right)\frac{1}{u}\, du - \int_{-\infty}^{0} g(u)h\left(\frac{w}{u}\right)\frac{1}{u}\, du.$$

Exemplo 6.14. Suponhamos que temos um circuito no qual tanto a corrente I como a resistência R variem de algum modo aleatório. Particularmente, suponhamos que I e R sejam variáveis aleatórias contínuas independentes com as seguintes fdp:

I: $g(i) = 2i$, $0 \le i \le 1$ e 0 fora desse intervalo,

R: $h(r) = r^2/9$, $0 \le r \le 3$ e 0 fora desse intervalo.

A variável aleatória que interessa é $E = IR$ (a tensão no circuito). Seja p a fdp de E.

Pelo Teor. 6.4, teremos

$$p(e) = \int_{-\infty}^{+\infty} g(i)h\left(\frac{e}{i}\right)\left|\frac{1}{i}\right| di.$$

Algum cuidado se deve tomar ao calcular-se esta integral. Primeiro, observe-se que a variável de integração não pode tomar valores negativos. Segundo, observe-se que a fim de que o integrando seja positivo, *ambas* as fdp que aparecem no integrando devem ser positivas. Atentando para os valores para os quais g e h não sejam iguais a zero, verificaremos que as seguintes condições devem ser satisfeitas:

$$0 \le i \le 1 \quad e \quad 0 \le e/i \le 3.$$

Essas duas desigualdades são, por sua vez, equivalentes a $e/3 \le i \le 1$. Por isso, a integral acima se torna igual a

$$p(e) = \int_{e/3}^{1} 2i \frac{e^2}{9i^2} \frac{1}{i} \, di$$

$$= -\frac{2}{9} e^2 \frac{1}{i} \Big|_{e/3}^{1}$$

$$= \frac{2}{9} e(3-e), \quad 0 \le e \le 3.$$

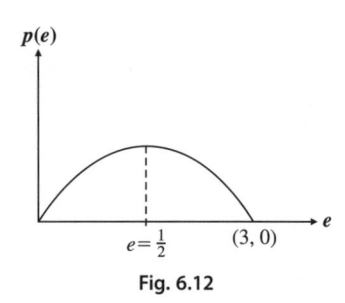

Fig. 6.12

Um cálculo fácil mostra que $\int_{0}^{3} p(e) \, de = 1$. (Veja a Fig. 6.12.)

Teorema 6.5. Seja (X, Y) uma variável aleatória bidimensional contínua e suponhamos que X e Y sejam independentes. [Portanto, a fdp de (X, Y) pode ser escrita como $f(x, y) = g(x)h(y)$.] Seja $Z = X/Y$. Deste modo, a fdp de Z, digamos q, será dada por

$$q(z) = \int_{-\infty}^{+\infty} g(vz) h(v) |v| dv. \tag{6.10}$$

Demonstração: Sejam $z = x/y$ e $v = y$. Portanto, $x = vz$ e $y = v$. O jacobiano é

$$J = \begin{vmatrix} v & z \\ 0 & 1 \end{vmatrix} = v.$$

Daí a fdp conjunta de $Z = X/Y$ e $V = Y$ ser igual a

$$t(z, v) = g(vz)h(v) \, |v|.$$

Integrando esta fdp conjunta em relação a v obtém-se a fdp marginal de Z procurada.

Exemplo 6.15. Admita-se que X e Y representem a duração da vida de duas lâmpadas fabricadas por processos diferentes. Suponha que X e Y sejam variáveis aleatórias independentes, com fdp respectivamente f e g, na qual

$f(x) = e^{-x}, \qquad x \ge 0$, e 0 para outros quaisquer valores;

$g(y) = 2e^{-2y}, \qquad y \ge 0$, e 0 para outros valores.

Poderia nos interessar a variável aleatória X/Y, que representa o quociente das duas durações de vida. Seja q a fdp de Z.

Pelo Teor. 6.5 temos que $q(z) = \int_{-\infty}^{+\infty} g(vz)h(v) \, |v| \, dv$. Porque X e Y podem tomar somente valores não negativos, a integração acima precisa ser feita apenas sobre os valores positivos da variável de integração. Além disso, o integrando será positivo somente quando *ambas* as fdp que aparecem sejam positivas. Isto significa que deveremos ter $v \geq 0$ e $vz \geq 0$. Visto que $z > 0$, essas desigualdades determinam que $v \geq 0$. Portanto a expressão anterior se torna

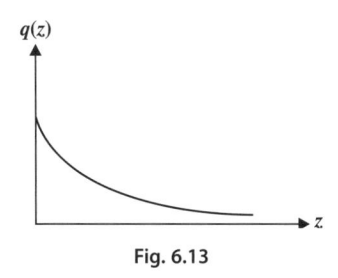

Fig. 6.13

$$q(z) = \int_0^\infty e^{-vz} 2e^{-2v} v \, dv =$$
$$= 2\int_0^\infty v e^{-v(2+z)} dv.$$

Uma integração por partes, fácil, fornece

$$q(z) = \frac{2}{(z+2)^2}, \quad z \geq 0.$$

(Veja a Fig. 6.13.) Constitui novamente um exercício fácil verificar que $\int_0^\infty q(z) \, dz = 1$.

6.6. Variáveis Aleatórias *n*-Dimensionais

Até aqui, nossa exposição se restringiu completamente a variáveis aleatórias bidimensionais. No entanto, como apontamos no início deste capítulo, poderemos ter de tratar com três ou mais características numéricas simultâneas.

Faremos apenas uma brevíssima exposição de variáveis aleatórias *n*-dimensionais. A maior parte dos conceitos introduzidos acima para o caso bidimensional pode ser estendida para o caso *n*-dimensional. Nos restringiremos ao caso contínuo. (Veja o Comentário no fim deste capítulo.)

Suponhamos, a seguir, que $(X_1, ..., X_n)$ possa tomar todos os valores em alguma região de um espaço *n*-dimensional. Isto é, esse valor é um vetor *n*-dimensional.

$$[X_1(s), ..., X_n(s)].$$

Caracterizaremos a distribuição de probabilidade de $(X_1,..., X_n)$ da seguinte maneira.

Existe uma função densidade de probabilidade conjunta *f* que satisfaz às seguintes condições:

(*a*) $f(x_1, ..., x_n) \geq 0$, para todo $(x_1, ..., x_n)$.

(*b*) $\int_{-\infty}^{+\infty} ... \int_{-\infty}^{+\infty} f(x_1, ..., x_n) \, dx_1 ... dx_n = 1$.

Com o auxílio desta fdp *definimos*

$$P\left[(X_1,\ldots,X_n)\in C\right]=\int_C\ldots\int f(x_1,\ldots,x_n)\,dx_1\ldots dx_n,$$

na qual C é um subconjunto do contradomínio de $(X_1, \ldots, X_n)$.

A cada uma das variáveis aleatórias n-dimensionais, poderemos associar algumas variáveis aleatórias de dimensão mais baixa. Por exemplo, se $n = 3$, então

$$\int_{-\infty}^{+\infty}\int_{-\infty}^{+\infty} f(x_1,x_2,x_3)\,dx_1\,dx_2 = g(x_3),$$

na qual g é a fdp marginal da variável aleatória unidimensional X_3, enquanto

$$\int_{-\infty}^{+\infty} f(x_1,x_2,x_3)\,dx_3 = h(x_1,x_2),$$

na qual h representa a fdp conjunta da variável aleatória bidimensional (X_1, X_2) etc. O conceito de variáveis aleatórias independentes será também estendido de maneira natural. Diremos que $(X_1, \ldots, X_n)$ serão variáveis aleatórias independentes se, e somente se, sua fdp conjunta $f(x_1, \ldots, x_n)$ puder ser fatorada na forma

$$g_1(x_1) \ldots g_n(x_n).$$

Existem muitas situações nas quais desejaremos considerar variáveis aleatórias n-dimensionais. Daremos alguns exemplos.

(*a*) Suponha que estejamos a estudar o padrão de precipitação decorrente de um particular sistema de tempestades. Se tivermos uma rede de, digamos, 5 estações de observação e se admitirmos que X_i é a precipitação na estação i, devida a um particular sistema de frentes de chuva, desejaremos considerar a variável aleatória a 5-dimensões $(X_1, X_2, X_3, X_4, X_5)$.

(*b*) Uma das mais importantes aplicações de variáveis aleatórias n-dimensionais ocorre quando tivermos de tratar com mensurações repetidas de alguma variável aleatória X. Suponha que se deseje informação sobre a duração da vida, X, de uma válvula eletrônica. Um grande número dessas válvulas é produzido por determinado fabricante, e ensaiamos n dessas válvulas. Seja X_i a duração da vida da i-ésima válvula, $i = 1, \ldots, n$. Portanto, $(X_1, \ldots, X_n)$ é uma variável aleatória n-dimensional. Se admitirmos que cada X_i tenha a mesma distribuição de probabilidade (porque todas as válvulas são produzidas da mesma maneira), e se admitirmos que as X_i sejam todas variáveis aleatórias independentes (porque, presume-se, a fabricação de uma válvula não influencia a fabricação das outras válvulas), poderemos supor que a variável aleatória n-dimensional $(X_1, ..., X_n)$ seja composta pelos componentes independentes, de idêntica distribuição de probabilidade $X_1, ..., X_n$. (É óbvio que, embora X_1 e X_2 tenham a mesma distribuição, eles não precisam tomar o mesmo valor.)

(c) Outra maneira, pela qual surgem variáveis aleatórias n-dimensionais, é a seguinte: Admita-se que $X(t)$ represente a potência exigida por certa empresa industrial, na época t. Para t fixado, $X(t)$ será uma variável aleatória unidimensional. Contudo, poderemos estar interessados em descrever a potência exigida em n determinadas épocas especificadas, digamos $t_1 < t_2 < ... < t_n$. Portanto, desejamos estudar a variável aleatória n-dimensional

$$[X(t_1), X(t_2), ..., X(t_n)].$$

Problemas deste tipo são estudados em nível mais adiantado. (Uma referência excelente para este assunto é "Stochastic Processes", por Emanuel Parzen, Holden-Day, São Francisco, 1962.)

Comentário: Em vários pontos de nossa exposição, mencionamos o conceito de "espaço n-dimensional". Vamos resumir alguma coisa das ideias fundamentais a respeito.

A cada número real x, podemos associar um ponto na reta dos números reais, e reciprocamente. Semelhantemente, a cada par de números reais $(x_1 > x_2)$, podemos associar um ponto no plano de coordenadas retangulares, e reciprocamente. Finalmente, a cada conjunto de três números reais (x_1, x_2, x_3), podemos associar um ponto no espaço de coordenadas retangulares tridimensional, e reciprocamente.

Em muitos dos problemas que nos interessam, tratamos com um conjunto de n números reais, $(x_1, x_2, ..., x_n)$, também denominado *ênupla*. Embora não possamos desenhar nenhum esboço se $n > 3$, podemos continuar a adotar a terminologia geométrica, como sugerido pelos casos de menor número de dimensões mencionados acima. Deste modo, falaremos de um "ponto" no espaço n-dimensional determinado pela ênupla $(x_1, ..., x_n)$. Definimos como espaço n (algumas vezes denominado espaço n euclidiano) o conjunto de todo $(x_1, ..., x_n)$, no qual x_i pode ser qualquer número real.

Conquanto não necessitemos realmente de calcular integrais n-dimensionais, verificamos que esse é um conceito muito útil e, ocasionalmente, precisaremos exprimir uma quantidade por uma integral múltipla. Se nos lembrarmos da definição de

$$\int_A \int f(x, y)\, dx\, dy,$$

na qual A é uma região no plano (x, y), então a extensão deste conceito a

$$\int \cdots \int_R \int f(x_1, \ldots, x_n)\, dx_1 \ldots dx_n,$$

na qual R é uma região no espaço n, ficará evidente. Se f representar a fdp conjunta da variável aleatória bidimensional (X, Y), teremos que

$$\int_A \int f(x, y)\, dx\, dy$$

representará a probabilidade $P[(X, Y) \in A]$. Semelhantemente, se I representar a fdp conjunta de $(X_1, \ldots, X_n)$, então

$$\int \cdots \int_R \int f(x_1, \ldots, x_n)\, dx_1 \ldots dx_n,$$

representará

$$P[(X_1, \ldots, X_n) \in R].$$

Problemas

6.1. Suponha que a tabela seguinte represente a distribuição de probabilidade conjunta da variável aleatória discreta (X, Y). Calcule todas as distribuições marginais e as condicionadas.

Y \ X	1	2	3
1	$\frac{1}{12}$	$\frac{1}{6}$	0
2	0	$\frac{1}{9}$	$\frac{1}{5}$
3	$\frac{1}{18}$	$\frac{1}{4}$	$\frac{2}{15}$

6.2. Suponha que a variável aleatória bidimensional (X, Y) tenha a fdp conjunta

$$f(x, y) = kx(x - y),\ 0 < x < 2,\ -x < y < x,$$
$$= 0,\ \text{para outros quaisquer valores.}$$

(*a*) Calcule a constante k.

(*b*) Ache a fdp marginal de X.

(*c*) Ache a fdp marginal de Y.

6.3. Suponha que a fdp conjunta da variável aleatória bidimensional (X, Y) seja dada por

$$f(x, y) = x^2 + \frac{xy}{3}, \quad 0 < x < 1, \quad 0 < y < 2,$$
$$= 0,\ \text{para outros quaisquer valores.}$$

Calcule o seguinte:

(a) $P(X > \frac{1}{2})$.   (b) $P(Y < X)$.   (c) $P(Y < \frac{1}{2} \mid X < \frac{1}{2})$.

6.4. Suponha que duas cartas sejam tiradas ao acaso de um baralho de cartas. Seja X o número de azes obtido e seja Y o número de damas obtido.

(a) Estabeleça a distribuição de probabilidade conjunta de (X, Y).

(b) Estabeleça a distribuição marginal de X e a de Y.

(c) Estabeleça a distribuição condicionada de X (dado Y) e a de Y (dado X).

6.5. Para que valor de k, a expressão $f(x, y) = ke^{-(x+y)}$ é a fdp conjunta de (X, Y), sobre a região $0 < x < 1$, $0 < y < 1$?

6.6. Suponha que a variável aleatória bidimensional contínua (X, Y) seja uniformemente distribuída sobre o quadrado cujos vértices são $(1, 0)$, $(0,1)$, $(-1, 0)$ e $(0, -1)$. Ache as fdp marginais de X e de Y.

6.7. Suponha que as dimensões, X e Y, de uma chapa retangular de metal, possam ser consideradas variáveis aleatórias contínuas independentes, com as seguintes fdp:

$$X: g(x) = x - 1, \qquad 1 < x \le 2,$$
$$= -x + 3, \qquad 2 < x < 3,$$
$$= 0, \text{ para quaisquer outros valores.}$$
$$Y: h(y) = \tfrac{1}{2}, \qquad\qquad 2 < y < 4,$$
$$= 0, \text{ para quaisquer outros valores.}$$

Ache a fdp da área da chapa, $A = XY$.

6.8. Admita que X represente a duração da vida de um dispositivo eletrônico e suponha que X seja uma variável aleatória contínua com fdp

$$f(x) = \frac{1.000}{x^2}, \quad x > 1.000,$$
$$= 0, \text{ para quaisquer outros valores.}$$

Sejam X_1 e X_2 duas determinações independentes da variável aleatória X acima. (Isto é, suponha que estejamos ensaiando a duração da vida de dois desses dispositivos.) Ache a fdp da variável aleatória $Z = X_1/X_2$.

6.9. Obtenha a distribuição de probabilidade das variáveis aleatórias, V e W, introduzidas na Seção 6.4.

6.10. Demonstre o Teor. 6.1.

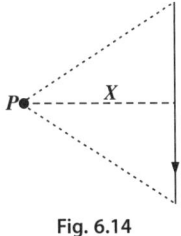

Fig. 6.14

6.11. A força magnetizante H no ponto P, distante X unidades de um condutor que conduza uma corrente I, é dada por $H = 2I/X$. (Veja a Fig. 6.14.) Suponha que P seja um ponto móvel, isto é, X seja uma variável aleatória contínua uniformemente distribuída sobre $(3, 5)$. Suponha que a corrente I seja também uma variável aleatória contínua, uniformemente distribuída sobre $(10, 20)$. Suponha, ademais, que as variáveis aleatórias X e I sejam independentes. Estabeleça a fdp da variável aleatória H.

6.12. A intensidade luminosa em um dado ponto é dada pela expressão $I = C/D^2$, na qual C é o poder luminoso da fonte e D é a distância dessa fonte até o ponto dado. Suponha que C seja uniformemente distribuída sobre $(1, 2)$, enquanto D seja uma variável aleatória contínua com fdp $f(d) = e^{-d}$, $d > 0$. Ache a fdp de I, admitindo que C e D sejam independentes. (*Sugestão*: Primeiro ache a fdp de D^2 e depois aplique os resultados deste capítulo.)

6.13. Quando uma corrente I (ampères) passa através de um resistor R (ohms), a potência gerada é dada por $W = I^2R$ (watts). Suponha que I e R sejam variáveis aleatórias independentes, com as seguintes fdp:

$$I: f(i) = 6i(1 - i), \quad 0 \leq i \leq 1,$$
$$= 0, \text{ para quaisquer outros valores.}$$
$$R: g(r) = 2r, \qquad 0 < r < 1,$$
$$= 0, \text{ para quaisquer outros valores.}$$

Determine a fdp da variável aleatória W e esboce seu gráfico.

6.14. Suponha que a fdp conjunta de (X, Y) seja dada por

$$f(x, y) = e^{-y}, \qquad \text{para} \quad x > 0, y > x,$$
$$= 0, \text{ para quaisquer outros valores.}$$

(*a*) Ache a fdp marginal de X.

(*b*) Ache a fdp marginal de Y.

(*c*) Calcule a $P(X > 2 \mid Y < 4)$.

Caracterização Adicional das Variáveis Aleatórias

7.1. O Valor Esperado de uma Variável Aleatória

Considere-se a relação determinística $ax + by = 0$. Nós a reconhecemos como uma relação linear entre x e y. As constantes a e b são os *parâmetros* dessa relação, no sentido de que para qualquer escolha particular de a e b obtemos uma função linear específica. Em outros casos, um ou mais parâmetros podem caracterizar a relação em estudo. Por exemplo, se $y = ax^2 + bx + c$, três parâmetros são necessários. Se $y = e^{-kz}$, um parâmetro é suficiente. Não somente uma particular relação é caracterizada pelos parâmetros, mas, inversamente, a partir de uma relação podemos definir diferentes parâmetros pertinentes. Por exemplo, se $ay + bx = 0$, então $m = - b/a$ representa a declividade da reta. Também, se $y = ax^2 + bx + c$, então $- b/2a$ representa o valor para o qual ocorre um máximo relativo ou um mínimo relativo.

Nos modelos matemáticos não determinísticos ou aleatórios, que temos considerado, os parâmetros podem, também, ser empregados para caracterizar a distribuição de probabilidade. A cada distribuição de probabilidade, podemos associar certos parâmetros, os quais fornecera informação valiosa sobre a distribuição (tal como a declividade de uma reta fornece informação valiosa sobre a relação linear que representa).

Exemplo 7.1. Suponha que X seja uma variável aleatória contínua, com fdp $f(x) = ke^{-kx}$, $x \geq 0$. Para verificar que esta expressão constitui uma fdp, observe-se que $\int_0^\infty ke^{-kx}\, dx = 1$ para todo $k > 0$, e que $ke^{-kx} > 0$ para $k > 0$. Esta distribuição é denominada distribuição exponencial, a qual estudaremos minuciosamente mais tarde. Ela é uma distribuição especialmente útil para representar a duração da vida X, de certos tipos de equipamentos ou componentes. A interpretação de k, nesse contexto, também será explicada depois.

Exemplo 7.2. Admita-se que peças sejam produzidas indefinidamente em uma linha de montagem. A probabilidade de uma peça ser defeituosa é p, e este valor é o mesmo para todas as peças. Suponha, também, que as sucessivas peças sejam defeituosas (D) ou não defeituosas (N), independentemente umas das outras. Seja a variável aleatória X o número de peças inspecionadas até que a primeira peça defeituosa seja encontrada. Assim, um resultado típico do experimento seria da forma *NNNND*. Aqui $X(NNNND) = 5$. Os valores possíveis de X são: 1, 2, ..., n, ... Já que $X = k$ se, e somente se, as primeiras ($k - 1$) peças forem não defeituosas e a k-ésima peça for defeituosa, atribuiremos a seguinte probabilidade ao evento $\{X = k\}$: $P(X = k) = p(1 - p)^{k-1}$, $k = 1, 2, ... n, ...$ Para verificar que esta é uma legítima distribuição de probabilidade, observemos que

$$\sum_{k=1}^{\infty} p(1-p)^{k-1} = p[1+(1-p)+(1-p)^2 +...]$$

$$= p\frac{1}{1-(1-p)} = 1 \text{ se } 0 < |p| < 1.$$

Por isso, o parâmetro p pode ser qualquer número satisfazendo $0 < p < 1$.

Suponha que uma variável aleatória e sua distribuição de probabilidade sejam especificadas. Existirá alguma maneira de caracterizar-se essa distribuição em termos de alguns parâmetros numéricos adequados?

Antes de nos dedicarmos à questão acima, vamos motivar nossa explanação com o estudo do exemplo seguinte.

Exemplo 7.3. Uma máquina de cortar arame corta o arame conforme um comprimento especificado. Em virtude de certas imprecisões do mecanismo de corte, o comprimento do arame cortado (em polegadas), X, pode ser considerado como uma variável aleatória uniformemente distribuída sobre [11,5; 12,5]. O comprimento especificado é 12 polegadas. Se $11,7 \leq X < 12,2$, o arame pode ser vendido com um lucro de US\$ 0,25. Se $X \geq 12,2$, o arame pode ser recortado, e um lucro eventual de US\$ 0,10 é obtido. E se $X < 11,7$, o arame é refugado com uma perda de US\$ 0,02. Um cálculo fácil mostra que $P(X \geq 12,2) = 0,3$, $P(11,7 \leq X < 12,2) = 0,5$, e $P(X < 11,7) = 0,2$.

Suponha que um grande número de pedaços de arame tenha sido cortado, digamos N. Sejam N_S o número de pedaços para os quais $X < 11,7$, N_R o número de pedaços para os quais $11,7 \leq X < 12,2$, e N_L o número de pedaços para os quais $X \geq 12,2$. Daí, o lucro total obtido da produção de N pedaços é igual a $T = N_S(-0,02) + N_R(0,25) + N_L(0,10)$. O *lucro total por pedaço de arame cortado*, digamos W, é igual a $W = (N_S/N)(-0,02) + (N_R/N)(0,25) + (N_L/N)(0,1)$. (Observe-se que W é uma variável aleatória, porque N_S, N_R e N_L são variáveis aleatórias.)

Já mencionamos que a frequência relativa de um evento é próxima da probabilidade desse evento, se o número de repetições sobre o qual a frequência relativa foi baseada for grande. (Explicaremos isto mais precisamente no Cap. 12.) Portanto, se N for grande, poderemos esperar que N_S/N seja próxima de 0,2, N_R/N seja próxima de 0,5 e N_L/N seja próxima de 0,3. Logo, para N grande, W pode ser calculada aproximadamente como segue:

$$W \simeq (0,2)(-0,02) + (0,5)(0,25) + (0,3)(0,1) = \text{US\$ } 0,151.$$

Deste modo, se um grande número de pedaços de arame for produzido, esperaremos conseguir um lucro de US\$ 0,151 por pedaço de arame. O número 0,151 é denominado *valor esperado* da variável aleatória W.

Definição. Seja X uma variável aleatória discreta, com valores possíveis $x_1, ..., x_n ...$ Seja $p(x_i) = P(X = x_i)$, $i = 1, 2, ..., n, ...$ Então, o *valor esperado* de X (ou *esperança matemática* de X), denotado por $E(X)$ é definido como

$$E(X) = \sum_{i=1}^{\infty} x_i p(x_i), \tag{7.1}$$

se a série $\sum_{i=1}^{\infty} x_i p(x_i)$ convergir absolutamente, isto é, se

$$\sum_{i=1}^{\infty} |x_i| p(x_i) < \infty.$$

Este número é também denominado *valor médio* de X ou *expectância* de X.

Comentários: (a) Se X tomar apenas um número finito de valores, a expressão acima se torna $E(X) = \sum_{i=1}^{n} p(x_i)x_i$. Isto pode ser considerado como uma "média ponderada" dos valores possíveis $x_1, ..., x_n$. Se todos esses valores possíveis forem igualmente prováveis, $E(X) = (1/n) \sum_{i=1}^{n} x_i$, a qual representa a média aritmética simples ou usual dos n valores possíveis.

(*b*) Se um dado equilibrado for jogado e a variável aleatória X designar o número de pontos obtidos, então $E(X) = (1/6) (1 + 2 + 3 + 4 + 5 + 6) = 7/2$. Este exemplo simples ilustra, nitidamente, que $E(X)$ não é o resultado que podemos esperar quando X for observado uma única vez. De fato, na situação anterior $E(X) = 7/2$ nem mesmo é um valor possível de X! Fica evidente, porém, que se obtivermos um grande número de observações independentes de X, digamos $x_1, ..., x_n$, e calcularmos a média aritmética desses resultados, então, sob condições bastante gerais, a média aritmética será próxima de $E(X)$, em um sentido probabilístico. Por exemplo, na situação acima, se jogássemos o dado um grande número de vezes e depois calculássemos a média aritmética dos vários resultados, esperaríamos que essa média ficasse tanto, mais próxima de 7/2 quanto maior número de vezes o dado fosse jogado.

(*c*) Devemos notar a semelhança entre a noção de valor esperado, como foi definida acima (especialmente se X puder tomar somente um número finito de valores), e a noção de média de um conjunto de números $z_1, ..., z_n$. Comumente definimos $\bar{z} = (1/n) \sum_{i=1}^{n} z_i$ como a média aritmética dos números $z_1', ..., z_n'$. Suponhamos, ademais, que tenhamos números $z_1',$ $..., z_n'$, nos quais z_1' ocorra n_i vezes, $\sum_{i=1}^{n} n_i = n$. Fazendo $f_i = n_i/n$, $\sum_{i=1}^{n} f_i = 1$, definimos a média ponderada dos números $z_1', ..., z_n'$ como

$$\frac{1}{n} \sum_{i=1}^{k} n_i z_i' = \sum_{i=1}^{k} f_i z_i'.$$

Embora exista uma forte semelhança entre a média ponderada acima e a definição de $E(X)$, é importante compreender que a última é um número (parâmetro) associado a uma distribuição de probabilidade teórica, enquanto a primeira é simplesmente o resultado da combinação de um conjunto de números em uma forma particular. Contudo, existe mais do que apenas uma semelhança superficial. Considere-se uma variável aleatória X e sejam $x_1,$ $..., x_n$ os valores obtidos quando o experimento que origina X for realizado n vezes independentemente. (Isto é, $x_1, ..., x_n$ apenas representam os resultados de n mensurações repetidas da característica numérica X.) Seja $\bar{x}$ a média aritmética desses n números. Então, como explicaremos muito mais precisamente no Cap. 12, se n for suficientemente grande, $\bar{x}$ será "próxima" de $E(X)$, em certo sentido. Este resultado é bastante relacionado à ideia (também a ser explicada no Cap. 12) de que a frequência relativa f_A associada a n repetições de um experimento será próxima da probabilidade $P(A)$ se f_A for baseada em um grande número de repetições de ε.

Exemplo 7.4. Um fabricante produz peças tais que 10 por cento delas são defeituosas e 90 por cento são não defeituosas. Se uma peça defeituosa for produzida, o fabricante perde US\$ 1, enquanto uma peça não defeituosa lhe dá um lucro de US\$ 5. Se X for o lucro líquido por peça, então X será uma variável aleatória cujo valor esperado é calculado como $E(X) = -1(0,1) +$ $5(0,9) = US\$ 4,40$. Suponha que um grande número de tais peças seja produzido. Nesse caso, quando o fabricante perder US\$ 1 cerca de 10 por cento das vezes e ganhar US\$ 5 cerca de 90 por cento das vezes, ele esperará ganhar cerca de US\$ 4,40 por peça, a longo prazo.

Teorema 7.1. Seja X uma variável aleatória distribuída binomialmente, com parâmetro p, baseada em n repetições de um experimento. Então,

$$E(X) = np.$$

Demonstração: Como $P(X = k) = \binom{n}{k}p^k(1 - p)^{n-k}$, teremos

$$E(X) = \sum_{k=0}^{n} k \frac{n!}{k!(n-k)!} p^k (1-p)^{n-k} =$$

$$= \sum_{k=1}^{n} \frac{n!}{(k-1)!(n-k)!} p^k (1-p)^{n-k}$$

(uma vez que o termo com $k = 0$ é igual a zero). Façamos $s = k - 1$ na soma acima. Como k toma valores desde um até n, s tomará valores desde zero até $(n - 1)$. Substituindo k, em todos os termos, por $(s + 1)$, obteremos

$$E(X) = \sum_{s=0}^{n-1} n \binom{n-1}{s} p^{s+1} (1-p)^{n-s-1} =$$

$$= np \sum_{s=0}^{n-1} \binom{n-1}{s} p^s (1-p)^{n-1-s}.$$

A soma, na última expressão, é apenas a soma das probabilidades binomiais com n substituído por $(n - 1)$, isto é, $[p + (1 - p)]^{n-1}$ e, portanto, igual a um. Isto estabelece o resultado.

Comentário: O resultado acima corresponde certamente a nossa noção intuitiva, porque supomos que a probabilidade de algum evento A seja, digamos 0,3, quando um experimento é realizado. Se repetirmos esse experimento, por exemplo 100 vezes, deveremos esperar que A ocorra cerca de $100(0,3) = 30$ vezes. O conceito de valor esperado, introduzido acima para a variável aleatória discreta, será muito em breve estendido ao caso contínuo.

Exemplo 7.5. Uma máquina impressora tem uma probabilidade constante de 0,05 de entrar em pane, em um dia qualquer. Se a máquina não apresentar panes durante a semana, um lucro de $\$S$ será obtido. Se 1 ou 2 panes ocorrerem, um lucro de $\$R$ será alcançado ($R < S$). Se 3 ou mais panes ocorrerem, um lucro de $\$(- L)$ será obtido. (Admitimos que R, S e L sejam maiores do que zero; também supomos que, se a máquina entrar em pane em qualquer dia, ela permanecerá parada durante o resto do dia.) Seja X o lucro obtido por semana de cinco dias úteis. Os valores possíveis de X são R, S e $(-L)$. Seja B o número de panes por semana. Teremos

$$P(B=k) = \binom{5}{k}(0{,}05)^k(0{,}95)^{5-k}, \quad k = 0, 1, \ldots, 5.$$

Já que $X = S$ se, e somente se, $B = 0$, $X = R$ se, e somente se, $B = 1$ ou 2, e $X = (-L)$ se, e somente se, $B = 3$, 4 ou 5, verificamos que

$$E(X) = SP(B=0) + RP(B=1 \text{ ou } 2) + (-L)P(B= 3, 4 \text{ ou } 5)$$
$$= S(0{,}95)^5 + R[5(0{,}05)(0{,}95)^4 + 10(0{,}05)^2(0{,}95)^3] +$$
$$+ (-L)[10(0{,}05)^3(0{,}95)^2 + 5(0{,}05)^4(0{,}95) + (0{,}05)^5] \text{ dólares.}$$

Definição. Seja X uma variável aleatória contínua com fdp f. O *valor esperado* de X é definido como

$$E(X) = \int_{-\infty}^{+\infty} xf(x)\,dx. \tag{7.2}$$

Pode acontecer que esta integral (imprópria) não convirja. Consequentemente, diremos que $E(X)$ existirá se, e somente se,

$$\int_{-\infty}^{\infty} |x| f(x)\,dx$$

for finita.

Comentário: Devemos observar a analogia entre o valor esperado de uma variável aleatória e o conceito de "centro de gravidade" em Mecânica. Se uma unidade de massa for distribuída sobre a reta, em pontos discretos $x_1, \ldots, x_n \ldots$ e se $p(x_i)$ for a massa no ponto x_i, então vemos que $\sum_{i=1}^{\infty} x_i p(x_i)$ representa o centro de gravidade (em relação à origem). Semelhantemente, se uma unidade de massa for distribuída continuamente sobre uma reta, e se $f(x)$ representar a densidade de massa em x, então $\int_{-\infty}^{+\infty} xf(x)\,dx$ poderá também ser interpretado como o centro de gravidade. No sentido acima, $E(X)$ pode representar "um centro" da distribuição de probabilidade. Também, $E(X)$ é algumas vezes denominado *medida de posição central* e é expresso nas *mesmas unidades* que X.

Exemplo 7.6. Seja a variável aleatória X definida como segue. Suponha que X seja o tempo (em minutos) durante o qual um equipamento elétrico seja utilizado em máxima carga, em certo período de tempo especificado. Suponha que X seja uma variável aleatória contínua com a seguinte fdp:

$$f(x) = \frac{1}{(1.500)^2} x, \quad 0 \le x \le 1.500,$$

$$= \frac{-1}{(1.500)^2}(x - 3.000), \quad 1.500 \le x \le 3.000,$$

$$= 0, \text{ para quaisquer outros valores.}$$

Portanto,

$$E(X) = \int_{-\infty}^{+\infty} xf(x)\,dx$$

$$= \frac{1}{(1.500)(1.500)}\left[\int_0^{1.500} x^2\,dx - \int_{1.500}^{3.000} x(x - 3.000)\,dx\right]$$

$$= 1.500 \text{ minutos.}$$

(Veja a Fig. 7.1.)

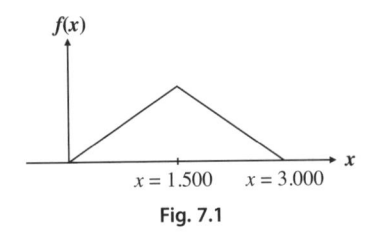

Fig. 7.1

Exemplo 7.7. O conteúdo de cinzas (em percentagem) no carvão, digamos X, pode ser considerado como uma variável aleatória contínua com a seguinte fdp: $f(x) = (1/4.875)\,x^2$, $10 \le x \le 25$. Portanto, $E(X) = (1/4.875)\int_{10}^{25} x^3\,dx = 19,5$ por cento. Assim, o conteúdo de cinzas esperado no particular espécime de carvão que está sendo estudado é de 19,5 por cento.

Teorema 7.2. Seja X uniformemente distribuída sobre o intervalo $[a, b]$. Nesse caso,

$$E(X) = \frac{a+b}{2}.$$

Demonstração: A fdp de X é dada por $f(x) = 1/(b - a)$, $a \le x \le b$. Portanto,

$$E(X) = \int_a^b \frac{x}{b-a}\,dx = \frac{1}{b-a}\frac{x^2}{2}\bigg|_a^b = \frac{a+b}{2}.$$

(Observe-se que este valor representa o *ponto médio* do intervalo $[a, b]$, como era de se esperar intuitivamente.)

Comentário: Pode ser valioso lembrar nesta ocasião que uma variável aleatória X é uma função de um espaço amostral S sobre contradomínio R_X. Como já salientamos repetidamente, para muitos fins, estaremos tão somente interessados no espaço amostral e nas probabilidades definidas nele. Esta noção de valor esperado foi definida completamente em termos do contra-domínio. [Veja as Eqs. (7.1) e (7.2).) Contudo, ocasionalmente, devemos observar a natureza funcional de X. Por exemplo, como expressaremos a Eq. (7.1) em termos do resultado $s \in S$, admitindo que S seja finito? Desde que $x_i = X(s)$ para algum $s \in S$, e já que

$$p(x_i) = P[s : X(s) = x_i],$$

poderemos escrever

$$E(X) = \sum_{i=1}^{n} x_i p(x_i) = \sum_{s \in S} X(s)P(s), \qquad (7.3)$$

na qual $P(s)$ é a probabilidade do evento $\{s\} \subset S$. Por exemplo, se o experimento consistir na classificação de três peças como defeituosas (D) ou não defeituosas (N), um espaço amostral para este experimento seria

$$S = \{NNN, NND, NDN, DNN, NDD, DND, DDN, DDD\}.$$

Se X for definido como o número de defeituosas, e se admitirmos que todos os resultados acima sejam igualmente possíveis, teremos, de acordo com a Eq. (7.3),

$$E(X) = \sum_{s \in S} X(s)P(s)$$
$$= 0 \cdot \left(\frac{1}{8}\right) + 1\left(\frac{1}{8}\right) + 1\left(\frac{1}{8}\right) + 1\left(\frac{1}{8}\right) + 2\left(\frac{1}{8}\right) + 2\left(\frac{1}{8}\right) + \left(\frac{1}{8}\right) + 3\left(\frac{1}{8}\right)$$
$$= \frac{3}{2}.$$

Naturalmente, este resultado poderia ter sido obtido mais facilmente pela aplicação da Eq. (7.1) diretamente. Contudo, é conveniente lembrar que a fim de empregar a Eq. (7.1), neces-sitaremos conhecer os números $P(x_i)$, o que por sua vez significa que um cálculo, tal como aquele que empregamos acima, teria de ser executado. O que se deve salientar é que uma vez que a distribuição de probabilidade sobre R_X seja conhecida [neste caso, os valores dos números $p(x_i)$], poderemos suprimir a relação funcional entre R_X e S.

7.2. Expectância de uma Função de uma Variável Aleatória

Como já explicamos anteriormente, se X for uma variável aleatória e se $Y = H(X)$ for uma função de X, então Y será também uma variável aleatória, com alguma distribuição de probabilidade; consequentemente, haverá interesse e terá sentido calcular $E(Y)$. Existem duas maneiras de calcular $E(Y)$, que se mostram equivalentes. Mostrar que elas são, em geral, equivalentes, não é tri-vial e demonstraremos apenas um caso especial. No entanto, é importante que o leitor compreenda os dois tratamentos do assunto apresentados a seguir.

Definição. Seja X uma variável aleatória e seja $Y = H(X)$.

(a) Se Y for uma variável aleatória discreta com valores possíveis y_1, y_2, ... e se $q(y_i) = P(Y = y_i)$, definiremos

$$E(Y) = \sum_{i=1}^{\infty} y_{iq(v_i)}. \tag{7.4}$$

(b) Se Y for uma variável aleatória contínua com fdp g, definiremos

$$E(Y) = \int_{-\infty}^{+\infty} yg(y)\,dy. \tag{7.5}$$

Comentário: Naturalmente, essas definições são completamente coerentes com as definições anteriores, dadas para o valor esperado de uma variável aleatória. De fato, o que está acima simplesmente representa uma reformulação em termos de Y. Uma "desvantagem" de aplicar a definição acima a fim de obter $E(Y)$ é que a distribuição de probabilidade de Y (isto é, a distribuição de probabilidade sobre o contradomínio R_Y) é exigida. Explicamos, no capítulo anterior, métodos pelos quais podemos obter ou as probabilidades no ponto $q(y_i)$, ou g, a fdp de Y. No entanto, surge a questão de podermos obter $E(Y)$, sem preliminarmente encontrarmos a distribuição de probabilidade de Y, partindo-se apenas do conhecimento da distribuição de probabilidade de X. A resposta é afirmativa, como o indicam os teoremas seguintes.

Teorema 7.3. Seja X uma variável aleatória e seja $Y = H(X)$.

(a) Se X for uma variável aleatória discreta e $p(x_i) = P(X = x_i)$, teremos

$$E(Y) = E[H(X)] = \sum_{j=1}^{\infty} H(x_j)p(x_j). \tag{7.6}$$

(b) Se X for uma variável aleatória contínua com fdp f, teremos

$$E(Y) = E[H(X)] = \int_{-\infty}^{+\infty} H(x)f(x)\,dx. \tag{7.7}$$

Comentário: Este teorema torna a avaliação de $E(Y)$ muito mais simples, porque ele quer dizer que não necessitamos achar a distribuição de probabilidade de Y, a fim de avaliarmos $E(Y)$; o conhecimento da distribuição de probabilidade de X é suficiente.

Demonstração: [Somente demonstraremos a Eq. (7.6). A demonstração da Eq. (7.7) é um tanto mais complicada.] Considere-se a soma $\sum_{j=1}^{\infty} H(x_j)p(x_j) = \sum_{j=1}^{\infty}\left[\sum_{i} H(x_i)p(x_i)\right]$, na qual a soma interior é tomada para todos os índices i para os quais $H(x_i) = y_i$, para algum y_i fixo. Consequentemente, todos os termos $H(x_i)$ são constantes na soma interior. Por isso

$$\sum_{j=1}^{\infty} H(x_j)p(x_j) = \sum_{j=1}^{\infty} y_i \sum_i p(x_i).$$

No entanto,

$$\sum_i p(x_i) = \sum_i P[x \mid H(x_i) = y_j] = q(y_j).$$

Logo, $\sum_{j=1}^{\infty} H(x_j)p(x_j) = \sum_{j=1}^{\infty} y_j q(y_j)$, o que estabelece a Eq. (7.6).

Comentário: O método de demonstração é essencialmente equivalente ao método de contagem, no qual reunimos todos os itens que tenham o mesmo valor. Assim, se desejarmos achar a soma total dos valores 1, 1, 2, 3, 5, 3, 2, 1, 2, 2, 3, poderemos ou somar diretamente, ou indicar que existem 3 um, 4 dois, 3 três e 1 cinco, o que determina que a soma total seja igual a

$$3(1) + 4(2) + 3(3) + 1(5) = 25.$$

Exemplo 7.8. Seja V a velocidade do vento (em milhas por hora) e suponha que V seja uniformemente distribuída sobre o intervalo [0, 10]. A pressão, digamos W (em libras/pé quadrado), na superfície da asa de um avião é dada pela relação: $W = 0,003V^2$. Para achar o valor esperado de W, $E(W)$, poderemos proceder de duas maneiras:

(*a*) Empregando o Teor. 7.3, teremos

$$E(W) = \int_0^{10} 0,003v^2 f(v)\,dv$$
$$= \int_0^{10} 0,003v^2 \frac{1}{10}\,dv = 0,1 \text{ libra/pé quadrado.}$$

(*b*) Empregando a definição de $E(W)$, precisaremos primeiramente achar a fdp de W que chamaremos g, e depois calcular $\int_{-\infty}^{+\infty} wg(w)\,dw$. Para acharmos $g(w)$, observamos que $w = 0,003v^2$ é uma função monótona de v para $v \geq 0$. Poderemos aplicar o Teor. 5.1 e obter

$$g(w) = \frac{1}{10}\left|\frac{dv}{dw}\right|$$
$$= \frac{1}{2}\sqrt{\frac{10}{3}}\, w^{-1/2}, \quad 0 \leq w \leq 0,3,$$
$$= 0, \text{ para quaisquer outros valores.}$$

Em consequência

$$E(W) = \int_0^{0,3} wg(w)\,dw = 0,1$$

depois de um cálculo simples. Deste modo, como afirma o teorema, os dois cálculos de $E(W)$ fornecem o mesmo resultado.

Exemplo 7.9. Em muitos problemas estamos interessados apenas na *magnitude* de uma variável aleatória, sem considerarmos o seu sinal algébrico. Isto é, estaremos interessados em $|X|$. Suponhamos que X seja uma variável aleatória contínua com a seguinte fdp:

$$f(x) = \frac{e^x}{2} \quad \text{se } x \le 0,$$
$$= \frac{e^{-x}}{2} \quad \text{se } x > 0.$$

Seja $Y = |X|$. Para obtermos $E(Y)$, poderemos proceder por uma de duas maneiras.

(*a*) Empregando o Teor. 7.3, teremos

$$E(Y) = \int_{-\infty}^{+\infty} |x| f(x) \, dx$$
$$= \frac{1}{2} \left[\int_{-\infty}^{0} (-x) e^x dx + \int_{0}^{\infty} (x) e^{-x} dx \right]$$
$$= \frac{1}{2} [1+1] = 1.$$

(*b*) Para calcular $E(Y)$ empregando a definição, necessitamos obter a fdp de $Y = |X|$, que denotaremos g. Seja G a fd de Y. Portanto,

$$G(y) = P(Y \le y) = P[|X| \le y] = P[-y \le X \le y] = 2P(0 \le X \le y),$$

porque a fdp de X é simétrica em relação a zero. Logo,

$$G(y) = 2 \int_{0}^{y} f(x) \, dx = 2 \int_{0}^{y} \frac{e^{-x}}{2} dx = -e^{-y} + 1.$$

Deste modo teremos para g, a fdp de Y, $g(y) = G'(y) = e^{-y}$, $y \ge 0$. Portanto, $E(Y) = \int_{0}^{\infty} y g(y) \, dy = \int_{0}^{\infty} y e^{-y} \, dy = 1$, tal como acima.

Exemplo 7.10. Em muitos problemas, podemos empregar o valor esperado de uma variável aleatória a fim de tomar uma decisão de maneira ótima.

Suponha que um fabricante produza certo tipo de óleo lubrificante, o qual perde algum de seus atributos especiais se não for utilizado dentro de certo período de tempo. Seja X o número de unidades de óleo encomendadas ao fabricante durante cada ano. (Uma unidade é igual a 1.000 galões.) Suponha que X seja uma variável aleatória contínua, uniformemente distribuída sobre [2, 4]. Portanto, a fdp f tem a forma

$$f(x) = \frac{1}{2}, \quad 2 \le x \le 4,$$

$$= 0, \text{ para quaisquer outros valores.}$$

Suponha que para cada unidade vendida, se tenha um lucro de US$ 300, enquanto para cada unidade não vendida (durante qualquer ano especificado) se verifique uma perda de US$ 100, porque uma unidade não utilizada terá de ser jogada fora. Admita-se que o fabricante deva decidir, alguns meses antes do início de cada ano, quanto ele irá produzir, e que ele decida fabricar Y unidades. (Y *não* é uma variável aleatória; é especificada pelo fabricante.) Seja Z o lucro por ano (em dólares). Aqui, Z é evidentemente uma variável aleatória, porque é uma função da variável aleatória X. Especificamente, $Z = H(X)$ na qual

$$H(X) = 300Y \text{ se } X \ge Y,$$

$$= 300X + (-100)(Y - X) \text{ se } X < Y.$$

(A última expressão pode ser escrita como $400X - 100Y$.)

A fim de obtermos $E(Z)$, aplicaremos o Teor. 7.3 e escreveremos

$$E(Z) = \int_{-\infty}^{+\infty} H(x)f(x)\,dx = \frac{1}{2}\int_{2}^{4} H(x)\,dx.$$

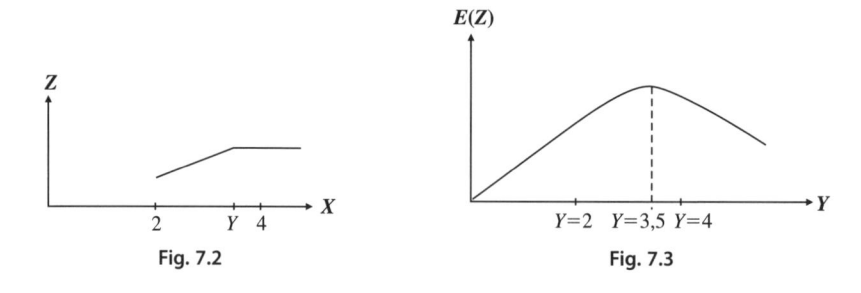

Fig. 7.2 — Fig. 7.3

Para calcular esta integral, deveremos considerar três casos: $Y < 2$, $2 \le Y \le 4$ e $Y > 4$. Com a ajuda da Fig. 7.2 e depois de algumas simplificações, obteremos

$$E(Z) = 300Y \text{ se } Y \le 2$$
$$= -100Y^2 + 700Y - 400$$
$$\text{se } 2 < Y < 4$$
$$= 1.200 - 100Y \text{ se } Y \ge 4.$$

A questão seguinte apresenta interesse. Como deve o fabricante escolher o valor de Y, a fim de maximizar seu lucro esperado?

Poderemos responder a esta questão facilmente, estabelecendo apenas que $dE(Z)/dY = 0$. Isto fornece $Y = 3.5$. (Veja a Fig. 7.3.)

7.3. Variáveis Aleatórias Bidimensionais

Os conceitos discutidos anteriormente, para o caso unidimensional, também valem para variáveis aleatórias de dimensão mais elevada. Em particular, para o caso bidimensional, estabeleceremos a seguinte definição.

Definição. Seja (X, Y) uma variável aleatória bidimensional e seja $Z = H(X, Y)$ uma função real de (X, Y). Em consequência, Z será uma variável aleatória (unidimensional) e definiremos $E(Z)$ como se segue:

(a) Se Z for uma variável aleatória discreta, com valores possíveis z_1, z_2, ... e com $p(z_i) = P(Z = z_i)$,

então
$$E(Z) = \sum_{i=1}^{\infty} z_i p(z_i). \tag{7.8}$$

(b) Se Z for uma variável aleatória contínua com fdp f, teremos

$$E(Z) = \int_{-\infty}^{+\infty} z f(x) \, dz. \tag{7.9}$$

Como no caso unidimensional, o seguinte teorema (análogo ao Teor. 7.3) pode ser demonstrado.

Teorema 7.4. Seja (X, Y) uma variável aleatória bidimensional e façamos $Z = H(X, Y)$.

(a) Se (X, Y) for uma variável aleatória discreta e se

$$p(x_i, y_i) = P(X = x_i, Y = y_i), \quad i, j = 1, 2,$$

teremos

$$E(Z) = \sum_{j=1}^{\infty} \sum_{i=1}^{\infty} H(x_i, y_i) p(x_i, y_i). \qquad (7.10)$$

(b) Se (X, Y) for uma variável aleatória contínua com fdp conjunta f, teremos

$$E(Z) = \int_{-\infty}^{+\infty} \int_{-\infty}^{+\infty} H(x,y) f(s,y) \, dx \, dy. \qquad (7.11)$$

Comentário: Não demonstraremos o Teor. 7.4. Também, tal como no caso unidimensional, este é um resultado extremamente útil porque ele afirma que não necessitamos achar a distribuição de probabilidade da variável aleatória Z, a fim de calcular sua expectância. Poderemos achar $E(Z)$ diretamente, a partir do conhecimento da distribuição conjunta de (X, Y).

Exemplo 7.11. Vamos reconsiderar o Ex. 6.14 e achar $E(E)$ em que $E = IR$. Já vimos que I e R eram variáveis aleatórias com as seguintes fdp g e h, respectivamente:

$$g(i) = 2i, \quad 0 \le i \le 1; \quad h(r) = r^2/9, \quad 0 \le r \le 3.$$

Também encontramos que a fdp de E era $p(e) = (2/9)e(3 - e)$, $0 \le e \le 3$. Visto que I e R são variáveis aleatórias independentes, a fdp conjunta de (I, R) é simplesmente o produto das fdp de I e de R: $f(i, r) = (2/9)ir^2$, $0 \le i \le 1$, $0 \le r \le 3$. Para calcular $E(E)$ empregando o Teor. 7.4, teremos

$$E(E) = \int_0^3 \int_0^1 ir f(i,r) \, di \, dr = \int_0^3 \int_0^1 ir \frac{2}{9} ir^2 \, di \, dr$$

$$= \frac{2}{9} \int_0^1 i^2 \, di \int_0^3 r^2 \, dr = \frac{3}{2}.$$

Empregando diretamente a definição (7.9), teremos

$$E(E) = \int_0^3 e p(e) \, de = \int_0^3 e \frac{2}{9} e(3-e) \, de$$

$$= \frac{2}{9} \int_0^3 (3e^2 - e^3) \, de = \frac{3}{2}.$$

7.4. Propriedades de Valor Esperado

Mencionaremos algumas importantes propriedades do valor esperado de uma variável aleatória, as quais serão muito úteis para o estudo subsequente.

Em cada caso, admitiremos que todos os valores esperados que mencionarmos, existam. As demonstrações serão dadas apenas para o caso contínuo. O leitor deve estar apto a desenvolver a demonstração para o caso discreto, pela simples substituição das integrais por somatórios.

Propriedade 7.1. Se $X = C$ é uma constante então, $E(X) = C$.

Demonstração:

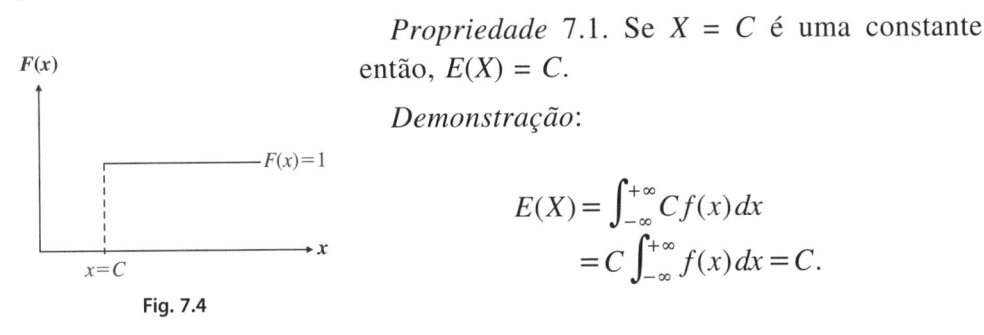

Fig. 7.4

$$E(X) = \int_{-\infty}^{+\infty} C f(x)\, dx$$
$$= C \int_{-\infty}^{+\infty} f(x)\, dx = C.$$

Comentário: O significado de ser X igual a C é o seguinte: Já que X é uma função do espaço amostral no R_X, a propriedade acima diz que o R_X é constituído unicamente pelo valor C. Consequentemente, X será igual a C, se, e somente se, $P[X(s) = C] = 1$. Esta ideia é melhor explicada em termos da fd de X. A saber, $F(x) = 0$, se $x < C$; $F(x) = 1$, se $x \geq C$ (veja a Fig. 7.4). Tal variável aleatória é, algumas vezes, chamada *degenerada*.

Propriedade 7.2. Suponha que C seja uma constante e X seja uma variável aleatória. Então, $E(CX) = CE(X)$.

Demonstração:

$$E(CX) = \int_{-\infty}^{+\infty} C x f(x)\, dx = C \int_{-\infty}^{+\infty} x f(x)\, dx = CE(X).$$

Propriedade 7.3. Seja (X, Y) uma variável aleatória bidimensional com uma distribuição de probabilidade conjunta. Seja $Z = H_1(X, Y)$ e $W = H_2(X, Y)$. Então, $E(Z + W) = E(Z) + E(W)$.

Demonstração:

$$E(Z + W) = \int_{-\infty}^{+\infty} \int_{-\infty}^{+\infty} [H_1(x,y) + H_2(x,y)\, dx\, dy =$$

[em que f é a fdp conjunta de (X, Y)]

$$= \int_{-\infty}^{+\infty} \int_{-\infty}^{+\infty} H_1(x,y) f(x,y)\, dx\, dy + \int_{-\infty}^{+\infty} \int_{-\infty}^{+\infty} H_2(x,y) f(x,y)\, dx\, dy =$$
$$= E(Z) + E(W).$$

Propriedade 7.4. Sejam X e Y duas variáveis aleatórias quaisquer. Então, $E(X + Y) = E(X) + E(Y)$.

Demonstração: Isto decorre imediatamente da Propriedade 7.3, ao se fazer $H_1(X, Y) = X$ e $H_2(X, Y) = Y$.

Comentário: (*a*) Combinando-se as Propriedades 7.1, 7.2 e 7.4, observaremos o seguinte fato importante: Se $Y = aX + b$, em que a e b são constantes, então $E(Y) = aE(X) + b$. Em linguagem corrente: O valor esperado de uma função linear é a mesma função linear do valor esperado. Isto não será verdadeiro, a menos que se trate de função linear, e constitui um erro comum pensar que a propriedade seja válida para outras funções. Por exemplo, $E(X^2) \neq [E(X)]^2$, $E(\ln X) \neq \ln E(X)$ etc. Assim, se X tomar valores -1 e $+1$, cada um com probabilidade $1/2$, então $E(X) = 0$. No entanto,

$$E(X^2) = (-1)^2(1/2) + (1)^2(1/2) = 1 \neq 0^2.$$

(*b*) Em geral, é difícil obter expressões para $E(1/X)$ ou $E(X^{1/2})$, digamos em termos de $1/E(X)$ ou $[E(X)]^{1/2}$. Contudo, algumas desigualdades estão disponíveis, as quais são muito simples de deduzir. (Veja os artigos de Fleiss, Murthy e Pillai e o de Gurland, nos números de fevereiro e dezembro de 1966 e abril de 1977, respectivamente, da revista *The American Statistician*.)

Por exemplo, teremos:

(1) se X tomar somente valores positivos e tiver expectância finita, então, $E(1/X) \geq 1/E(X)$.

(2) sob as mesmas hipóteses de (1), $E(X^{1/2}) \leq [E(X)]^{1/2}$.

Propriedade 7.5. Sejam n variáveis aleatórias $X_1, ..., X_n$. Então,

$$E(X_1 + ... + X_n) = E(X_1) + ... + E(X_n).$$

Demonstração: Isto decorre imediatamente da Propriedade 7.4, pela aplicação da indução matemática.

Comentário: Combinando-se esta propriedade com a anterior, obteremos

$$E\left(\sum_{i=1}^{n} a_i X_i\right) = \sum_{i=1}^{n} a_i E(X_i),$$

na qual os a_i são constantes.

Propriedade 7.6. Seja (X, Y) uma variável aleatória bidimensional e suponha que X e Y sejam independentes. Então, $E(XY) = E(X)E(Y)$.

Demonstração:

$$E(XY) = \int_{-\infty}^{+\infty} \int_{-\infty}^{+\infty} xy f(x,y)\, dx\, dy$$

$$= \int_{-\infty}^{+\infty} \int_{-\infty}^{+\infty} xy g(x) h(y)\, dx\, dy$$

$$= \int_{-\infty}^{+\infty} x g(x)\, dx \int_{-\infty}^{+\infty} y h(y)\, dy = E(X) E(Y).$$

Comentário: A hipótese adicional de independência é exigida para estabelecer-se a Propriedade 7.6, enquanto tal suposição não foi necessária para obter-se a Propriedade 7.4.

Exemplo 7.12. (Este exemplo se baseia em um problema do livro *An Introduction to Probability Theory and Its Applications*, de W. Feller, p. 225.)

Suponhamos que seja necessário testar alguma característica em um grande número de pessoas, com resultados positivos ou negativos. Além disso, suponhamos que alguém possa tomar amostras (ou provas) de várias pessoas e testar a amostra combinada como uma unidade, como pode ser o caso de certos tipos de exames de sangue.

Suposição: A amostra combinada dará um resultado negativo se, e somente se, todas as amostras que contribuem forem negativas.

Por isso, no caso de um resultado positivo (da amostra combinada), *todas* as amostras devem ser retestadas individualmente, para determinar quais são as positivas. Se as *N* pessoas forem divididas em *n* grupos de *k* pessoas (admita-se que $N = kn$), então, surgem as seguintes escolhas:

(*a*) testar todas as *N* pessoas individualmente, sendo necessários *N* testes;

(*b*) testar grupos de *k* amostras, o que poderá exigir tão pouco quanto $n = N/k$ testes ou tantos testes quanto $(k + 1)n = N + n$.

Será nosso propósito estudar o número médio de testes exigidos no caso (*b*) e, em seguida, comparar esse número com *N*.

Suposição: A probabilidade de que os resultados do teste sejam positivos é igual a *p*, e é a mesma para todas as pessoas. Os resultados dos testes para pessoas de um mesmo grupo sujeitas ao teste também são independentes. Seja *X* = número de testes requeridos para determinar a característica que esteja sendo estudada para todas as N pessoas, e seja X_i = número de testes requeridos para testar pessoas no i-ésimo grupo, $i = 1, ..., n$.

Daí, $X = X_1 + ... + X_n$ e, por isso, $E(X) = E(X_1) + ... + E(X_n)$, o que é igual a $nE(X_1)$, porque todos os X, têm a mesma expectância. Agora, X_1 toma somente dois valores: 1 e $k + 1$. Ademais, $P(X_1 = 1) = P$ (todas as k pessoas no grupo 1 são negativas) $= (1 - p)^k$.

Portanto,

$$P(X_1 = k+1) = 1 - (1-p)^k$$

e então

$$E(X_1) = 1 \cdot (1-p)^k + (k+1)[1-(1-p)^k] =$$
$$= k[1-(1-p)^k + k^{-1}].$$

Logo,

$$E(X) = nE(X_1) = N[1-(1-p)^k + k^{-1}].$$

(A fórmula acima é válida somente para $k > 1$, desde que $k = 1$ conduz a $E(X) = N + p \cdot n$, o que obviamente é falso!)

Uma questão de interesse é a escolha de k para o qual a $E(X)$ seja a menor possível. Isto poderá ser tratado facilmente por algum procedimento numérico. (Veja o Problema 7.11.a.)

Finalmente, note-se que, para o "teste em grupo" ser preferível ao teste individual, deveremos ter $E(X) < N$, isto é, $1 - (1-p)^k + k^{-1} < 1$, o que é equivalente a $k^{-1} < (1-p)^k$. Isto *não* pode ocorrer, se $(1-p) < 1/2$, porque, nesse caso, $(1-p)^k < 1/2^k < 1/k$, a última desigualdade decorrendo do fato de que $2^k > k$. Daqui, obteremos a seguinte conclusão interessante: Se p, a probabilidade de um teste positivo em qualquer dado individual, for maior do que 1/2, então *nunca será preferível* agrupar amostras antes de testar. (Veja o Problema 7.11.b.)

Exemplo 7.13. Vamos aplicar algumas das propriedades acima para deduzir (de novo) a expectância de uma variável aleatória distribuída binomialmente. O método empregado poderá ser aplicado vantajosamente em muitas situações similares.

Consideremos n repetições de um experimento e seja X o número de vezes que algum evento, digamos A, ocorra. Seja $p = P(A)$ e admitamos que este número seja constante em todas as repetições consideradas.

Definamos as variáveis auxiliares Y_1, ..., Y_n, assim:

$Y_i = 1$ se o evento A ocorrer na i-ésima repetição,

$= 0$ caso contrário.

Em consequência, $X = Y_1 + Y_2 + ... + Y_n$, e aplicando a Propriedade 7.5, obteremos

$$E(X) = E(Y_1) + ... + E(Y_n).$$

Contudo,

$$E(Y_i) = 1(p) + 0(1-p) = p, \text{ para todo } i.$$

Assim, $E(X) = np$, o que verifica o resultado anterior.

Comentário: Vamos reinterpretar este importante resultado. Consideremos a variável aleatória X/n. Isto representa a frequência relativa do evento A, dentre as n repetições de ε. Empregando a Propriedade 7.2, teremos $E(X/n) = (np)/n = p$. Isto é, intuitivamente, como seria de esperar-se, porque afirma que a frequência relativa esperada do evento A é p, quando $p = P(A)$. Ele representa a primeira verificação teórica do fato de que existe conexão entre a frequência relativa de um evento e a probabilidade daquele evento. Em um capítulo posterior, obteremos outros resultados que estabelecem uma relação muito mais precisa entre frequência relativa e probabilidade.

Exemplo 7.14. Suponhamos que a procura D, por semana, de certo produto seja uma variável aleatória com certa distribuição de probabilidade, digamos $P(D = n) = p(n)$, $n = 0, 1, 2, ...$ Admitamos que o custo para o vendedor seja C_1 dólares por peça, enquanto ele vende cada peça por C_2 dólares. Qualquer peça que não tenha sido vendida até o fim da semana deve ser estocada ao custo de C_3 dólares por peça. Se o vendedor decidir produzir N peças no início da semana, qual será seu lucro esperado por semana? Para que valor de N, o lucro esperado se torna máximo? Se T for o lucro por semana, teremos

$$T = NC_2 - NC_1 \text{ se } D > N,$$
$$= DC_2 - C_1 N - C_3(N-D) \text{ se } D \le N.$$

Reescrevendo o que está acima, obteremos

$$T = N(C_2 - C_1) \text{ se } D > N,$$
$$= (C_2 + C_3)D - N(C_1 + C_3) \text{ se } D \le N.$$

Por isso, o lucro esperado é obtido assim.

$$E(T) = N(C_2 - C_1)P(D > N) + (C_2 + C_3)\sum_{n=0}^{N} np(n)$$

$$-N(C_1 + C_3)P(D \leq N)$$

$$= N(C_2 - C_1) \sum_{n=N+1}^{\infty} p(n) + (C_2 + C_3)\sum_{n=0}^{N} np(n)$$

$$-N(C_1 + C_3)\sum_{n=0}^{N} p(n)$$

$$= N(C_2 + C_1) + (C_2 + C_3)\left[\sum_{n=0}^{N} np(n) - N\sum_{n=0}^{N} p(n)\right]$$

$$= N(C_2 + C_1) + (C_2 + C_3)\sum_{n=0}^{N} p(n)(n - N).$$

Suponhamos que se saiba que a seguinte distribuição de probabilidade seja apropriada para D: $P(D = n) = 1/5$, $n = 1, 2, 3, 4, 5$. Daí,

$$E(T) = N(C_2 + C_1) + \frac{(C_2 + C_3)}{5}[N(N+1)/2 - N^2] \text{ se } N \leq 5,$$

$$= N(C_2 + C_1) + (C_2 + C_3)\frac{1}{5}(15 - 5N) \text{ se } N > 5.$$

Suponhamos que $C_2 = \$9$, $C_1 = \$3$ e $C_3 = \$1$. Logo,

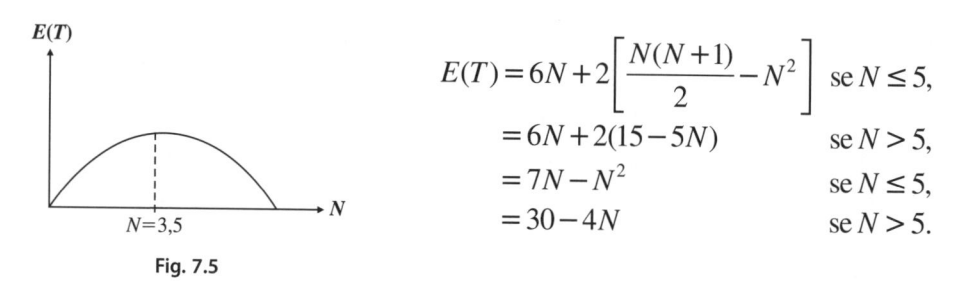

$$E(T) = 6N + 2\left[\frac{N(N+1)}{2} - N^2\right] \text{ se } N \leq 5,$$

$$= 6N + 2(15 - 5N) \text{ se } N > 5,$$

$$= 7N - N^2 \text{ se } N \leq 5,$$

$$= 30 - 4N \text{ se } N > 5.$$

$E(T)$

$N=3,5$

N

Fig. 7.5

Portanto, o máximo ocorre para $N = 3,5$. (Veja a Fig. 7.5.) Para $N = 3$ ou 4, teremos $E(T) = 12$, que é o máximo atingível, porque N é um inteiro.

7.5. A Variância de uma Variável Aleatória

Suponhamos que, para uma variável aleatória X, verificamos que $E(X) = 2$. Qual é o significado disto? É importante que não atribuamos a essa informação mais significado do que é autorizado. Ela simplesmente significa que se considerarmos um grande número de determinações de X, digamos x_1, ..., x_n e calcularmos a média desses valores de X, esta média estaria próxima de 2, se n fosse grande. No entanto, é verdadeiramente crucial não atribuir demasiado significado a um valor esperado. Por exemplo, suponhamos que X represente a duração da vida de lâmpadas que estejam sendo recebidas de um fabricante, e que $E(X) = 1.000$ horas. Isto poderia significar uma dentre muitas coisas. Poderia significar que a maioria das lâmpadas deveria durar um período compreendido entre 900 horas e 1.100 horas. Poderia, também, significar que as lâmpadas fornecidas são formadas de dois tipos de lâmpadas, inteiramente diferentes: cerca de metade são de muito boa qualidade e durarão aproximadamente 1.300 horas, enquanto a outra metade são de muito má qualidade e durarão aproximadamente 700 horas.

Existe uma necessidade óbvia de introduzir uma medida quantitativa que venha a distinguir entre essas duas situações. Várias medidas são por si mesmas muito sugestivas, mas a seguinte é a quantidade mais comumente empregada.

Definição. Seja X uma variável aleatória. Definimos a *variância* de X, denotada por $V(X)$ ou σ_X^2, da maneira seguinte:

$$V(X) = E[X - E(X)]^2. \qquad (7.12)$$

A raiz quadrada positiva de $V(X)$ é denominada *desvio-padrão* de X, e é denotado por σ_X.

Comentários: (*a*) *O número* $V(X)$ *é expresso por* unidades quadradas *de* X. Isto é, se X for medido em horas, então $V(X)$ é expressa em (horas)^2. Este é um motivo para considerarmos o desvio-padrão; ele é expresso nas *mesmas* unidades que X.

(*b*) Outra medida possível poderia ter sido $E|X - E(X)|$. Por alguns motivos, um dos quais é que X^2 é uma função melhor "comportada" que $|X|$, a variância é preferida.

(*c*) Se interpretarmos $E(X)$ como o centro de gravidade da unidade de massa distribuída sobre uma reta, poderemos interpretar $V(X)$ como o momento de inércia dessa massa, em relação a um eixo perpendicular que passe pelo centro de gravidade da massa.

(*d*) $V(X)$, tal como definida na Eq. (7.12) é um caso especial da seguinte noção mais geral. O k-ésimo *momento* da variável aleatória X, em relação a sua expectância, é definida como $\mu_k = E[X - E(X)]^k$. Evidentemente, para $k = 2$, obteremos a variância.

O cálculo de $V(X)$ pode ser simplificado com o auxílio do seguinte resultado.

Teorema 7.5

$$V(X) = E(X^2) - [E(X)]^2.$$

Demonstração: Desenvolvendo $E[X - E(X)]^2$ e empregando as propriedades já estabelecidas para o valor esperado, obteremos

$$V(X) = E[X - E(X)]^2$$
$$= E\{X^2 - 2XE(X) + [E(X)]^2\}$$
$$= E(X^2) - 2E(X)E(X) + [E(X)]^2 \quad \text{[Lembrar que } E(X) \text{ é}$$
$$= E(X^2) - [E(X)]^2. \qquad\qquad \text{uma constante.]}$$

Exemplo 7.15. O serviço de meteorologia classifica o tipo de céu que é visível, em termos de "graus de nebulosidade". Uma escala de 11 categorias é empregada: 0, 1, 2, ..., 10, na qual 0 representa um céu perfeitamente claro, 10 representa um céu completamente encoberto, enquanto os outros valores representam as diferentes condições intermediárias. Suponha que tal classificação seja feita em uma determinada estação meteorológica, em um determinado dia e hora. Seja X a variável aleatória que pode tomar um dos 11 valores acima. Admita-se que a distribuição de probabilidade de X seja

$$p_0 = p_{10} = 0{,}05; \quad p_1 = p_2 = p_8 = p_9 = 0{,}15;$$
$$p_4 = p_5 = p_6 = p_7 = 0{,}06.$$

Portanto,

$$E(X) = 1(0{,}15) + 2(0{,}15) + 3(0{,}06) + 4(0{,}06) + 5(0{,}06) +$$
$$+ 6(0{,}06) + 7(0{,}06) + 8(0{,}15) + 9(0{,}15) +$$
$$+ 10(0{,}05) = 5{,}0.$$

A fim de calcular $V(X)$, necessitamos calcular $E(X^2)$.

$$E(X^2) = 1(0{,}15) + 4(0{,}15) + 9(0{,}06) + 16(0{,}06) + 25(0{,}06) +$$
$$+ 36(0{,}06) + 49(0{,}06) + 64(0{,}15) + 81(0{,}15) +$$
$$+ 100(0{,}05) = 35{,}6.$$

Portanto,

$$V(X) = E(X^2) - [E(X)]^2 = 35{,}6 - 25 = 10{,}6,$$

e o desvio-padrão $\sigma = 3{,}25$.

Exemplo 7.16. Suponhamos que X seja uma variável aleatória contínua com fdp

$$f(x) = 1 + x, \qquad -1 \le x \le 0,$$
$$= 1 - x, \qquad 0 \le x \le 1.$$

(Veja a Fig. 7.6.) Em virtude da simetria da fdp, $E(X) = 0$. (Veja o comentário abaixo.)

Além disso,

$$E(X^2) = \int_{-1}^{0} x^2 (1 + x)\, dx +$$
$$+ \int_{0}^{1} x^2 (1 - x)\, dx = \frac{1}{6}.$$

Portanto, $V(X) = \dfrac{1}{6}$

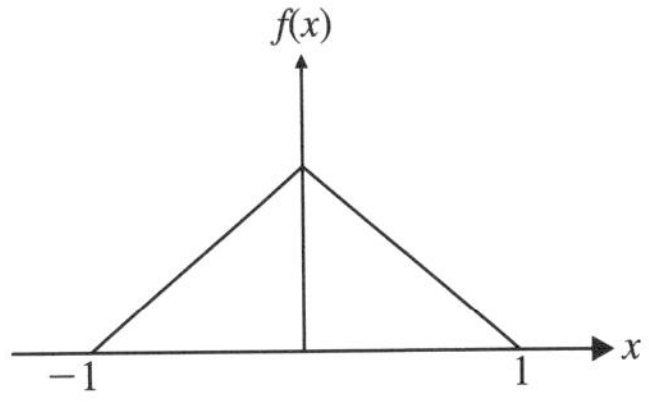

f(x)

Fig. 7.6

Comentário: Suponhamos que uma variável aleatória contínua tenha uma fdp que seja simétrica em relação a $x = 0$. Isto é, $f(-x) = f(x)$ para todo x. Então, desde que $E(X)$ exista, $E(X) = 0$, o que é uma consequência imediata da definição de $E(X)$. Isto pode ser estendido a um ponto arbitrário de simetria $x = a$, e nesse caso $E(X) = a$. (Veja o Probl. 7.33.)

7.6. Propriedades da Variância de uma Variável Aleatória

Existem várias propriedades importantes, em parte análogas àquelas expostas para a expectância de uma variável aleatória, as quais valem para a variância.

Propriedade 7.7. Se C for uma constante,

$$V(X + C) = V(X). \tag{7.13}$$

Demonstração:

$$V(X + C) = E[(X + C) - E(X + C)]^2 = E[(X + C) - E(X) - C]^2$$
$$= E[X - E(X)]^2 = V(X).$$

Comentário: Esta propriedade é intuitivamente evidente, porque somar uma constante a um resultado X não altera sua variabilidade, que é aquilo que a variância mede. Apenas "desloca" os valores de X para a direita ou a esquerda, dependendo do sinal de C.

Propriedade 7.8. Se C for uma constante

$$V(CX) = C^2 V(X). \tag{7.14}$$

Demonstração:

$$V(CX) = E(CX)^2 - [E(CX)]^2 = C^2 E(X^2) - C^2 [E(X)]^2$$
$$= C^2 \{ E(X^2) - [E(X)]^2 \} = C^2 V(X).$$

Propriedade 7.9. Se (X, Y) for uma variável aleatória bidimensional, e se X e Y forem *independentes*, então

$$V(X+Y) = V(X) + V(Y). \tag{7.15}$$

Demonstração:

$$\begin{aligned}
V(X+Y) &= E(X+Y)^2 - [E(X+Y)]^2 \\
&= E(X^2 + 2XY + Y^2) - [E(X)]^2 - 2E(X)E(Y) - [E(Y)]^2 \\
&= E(X^2) - [E(X)]^2 + E(Y^2) - [E(Y)]^2 = V(X) + V(Y).
\end{aligned}$$

Comentário: É importante compreender que a variância *não é*, em geral, *aditiva*, como o é o valor esperado. Com a hipótese complementar de independência, a Propriedade 7.9 fica válida. A variância também não possui a propriedade de linearidade, que expusemos para a expectância, isto é, $V(aX + b) \neq aV(X) + b$. Em vez disso, teremos $V(aX + b) = a^2 V(X)$.

Propriedade 7.10. Sejam X_1, ..., X_n, n variáveis aleatórias independentes. Então,

$$V(X_1 + \ldots + X_n) = V(X_1) + \ldots + V(X_n). \tag{7.16}$$

Demonstração: Isto decorre da Propriedade 7.9, por indução matemática.

Propriedade 7.11. Seja X uma variável aleatória com variância finita. Então, para qualquer número real α,

$$V(X) = E[(X - \alpha)^2] - [E(X) - \alpha]^2. \tag{7.17}$$

Demonstração: Veja o Probl. 7.36.

Comentários: (*a*) Esta é uma extensão óbvia do Teor. 7.5, porque fazendo $\alpha = 0$, obteremos o Teor. 7.5.

(*b*) Se interpretarmos $V(X)$ como o momento de inércia e $E(X)$ como o centro de uma unidade de massa, então a propriedade acima é uma formulação do bem conhecido *teorema dos eixos paralelos*, em Mecânica: O momento de inércia em relação a um ponto arbitrário é igual ao momento de inércia em relação ao centro de gravidade, mais o quadrado da distância desse ponto arbitrário ao centro de gravidade.

(*c*) $E[X - \alpha]^2$ se torna mínimo se $\alpha = E(X)$. Isto decorre imediatamente da propriedade acima. Portanto, o momento de inércia (de uma unidade de massa distribuída sobre uma reta), em relação a um eixo que passe por um ponto arbitrário, torna-se mínimo se esse ponto escolhido for o centro de gravidade.

Exemplo 7.17. Vamos calcular a variância de uma variável aleatória X, distribuída binomialmente, com parâmetro p.

Para calcular $V(X)$, podemos proceder de duas maneiras. Como já sabemos que $E(X) = np$, devemos apenas calcular $E(X^2)$ e a seguir calcular $V(X)$ como igual a $E(X^2) - [E(X)]^2$. Para calcular $E(X^2)$, empregaremos o fato de que $P(X=k)=\binom{n}{k}p^k(1-p)^{n-k}$, $k = 0, 1, ..., n$. Portanto, $E(X^2)=\sum_{k=0}^{n}k^2\binom{n}{k}p^k(1-p)^{n-k}$. Este somatório pode ser calculado bastante facilmente, mas em vez de fazer isso, empregaremos um método mais simples.

Novamente empregaremos a representação de X introduzida no Ex. 7.13, a saber, $X = Y_1 + Y_2 + ... + Y_n$. Agora observaremos que os Y_i são variáveis aleatórias *independentes*, uma vez que o valor de Y_i depende somente do resultado da i-ésima repetição, e as sucessivas repetições são supostas independentes. Daí podermos aplicar a Propriedade 7.10 e obter

$$V(X) = V(Y_1 + ... + Y_n) = V(Y_1) + ... + V(Y_n).$$

Mas, $V(Y_i) = E(Y_i)^2 - [E(Y_i)]^2$. Então,

$$E(Y_i) = 1(p) + 0(1-p) = p, \quad E(Y_i)^2 = 1^2(p) + 0^2(1-p) = p.$$

Logo, $V(Y_i) = p - p^2 = p(1-p)$ para todo i. Assim, $V(X) = np(1-p)$

Comentário: Vamos considerar $V(X) = np(1-p)$ como uma função de p, para n dado. Esboçaremos um gráfico como aquele mostrado na Fig. 7.7.

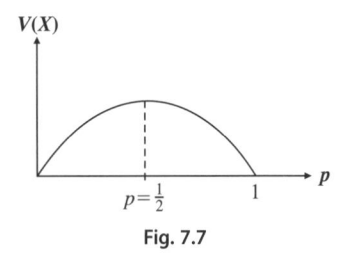

Fig. 7.7

Resolvendo $(d/dp)np(1-p) = 0$, encontraremos que o valor máximo de $V(X)$ ocorre para $p = 1/2$. O valor mínimo de $V(X)$, obviamente ocorre nos extremos do intervalo, para $p = 0$ e $p = 1$. Isto está de acordo com o que se esperava, intuitivamente. Lembrando que a variância é uma medida da variação da variável aleatória X, definida como o número de vezes que o evento A ocorre em n repetições, encontraremos que esta variação será zero, se $p = 0$ ou 1 (isto é, se A ocorrer com probabilidade 0 ou 1) e será máxima quando estivermos tão "incertos quanto poderíamos estar" sobre a ocorrência ou não de A, isto é, quando $P(A) = 1/2$.

Exemplo 7.18. Suponhamos que a variável aleatória X seja uniformemente distribuída sobre $[a, b]$. Como já calculamos anteriormente $E(X) = (a + b)/2$.

Para calcular $V(X)$, vamos calcular $E(X^2)$:

$$E(X^2) = \int_a^b x^2 \frac{1}{b-a}dx = \frac{b^3 - a^3}{3(b-a)}$$

Daí,

$$V(X) + E(X^2) - [E(X)]^2 = \frac{(b-a)^2}{12}$$

depois de um cálculo simples.

Comentários: (*a*) Este é um resultado intuitivamente significativo. Ele diz que a variância de X não depende de a e b, individualmente, mas somente de $(b - a)^2$, isto é, do quadrado de sua *diferença*. Portanto, duas variáveis aleatórias, cada uma das quais é uniformemente distribuída sobre algum intervalo (não necessariamente o mesmo para ambas), terão variâncias iguais enquanto os *comprimentos* dos intervalos sejam iguais.

(*b*) É um fato bem conhecido que o momento de inércia de uma haste delgada de massa M e comprimento L, em relação a um eixo perpendicular que passe pelo seu centro, é dado por $ML^2/12$.

7.7. Expressões Aproximadas da Expectância e da Variância

Já observamos que a fim de calcular $E(Y)$ ou $V(Y)$, em que $Y = H(X)$, não necessitamos achar a distribuição de probabilidade de Y, pois poderemos trabalhar diretamente com a distribuição de probabilidade de X. Semelhantemente, se $Z = H(X, Y)$, poderemos calcular $E(Z)$ e $V(Z)$, sem primeiro obter a distribuição de Z.

Se a função H for bem complicada, o cálculo das expectâncias e variâncias pode conduzir a integrações (ou somatórios) que são bastante difíceis. Por isso, as seguintes aproximações são muito úteis.

Teorema 7.6. Seja X uma variável aleatória com $E(X) = \mu$ e $V(X) = \sigma^2$. Suponha que $Y = H(X)$. Então,

$$E(Y) \simeq H(\mu) + \frac{H''(\mu)}{2}\sigma^2, \qquad (7.18)$$

$$V(Y) \simeq [H'(\mu)]^2 \sigma^2. \qquad (7.19)$$

(A fim de tornarmos significativas as aproximações acima, exigiremos, obviamente, que H seja derivável ao menos duas vezes no ponto $x = \mu$.)

Demonstração (apenas esboçada): A fim de estabelecer a Eq. (7.18), desenvolveremos a função H em série de Taylor, próximo de $x = \mu$, até dois termos. Deste modo

$$Y = H(\mu) + (X - \mu)H'(\mu) + \frac{(X - \mu)^2 H''(\mu)}{2} + R_1,$$

em que R_1 é o resto. Se abandonarmos o resto R_1, e a seguir, tomarmos o valor esperado de ambos os membros, teremos

$$E(Y) \simeq H(\mu) + \frac{H''(\mu)}{2}\sigma^2,$$

porque $E(X - \mu) = 0$. A fim de estabelecer a Eq. (7.19), desenvolveremos H em série de Taylor até *um* termo, para $x = \mu$. Nesse caso, $Y = H(\mu) + (X-\mu)$ $H'(\mu) + R_2$. Se abandonarmos o resto R_2 e tomarmos a variância de ambos os membros, teremos

$$V(Y) \simeq [H'(\mu)]^2 \sigma^2.$$

Exemplo 7.19. Sob certas condições, a tensão superficial de um líquido (dina/centímetro) será dada pela fórmula $S = 2(1 - 0{,}005\ T)^{1,2}$, na qual T é a temperatura do líquido (em graus centígrados).

Suponhamos que T seja uma variável aleatória contínua com a seguinte fdp

$$f(t) = 3.000t^{-4}, \quad t \geq 10,$$
$$= 0, \text{ para quaisquer outros valores.}$$

Daí, $\quad ET = \int_{10}^{\infty} 3.000t^{-3}dt = 15$ (graus centígrados),

e

$$V(T) = E(T^2) - (15)^2$$
$$= \int_{10}^{\infty} 3.000t^{-2}dt - 225 = 75 \text{ (graus centígrados)}^2.$$

Para calcularmos $E(S)$ e $V(S)$, teremos que calcular as seguintes integrais:

$$\int_{10}^{\infty} (1 - 0{,}005t)^{1,2} t^{-1}dt \quad \text{e} \quad \int_{10}^{\infty} (1 - 0{,}005t)^{2,4} t^{-4}dt.$$

Em vez de calcular estas expressões, obteremos aproximações de $E(S)$ e $V(S)$ com o emprego das Eqs. (7.18) e (7.19). A fim de utilizar essas fórmulas, teremos de calcular $H'(15)$ e $H''(15)$, na qual $H(t) = 2(1 - 0{,}005t)^{1,2}$. Teremos

$$H'(t) = 2{,}4(1 - 0{,}005t)^{0,2}(-0{,}005) = -0{,}012(1 - 0{,}005t)^{0,2}.$$

Portanto, $H(15) = 1{,}82$, $H'(15) = 0{,}01$. Semelhantemente,

$$H''(t) = -0{,}002\ 4(1 - 0{,}005t)^{-0,8}(-0{,}005) = 0{,}000\ 012(1 - 0{,}005t)^{-0,8}.$$

Logo,

$$H''(15) = \frac{0{,}000\ 012}{(0{,}925)^{0,8}} = 0^+.$$

Portanto teremos

$$E(S) \simeq H(15) + 75H''(15) = 1{,}82 \text{ (d/cm)}$$
$$V(S) \simeq 75[H'(15)]^2 = 0{,}87 \text{ (d/cm)}^2.$$

Se Z for uma função de duas variáveis, por exemplo $Z = H(X, Y)$, um resultado análogo será viável.

Teorema 7.7. Seja (X, Y) uma variável aleatória bidimensional. Suponha que $E(X) = \mu_x$, $E(Y) = \mu_y$; $V(X) = \sigma_x^2$ e $V(Y) = \sigma_y^2$. Seja $Z = H(X, Y)$. [Deve-se admitir que as várias derivadas de H existam para (μ_x, μ_y).] Então, se X e Y forem independentes, ter-se-á

$$E(Z) \simeq H(\mu_x, \mu_y) + \frac{1}{2}\left[\frac{\partial^2 H}{\partial x^2}\sigma_x^2 + \frac{\partial^2 H}{\partial y^2}\sigma_y^2\right],$$

$$V(Z) \simeq \left[\frac{\partial H}{\partial x}\right]^2 \sigma_x^2 + \left[\frac{\partial H}{\partial y}\right]^2 \sigma_y^2,$$

na qual todas as derivadas parciais são calculadas para (μ_x, μ_y).

Demonstração: A demonstração envolve o desenvolvimento de H em série de Taylor, no ponto (μ_x, μ_y), para um e dois termos, o abandono do resto, e, a seguir, o cálculo da expectância e da variância de ambos os membros, tal como foi feito na demonstração do Teor. 7.6. Deixamos os detalhes a cargo do leitor. (Se X e Y não forem independentes, uma fórmula um pouco mais complicada poderá ser deduzida.)

Comentário: O resultado acima pode ser estendido a uma função de n variáveis aleatórias independentes $Z = H(X_1, ..., X_n)$. Se $E(X_i) = \mu_i$, $V(X_i) = \sigma_i^2$, teremos as seguintes aproximações, admitindo-se que todas as derivadas existam:

$$E(Z) \simeq H(\mu_1, ..., \mu_n) + \frac{1}{2}\sum_{i=1}^{n}\frac{\partial^2 H}{\partial x_i}\sigma_i^2,$$

$$V(Z) \simeq \sum_{i=1}^{n}\left(\frac{\partial H}{\partial x_i}\right)^2 \sigma_i^2,$$

nas quais todas as derivadas parciais são calculadas no ponto $(\mu_1, ..., \mu_n)$.

Exemplo 7.20. Admita-se que temos um circuito simples, para o qual a tensão M seja expressa pela Lei de Ohm como $M = IR$, em que I e R são, respectivamente, a corrente e a resistência do circuito. Se I e R forem variáveis aleatórias independentes, então M será uma variável aleatória, e empregando o Teor. 7.7, poderemos escrever

$$E[M] \simeq E(I)E(R), \quad V[M] \simeq [E(R)]^2 V(I) + [E(I)]^2 V(R).$$

7.8. A Desigualdade de Tchebycheff

Existe uma bem conhecida desigualdade, devida ao matemático russo Tchebycheff, que desempenhará um importante papel em nosso trabalho subsequente. Além disso, ela nos fornece meios de compreender precisamente como a variância mede a variabilidade em relação ao valor esperado de uma variável aleatória.

Se conhecermos a distribuição de probabilidade de uma variável aleatória X (quer a fdp no caso contínuo, quer as probabilidades punctuais no caso discreto), poderemos nesse caso calcular $E(X)$ e $V(X)$, se existirem. Contudo, a recíproca *não* é verdadeira. Isto é, do conhecimento de $E(X)$ e $V(X)$ não poderemos reconstruir a distribuição de probabilidade de X e, consequentemente, calcular quantidades tais como $P[|X - E(X)| \leq C]$. Não obstante, verifica-se que embora não possamos calcular tais probabilidades [a partir do conhecimento de $E(X)$ e $V(X)$], poderemos estabelecer um limite superior (ou inferior) muito útil para essas probabilidades. Este resultado está contido no que é conhecido como desigualdade de Tchebycheff.

Desigualdade de Tchebycheff. Seja X uma variável aleatória, com $E(X) = \mu$, e seja c um número real qualquer. Então, se $E(X - C)^2$ for finita e ϵ for qualquer número positivo, teremos

$$P[|X - c| \geq \epsilon] \leq \frac{1}{\epsilon^2} E(X - c)^2. \tag{7.20}$$

As seguintes formas, equivalentes a (7.20), são imediatas:

(a) Se considerarmos o evento complementar, obteremos

$$P[|X - c| < \epsilon] \geq 1 - \frac{1}{\epsilon^2} E(X - c)^2. \tag{7.20a}$$

(b) Escolhendo $c = \mu$, obteremos

$$P[|X - \mu| \geq \epsilon] \geq \frac{\text{Var } X}{\epsilon^2}. \tag{7.20b}$$

(c) Escolhendo $c = \mu$ e $\in = k\sigma$, em que $\sigma^2 = \text{Var } X > 0$, obteremos

$$P[|X - \mu| \geq k\sigma] \leq k^{-2}. \tag{7.21}$$

Esta última forma (7.21) é particularmente indicativa de como a variância mede o "grau de concentração" da probabilidade próxima de $E(X) = \mu$.

Demonstração: Demonstraremos apenas a (7.20), porque as outras decorrem do modo como foi indicado. Trataremos somente do caso contínuo. No caso discreto, o raciocínio é muito semelhante, com as integrações substituídas por somatórios. Contudo, algum cuidado deve ser tomado com os pontos extremos dos intervalos:

Consideremos

$$P[|X-c| \geq \varepsilon] = \int_{x:|x-c|\geq\varepsilon} f(x)\,dx.$$

(O limite da integral diz que estamos integrando entre $-\infty$ e $c - \varepsilon$ e entre $c + \varepsilon$ e $+\infty$.)

Ora, $|x - c| \geq \varepsilon$ é equivalente a $(x - c)^2 / \varepsilon^2 \geq 1$.

Consequentemente, a integral acima é

$$\leq \int_R \frac{(x-c)^2}{\varepsilon^2} f(x)\,dx,$$

na qual $R = \{x: |x - c| \geq \varepsilon\}$.

Esta integral é, por sua vez,

$$\leq \int_{-\infty}^{+\infty} \frac{(x-c)^2}{\varepsilon^2} f(x)\,dx,$$

que é igual a

$$\frac{1}{\varepsilon^2} E[X-c]^2,$$

como se queria demonstrar.

Comentários: (*a*) É importante compreender que o resultado acima é notável, precisamente porque muito pouco é suposto a respeito do comportamento probabilístico da variável aleatória X.

(*b*) Como poderíamos suspeitar, informação adicional sobre a distribuição da variável aleatória X nos permitirá melhorar a desigualdade deduzida. Por exemplo, se $C = 3/2$, teremos da desigualdade de Tchebycheff

$$P[|X-\mu| \geq \frac{3}{2}\sigma] \leq \frac{4}{9} = 0,44.$$

Admita-se que também *saibamos* que X é uniformemente distribuída sobre $(1-1/\sqrt{3},\ 1+1/\sqrt{3})$. Daí, $E(X) = 1$, $V(X) = 1/9$, e portanto,

$$P\left[|X-\mu| \geq \frac{3}{2}\sigma\right] = P\left[|X-1| \geq \frac{1}{2}\right] = 1 - P\left[|X-1| < \frac{1}{2}\right]$$

$$= 1 - P\left[\frac{1}{2} < X < \frac{3}{2}\right] = 1 - \frac{\sqrt{3}}{2} = 0{,}134.$$

Observe-se que, embora o enunciado obtido da desigualdade de Tchebycheff seja coerente com este resultado, este último é muito mais preciso. Não obstante, em muitos problemas, nenhuma hipótese referente à específica distribuição da variável aleatória é justificável e, em tais casos, a desigualdade de Tchebycheff nos fornece uma informação importante sobre o comportamento da variável aleatória.

Como podemos observar da Eq. (7.21), se $V(X)$ for pequena, a maior parte da distribuição de probabilidade de X estará "concentrada" próxima de $E(X)$. Isto pode ser expresso mais precisamente no seguinte teorema.

Teorema 7.8. Suponha que $V(X) = 0$. Então $P[X = \mu] = 1$, em que $\mu = E(X)$. (Isto é, $X = \mu$, com "probabilidade 1".)

Demonstração: Da Eq. (7.20b), encontramos que

$$P[|X-\mu| \geq \varepsilon] = 0 \text{ para qualquer } \varepsilon > 0.$$

Por conseguinte

$$P[|X-\mu| < \varepsilon] = 1 \text{ para qualquer } \varepsilon > 0.$$

Como ε pode ser escolhido arbitrariamente pequeno, o teorema fica demonstrado.

Comentários: (*a*) Este teorema mostra que variância nula implica que toda probabilidade está concentrada em um único ponto, a saber, em $E(X)$.

(*b*) Se $E(X) = 0$, então $V(X) = E(X^2)$, e por isso, neste caso, $E(X^2) = 0$ acarreta a mesma conclusão.

(c) É no sentido acima que dizemos que uma variável X é *degenerada*: Ela toma somente um valor com probabilidade 1.

7.9. O Coeficiente de Correlação

Até aqui estivemos tratando de parâmetros relacionados, tais como $E(X)$ e $V(X)$, com a distribuição de variáveis aleatórias unidimensionais. Estes parâmetros medem, em um sentido explicado anteriormente, certas características da distribuição. Se tivermos uma variável aleatória bidimensional $(X,$

Y), um problema análogo será encontrado. Naturalmente, também poderemos estudar as variáveis aleatórias unidimensionais X e Y associadas com (X, Y). Contudo, a questão surge quanto a haver um parâmetro expressivo, que meça de algum modo o "grau de associação" entre X e Y. Esta noção bastante vaga será tornada mais precisa, brevemente. Estabeleçamos a seguinte definição.

Definição. Seja (X, Y) uma variável aleatória bidimensional. Definiremos ρ_{xy}, o *coeficiente de correlação*, entre X e Y, da seguinte forma:

$$\rho_{xy} = \frac{E\{[X-E(X)][Y-E(Y)]\}}{\sqrt{V(X)V(Y)}} \qquad (7.22)$$

Comentários: (*a*) Supomos que todas as esperanças matemáticas existam e que ambas $V(X)$ e $V(Y)$ sejam não nulas. Quando não houver dúvida quanto às variáveis, simplesmente escreveremos ρ em vez de ρ_{xy}.

(*b*) O numerador de ρ, $E[[X - E(X)][Y - E(Y)]]$, é denominado *covariância* entre X e Y, e algumas vezes é denotado por σ_{xy}

(*c*) O coeficiente de correlação é uma quantidade adimensional.

(*d*) Antes que a definição acima fique realmente expressiva, devemos descobrir exatamente o que ρ mede. Faremos isto pela consideração de algumas propriedades de ρ.

Teorema 7.9.

$$\rho = \frac{E(XY)-E(X)E(Y)}{\sqrt{V(X)V(Y)}}.$$

Demonstração: Considere-se

$$\begin{aligned}
E\{[X-E(X)][Y-E(Y)]\} &= \\
&= E[XY-XE(Y)-YE(X)+E(X)E(Y)] \\
&= E(XY)-E(X)E(Y)-E(Y)E(X)+E(X)E(Y) \\
&= E(XY)-E(X)E(Y).
\end{aligned}$$

Teorema 7.10. Se X e Y forem independentes, então $\rho = 0$.

Demonstração: Isto decorre imediatamente do Teor. 7.9, porque

$$E(XY) = E(X)E(Y)$$

se X e Y forem independentes.

Comentário: A recíproca do Teor. 7.10 em geral *não* é verdadeira. (Veja o Probl. 7.39.) Isto é, podemos ter $\rho = 0$, e no entanto X e Y não precisam ser independentes. Se $\rho = 0$, diremos que X e Y são *não correlacionadas*. Portanto, ser não correlacionado e ser independente, em geral, não são equivalentes.

O exemplo seguinte ilustra esta questão.*

Sejam X e Y duas variáveis aleatórias quaisquer que tenham a *mesma* distribuição. Sejam $U = X - Y$ e $V = X + Y$. *Então*, $E(U) = 0$ e cov $(U, V) = E[(X - Y)(X + Y)] = E(X^2 - y^2) = 0$. Portanto, U e V são não correlacionadas. Ainda que X e Y sejam independentes, U e V podem ser dependentes, como a seguinte escolha de X e Y indica. Sejam X e Y os números que aparecem no primeiro e no segundo dados, respectivamente, que tenham sido jogados. Nós agora achamos, por exemplo, que $P[V = 4 \mid U = 3] = 0$ (uma vez que $X - Y = 3$, $X + Y$ não pode ser igual a 4), enquanto $P(V = 4) = 3/36$. Portanto, U e V são dependentes.

Teorema 7.11. $-1 \le \rho \le 1$. (Isto é, ρ toma valores entre -1 e $+1$, inclusive.)

Demonstração: Considere-se a seguinte função da variável real t:

$$q(t) = E[V + tW]^2,$$

em que

$$V = X - E(X) \text{ e } W = Y - E(Y).$$

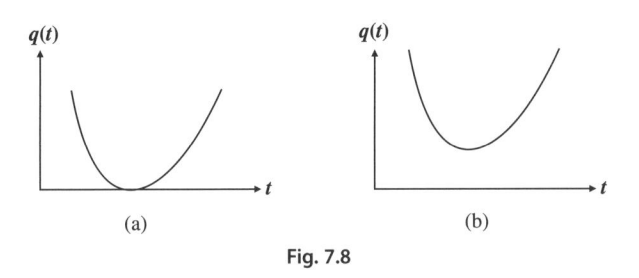

(a) (b)

Fig. 7.8

Visto que $[V + tW]^2 \ge 0$, temos que $q(t) \ge 0$ para todo t. Desenvolvendo, obteremos

$$q(t) = E[V^2 + 2tVW + t^2W^2] = E(V^2) + 2tE(VW) + t^2E(W^2).$$

---

* O exemplo dado neste comentário foi tirado de uma explicação que apareceu no artigo intitulado "Mutually Exclusive Events, Independence and Zero Correlation", por J. D. Gibbons, em *The American Statistician*, 22, Nº 5, December 1968, p. 31-32.

Deste modo, $q(t)$ é uma expressão quadrática de t. Em geral, se uma expressão quadrática $q(t) = at^2 + bt + c$ tem a propriedade de que $q(t) \geq 0$ para todo t, isto significa que seu gráfico toca o eixo dos t, em apenas um ponto, ou não toca, como se indica na Fig. 7.8. Isto, por sua vez, significa que seu discriminante $b^2 - 4ac$ deve ser ≤ 0, porque $b^2 - 4ac > 0$ significaria que $q(t)$ teria *duas* raízes reais *distintas*. Aplicando-se esta conclusão à função $q(t)$, que estávamos considerando acima, obteremos

$$4[E(VW)]^2 - 4E(V^2)E(W^2) \leq 0.$$

Isto acarreta

$$\frac{[E(VW)]^2}{E(V^2)E(W^2)} \leq 1, \text{ e daí } \frac{\{E[X - E(X)][Y - E(Y)]\}^2}{V(X)V(Y)} = \rho^2 \leq 1.$$

Portanto, $-1 \leq \rho \leq 1$.

Teorema 7.12. Suponha que $\rho^2 = 1$. Portanto (com probabilidade 1, no sentido do Teor. 7.8), $Y = AX + B$, em que A e B são constantes. Em palavras: Se o coeficiente de correlação ρ for ± 1, então Y será uma função linear de X (com probabilidade 1).

Demonstração: Considere-se novamente a função $q(t)$, descrita na demonstração do Teor. 7.11. É coisa simples observar na demonstração daquele teorema que, se $q(t) > 0$ para *todo* t, então $\rho^2 < 1$. Daí a hipótese do presente teorema, a saber $\rho^2 = 1$, acarretar que deve existir ao menos um valor de t, digamos t_0, tal que $q(t_0) = E(V + t_0W)^2 = 0$. Desde que $V + t_0W = [X - E(X)] + t_0[Y - E(Y)]$, temos que $E(V + t_0W) = 0$ e, portanto, a variância $(V + t_0W) = E(V + t_0W)^2$. Deste modo, encontramos que a hipótese do Teor. 7.12 leva à conclusão de que a variância de $(V + t_0W) = 0$. Consequentemente, do Teor. 7.8 podemos concluir que a variável aleatória $(V + t_0W) = 0$ (com probabilidade 1). Logo, $[X - E(X)] + t_0[Y - E(Y)] = 0$. Reescrevendo isto, encontramos que $Y = AX + B$ (com probabilidade 1), como queríamos demonstrar.

Comentário: A recíproca do Teor. 7.12 também vale, como está mostrado no Teor. 7.13.

Teorema 7.13. Suponha que X e Y sejam duas variáveis aleatórias, para as quais $Y = AX + B$, nas quais A e B são constantes. Então $\rho^2 = 1$. Se $A > 0$, $\rho = +1$; se $A < 0$, $\rho = -1$.

Demonstração: Visto que $Y = AX + B$, teremos $E(Y) = AE(X) + B$ e $V(Y) = A^2V(X)$. Também, $E(XY) = E[X(AX + B)] = AE(X^2) + BE(X)$. Portanto,

$$\rho^2 = \frac{[E(XY) - E(X)E(Y)]^2}{V(X)V(Y)}$$

$$= \frac{\{AE(X^2) + BE(X) - E(X)[AE(X) + B]^2\}^2}{V(X)A^2 V(X)}$$

$$= \frac{\{AE(X^2) + BE(X) - A[E(X)]^2 - BE(X)\}^2}{A^2[V(X)]^2}$$

$$= \frac{A^2\{E(X^2) - [E(X)]^2\}^2}{A^2[V(X)]^2} = 1.$$

(A segunda parte do teorema resulta da observação de que $\sqrt{A^2} = |A|$.)

Comentário: Os Teors. 7.12 e 7.13 estabelecem a seguinte importante característica do coeficiente de correlação: O coeficiente de correlação é uma medida do *grau de linearidade* entre X e Y. Valores de ρ próximos de $+1$ ou -1 indicam um alto grau de linearidade, enquanto valores de ρ próximos de 0 indicam falta de tal linearidade. Valores positivos de ρ mostram que Y tende a crescer com o crescimento de X, enquanto valores negativos de ρ mostram que Y tende a decrescer com valores crescentes de X. Existe muito equívoco sobre a interpretação do coeficiente de correlação. Um valor de ρ próximo de zero indica apenas a ausência de relação *linear* entre X e Y. Ele não elimina a possibilidade de alguma relação *não linear*.

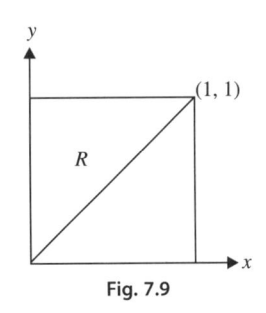

Fig. 7.9

Exemplo 7.21. Suponha que a variável aleatória bidimensional (X, Y) seja uniformemente distribuída sobre as regiões triangulares

$$R = \{(x, y) \mid 0 < x < y < 1\}.$$

(Veja a Fig. 7.9.) Consequentemente, a fdp é dada como

$$f(x, y) = 2 \qquad (x, y) \in R,$$
$$= 0, \qquad \text{para outros quaisquer valores.}$$

Por conseguinte, as fdp marginais de X e Y são

$$g(x) = \int_x^1 (2)\,dy = 2(1 - x), \qquad 0 \le x \le 1;$$
$$h(y) = \int_0^y (2)\,dx = 2y, \qquad 0 \le y \le 1.$$

Logo,

$$E(X) = \int_0^1 x2(1-x)dx = \frac{1}{3}, \qquad E(Y) = \int_0^1 y2y\,dy = \frac{2}{3};$$

$$E(X^2) = \int_0^1 x^2 2(1-x)dx = \frac{1}{6}, \qquad E(Y^2) = \int_0^1 y^2 2y\,dy = \frac{1}{2};$$

$$V(X) = E(X^2) - [E(X)]^2 = \frac{1}{18}, \qquad V(Y) = E(Y^2) - [E(Y)]^2 = \frac{1}{18};$$

$$E(XY) = \int_0^1 \int_0^y xy2\,dx\,dy = \frac{1}{4}.$$

Portanto,

$$\rho = \frac{E(XY) - E(X)E(Y)}{\sqrt{V(X)V(Y)}} = \frac{1}{2}.$$

Como já observamos, o coeficiente de correlação é uma quantidade adimensional. Seu valor não é influenciado pela mudança de escala. O seguinte teorema pode ser facilmente demonstrado. (Veja o Prob. 7.41.)

Teorema 7.14. Se ρ_{xy} for o coeficiente de correlação entre X e Y, e se $V = AX + B$ e $W = CY + D$, nas quais A, B, C e D são constantes, então $\rho_{vw} = (AC/|AC|)\,\rho_{xy}$. (Supondo $A \neq 0$, $C \neq 0$.)

7.10. Valor Esperado Condicionado

Tal como definimos o valor esperado de uma variável aleatória X (em termos de sua distribuição de probabilidade) igual a $\int_{-\infty}^{+\infty} xf(x)\,dx$ ou $\sum_{i=1}^{\infty} x_i p(x_i)$, também podemos definir o valor esperado condicionado de uma variável aleatória (em termos de sua distribuição de probabilidade condicionada), da seguinte maneira:

Definição. (*a*) Se (X, Y) for uma variável aleatória contínua bidimensional, definiremos o *valor esperado condicionado* de X, para um dado $Y = y$, como

$$E(X \mid y) = \int_{-\infty}^{+\infty} xg(x \mid y)\,dx. \tag{7.23}$$

(*b*) Se (X, Y) for uma variável aleatória discreta bidimensional, definiremos o *valor esperado condicionado* de X, para um dado $Y = yi$, como

$$E(X \mid y_j) = \sum_{i=1}^{\infty} x_i p(x_i \mid y_i). \tag{7.24}$$

O valor esperado condicionado de Y, para um dado X, será definido de modo análogo.

Comentários: (*a*) A interpretação do valor esperado condicionado é a seguinte: Desde que $g(x|y)$ representa a fdp condicionada de X, para um dado $Y = y$, $E(X \mid y)$ é o valor esperado de X, condicionado ao evento $\{Y = y\}$. Por exemplo, se (X, Y) representar o esforço de tração e a dureza de um espécime de aço, então $E(X \mid y = 52,7)$ será o esforço de tração esperado de um espécime de aço escolhido ao acaso da população de espécimes, cuja dureza (medida na Escala Rockwell) for 52,7.

(*b*) É importante compreender que, em geral, $E(X|y)$ é uma função de y e, por isso, é uma *variável aleatória*. Semelhantemente, $E(Y|x)$ é uma função de x e, também, é uma variável aleatória. [Estritamente falando, $E(X|y)$ é *o valor* da variável aleatória $E(X \mid Y)$.]

(*c*) Porque $E(Y|X)$ e $E(X|Y)$ são variáveis aleatórias, terá sentido falar de *seus* valores esperados. Deste modo, poderemos considerar $E[E(X \mid Y)]$, por exemplo. É importante compreender que o valor esperado, interno, é tomado em relação à distribuição condicionada de X, para Y igual a y, enquanto o valor esperado, externo, é tomado em relação à distribuição de probabilidade de Y.

Teorema 7.15.

$$E[E(X \mid Y)] = E(X), \tag{7.25}$$

$$E[E(Y \mid X)] = E(Y). \tag{7.26}$$

Demonstração (apenas para o caso contínuo): Por definição,

$$E(X \mid y) = \int_{-\infty}^{+\infty} x g(x \mid y)\, dx = \int_{-\infty}^{+\infty} x \frac{f(x,y)}{h(y)}\, dx,$$

na qual f é a fdp conjunta de (X, Y) e a fdp marginal de Y. Por isso,

$$E[E(X \mid Y)] = \int_{-\infty}^{+\infty} E(X \mid y) h(y)\, dy = \int_{-\infty}^{+\infty}\left[\int_{-\infty}^{+\infty} x \frac{f(x, y)}{h(y)}\, dx \right] h(y)\, dy.$$

Se existirem todos os valores esperados, será permitido escrever a integral iterada acima, com a ordem de integração trocada. Por isso,

$$E[E(X \mid Y)] = \int_{-\infty}^{+\infty} x \left[\int_{-\infty}^{+\infty} f(x, y)\, dy \right] dx = \int_{-\infty}^{+\infty} x g(x)\, dx = E(X).$$

[Um raciocínio semelhante poderia ser empregado para estabelecer a Eq. (7.26).] Este teorema é muito útil, como ilustram os exemplos seguintes.

Exemplo 7.22. Suponha que remessas, contendo um número variável de peças, chegue cada dia. Se N for o número de peças da remessa, a distribuição de probabilidade da variável aleatória N, será dada assim:

n:	10	11	12	13	14	15
$P(N = n)$:	0,05	0,10	0,10	0,20	0,35	0,20

A probabilidade de que qualquer peça em particular seja defeituosa é a mesma para todas as peças e igual a 0,10. Se X for o número de peças defeituosas que chegue cada dia, qual será o valor esperado de X? Para *um dado N* igual a n, X apresentará distribuição binomial. Como N, por sua vez, é uma variável aleatória, procederemos como se segue.

Temos $E(X) = E[E(X|N)]$. Contudo, $E(X|N) = 0,10N$, porque para N dado, X tem distribuição binomial. Consequentemente,

$$E(X) = E(0,10N) = 0,10E(N)$$
$$= 0,10[10(0,05) + 11(0,10) + 12(0,10) + 13(0,20) + 14(0,35) +$$
$$+ 15(0,20)]$$
$$= 1,33.$$

Teorema 7.16. Suponha que X e Y sejam variáveis aleatórias independentes. Então

$$E(X \mid Y) = E(X) \text{ e } E(Y \mid X) = E(Y).$$

Demonstração: Veja o Probl. 7.43.

Exemplo 7.23. Suponha que o fornecimento energético (quilowatts) a uma companhia hidrelétrica, durante um período especificado, seja uma variável aleatória X, a qual admitiremos ter uma distribuição uniforme sobre [10, 30]. A demanda de potência (quilowatts) é também uma variável aleatória Y, que admitiremos ser uniformemente distribuída sobre [10, 20]. [Deste modo, em média, mais potência é fornecida do que é demandada, porque $E(X) = 20$, enquanto $E(Y) = 15$.] Para cada quilowatt fornecido, a companhia realiza um lucro de US\$ 0,03. Se a demanda exceder a oferta, a companhia obterá potência adicional de outra fonte, realizando um lucro de US\$ 0,01 por quilowatt desta potência fornecida. Qual será o lucro esperado, durante o especificado período considerado?

Seja T este lucro. Teremos

$$T = 0,03Y \qquad \text{se } Y < X,$$
$$= 0,03\,X + 0,01(Y - X) \qquad \text{se } Y > X.$$

Para calcular $E(T)$, o escreveremos como $E[E(T \mid X)]$. Teremos

$$E(T \mid x)\, | = \begin{cases} \int_{10}^{x} 0,03\, y\, \dfrac{1}{10}\, dy + \int_{x}^{20} (0,01y + 0,02x)\dfrac{1}{10}\, dy \\ \qquad\qquad\qquad\qquad \text{se } 10 < x < 20, \\[2mm] \int_{10}^{20} 0,03\, y\, \dfrac{1}{10}\, dy \quad \text{se } 20 < x < 30, \end{cases}$$

$$= \begin{cases} \dfrac{1}{10}[0,015x^2 - 1,5 + 2 + 0,4x - 0,005x^2 - 0,02x^2] \\ \qquad\qquad\qquad\qquad \text{se } 10 < x < 20, \\[2mm] \dfrac{9}{20} \quad \text{se } 20 < x < 30, \end{cases}$$

$$= \begin{cases} 0,05 + 0,04x - 0,001x^2 \quad \text{se } 10 < x < 20, \\ 0,45 \quad \text{se } 20 < x < 30. \end{cases}$$

Logo,

$$E[E(T \mid X)] = \dfrac{1}{20} \int_{10}^{20} (0,05 + 0,04x - 0,001x^2)\, dx +$$

$$+ \dfrac{1}{20} \int_{20}^{30} 0,45\, dx = \$0,43$$

7.11. Regressão da Média

Como já salientamos na seção anterior, $E(X \mid y)$ é o valor da variável aleatória $E(X \mid Y)$ e é *uma função de y*. O gráfico desta função de y é conhecido como a *curva de regressão* (da média) de X em Y. Analogamente, o gráfico da função de x, $E(Y \mid x)$ é denominado curva de regressão (da média) de Y em X. Para cada valor fixado y, $E(X \mid y)$ será o valor esperado da variável aleatória (unidimensional) cuja distribuição de probabilidade é definida pela Eq. (6.5) ou (6.7). (Veja a Fig. 7.10.) Em geral, este valor esperado dependerá de y. [Interpretações análogas podem ser feitas para $E(Y \mid x)$.]

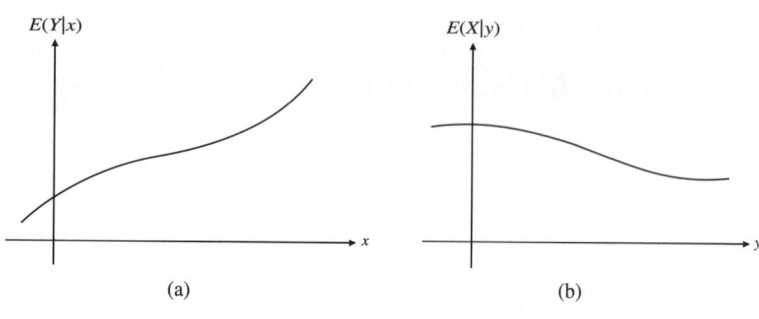

Fig. 7.10

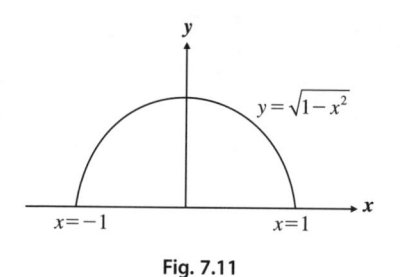

Fig. 7.11

Exemplo 7.24. Suponha que (X, Y) seja uniformemente distribuída sobre o semicírculo indicado na Fig. 7.11. Nesse caso, $f(x, y) = 2|\pi$, $(x, y) \in$ semicírculo. Portanto,

$$g(x) = \int_0^{\sqrt{1-x^2}} \frac{2}{\pi} dy = \frac{2}{\pi}\sqrt{1-x^2}, \quad -1 \le x \le 1;$$

$$h(y) = \int_{-\sqrt{1-y^2}}^{\sqrt{1-y^2}} \frac{2}{\pi} dx = \frac{4}{\pi}\sqrt{1-y^2}, \quad 0 \le y \le 1.$$

Logo,

$$g(x|y) = \frac{1}{2\sqrt{1-y^2}}, \quad -\sqrt{1-y^2} \le x \le \sqrt{1-y^2};$$

$$h(y|x) = \frac{1}{\sqrt{1-x^2}}, \quad 0 \le y \le \sqrt{1-x^2}.$$

Em consequência,

$$E(Y\,|\,x) = \int_0^{\sqrt{1-x^2}} yh(y\,|\,x)\,dy$$

$$= \int_0^{\sqrt{1-x^2}} y\frac{1}{\sqrt{1-x^2}}\,dy = \frac{1}{\sqrt{1-x^2}}\frac{y^2}{2}\Big|_0^{\sqrt{1-x^2}} =$$

$$= \frac{1}{2}\sqrt{1-x^2}.$$

Semelhantemente,

$$E(Y\,|\,y) = \int_{-\sqrt{1-y^2}}^{+\sqrt{1-y^2}} xg(x\,|\,y)\,dx$$

$$= \int_{-\sqrt{1-y^2}}^{+\sqrt{1-y^2}} x\frac{1}{2\sqrt{1-y^2}}\,dx = \frac{1}{2\sqrt{1-y^2}}\frac{x^2}{2}\Big|_{-\sqrt{1-y^2}}^{+\sqrt{1-y^2}} =$$

$$= 0.$$

Pode acontecer que uma ou ambas as curvas de regressão sejam de fato linhas retas (Fig. 7.12). Isto é, $E(Y|x)$ pode ser uma função *linear* de x, ou $E(X\,|\,y)$ pode ser uma função linear de y ou ambas as funções podem ser lineares. Neste caso, diremos que a regressão da média, digamos de Y em X, é linear.

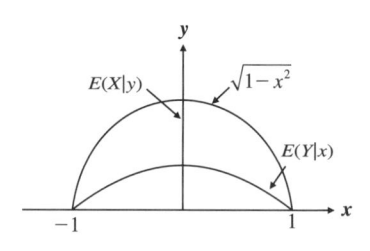

Fig. 7.12

Exemplo 7.25. Suponha que (X, Y) seja uniformemente distribuída sobre o triângulo indicado na Fig. 7.13. Nesse caso, $f(x, y) = 1$, $(x, y) \in T$. As seguintes expressões para as fdp marginal e condicionada são facilmente encontradas:

$$g(x) = 2x, \quad 0 \le x \le 1; \quad h(y) = \frac{2-y}{2}, \quad 0 \le y \le 2.$$

$$g(x\,|\,y) = \frac{2}{2-y}, \quad y/2 \le x \le 1; \quad h(y\,|\,x) = \frac{1}{2x}, \quad 0 \le y \le 2x.$$

Portanto, $\quad E(Y\,|\,x) = \int_0^{2x} yh(y\,|\,x)\,dy = \int_0^{2x} y(1/2x)\,dy = x$.

Semelhantemente,

$$E(X \mid y) = \int_{y/2}^{1} xg(x \mid y)\,dx = \int_{y/2}^{1} x\frac{2}{2-y}\,dx = \frac{y}{4} + \frac{1}{2}.$$

Por conseguinte, *ambas* as regressões de Y em X e de X em Y são lineares (Fig. 7.14).

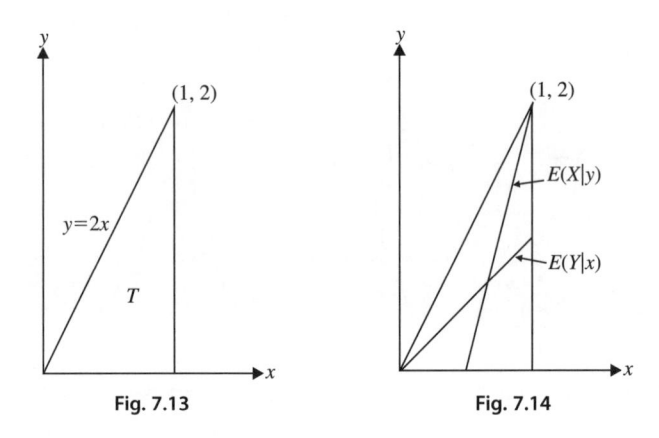

Fig. 7.13   Fig. 7.14

Verifica-se que *se* a regressão da média de Y em X for linear, digamos $E(Y \mid x) = aX + \beta$, poderemos nesse caso exprimir os coeficientes α e β em termos de certos parâmetros da distribuição conjunta de (X, Y). Vale o seguinte teorema:

Teorema 7.17. Seja (X, Y) uma variável aleatória bidimensional e suponha que

$$E(X) = \mu_x, \quad E(Y) = \mu_y, \quad V(X) = \sigma_x^2 \quad e \quad V(Y) = \sigma_y^2.$$

Seja ρ o coeficiente de correlação entre X e Y. Se a regressão de Y em X for linear, teremos

$$E(Y \mid x) = \mu_y + \rho\frac{\sigma_y}{\sigma_x}(x - \mu_x). \tag{7.27}$$

Se a regressão de X em Y for linear, teremos

$$E(X \mid y) = \mu_x + \rho\frac{\sigma_x}{\sigma_y}(y - \mu_y). \tag{7.28}$$

Demonstração: A demonstração deste teorema está esboçada no Probl. 7.44.

Comentários: (a) Como foi sugerido pela exposição acima, é possível que *uma* das regressões da média seja linear, enquanto a outra não o seja.

(*b*) Observe-se o papel decisivo representado pelo coeficiente de correlação nas expressões acima. *Se* a regressão de *X* em *Y*, por exemplo, for linear, e se $\rho = 0$, então verificaremos (de novo) que $E(X|y)$ não depende de *y*. Observe-se também que o sinal algébrico de ρ determina o sinal da declividade da reta de regressão.

(*c*) Se ambas as funções de regressão forem lineares, verificaremos, pela resolução simultânea das Eqs. (7.27) e (7.28), que as retas de regressão se interceptam no "centro" da distribuição, (μ_x, μ_y).

Como já salientamos (Ex. 7.23, por exemplo), as funções de regressão não precisam ser lineares. No entanto, poderemos ainda estar interessados em *aproximar* a curva de regressão com uma função linear. Isto é usualmente feito recorrendo-se ao *princípio dos mínimos quadrados*, o qual neste contexto é assim enunciado: Escolham-se as constantes *a* e *b* de modo que $E[E(Y \mid X) - (aX + b)]^2$ se torne mínima. Semelhantemente, escolham-se as constantes *c* e *d*, de modo que $E[E(X \mid Y) - (cY + d)]^2$ se torne mínima.

As retas $y = ax + b$ e $x = cy + d$ são denominadas as *aproximações de mínimos quadrados* às correspondentes curvas de regressão $E(Y|x)$ e $E(X|y)$, respectivamente. O teorema seguinte relaciona essas retas de regressão àquelas examinadas anteriormente.

Teorema 7.18. Se $y = ax + b$ for a aproximação de mínimos quadrados a $E(Y \mid x)$ e se $E(Y \mid x)$ *for* de fato uma função linear de *x*, isto é

$$E(Y \mid x) = a'x + b',$$

então $a = a'$ e $b = b'$. Enunciado análogo vale para a regressão de *X* em *Y*.

Demonstração: Veja o Probl. 7.45.

Problemas

7.1. Determine o valor esperado das seguintes variáveis aleatórias:

(*a*) A variável aleatória *X* definida no Probl. 4.1.

(*b*) A variável aleatória *X* definida no Probl. 4.2.

(*c*) A variável aleatória *T* definida no Probl. 4.6.

(*d*) A variável aleatória *X* definida no Probl. 4.18.

7.2. Mostre que $E(X)$ não existe para a variável aleatória *X* definida no Probl. 4.25.

7.3. Os valores abaixo representam a distribuição de probabilidade de D, a procura diária de certo produto. Calcule $E(D)$:

$$d: \quad 1, \quad 2, \quad 3, \quad 4, \quad 5$$
$$P(D=d): \quad 0,1, \quad 0,1, \quad 0,3, \quad 0,3, \quad 0,2.$$

7.4. Na produção de petróleo, a temperatura de destilação T (graus centígrados) é decisiva na determinação da qualidade do produto final. Suponha que T seja considerada uma variável aleatória uniformemente distribuída sobre (150, 300).

Admita-se que produzir um galão de petróleo custe C_1 dólares. Se o óleo for destilado a uma temperatura menor que 200°C, o produto é conhecido como nafta e se vende por C_2 dólares por galão. Se o óleo for destilado a uma temperatura maior que 200°C, o produto é denominado óleo refinado destilado e se vende por C_3 dólares o galão. Determinar o lucro líquido esperado (por galão).

7.5. Certa liga é formada pela reunião da mistura em fusão de dois metais. A liga resultante contém uma certa percentagem de chumbo X, que pode ser considerada como uma variável aleatória. Suponha que X tenha a seguinte fdp:

$$f(x) = \frac{3}{5} 10^{-5} x(100 - x), \quad 0 \le x \le 100.$$

Suponha que P, o lucro líquido obtido pela venda dessa liga (por libra), seja a seguinte função da percentagem de chumbo contida: $P = C_1 + C_2 X$. Calcule o lucro esperado (por libra).

7.6. Suponha que um dispositivo eletrônico tenha uma duração de vida X (em unidades de 1.000 horas), a qual é considerada como uma variável aleatória contínua, com a seguinte fdp:

$$f(x) = e^{-x}, \quad x > 0.$$

Suponha que o custo de fabricação de um desses dispositivos seja US\$ 2,00. O fabricante vende a peça por US\$ 5,00, mas garante o reembolso total se $X \le 0,9$. Qual será o lucro esperado por peça, pelo fabricante?

7.7. As 5 primeiras repetições de um experimento custam US\$ 10 cada uma. Todas as repetições subsequentes custam US\$ 5 cada uma. Suponha que o experimento seja repetido até que o primeiro resultado bem-sucedido ocorra. Se a probabilidade de um resultado bem-sucedido for sempre igual a 0,9, e se as repetições forem independentes, qual será o custo esperado da operação completa?

7.8. Sabe-se que um lote contém 2 peças defeituosas e 8 não defeituosas. Se essas peças forem inspecionadas ao acaso, uma após outra, qual será o número esperado de peças que devem ser escolhidas para inspeção, a fim de removerem-se todas as peças defeituosas?

7.9. Um lote de 10 motores elétricos deve ser ou totalmente rejeitado ou vendido, dependendo do resultado do seguinte procedimento: Dois motores são escolhidos ao acaso e inspecionados. Se um ou mais forem defeituosos, o lote será rejeitado; caso contrário, será aceito. Suponha que cada motor custe US\$ 75 e seja vendido por US\$ 100. Se o lote contiver 1 motor defeituoso, qual será o lucro esperado do fabricante?

7.10. Suponha que D, a demanda diária de uma peça, seja uma variável aleatória com a seguinte distribuição de probabilidade:

$$P(D = d) = C2^d /d!, \quad d = 1, 2, 3, 4.$$

(*a*) Calcule a constante C.

(*b*) Calcule a demanda esperada.

(*c*) Suponha que uma peça seja vendida por US$ 5,00. Um fabricante produz diariamente K peças. Qualquer peça que não tenha sido vendida ao fim do dia, deve ser abandonada, com um prejuízo de US$ 3,00. (*i*) Determine a distribuição de probabilidade do lucro diário, como uma função de K. (*ii*) Quantas peças devem ser fabricadas para tornar máximo o lucro diário esperado?

7.11. (*a*) Com $N = 50$, $p = 0,3$, efetue alguns cálculos para achar qual o valor de k minimiza $E(X)$ no Ex. 7.12.

(*b*) Empregando os valores acima de N e p, e tomando $k = 5, 10, 25$, determine, para cada um desses valores de k, se o "teste de grupo" é preferível.

7.12. Suponha que X e Y sejam variáveis aleatórias independentes, com as seguintes fdp:

$$f(x) = 8/x^3, \quad x > 2, \quad g(y) = 2y, \quad 0 < y < 1.$$

(*a*) Determine a fdp de $Z = XY$.

(*b*) Obtenha $E(Z)$ por duas maneiras: (i) empregando a fdp de Z, como foi obtida em (*a*); (ii) diretamente, sem empregar a fdp de Z.

7.13. Suponha que X tenha a fdp: $f(x) = 8/x^3$, $x > 2$. Seja $W = (1/3)X$.

(*a*) Calcule $E(W)$, empregando a fdp de W.

(*b*) Calcule $E(W)$, sem empregar a fdp de W.

7.14. Um dado equilibrado é jogado 72 vezes. Chamando de X o número de vezes que aparece o seis, calcule $E(X^2)$.

7.15. Determine o valor esperado e a variância das variáveis aleatórias Y e Z do Probl. 5.2.

7.16. Determine o valor esperado e a variância da variável aleatória Y do Probl. 5.3.

7.17. Determine o valor esperado e a variância das variáveis aleatórias Y e Z do Probl. 5.5.

7.18. Determine o valor esperado e a variância das variáveis Y, Z e W do Probl. 5.6.

7.19. Determine o valor esperado e a variância das variáveis aleatórias V e S do Probl. 5.7.

7.20. Determine o valor esperado e a variância da variável Y do Probl. 5.10, em cada um dos três casos.

7.21. Determine o valor esperado e a variância da variável aleatória A do Probl. 6.7.

7.22. Determine o valor esperado e a variância da variável aleatória H do Probl. 6.11.

7.23. Determine o valor esperado e a variância da variável aleatória W do Probl. 6.13.

7.24. Suponha que X seja uma variável aleatória, para a qual $E(X) = 10$ e $V(X) = 25$. Para quais valores positivos de a e b deve $Y = aX - b$ ter valor esperado 0 e variância 1?

7.25. Suponha que S, uma tensão aleatória, varie entre 0 e 1 volt e seja uniformemente distribuída sobre esse intervalo. Suponha que o sinal S seja perturbado por um ruído aleatório independente, aditivo, N, o qual seja uniformemente distribuído entre 0 e 2 volts.

(a) Determine a tensão esperada do sinal, levando em conta o ruído.

(b) Determine a potência esperada quando o sinal perturbado for aplicado a um resistor de 2 ohms.

7.26. Suponha que X seja uniformemente distribuída sobre $[-a, 3a]$. Determine a variância de X.

7.27. Um alvo é constituído de três círculos concêntricos de raios $1/\sqrt{3}$, 1 e $\sqrt{3}$. Tiros dentro do círculo interior valem 4 pontos, dentro do anel seguinte valem 3 pontos, e dentro do anel exterior valem 2 pontos. Tiros fora do alvo valem zero. Seja R a variável aleatória que representa a distância do ponto de impacto ao centro do alvo. Suponha que a fdp de R seja $f(r) = 2/\pi(1 + r^2)$, $r > 0$. Calcule o valor esperado do escore depois de 5 tiros.

7.28. Suponha que a variável contínua X tenha a fdp

$$f(x) = 2xe^{-x^2}, \quad x \geq 0.$$

Seja $Y = X^2$. Calcule $E(Y)$: (a) Diretamente, sem primeiro obter a fdp de Y. (b) Primeiramente, obtendo a fdp de Y.

7.29. Suponha que a variável aleatória bidimensional (X, Y) seja uniformemente distribuída sobre o triângulo da Fig. 7.15. Calcule $V(X)$ e $V(Y)$.

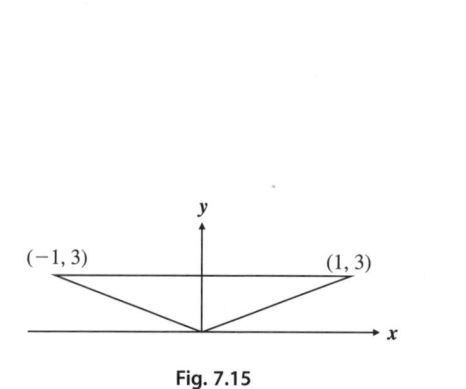

Fig. 7.15   Fig. 7.16

7.30. Suponha que (X, Y) seja uniformemente distribuída sobre o triângulo da Fig. 7.16.

(a) Estabeleça a fdp marginal de X e a de Y.

(b) Calcule $V(X)$ e $V(Y)$.

7.31. Suponha que X e Y sejam variáveis aleatórias para as quais $E(X) = \mu_x$, $E(Y) = \mu_y$, $V(X) = \sigma_x^2$, e $V(Y) = \sigma_y^2$. Empregando o Teor. 7.7, obtenha uma aproximação de $E(Z)$ e $V(Z)$, na qual $Z = X/Y$.

7.32. Suponha que X e Y sejam variáveis aleatórias independentes, cada uma delas uniformemente distribuída sobre $(1, 2)$. Seja $Z = X/Y$.

    (a) Empregando o Teor. 7.7, obtenha expressões aproximadas para $E(Z)$ e $V(Z)$.

    (b) Empregando o Teor. 6.5, obtenha a fdp de Z, e a seguir, determine os valores exatos de $E(Z)$ e $V(Z)$. Compare-os com (a).

7.33. Mostre que se X for uma variável aleatória contínua, com fdp f tendo a propriedade de que o gráfico de f seja simétrico em relação a $x = a$, então $E(X) = a$, desde que $E(X)$ exista. (Veja o Ex. 7.16.)

7.34. (a) Suponha que a variável aleatória X tome os valores -1 e 1, cada um deles com probabilidade $1/2$. Considere $P[|X - E(X)| \geq k\sqrt{V(X)}]$ como uma função de k, $k > 0$. Em um gráfico, marque esta função de k e, no mesmo sistema de coordenadas, marque o limite superior da probabilidade acima, tal como é dada pela desigualdade de Tchebycheff.

    (b) O mesmo que em (a), exceto que $P(X = -1) = 1/3$, $P(X = 1) = 2/3$.

7.35. Compare o limite superior da probabilidade $P[|X - E(X)| \geq 2\sqrt{V(X)}]$, obtida pela desigualdade de Tchebycheff, com a probabilidade exata se X for uniformemente distribuída sobre $(-1, 3)$.

7.36. Verifique a Eq. (7.17).

7.37. Suponha que a variável aleatória bidimensional (X, Y) seja uniformemente distribuída sobre R, em que R é definida por $\{(x, y)|x^2 + y^2 \leq 1, y \geq 0\}$. (Veja a Fig. 7.17.) Calcule P_{xy}, o coeficiente de correlação.

7.38. Suponha que a variável aleatória bidimensional (X, Y) tenha fdp dada por

$$f(x, y) = ke^{-y}, \quad 0 < x < y < 1$$
$$= 0, \text{ para quaisquer outros valores.}$$

(Veja a Fig. 7.18.) Determine o coeficiente de correlação ρ_{xy}.

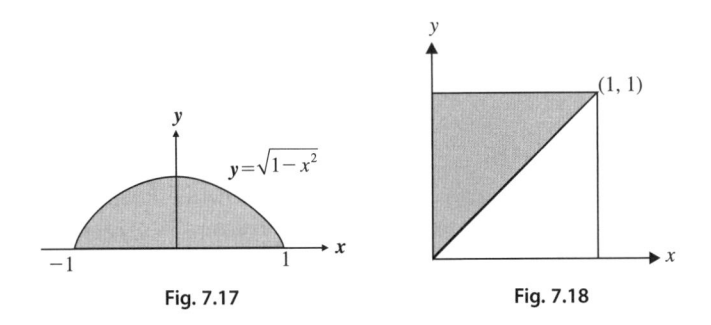

Fig. 7.17   Fig. 7.18

7.39. O exemplo seguinte ilustra que $\rho = 0$ não significa independência. Suponha que (X, Y) tenha uma distribuição de probabilidade conjunta dada pela Tab. 7.1.

(a) Mostre que $E(XY) = E(X)E(Y)$ e, consequentemente, $\rho = 0$.

(b) Explique por que X e Y não são independentes.

(c) Mostre que este exemplo pode ser generalizado como se segue. A escolha do número 1/8 não é decisiva. O que é importante é que todos os valores circundados sejam iguais, todos os valores enquadrados sejam iguais e o valor central seja zero.

Tab. 7.1

Y \ X	−1	0	1
−1	$\left(\dfrac{1}{8}\right)$	$\boxed{\dfrac{1}{8}}$	$\left(\dfrac{1}{8}\right)$
0	$\boxed{\dfrac{1}{8}}$	0	$\boxed{\dfrac{1}{8}}$
1	$\left(\dfrac{1}{8}\right)$	$\boxed{\dfrac{1}{8}}$	$\left(\dfrac{1}{8}\right)$

7.40. Suponha que A e B sejam dois eventos associados ao experimento ε. Suponha que $P(A) > 0$ e $P(B) > 0$. Sejam as variáveis aleatórias X e Y definidas assim:

$$X = 1 \text{ se } A \text{ ocorrer, e } 0 \text{ em caso contrário,}$$
$$Y = 1 \text{ se } B \text{ ocorrer, e } 0 \text{ em caso contrário.}$$

Mostre que $\rho_{xy} = 0$ implica que X e Y sejam independentes.

7.41. Demonstre o Teor. 7.14.

7.42. Para a variável aleatória (X, Y) definida no Probl. 6.15, calcule $E(X|y)$, $E(Y|x)$, e verifique que $E(X) = E[E(X \mid Y)]$ e $E(Y) = E[E(Y|X)]$.

7.43. Demonstre o Teor. 7.16.

7.44. Demonstre o Teor. 7.17. [*Sugestão*: Para o caso contínuo, multiplique a equação $E(Y|x) = Ax + B$ por $g(x)$, a fdp de X, e integre de $-\infty$ a ∞. Faça a mesma coisa, empregando $xg(x)$ e, depois, resolva as duas equações resultantes para A e para B.]

7.45. Demonstre o Teor. 7.18.

7.46. Se X, Y e Z forem variáveis aleatórias não correlacionadas, com desvios-padrão 5, 12 e 9, respectivamente, e se $U = X + Y$ e $V = Y + Z$, calcule o coeficiente de correlação entre U e V.

7.47. Suponha que ambas as curvas de regressão da média sejam, de fato, lineares. Particularmente, admita que $E(Y)|x) = -(3/2)x - 2$ e $E(X|Y) = -(3/5)y - 3$.

(a) Determine o coeficiente de correlação ρ.

(b) Determine $E(X)$ e $E(Y)$.

7.48. Considere a previsão de tempo com duas possibilidades: "chove" ou "não chove" nas próximas 24 horas. Suponha que p = Prob (chove nas próximas 24 horas > 1/2). O previsor marca 1 ponto se ele estiver correto e 0 ponto se não estiver. Ao fazer n previsões, um previsor sem capacidade escolhe de qualquer maneira, ao acaso, n dias, $(0 \leq r \leq n)$ para afirmar "chove" e os restantes $n - r$ dias para afirmar "não chove". Seu escore total de pontos é S_n. Calcule $E(S_n)$ e $\mathrm{Var}(S_n)$ e encontre qual o valor de r para o qual $E(S_n)$ é o maior. [*Sugestão*: Faça $X_i = 1$ ou 0, dependendo de que a i-ésima previsão esteja correta ou não. Então, $S_n = \sum_{i=1}^{n} X_i$. Observe que os x_i *não* são independentes.]

Variáveis Aleatórias Discretas: A de Poisson e Outras

8.1. A Distribuição de Poisson

Tal como nos modelos determinísticos, nos quais algumas relações funcionais desempenham importante papel (como, por exemplo, a linear, a quadrática, a exponencial, a trigonométrica etc.), também verificamos que, na construção de modelos não determinísticos para fenômenos observáveis, algumas distribuições de probabilidade surgem mais frequentemente que outras. Um motivo para isso é que, da mesma maneira que no caso determinístico, alguns modelos matemáticos relativamente simples parecem ser capazes de descrever uma classe bastante grande de fenômenos.

Neste capítulo estudaremos, bastante pormenorizadamente, algumas variáveis aleatórias discretas. No capítulo seguinte, faremos o mesmo para variáveis aleatórias contínuas.

Vamos apresentar rigorosamente a seguinte variável aleatória. Depois, indicaremos sob quais circunstâncias esta variável aleatória poderá representar o resultado de um experimento aleatório.

Definição. Seja X uma variável aleatória discreta, tomando os seguintes valores: 0, 1, ..., n, ... Se

$$P(X=k)=\frac{e^{-\alpha}\alpha^{k}}{k!}, \quad k=0,\ 1,\ ...,n,\ ...,\qquad(8.1)$$

diremos que X tem *distribuição de Poisson*, com parâmetro $\alpha > 0$.

Para verificar que a expressão acima representa uma legítima distribuição de probabilidade, basta observar que

$$\sum_{k=0}^{\infty}P(X=k)=\sum_{k=0}^{\infty}\left(e^{-\alpha}\alpha^{k}/k!\right)=e^{-\alpha}e^{\alpha}=1.$$

Comentário: Já que estamos definindo a variável aleatória diretamente em termos de seu contradomínio e distribuição de probabilidade, sem referência a nenhum espaço amostral subjacente S, poderemos supor que o espaço amostral S tenha sido identificado com R_X e que $X(s) = s$. Isto é, os resultados do experimento são apenas os números 0, 1, 2, ... e as probabilidades associadas a cada um desses resultados são dadas pela Eq. (8.1).

Teorema 8.1. Se X tiver distribuição de Poisson com parâmetro α, então $E(X) = \alpha$ e $V(X) = \alpha$.

Demonstração:

$$E(X) = \sum_{k=0}^{\infty} \frac{ke^{-\alpha}\alpha^k}{k!} = \sum_{k=1}^{\infty} \frac{e^{-\alpha}\alpha^k}{(k-1)!}.$$

Fazendo-se $s = k - 1$, verificamos que a expressão se torna

$$E(X) = \sum_{s=0}^{\infty} \frac{e^{-\alpha}\alpha^{s+1}}{s!} = \alpha \sum_{s=0}^{\infty} \frac{e^{-\alpha}\alpha^s}{s!} = \alpha.$$

Semelhantemente,

$$E(X^2) = \sum_{k=0}^{\infty} \frac{k^2 e^{-\alpha}\alpha^k}{k!} = \sum_{k=1}^{\infty} k \frac{e^{-\alpha}\alpha^k}{(k-1)!}.$$

Fazendo, novamente, $s = k - 1$, obteremos

$$E(X^2) = \sum_{s=0}^{\infty} (s+1) \frac{e^{-\alpha}\alpha^{s+1}}{s!} = \alpha \sum_{s=0}^{\infty} s \frac{e^{-\alpha}\alpha^s}{s!} + \alpha \sum_{s=0}^{\infty} \frac{e^{-\alpha}\alpha^s}{s!} = \alpha^2 + \alpha$$

[porque o primeiro somatório representa $E(X)$, enquanto o segundo é igual a um]. Portanto,

$$V(X) = E(X^2) - [E(X)]^2 = \alpha^2 + \alpha - \alpha^2 = \alpha.$$

Comentário: Note-se a interessante propriedade que uma variável aleatória de Poisson apresenta: Seu valor esperado é igual a sua variância.

8.2. A Distribuição de Poisson como Aproximação da Distribuição Binomial

A distribuição de Poisson representa um papel muito importante, por si mesma, como um modelo probabilístico adequado para um grande número de fenômenos aleatórios. Explanaremos isso na próxima seção. Aqui, trataremos da importância dessa distribuição como uma aproximação das probabilidades binomiais.

Exemplo 8.1. Suponhamos que chamadas telefônicas cheguem a uma grande central, e que em um período particular de três horas (180 minutos), um total de 270 chamadas tenham sido recebidas, ou seja, 1,5 chamada por minuto. Suponhamos que pretendamos, com base nessa evidência, calcular a probabilidade de serem recebidas 0, 1, 2 etc. chamadas durante os próximos três minutos.

Ao considerar o fenômeno da chegada de chamadas, poderemos chegar à conclusão de que, a *qualquer* instante, uma chamada telefônica é tão provável de ocorrer como em qualquer outro instante. Assim, a probabilidade permanece constante de "momento" a "momento". A dificuldade é que, mesmo em um intervalo de tempo muito pequeno, o número de pontos não é apenas infinito, mas não pode ser enumerado. Por isso, seremos levados a uma série de aproximações, que descreveremos agora.

Para começar, poderemos considerar o intervalo de três minutos subdividido em nove intervalos de 20 segundos cada um. Poderemos então tratar cada um desses nove intervalos como uma prova de Bernouilli, durante a qual observaremos uma chamada (sucesso) ou nenhuma chamada (insucesso ou falha), com P (sucesso) = (1,5) (20/60) = 0,5. Desse modo, poderemos ser tentados a afirmar que a probabilidade de duas chamadas durante o intervalo de três minutos [isto é, 2 sucessos em 9 tentativas com P (sucesso) = 0,5] seja igual a $\binom{9}{2} (1/2)^9 = 9/128$.

A dificuldade com esta aproximação é que estamos ignorando as possibilidades de, digamos, duas, três etc. chamadas durante um dos períodos experimentais de 20 segundos. Se essas possibilidades fossem consideradas, o emprego da distribuição binomial indicado não poderia ser legitimado, porque essa distribuição é aplicável somente quando existe uma dicotomia: Uma chamada ou nenhuma chamada.

É para eliminar essa dificuldade que nos voltamos para a aproximação seguinte e, de fato, seremos levados a uma inteira sequência de aproximações. Uma das maneiras de estar provavelmente certo de que ao menos uma chamada será recebida na central, durante um pequeno intervalo de tempo, é fazer esse intervalo muito curto. Assim, em vez de considerar nove intervalos de 20 segundos de duração, vamos, a seguir, considerar 18 intervalos, cada um com dez segundos de duração. Agora poderemos representar nosso experimento como 18 provas de Bernouilli, com P (sucesso) = P (entrar chamada durante o subintervalo) = (1,5) (10/60) = 0,25. Consequentemente, P (duas chamadas durante o intervalo de três minutos) = $\binom{18}{2} (0,25)^2 (0,75)^{16}$. Observe-se que, não obstante, agora, estamos tratando com uma distribuição binomial diferente da anterior (isto é, tendo parâmetros $n = 18$, $p = 0,25$, em lugar de $n = 9$, $p = 0,5$), *o valor esperado np é o mesmo*, a saber, $np = 18$ $(0,25) = 9(0,5) = 4,5$.

Se continuarmos desta maneira, aumentando o número de subintervalos (isto é, n), faremos, ao mesmo tempo, decrescer a probabilidade de chegar uma chamada (isto é, p), de tal maneira que np fique constante.

Portanto, o exemplo precedente nos leva a formular a seguinte pergunta: O que acontece com as probabilidades binomiais $\binom{n}{k} p^k (1 - p)^{n-k}$, se $n \rightarrow \infty$ e $p \rightarrow 0$, de forma que np permaneça constante, digamos $np = \alpha$?

O cálculo seguinte leva à resposta desta questão muito importante.

Consideremos a expressão geral da probabilidade binomial,

$$P(X=k) = \binom{n}{k} p^k (1-p)^{n-k} =$$

$$= \frac{n!}{k!(n-k)!} p^k (1-p)^{n-k} =$$

$$= \frac{n(n-1)(n-2)\ldots(n-k+1)}{k!} p^k (1-p)^{n-k}.$$

Façamos $np = \alpha$. Daí, $p = \alpha/n$, e $1 - p = 1 - \alpha/n = (n - \alpha)/n$. Substituindo todos os termos que contenham p por sua expressão equivalente em termos de α, obteremos

$$P(X=k) = \frac{n(n-1)\ldots(n-k+1)}{k!} \left(\frac{\alpha}{n}\right)^k \left(\frac{n-\alpha}{n}\right)^{n-k} =$$

$$= \frac{\alpha^k}{k!} \left[(1)\left(1-\frac{1}{n}\right)\left(1-\frac{2}{n}\right)\ldots\left(1-\frac{k-1}{n}\right)\right]\left[1-\frac{\alpha}{n}\right]^{n-k} =$$

$$= \frac{\alpha^k}{k!} \left[(1)\left(1-\frac{1}{n}\right)\left(1-\frac{2}{n}\right)\ldots\left(1-\frac{k-1}{n}\right)\right] \times$$

$$\times \left(1-\frac{\alpha}{n}\right)^{n} \left(1-\frac{\alpha}{n}\right)^{-k}$$

Agora, façamos $n \rightarrow \infty$, de tal modo que $np = \alpha$ permaneça constante. Evidentemente, isto significa que $p \rightarrow 0$, enquanto $n \rightarrow \infty$, porque de outro modo

np não poderia ficar constante. (Equivalentemente, poderíamos impor que $n \to \infty$ e $p \to 0$, de modo que $np \to a$.)

Na expressão acima, os termos da forma $(1 - 1/n)$, $(1 - 2/n)$, ... se aproximam da unidade à medida que n tende para infinito, o que dá $(1 - a/n)^{-k}$. É bem conhecido (da definição do número e) que $(1 - \alpha/n)^n \to e^{-\alpha}$ quando $n \to \infty$.

Por isso, $\lim_{n \to \infty} P(X = k) = e^{-\alpha} \alpha^k / k!$. Isto é, no limite, obteremos a distribuição de Poisson com parâmetro α. Vamos resumir este importante resultado no seguinte teorema:

Teorema 8.2. Seja X uma variável aleatória distribuída binomialmente com parâmetro p (baseado em n repetições de um experimento). Isto é,

$$P(X = k) = \binom{n}{k} p^k (1 - p)^{n-k}.$$

Admita-se que quando $n \to \infty$, fique $np = \alpha$ (const.), ou equivalentemente, quando $n \to \infty$, $p \to 0$, de modo que $np \to \alpha$. Nessas condições teremos

$$\lim_{n \to \infty} P(X = k) = \frac{e^{-\alpha} \alpha^k}{k!},$$

que é a distribuição de Poisson com parâmetro α.

Comentários: (*a*) O teorema acima diz, essencialmente, que poderemos obter uma aproximação das probabilidades binomiais com as probabilidades da distribuição de Poisson, toda vez que n seja grande e p seja pequeno.

(*b*) Já verificamos que se X tiver uma distribuição binomial, $E(X) = np$, enquanto se X tiver uma distribuição de Poisson (com parâmetro α), $E(X) = \alpha$.

(*c*) A distribuição binomial é caracterizada por dois parâmetros, n e p, enquanto a distribuição de Poisson é caracterizada por um único parâmetro, $\alpha = np$, o qual representa o número esperado de sucessos por unidade de tempo (ou por unidade de espaço em alguma outra situação). Esse parâmetro é também conhecido como a *intensidade* da distribuição. É importante distinguir entre o número esperado de ocorrências *por unidade* de tempo e o número esperado de ocorrências em um período de tempo especificado. Por exemplo, no Ex. 8.1, a intensidade é 1,5 chamada por minutos e, portanto, o número esperado de chamadas em, digamos, um período de 10 minutos seria 15.

(*d*) Poderemos também considerar o seguinte raciocínio para avaliarmos a variância de uma variável aleatória de Poisson X, com parâmetro α: X pode ser considerado como um caso-limite de uma variável aleatória distribuída binomialmente Y, com parâmetros n e p, na qual $n \to \infty$ e $p \to 0$, de modo que $np \to \alpha$. Desde que $E(Y) = np$ e $\mathrm{Var}(Y) = np (1 - p)$, nós observamos que, no limite, $\mathrm{Var}(Y) \to \alpha$.

Já existem extensas tábuas da distribuição de Poisson. (E. C. Molina, *Poisson's Exponential Binomial Limit*, D. Van Nostrand Cornpany, Inc., New York, 1942.) Uma tábua resumida desta distribuição está apresentada no Apêndice (Tábua 3).

Vamos apresentar três exemplos a mais, que ilustram a aplicação da distribuição de Poisson.

Exemplo 8.2. Em um cruzamento de tráfego intenso, a probabilidade p de um carro sofrer um acidente é muito pequena, digamos $p = 0,0001$. Contudo, durante certa parte do dia, por exemplo das 16 às 18 horas, um grande número de carros passa no cruzamento (1000 carros, admitamos). Nessas condições, qual é a probabilidade de que dois ou mais acidentes ocorram durante aquele período?

Vamos fazer algumas hipóteses. Deveremos admitir que p seja a mesma para todo carro. Também deveremos supor que o fato de um carro sofrer ou não um acidente não depende do que ocorra a nenhum outro carro. (Esta hipótese, obviamente, não corresponde à realidade, mas, apesar disso, a aceitaremos.) Assim, poderemos supor que, se X for o número de acidentes entre os 1000 carros que chegam, então X terá distribuição binomial com $p = 0,0001$. (Outra hipótese que faremos, não explicitamente, é que n, o número de carros que passam no cruzamento entre 16 e 18 horas, é prefixado em 1000. Obviamente, um tratamento mais realista seria considerar o próprio n como uma variável aleatória, cujo valor dependa de um mecanismo casual. Contudo, não faremos isso, e tomaremos n como prefixado.) Deste modo, poderemos obter o valor exato da probabilidade procurada:

$$P(X \geq 2) = 1 - \left[P(X = 0) + P(X = 1) \right] =$$
$$= 1 - (0,9999)^{1000} - 1000(0,0001)(0,9999)^{999}.$$

Surge considerável dificuldade para o cálculo desses números. Como n é grande e p é pequeno, poderemos aplicar o Teorema 8.2, e obter a seguinte aproximação:

$$P(X = k) \cong \frac{e^{-0,1}(0,1)^{k}}{k!}.$$

Consequentemente,

$$P(X \geq 2) \cong 1 - e^{-0,1}(1 + 0,1) = 0,0045.$$

Exemplo 8.3. Suponha que um processo de fabricação produza peças de tal maneira que uma determinada proporção (constante) das peças p seja defeituosa. Se uma partida de n dessas peças for obtida, a probabilidade de encontrar exatamente k peças defeituosas pode ser calculada pela distribuição binomial como igual a $P(X = k) = \binom{n}{k} p^k (1 - p)^{n-k}$, na qual X é o número de peças defeituosas na partida. Se n for grande e p for pequeno (como é frequentemente o caso), poderemos aproximar a probabilidade acima por

$$P(X = k) \simeq \frac{e^{-np} (np)^k}{k!}.$$

Suponha, por exemplo, que um fabricante produza peças, das quais cerca de 1 em 1.000 sejam defeituosas, Isto é, $p = 0,001$. Daí, empregando-se a distribuição binomial, encontraremos que em uma partida de 500 peças, a probabilidade de que nenhuma das peças seja defeituosa será $(0,999)^{500} = 0,609$. Se aplicarmos a aproximação de Poisson, esta probabilidade poderá ser escrita como $e^{-0,5} = 0,61$. A probabilidade de encontrar 2 ou mais peças defeituosas será, de acordo com a aproximação de Poisson, $1 - e^{-0,5}(1 + 0,5) = 0,085$.

Exemplo 8.4. [Sugerido por uma exposição contida em A. Renyi, *Cálculo de Probabilidade* (em alemão) VEB Deutscher Verlag der Wissenschaft, Berlim, 1962.]

Na fabricação de garrafas de vidro, partículas pequenas e duras são encontradas no vidro em fusão, com o qual se fabricam as garrafas. Se uma única dessas partículas aparece na garrafa, a garrafa não pode ser utilizada e deve ser jogada fora. Pode-se admitir que as partículas estejam aleatoriamente espalhadas no vidro em fusão. Devemos supor que o vidro em fusão seja produzido de tal maneira que o número de partículas seja (em média) o mesmo para uma quantidade constante de vidro em fusão. Suponha, em particular, que em 100 kg de vidro em fusão sejam encontradas x dessas partículas e que seja necessário 1 kg de vidro em fusão para fabricar uma garrafa.

Pergunta: Que percentagem das garrafas terá de ser jogada fora pelo fato de serem defeituosas? À primeira vista, a "solução" deste problema poderia ser a seguinte: Visto que o material para 100 garrafas contém x partículas, haverá aproximadamente x por cento de garrafas que deva ser jogada fora. Um pouco de reflexão mostrará, no entanto, que essa solução não é correta, porque uma garrafa defeituosa poderá conter mais de uma partícula, deste modo reduzindo a percentagem das garrafas defeituosas obtidas a partir do material restante.

A fim de obtermos uma solução "correta", vamos fazer as seguintes hipóteses simplificadoras: (a) Cada partícula aparece no material de cada garrafa com igual probabilidade, e (b) a distribuição de qualquer partícula específica é independente da de qualquer outra partícula específica. Com essas hipóteses, poderemos reduzir nosso problema ao seguinte modelo de "urna": n bolas são distribuídas ao acaso por N urnas. Qual é a probabilidade de que, em uma urna escolhida aleatoriamente, sejam encontradas exatamente k bolas? (As urnas, evidentemente, correspondem às garrafas, enquanto as bolas correspondem às partículas.)

Chamando de Z o número de bolas encontradas em uma urna escolhida aleatoriamente, decorre das hipóteses acima que Z é binomialmente distribuída com parâmetro $1/N$. Por isso

$$P(Z=k) = \binom{n}{k}\left(\frac{1}{N}\right)^k \left(1-\frac{1}{N}\right)^{n-k}$$

Suponha, agora, que o vidro em fusão seja preparado em quantidades muito grandes. De fato, suponha que seja preparado em unidades de 100 kg e que M dessas unidades tenham sido fornecidas. Portanto, $N = 100M$ e $n = xM$. Façamos $\alpha = x/100$, que é igual à proporção de partículas por garrafa. Consequentemente, $N = n/\alpha$ e a probabilidade acima pode ser escrita como igual a

$$P(Z=k) = \binom{n}{k}\left(\frac{\alpha}{n}\right)^k \left(1-\frac{\alpha}{n}\right)^{n-k}$$

Deste modo, à medida que o processo de produção continuar (isto é, que $M \to \infty$ e portanto $n \to \infty$), obteremos

$$P(Z=k) \simeq \frac{e^{-\alpha}\alpha^k}{k!} \quad \text{em que} \quad \alpha = \frac{x}{100}.$$

Vamos calcular a probabilidade de que uma garrafa deva ser jogada fora. Ela será igual a $1 - P(Z = 0)$. Consequentemente, a P(uma garrafa defeituosa) $\simeq 1 - e^{-x/100}$. Se o número de garrafas fabricadas for muito grande, poderemos identificar a probabilidade de uma garrafa defeituosa com a frequência relativa das garrafas defeituosas. Por isso, a percentagem de garrafas defeituosas será, aproximadamente, $100(1 - e^{-x/100})$. Se desenvolvermos $100(1 - e^{-x/100})$ pela série de Maclaurin, obteremos

$$100\left[1-\left(1-\frac{x}{100}+\frac{x^2}{2(100)^2}-\frac{x^3}{3!(100)^3}+...\right)\right]=$$

$$=x-\frac{x^2}{2(100)}+\frac{x^3}{6(100)^2}-...$$

Portanto, se x for pequeno, a proporção de garrafas jogadas fora será aproximadamente x, como inicialmente sugerimos. No entanto, para x grande, isto não valerá mais. Na situação em que $x = 100$, a percentagem de garrafas jogadas fora *não* será 100, mas em vez disso $100(1 - e^{-1}) = 63,21\%$. Este constitui, naturalmente, um caso extremo e não seria encontrado em um processo de fabricação razoavelmente controlado. Suponha que $x = 30$ (um número mais próximo da realidade). Nesse caso, em vez de jogar fora 30% (nossa solução inicial, novamente), somente jogaríamos $100(1 - e^{-0,2}) = 25,92\%$. Poderíamos observar que se x fosse razoavelmente grande, seria mais econômico fabricar garrafas menores. Por exemplo, quando for necessário apenas 0,25 kg de vidro em fusão por garrafa em vez de 1 kg, e se $x = 30$, então a percentagem jogada fora se reduzirá de 25,92% para 7,22%.

8.3. O Processo de Poisson

Na seção anterior, a distribuição de Poisson foi empregada como um recurso de aproximação de uma distribuição conhecida, a saber, a binomial. No entanto, a distribuição de Poissom exerce por si mesma um papel extremamente importante porque ela representa um modelo probabilístico adequado para um grande número de fenômenos observáveis.

Embora não venhamos a dar uma dedução completamente rigorosa de alguns dos resultados que iremos apresentar, o tratamento geral é de tal importância que valerá a pena compreendê-lo, mesmo que não possamos demonstrar cada passagem.

Com o objetivo de aludir a um exemplo específico, enquanto formos apresentando os detalhes matemáticos, vamos considerar uma fonte de material radioativo, que emita partículas α. Seja X_t definido como o número de partículas emitidas durante um período especificado de tempo $[0, t)$. Devemos fazer algumas hipóteses sobre a variável aleatória (discreta) X_t, as quais nos permitirão estabelecer a distribuição de probabilidade de X_t. A plausibilidade dessas hipóteses (recordando o que X_t representa) é fortalecida pelo fato de que a evidência empírica aceita, em grau bastante considerável, os resultados teóricos que iremos obter.

Vale a pena salientar que ao deduzir qualquer resultado matemático, deveremos aceitar alguns postulados ou axiomas subjacentes. Ao procurarmos axiomas para descrever fenômenos observáveis, alguns axiomas poderão ser bastante mais plausíveis (e menos arbitrários) que outros. Por exemplo, ao descrever o movimento de um objeto lançado para cima com alguma velocidade inicial, poderemos supor que a distância acima do solo, s, seja uma função quadrática do tempo t; isto é, $s = at^2 + bt + c$. Com dificuldade isto constituiria uma suposição intuitiva genuína, em termos de nossa experiência. Em lugar disso, poderíamos supor que a aceleração fosse constante e, depois, *deduzir* disso que s *deveria* ser uma função quadrática de t. O importante é, naturalmente, que se devemos supor alguma coisa a fim de elaborar nosso modelo matemático, deveremos admitir aquilo que seja plausível, em lugar daquilo que seja menos plausível.

A mesma orientação nos guiará aqui, ao construirmos um modelo probabilístico para a emissão de partículas α, por uma fonte radioativa. A variável aleatória X_t, definida acima, pode tomar os valores 0, 1, 2, ... Seja $p_n(t) = P[X_t = n]$, $n = 0, 1, 2, ...$

Agora serão feitas as cinco *hipóteses* seguintes:

A_1: O número de partículas emitidas durante intervalos de tempo *não sobrepostos* constituem variáveis aleatórias *independentes*.

A_2: Se X_t for definida como acima, e se Y_t for igual ao número de partículas emitidas durante $[t_1, t_1 + t)$, então, para qualquer $t_1 > 0$, as variáveis aleatórias X_t e Y_t terão a mesma distribuição de probabilidade. (Em outras palavras, a *distribuição* do número de partículas emitidas durante qualquer intervalo depende apenas do *comprimento* daquele intervalo e não de seus pontos extremos.)

A_3: $p_1(\Delta t)$ será aproximadamente igual a $\lambda \Delta t$, se Δt for suficientemente pequeno, em que λ é uma constante positiva. Escreveremos isto, assim $p_1(\Delta t) \sim \lambda \Delta t$. Por toda *esta* seção, $a(\Delta t) \sim b(\Delta t)$ significa que $a(\Delta t)/b(\Delta t) \to 1$ quando $\Delta t \to 0$. Devemos também supor que $\Delta t > 0$.

(Esta hipótese afirma que se o intervalo for suficientemente pequeno, a probabilidade de obter exatamente uma emissão durante o intervalo é diretamente proporcional ao comprimento do intervalo considerado.)

A_4: $\sum_{k=2}^{\infty} pk(\Delta t) \to 0$. (Isto significa que $p_k(\Delta t) \sim 0$, $k \geq 2$.) Isto afirma que a probabilidade de obter duas ou mais emissões durante um intervalo suficientemente pequeno é desprezível.

A_5: $X_0 = 0$, ou o que é equivalente, $P_0(0) = 1$. Isto equivale a uma condição inicial para o modelo que estamos apresentando.

Como dentro em pouco demonstraremos, as cinco hipóteses relacionadas acima nos permitirão deduzir uma expressão para $p_n(t) = P[X_t = n]$. Vamos agora tirar algumas conclusões, a partir das hipóteses acima.

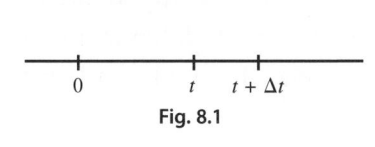

Fig. 8.1

(a) As hipóteses A_1 e A_2, em conjunto, querem dizer que as variáveis aleatórias X_t e $[X_{t+\Delta t} - X_t]$ são variáveis aleatórias independentes, com a *mesma* distribuição de probabilidade. (Veja a Fig. 8.1.)

(b) Das hipóteses A_3 e A_4, podemos concluir que

$$p_0(\Delta t) = 1 - p_1(\Delta t) - \sum_{k=2}^{\infty} p_k(\Delta t) \sim 1 - \lambda t + p(\Delta t), \tag{8.2}$$

quando $t \to 0$.

(c) Podemos escrever

$$\begin{aligned} p_0(t + \Delta t) &= P\left[X_{t+\Delta t} = 0\right] \\ &= P\left[X_t = 0 \text{ e} \left(X_{t+\Delta t} - X_t\right) = 0\right] \\ &= p_0(t) p_0(\Delta t). \quad \left[\text{Veja a conclusão (a).}\right] \\ &\sim p_0(t)[1 - \lambda \Delta t]. \quad \left[\text{Veja a Eq. (8.2).}\right] \end{aligned}$$

(d) Daí, teremos

$$\frac{p_0(t + \Delta t) - p_0(t)}{\Delta t} \sim -\lambda p_0(t).$$

Fazendo $\Delta t \to 0$, e observando que o primeiro membro representa o quociente das diferenças da função p_0 e por isso se aproxima de $p_0'(t)$ (mais corretamente, se aproxima da derivada à direita, porque $\Delta t > 0$), teremos

$$p_0'(t) = -\lambda p_0(t) \text{ ou, o que é equivalente, } \frac{p_0'(t)}{p_0(t)} = -\lambda.$$

Integrando ambos os membros em relação a t, obtém-se $\ln p_0(t) = -\lambda t + C$, em que C é uma constante de integração. Da hipótese $\mathbf{A_5}$, fazendo $t = 0$, obtemos $C = 0$. Portanto,

$$p_0(t) = e^{-\lambda t}. \tag{8.3}$$

Deste modo, nossas hipóteses nos levaram a uma expressão para $P[X_t = 0]$. Empregando essencialmente o mesmo caminho, agora obteremos $p_n(t)$ para $n \geq 1$.

(e) Consideremos $p_n(t + \Delta t) = P[X_{t+\Delta t} = n]$.

Agora $X_{t+\Delta t} = n$ se, e somente se, $X_t = x$ e $[X_{t+\Delta t} - X_t] = n - x$, $x = 0, 1, 2,$ ..., n. Empregando as hipóteses $\mathbf{A_1}$ e $\mathbf{A_2}$, teremos

$$p_n(t + \Delta) = \sum_{x=0}^{n} p_x(t) p_{n-x}(\Delta t) =$$

$$= \sum_{x=0}^{n-2} p_x(t) p_{n-x}(\Delta t) + (t) p_{n-1}(t) p_1(\Delta t) + p_n(t) p_0(\Delta t).$$

Empregando as hipóteses $\mathbf{A_3}$ e $\mathbf{A_4}$ e também a Eq. (8.2), obteremos

$$p_n(t + \Delta t) \sim p_{n-1}(t) \lambda \Delta t + p_n(t)[1 - \lambda \Delta t].$$

Consequentemente,

$$\frac{p_n(t + \Delta t) - p_n(t)}{\Delta t} \sim \lambda p_{n-1}(t) - \lambda p_n(t).$$

De novo fazendo $\Delta t \to 0$, e também observando que o primeiro membro representa o quociente das diferenças da função p_n obteremos

$$p_n'(t) = -\lambda p_n(t) + \lambda p_{n-1}(t), \qquad n = 1, 2, \dots$$

Isto representa um sistema infinito de equações diferenciais e de diferenças (lineares). O leitor interessado poderá verificar que se definirmos a função q_n pela relação $q_n(t) = e^{\lambda t} p_n(t)$, o sistema acima se torna $q_n'(t) = \lambda q_{n-1}(t)$, $n = 1,$ 2, ... Desde que $p_0(t) = e^{-\lambda t}$, encontramos que $q_0(t) = 1$. [Observe-se também que $q_n(0) = 0$ para $n > 0$.] Por conseguinte, obteremos sucessivamente

$$q_1'(t) = \lambda \qquad \text{e daí} \quad q_1(t) = \lambda t;$$

$$q_2'(t) = \lambda q_1(t) = \lambda^2 t, \text{ e daí} \quad q_2(t) = \frac{(\lambda t)^2}{2}.$$

Em geral, $q_n'(t) = \lambda q_{n-1}(t)$ e por isso $q_n(t) = (\lambda t)^n/n!$ Lembrando a definição de q_n, obteremos finalmente

$$p_n(t) = e^{-\lambda t}(\lambda t)^n/n!, \qquad n = 0, 1, 2, \ldots \qquad (8.4)$$

Mostramos, portanto, que o número de partículas emitidas durante o intervalo de tempo $[0, t)$ por uma fonte radioativa, sujeita às hipóteses feitas acima, é uma variável aleatória, com distribuição de Poisson, com parâmetro (λt).

Comentários: (*a*) É importante compreender que a distribuição de Poisson surgiu como uma *consequência* de algumas hipóteses que fizemos. Isto significa que sempre que essas hipóteses sejam válidas (ou ao menos aproximadamente válidas), a distribuição de Poisson pode ser empregada como um modelo adequado. Verifica-se que existe uma grande classe de fenômenos para os quais o modelo de Poisson é adequado.

(i) Admita-se que X_t represente o número de chamadas que chegam a uma central telefônica, durante um período de tempo de comprimento t. As hipóteses acima são aproximadamente satisfeitas, particularmente durante o "período movimentado" do dia. Consequentemente, X_t tem uma distribuição de Poisson.

(ii) Admita-se que X_t represente o número de elétrons libertados pelo catodo de uma válvula eletrônica. Também as hipóteses acima são adequadas e, portanto, X, tem uma distribuição de Poisson.

(iii) O seguinte exemplo (da Astronomia) revela que o raciocínio acima pode ser aplicado não somente ao número de ocorrências de algum evento, durante um período de *tempo* fixado, mas também ao número de ocorrências de um evento dentro das fronteiras de uma *área* ou *volume* fixados. Suponha que um astrônomo investigue uma parte da Via Láctea, e admita que na parte considerada, a densidade das estrelas λ seja constante. [Isto significa que em um volume V (unidades cúbicas), podem-se encontrar, em média, λV estrelas.] Seja X_V o número de estrelas encontradas em uma parte da Via Láctea que tenha o volume V. Se as hipóteses acima forem satisfeitas (com "volume" substituindo "tempo"), então $P[X_V = n] = (\lambda V)^n e^{-\lambda V}/n!$. (As hipóteses, interpretadas neste contexto, afirmariam essencialmente que o número de estrelas que aparecem em partes não sobrepostas do céu, representam variáveis aleatórias independentes, e que a probabilidade de mais do que uma estrela aparecer em uma parte bastante pequena do céu é zero.)

(iv) Outra aplicação, no campo da Biologia, é lembrada se fizermos X_A ser o número de glóbulos sanguíneos visíveis ao microscópio, a área de superfície visível no campo do microscópio sendo dada por A unidades quadradas.

(*b*) A constante λ originalmente surgiu como uma constante de proporcionalidade na hipótese A_3. As seguintes interpretações de λ são dignas de nota: Se X_t representar o número de ocorrências de algum evento, durante um intervalo de tempo de comprimento t, então

$E(X_t) = \lambda t$, e portanto $\lambda = [E(X_t)]/t$ = representa a *taxa* (frequência) esperada segundo a qual as partículas são emitidas. Se X_V representar o número de ocorrências de algum evento dentro de um volume especificado V, então $E(X_V) = \lambda V$, e portanto $\lambda = [E(XV)]/V$ representa a *densidade* esperada, segundo a qual as estrelas aparecem.

(*c*) É importante compreender que nossa exposição na Seção 8.3 não tratou exatamente de uma variável aleatória X possuindo uma distribuição de Poisson. Mais exatamente, para todo $t > 0$, encontramos que X_t possuía uma distribuição de Poisson com um parâmetro dependente de t. Tal coleção (infinita) de variáveis aleatórias é também conhecida como *Processo de Poisson*.

(Equivalentemente, um Processo de Poisson é gerado sempre que um evento ocorra em algum intervalo de tempo para o qual as hipóteses A_1 até A_5 sejam satisfeitas.) De maneira análoga, poderemos definir um *Processo de Bernouilli*: Se $X_1, X_2, ..., X_n, ...$ forem os números de ocorrências de sucessos em 1, 2, ..., *n*, ... provas de Bernouilli, então a coleção de variáveis aleatórias $X_1, ..., X_n, ...$ é denominada *Processo de Bernouilli*.

Exemplo 8.5. Uma complicada peça de maquinaria, quando funciona adequadamente, dá um lucro de C dólares por hora ($C > 2$) a uma firma. Contudo, esta máquina tende a falhar, em momentos inesperados e imprevisíveis. Suponha que o número de falhas, durante qualquer período de duração *t* horas, seja uma variável aleatória com uma distribuição de Poisson com parâmetro *t*. Se a máquina falhar *x* vezes durante as *t* horas, o prejuízo sofrido (parada da máquina mais reparação) é igual a $(x^2 + x)$ dólares. Assim, o lucro total P, durante qualquer período de *t* horas, é igual a $P = Ct - (X^2 + X)$, em que X é a variável aleatória que representa o número de falhas da máquina. Logo, P é uma variável aleatória, e poderá interessar escolher-se *t* (o qual está à nossa disposição) de tal maneira que o *lucro esperado* se torne máximo. Teremos

$$E(P) = Ct - E(X^2 + X).$$

Do Teor. 8.1, encontraremos que $E(X) = t$ e $E(X^2) = t + (t)^2$. Segue-se então que $E(P) = Ct - 2t - t^2$. Para achar o valor de *t* para o qual $E(P)$ se torna máxima, derivaremos $E(P)$ e faremos a expressão resultante igual a zero. Obteremos $C - 2 - 2t = 0$, que fornece $t = 1/2 (C - 2)$ horas.

Exemplo 8.6. Seja X_t o número de partículas emitidas por uma fonte radioativa, durante um intervalo de tempo de duração *t*. Admita-se que X_t possua distribuição de Poisson com parâmetro αt. Um dispositivo contador é colocado para registrar o número de partículas emitidas. Suponha que exista uma probabilidade constante *p* de que qualquer partícula emitida não seja contada.

Se R_t for o número de partículas contadas durante o intervalo especificado, qual será a distribuição de probabilidade de R_t?

Para um *dado* $X_t = x$, a variável aleatória R_t possui uma distribuição binomial, baseada em x repetições, com parâmetro $(1 - p)$. Isto é,

$$P\left(R_t = k | X_t = x\right) = \binom{x}{k}(1-p)^k\, p^{x-k}.$$

Empregando a fórmula da probabilidade total [Eq. (3.4)], teremos

$$P\left(R_t = k\right) = \sum_{x=k}^{\infty} P\left(R_t = k | X_t = x\right) P\left(X_t = x\right)$$

$$= \sum_{x=k}^{\infty} \binom{x}{k}(1-p)^k\, p^{x-k} e^{-\alpha t} (\alpha t)^x / x! =$$

$$= \left(\frac{1-p}{p}\right)^k \frac{e^{-\alpha t}}{k!} \sum_{x=k}^{\infty} \frac{1}{(x-k)!}(p\alpha t)^x.$$

Façamos $i = x - k$. Portanto

$$P\left(R_t = k\right) = \left(\frac{1-p}{p}\right)^k \frac{e^{-\alpha t}}{k!} \sum_{i=0}^{\infty} \frac{(p\alpha t)^{i+k}}{i!} =$$

$$= \left(\frac{1-p}{p}\right)^k \frac{e^{-\alpha t}}{k!}(p\alpha t)^k\, e^{p\alpha t} =$$

$$= \frac{e^{-\alpha(1-p)t}\left[(1-p)\alpha t\right]^k}{k!}.$$

Deste modo verificamos que R_t também possui distribuição de Poisson, com parâmetro $(1 - p)\alpha t$.

8.4. A Distribuição Geométrica

Suponha que realizemos um experimento ε e que estejamos interessados apenas na ocorrência ou não ocorrência de algum evento A. Admita-se, tal como na explicação da distribuição binomial, que realizemos ε repetidamente, que as repetições sejam independentes, e que em cada repetição $P(A) = p$ e $P(\bar{A}) = 1 - p = q$ permaneçam os mesmos. Suponha que repetimos o experimento até que A ocorra pela primeira vez. (Aqui nos afastamos das hipóteses que levaram à distribuição binomial. Lá, o número de repetições era predeterminado, enquanto aqui é uma variável aleatória.)

Defina-se a variável aleatória X como o número de repetições necessárias para obter a primeira ocorrência de A, nele se incluindo essa última. Assim, X toma os valores possíveis 1, 2, ... Como $X = k$ se, e somente se, as primeiras $(k - 1)$ repetições de ε derem o resultado $\bar{A}$ enquanto a k-ésima repetição dê o resultado A, teremos

$$P(X = k) = q^{k-1}p, \qquad k = 1, 2, \ldots \qquad (8.5)$$

Uma variável aleatória com a distribuição de probabilidade da Eq. (8.5) recebe a denominação *distribuição geométrica*.

Um cálculo fácil mostra que a Eq. (8.5) define uma distribuição de probabilidade legítima. Temos, obviamente, que $P(X = k) \geq 0$, e

$$\sum_{k=1}^{\infty} P(X = k) = p\left(1 + q + q^2 + \ldots\right) = p\left[\frac{1}{1-q}\right] = 1.$$

Poderemos obter o valor esperado de X, da seguinte maneira:

$$E(X) = \sum_{k=1}^{\infty} kpq^{k-1} = p\sum_{k=1}^{\infty} \frac{d}{dq} q^k =$$

$$= p\frac{d}{dq}\sum_{k=1}^{\infty} q^k = p\frac{d}{dq}\left[\frac{q}{1-q}\right] = \frac{1}{p}.$$

(A permuta da derivação e do somatório é válida aqui, porque a série converge quando $|q| < 1$.) Um cálculo semelhante mostra que $V(X) = q/p^2$. (Obteremos de novo, ambos os resultados no Cap. 10, seguindo um caminho diferente.) Resumindo o que está acima, enunciamos o seguinte teorema:

Teorema 8.3. Se X tiver uma distribuição geométrica, como dada pela Eq. (8.5),

$$E(X) = 1/p \quad \text{e} \quad V(X) = q/p^2.$$

Comentário: O fato de $E(X)$ ser igual ao inverso de p é aceito intuitivamente, porque diz que pequenos valores de $p = P(A)$ exigem muitas repetições a fim de permitir que A ocorra.

Exemplo 8.7. Suponha que o custo de realização de um experimento seja US\$ 1.000. Se o experimento falhar, ocorrerá um custo adicional de US\$ 300 em virtude de serem necessárias algumas alterações antes que a próxima tentativa seja executada. Se a probabilidade de sucesso em uma tentativa qualquer for 0,2, se as provas forem independentes, e se os experimentos continuarem até que o primeiro resultado frutuoso seja alcançado, qual será o custo esperado do procedimento completo?

Se C for o custo, e X for o número de provas necessárias para alcançar sucesso, teremos

$$C = 1.000X + 300(X - 1) = 1.300X - 300.$$

Em consequência,

$$E(C) = 1.000E(X) - 300 = 1.300\frac{1}{0,2} - 300 = \text{US\$ } 6.200.$$

Exemplo 8.8. Em determinada localidade, a probabilidade da ocorrência de uma tormenta em algum dia durante o verão (nos meses de dezembro e janeiro) é igual a 0,1. Admitindo independência de um dia para outro, qual é a probabilidade da ocorrência da primeira tormenta da estação de verão no dia 3 de janeiro?

Chamemos de X o número de dias (começando de 1.° de dezembro) até a primeira tormenta e façamos $P(X = 34)$, o que é igual a $(0,9)^{33}(0,1) = 0,003$.

Exemplo 8.9. Se a probabilidade de que certo ensaio dê reação "positiva" for igual a 0,4, qual será a probabilidade de que menos de 5 reações "negativas" ocorram antes da primeira positiva? Chamando de Y o número de reações negativas antes da primeira positiva, teremos

$$P(Y = k) = (0,6)^k (0,4), \qquad k = 0, 1, 2, \ldots$$

Daí,

$$P(Y < 5) = \sum_{k=0}^{4} (0,6)^k (0,4) = 0,92.$$

Comentário: Se X tiver uma distribuição geométrica como a descrita pela Eq. (8.5) e se fizermos $Z = X - 1$, poderemos interpretar Z como o número de falhas que precedem o primeiro sucesso. Teremos: $P(Z = k) = q^k p$, $k = 0, 1, 2, \ldots$, em que $p = P$ (sucesso) e $q = P$ (falha).

A distribuição geométrica apresenta uma propriedade interessante, que será resumida no teorema seguinte:

Teorema 8.4. Suponha que X tenha uma distribuição geométrica dada pela Eq. (8.5). Então, para dois quaisquer inteiros positivos s e t,

$$P(X \geq s + t \mid X > s) = P(X > t). \tag{8.6}$$

Demonstração: Veja o Probl. 8.18.

Comentários: (*a*) O teorema acima afirma que a distribuição geométrica "não possui memória", no sentido seguinte: Suponha que o evento *A* não tenha ocorrido durante as primeiras *s* repetições de *ε*. Então, a probabilidade de que ele não ocorra durante as *próximas t* repetições será a mesma probabilidade de que não tivesse ocorrido durante as *primeiras t* repetições. Em outras palavras, a informação de nenhum sucesso é "esquecida", no que interessa aos cálculos subsequentes.

(*b*) A recíproca do teorema acima é também verdadeira: Se a Eq. (8.6) valer para uma variável aleatória, que tome somente valores inteiros positivos, então essa variável aleatória deve ter uma distribuição geométrica. (Não o demonstraremos aqui. Uma exposição pode ser encontrada no livro de Feller, *An Introduction to Probability Theory and Its Applications*, John Wiley and Sons, Inc., 2.ª Edição, New York, 1957, pág. 304.)

(*c*) Observaremos no próximo capítulo que existe uma variável aleatória contínua, com uma distribuição que possui propriedade análoga à da Eq. (8.6), a saber, a distribuição exponencial.

Exemplo 8.10. Suponha que uma peça seja inspecionada ao fim de cada dia, para verificar se ela ainda funciona adequadamente. Seja $p = P$ [de falhar durante qualquer dia especificado]. Consequentemente, se X for o número de inspeções necessárias para verificar a primeira falha, X terá distribuição geométrica: E teremos $P(X = n) = (1 - p)^{n-1}p$. Ou de modo equivalente, $(1 - p)^{n-1}p = P$ [a peça falhar na n-ésima inspeção e não ter falhado na $(n - 1)$].

O valor máximo desta probabilidade é obtido pela resolução de

$$\frac{d}{dp}P(X = n) = 0.$$

O que fornece

$$p(n-1)(1-p)^{n-2}(-1) + (1-p)^{n-1} = 0,$$

que é equivalente a

$$(1-p)^{n-2}\left[(1-p) - (n-1)p\right] = 0,$$

da qual obtemos $p = 1/n$.

8.5. A Distribuição de Pascal

Uma generalização óbvia da distribuição geométrica surge se propusermos a seguinte questão: Suponha que um experimento seja continuado até que um particular evento A ocorra na r-ésima vez. Se

$$P(A) = p, \qquad P(\overline{A}) = q = 1 - p$$

em cada repetição, definiremos a variável aleatória Y como se segue:

Y é o número de repetições necessárias a fim de que A possa ocorrer exatamente r vezes.

Pede-se a distribuição de probabilidade de Y; é evidente que se $r = 1$, Y terá a distribuição geométrica dada pela Eq. (8.5).

Ora, $Y = k$ se, e somente se, A ocorrer na k-ésima repetição e A tiver ocorrido exatamente $(r - 1)$ vezes nas $(k - 1)$ repetições anteriores. A probabilidade deste evento é meramente $p\binom{k-1}{r-1}p^{r-1}q^{k-r}$, desde que o que acontece nas primeiras $(k - 1)$ repetições é independente daquilo que acontece na k-ésima repetição. Portanto,

$$P(Y = k) = \binom{k-1}{r-1}p^r q^{k-r}, \quad k = r, r + 1, \ldots \tag{8.7}$$

Vê-se facilmente que para $k = 1$, a expressão acima se reduz à Eq. (8.5). Uma variável aleatória que tenha a distribuição de probabilidade dada pela Eq. (8.7) possui a *distribuição de Pascal*.

Comentário: A precedente distribuição de Pascal é também geralmente conhecida como *Distribuição Binomial Negativa*. O motivo para isso é que, ao se verificar a condição

$$\sum_{k=1}^{\infty} P(Y = k) = 1,$$

obtém-se

$$\sum_{k=1}^{\infty} \binom{k-1}{r-1} p^r q^{k-r} = p^r \sum_{k=1}^{\infty} \binom{k-1}{r-1} q^{k-r} =$$
$$= p^r (1-q)^{-r},$$

que é, obviamente, igual a 1. A última igualdade provém do desenvolvimento em série de

$$(1-q)^{-r} = \sum_{n=1}^{\infty} \binom{-r}{n} (-q)^n,$$

que é igual a $\displaystyle\sum_{k=1}^{\infty} \binom{k-1}{r-1} q^{k-r}$,

depois de algumas simplificações algébricas e relembrando a definição do coeficiente binomial generalizado (veja o Comentário antes do Ex. 2.7). Em virtude do expoente negativo $(- r)$ na expressão acima é que a distribuição é denominada *binomial negativa*.

Para calcular $E(Y)$ e $V(Y)$ poderemos ou proceder diretamente, tentando calcular os vários somatórios, ou proceder da seguinte maneira:

Façamos

Z_1 = número de repetições necessárias até a primeira ocorrência de A.

Z_2 = número de repetições necessárias entre a primeira ocorrência de A até, inclusive, a segunda ocorrência de A.

$\vdots$

Z_r = número de repetições necessárias entre a ocorrência de ordem $(r - 1)$ de A até, inclusive, a r-ésima ocorrência de A.

Deste modo, verificamos que todos os Z_i são variáveis aleatórias independentes, cada uma delas tendo uma distribuição geométrica. Também, $Y = Z_1 + \ldots + Z_r$. Daí, empregando o Teor. 8.3, teremos o seguinte teorema:

Teorema 8.5. Se Y tiver uma distribuição de Pascal dada pela Eq. (8.7), então

$$E(Y) = r/p, \qquad V(Y) = rq/p^2. \tag{8.8}$$

Exemplo 8.11. A probabilidade de que um experimento seja bem-sucedido é 0,8. Se o experimento for repetido até que quatro resultados bem-sucedidos tenham ocorrido, qual será o número esperado de repetições necessárias? Do que foi exposto acima, teremos E(número de repetições) = 4/0,8 = 5.

8.6. Relação entre as Distribuições Binomial e de Pascal

Suponhamos que X tenha distribuição binomial com parâmetros n e p. (Isto é, X = número de sucessos em n provas repetidas de Bernouilli, com P(sucesso) = p.) Suponhamos que Y tenha uma distribuição de Pascal com parâmetros r e p. (Isto é, Y = número de provas de Bernouilli necessárias para obter r sucessos, com P(sucesso) = p.) Então, valem as seguintes relações:

(a) $P(Y \leq n) = P(X \geq r)$

(b) $P(Y > n) = P(X < r)$

Demonstração: (*a*) Se ocorrerem *r* ou mais sucessos nas primeiras *n* provas repetidas, então serão necessárias *n* ou menos provas para obter os primeiros *r* sucessos.

(*b*) Se ocorrerem menos de *r* sucessos nas primeiras *n* provas, então será preciso realizar mais do que *n* provas para obter *r* sucessos.

Comentários: (*a*) As propriedades acima tornam possível empregar a tábua da distribuição binomial para calcular probabilidades associadas à distribuição de Pascal. Por exemplo, suponhamos que desejamos calcular a probabilidade de que mais de 10 repetições sejam necessárias para obter o terceiro sucesso, quando $p = P$(sucesso) $= 0,2$. Empregando a notação acima para X e Y, teremos [$P(Y > 10 = P(X < 3) = \sum_{k=0}^{2} \binom{10}{k} (0,2)^k (0,8)^{10-k} = 0,678$ (da tábua no Apêndice).

(*b*) Vamos rapidamente comparar as distribuições binomial e de Pascal. Nos dois casos, estaremos tratando com provas repetidas de Bernouilli. A distribuição binomial surge quando lidamos com número fixado (digamos *n*) dessas provas e estaremos interessados no número de sucessos que venha a ocorrer. A distribuição de Pascal é encontrada quando nós prefixamos o número de sucessos a ser obtido e então registramos o número de provas de Bernouilli necessárias. Isto será particularmente importante em um problema estatístico que iremos explicar mais tarde (veja o Ex. 14.1).

8.7. A Distribuição Hipergeométrica

Suponha que tenhamos um lote de *N* peças, *r* das quais sejam defeituosas e $(N - r)$ das quais sejam não defeituosas. Suponha que escolhamos, ao acaso, *n* peças desse lote $(n \leq N)$, sem reposição. Seja *X* o número de peças defeituosas encontradas. Desde que $X = k$ se, e somente se, obtivermos exatamente *k* peças defeituosas (dentre as *r* defeituosas do lote) e exatamente $(n - k)$ não defeituosas [dentre as $(N - r)$ não defeituosas do lote], teremos

$$P(X = k) = \frac{\binom{r}{k}\binom{N-r}{n-k}}{\binom{N}{n}}, \quad k = 0, 1, 2, \dots \tag{8.9}$$

Diz-se que uma variável aleatória, que tenha a distribuição de probabilidade da Eq. (8.9), tem *distribuição hipergeométrica*.

Comentário: Visto que $\binom{a}{b} = 0$ sempre que $b > a$, se *a* e *b* forem inteiros não negativos, poderemos definir as probabilidades acima para todo $k = 0, 1, 2, \dots$ Não poderemos, obviamente, obter mais do que *r* peças defeituosas, unicamente probabilidade zero será associada a esse evento, pela Eq. (8.9).

Exemplo 8.12. Pequenos motores elétricos são expedidos em lotes de 50 unidades. Antes que uma remessa seja aprovada, um inspetor escolhe 5 desses motores e os inspeciona. Se nenhum dos motores inspecionados for defeituoso, o lote é aprovado. Se um ou mais forem verificados defeituosos, todos os motores da remessa são inspecionados. Suponha que existam, de fato, três motores defeituosos no lote. Qual é a probabilidade de que a inspeção 100% seja necessária?

Se fizermos igual a X o número de motores defeituosos encontrado, a inspeção 100% será necessária se, e somente se, $X \geq 1$. Logo,

$$P(X \geq 1) = 1 - P(X = 0) = 1 - \frac{\binom{3}{0}\binom{47}{5}}{\binom{50}{5}} = 0{,}28.$$

Teorema 8.6. Admita-se que X tenha distribuição hipergeométrica, como indicada pela Eq. (8.9). Façamos r/N, $q = 1 - p$. Nesse caso, teremos

(a) $E(X) = np$;

(b) $V(X) = npq\dfrac{N-n}{N-1}$;

(c) $P(X = k) \simeq \binom{n}{k} p^k (1-p)^{n-k}$,

para N grande.

Demonstração: Deixaremos ao leitor os detalhes da demonstração. (Veja o Probl. 8.19.)

Comentário: A propriedade (c) do Teor. 8.6 afirma que se o tamanho do lote N for suficientemente grande, a distribuição de X poderá ser aproximada pela distribuição binomial. Isto é intuitivamente aceitável, porque a distribuição binomial é aplicável quando fazemos amostragem *com* reposição (visto que, nesse caso, a probabilidade de obter uma peça defeituosa permanece constante), enquanto a distribuição hipergeométrica é aplicável quando fazemos amostragem *sem* reposição. Se o tamanho do lote for grande, não fará grande diferença se fazemos ou não retomar ao lote uma peça determinada, antes que a próxima seja escolhida. A propriedade (c) do Teor. 8.6 constitui apenas uma afirmação matemática desse fato. Observe-se, também, que o valor esperado de uma variável aleatória hipergeométrica X é o mesmo que o da correspondente variável aleatória com distribuição binomial, enquanto a variância de X é um tanto menor do que a correspondente no caso da binomial. O "fator de correção" $(N - n)/(N - 1)$ é, aproximadamente igual a 1, para N grande.

Podemos ilustrar o sentido da propriedade (c), com o seguinte exemplo simples. Suponha que desejemos calcular $P(X = 0)$.

Para $n = 1$, obteremos para a distribuição hipergeométrica, $P(X = 0) = (N - r)/N = 1 - r/N = q$. Para a distribuição binomial, obteremos diretamente $P(X = 0) = q$. Portanto, essas respostas são iguais, quando se trata de $n = 1$.

Para $n = 2$, obteremos para a distribuição hipergeométrica

$$P(X = 0) = \frac{N-r}{N} \frac{N-r-1}{N-1} = \left(1 - \frac{r}{N}\right)\left(1 - \frac{r}{N-1}\right).$$

Para a distribuição binomial, obteremos $P(X = 0) = q^2$. Deve-se observar que $(1 - r/N) = q$, enquanto $[1 - r/(N - 1)]$ é quase igual a q.

Em geral, a aproximação da distribuição hipergeométrica pela distribuição binomial é bastante boa, se $n / N \leq 0,1$.

8.8. A Distribuição Multinomial

Finalmente, vamos examinar uma importante variável aleatória discreta de maior número de dimensões, a qual pode ser considerada como uma generalização da distribuição binomial. Considere-se um experimento ε, seu espaço amostral S, e a partição de S em k eventos mutuamente excludentes $A_1, \ldots, A_k$. (Isto é, quando ε for realizado, um, e somente um, dos eventos A_i ocorrerá.) Considerem-se n repetições de ε. Seja $p_i = P(A_i)$ e suponha que p_i permaneça constante durante todas as repetições. Evidentemente, teremos $\sum_{i=1}^{k} p_i = 1$. Definam-se as variáveis aleatórias $X_1, \ldots, X_k$ como se segue:

X_i é o número de vezes que A_i ocorre nas n repetições de ε, $i = 1, \ldots, k$.

Os X_i não são variáveis aleatórias independentes, porque $\sum_{i=1}^{k} X_i = n$. Em consequência, logo que os valores de quaisquer $(k - 1)$ dessas variáveis aleatórias sejam conhecidos, o valor da outra ficará determinado. Chegamos ao seguinte resultado:

Teorema 8.7. Se X_i, $i = 1, 2, \ldots, k$, forem definidas como acima, teremos

$$P\left(X_1 = n_1, X_2 = n_2, \ldots, X_k = n_k\right) = \frac{n!}{n_1! n_2! \ldots n_k!} p_1^{n_1} \cdots p_k^{n_k}, \qquad (8.10)$$

em que $\sum_{i=1}^{k} n_i = n$.

Demonstração: O raciocínio é idêntico àquele empregado para estabelecer a distribuição de probabilidade binomial. Devemos simplesmente observar que o número de maneiras de arranjar n objetos, n_1 dos quais são de uma espécie, n_2 dos quais são de uma segunda espécie, ..., n_k dos quais são de uma k-ésima espécie, é dado por

$$\frac{n!}{n_1! \ldots n_k!}.$$

Comentários: (*a*) Se $k = 2$, o que está acima se reduz à distribuição binomial. Nesse caso, denominaremos os dois eventos possíveis "sucesso" e "insucesso".

(*b*) A distribuição da Eq. (8.10) é conhecida como a *distribuição de probabilidade multinomial* (ou polinomial). Vamos recordar que os termos da distribuição binomial são possíveis de se obter de um desenvolvimento da expressão binomial $[p + (1 - p)]^n = \sum_{k=0}^{n} \binom{n}{k} p^k (1 - p)^{n-k}$. De maneira análoga, as probabilidades acima se podem obter do desenvolvimento da expressão multinomial $(p_1 + p_2 + \ldots + p_k)^n$.

Teorema 8.8. Suponha que $(X_1, \ldots, X_k)$ tenha uma distribuição multinomial, dada pela Eq. (8.10). Nesse caso,

$$E(X_i) = np_i \text{ e } V(X_i) = np_i (1\text{-}p_i), i = 1, 2, \ldots, k.$$

Demonstração: Isto é uma consequência imediata da observação de que cada X_i como foi definida acima, tem uma distribuição binomial, com a probabilidade de sucesso (isto é, a ocorrência de A_i) igual a p_i.

Exemplo 8.13. Uma barra de comprimento especificado é fabricada. Admita-se que o comprimento real X (polegadas) seja uma variável aleatória uniformemente distribuída sobre [10, 12]. Suponha que somente interesse saber se um dos três eventos seguintes terá ocorrido:

$$A_1 = \{X < 10,5\}, A_2 = \{10,5 \leq X \leq 11,8\} \text{ e } A_3 = \{X > 11,8\}.$$

E sejam as probabilidades

$$p_1 = (A_1) = 0,25, \quad p_2 = (A_2) = 0,65 \quad \text{e} \quad p_3 = (A_3) = 0,1.$$

Portanto, se 10 dessas barras forem fabricadas, a probabilidade de se obter exatamente 5 barras de comprimento menor do que 10,5 polegadas e exatamente 2 de comprimento maior do que 11,8 polegadas é dada por

$$\frac{10!}{5!3!2!}(0,25)^5 (0,65)^3 (0,1)^2.$$

Problemas

8.1. Se X tiver uma distribuição de Poisson com parâmetro β, e se $P(X = 0) = 0,2$, calcular $P(X > 2)$.

8.2. Admita-se que X tenha distribuição de Poisson com parâmetro λ. Determine aquele valor de k para o qual $P(X = k)$ seja máxima. [*Sugestão*: Compare $P(X = k)$ com $P(X = k - 1)$.]

8.3. (Este problema foi tirado do livro *Probability and Statistical Inference for Engineers*, por Derman e Klein, Oxford University Press, Londres, 1959.) O número de navios petroleiros, digamos N, que chegam a determinada refinaria, cada dia, tem distribuição de Poisson, com parâmetro $\lambda = 2$. As atuais instalações do porto podem atender a três petroleiros por dia. Se mais de três petroleiros aportarem por dia, os excedentes a três deverão seguir para outro porto.

(*a*) Em um dia, qual é a probabilidade de se ter de mandar petroleiros para outro porto?

(*b*) De quanto deverão as atuais instalações ser aumentadas para permitir manobrar todos os petroleiros, em aproximadamente 90% dos dias?

(*c*) Qual é o número esperado de petroleiros a chegarem por dia?

(*d*) Qual é o número mais provável de petroleiros a chegarem por dia?

(*e*) Qual é o número esperado de petroleiros a serem atendidos diariamente?

(*f*) Qual é o número esperado de petroleiros que voltarão a outros portos diariamente?

8.4. Suponha que a probabilidade de que uma peça, produzida por determinada máquina, seja defeituosa é 0,2. Se 10 peças produzidas por essa máquina forem escolhidas ao acaso, qual é a probabilidade de que não mais de uma defeituosa seja encontrada? Empregue as distribuições binomial e de Poisson e compare as respostas.

8.5. Uma companhia de seguros descobriu que somente cerca de 0,1% da população está incluída em certo tipo de acidente cada ano. Se seus 10.000 segurados são escolhidos, ao acaso, na população, qual é a probabilidade de que não mais do que 5 de seus clientes venham a estar incluídos em tal acidente no próximo ano?

8.6. Suponha que X tenha uma distribuição de Poisson. Se $P(X = 2) = \frac{2}{3} P(X = 1)$, calcular $P(X = 0)$ e $P(X = 3)$.

8.7. Um fabricante de filmes produz 10 rolos de um filme especialmente sensível, cada ano. Se o filme não for vendido dentro do ano, ele deve ser refugado. A experiência passada diz que D, a (pequena) procura desse filme, é uma variável aleatória com distribuição de Poisson, com parâmetro 8. Se um lucro de US$ 7 for obtido, para cada rolo vendido, enquanto um prejuízo de US$ 3 é verificado para cada rolo refugado, calcule o lucro esperado que o fabricante poderá realizar com os 10 rolos que ele produz.

8.8. Partículas são emitidas por uma fonte radioativa. Suponha que o número de tais partículas, emitidas durante um período de uma hora, tenha uma distribuição de Poisson com parâmetro λ. Um dispositivo contador é empregado para registrar o número dessas partículas emitidas. Se mais de 30 partículas chegarem durante qualquer período de uma hora, o dispositivo registrador é incapaz de registrar o excesso e simplesmente registra 30. Se Y for a variável aleatória definida como o número de partículas registradas pelo dispositivo contador, determine a distribuição de probabilidade de Y.

8.9. Suponha que partículas sejam emitidas por uma fonte radioativa e que o número de partículas emitidas durante um período de uma hora tenha uma distribuição de Poisson com parâmetro λ. Admita que o dispositivo contador, que registra essas emissões, ocasionalmente falhe no registro de uma partícula emitida. Especificamente, suponha que qualquer partícula emitida tenha uma probabilidade p de ser registrada.

(*a*) Se Y for definida como o número de partículas registradas, qual é a expressão para a distribuição de probabilidade de Y?

(*b*) Calcule $P(Y = 0)$, se $\lambda = 4$ e $p = 0,9$.

8.10. Suponha que um recipiente encerre 10.000 partículas. A probabilidade de que uma dessas partículas escape do recipiente é igual a 0,000 4. Qual é a probabilidade de que mais de 5 escapamentos desses ocorram? (Pode-se admitir que os vários escapamentos sejam independentes uns dos outros.)

8.11. Suponha que um livro de 585 páginas contenha 43 erros tipográficos. Se esses erros estiverem aleatoriamente distribuídos pelo livro, qual é a probabilidade de 10 páginas, escolhidas ao acaso, estejam livres de erros? (*Sugestão*: Suponha que X = número de erros por página tenha uma distribuição de Poisson.)

8.12. Uma fonte radioativa é observada durante 7 intervalos de tempo, cada um de dez segundos de duração. O número de partículas emitidas durante cada período é contado. Suponha que o número de partículas emitidas X, durante cada período observado, tenha uma distribuição de Poisson com parâmetro 5,0. (Isto é, partículas são emitidas à taxa de 0,5 partícula por segundo.)

(*a*) Qual é a probabilidade de que em cada um dos 7 intervalos de tempo, 4 ou mais partículas sejam emitidas?

(*b*) Qual é a probabilidade de que em ao menos 1 dos 7 intervalos de tempo, 4 ou mais partículas sejam emitidas?

8.13. Verificou-se que o número de falhas de um transistor em um computador eletrônico, em qualquer período de uma hora, pode ser considerado como uma variável aleatória que tenha uma distribuição de Poisson com parâmetro 0,1. (Isto é, em média, haverá uma falha de transistor cada 10 horas.) Determinado cálculo, que requer 20 horas de tempo de cálculo, é iniciado.

(*a*) Determinar a probabilidade que o cálculo acima seja completado com êxito, sem falhas. (Admita que a máquina se torne inoperante somente se 3 ou mais transistores falharem.)

(*b*) O mesmo que (*a*), exceto que a máquina se torna inoperante se 2 ou mais transistores falharem.

8.14. Ao formar números binários com n dígitos, a probabilidade de que um dígito incorreto possa aparecer é 0,002. Se os erros forem independentes, qual é a probabilidade de encontrar zero, um, ou mais de um dígito incorreto em um número binário de 25 dígitos? Se o computador forma 10^6 desses números de 25 dígitos por segundo, qual é a probabilidade de que um número incorreto seja formado durante qualquer período de um segundo?

8.15. Dois procedimentos de lançamento, que operam independentemente, são empregados toda semana para lançamento de foguetes. Admita que cada procedimento seja continuado até que *ele* produza um lançamento bem-sucedido. Suponha que empregando o procedimento I, $P(S)$, a probabilidade de um lançamento bem-sucedido, seja igual a p_1, enquanto para o procedimento II, $P(S) = p_2$. Admita, também, que uma tentativa seja feita toda semana com cada um dos dois métodos. Sejam X_1 e X_2 o número de semanas exigidas para alcançar-se um lançamento bem-sucedido pelos procedimentos I e II, respectivamente. (Portanto, X_1 e X_2 são variáveis aleatórias independentes, cada uma tendo uma distribuição geométrica.) Façamos W igual ao mínimo (X_1, X_2) e Z ao máximo (X_1, X_2). Deste modo, W representa o número de semanas necessárias para obter *um* lançamento bem-sucedido, enquanto Z representa o número de semanas necessárias para obter lançamentos bem-sucedidos com ambos os procedimentos. (Portanto, se o procedimento I der $\bar{S}\ \bar{S}\ \bar{S}\ S$, enquanto o procedimento II der $\bar{S}\ \bar{S}\ S$, teremos $W = 3$, $Z = 4$.)

(a) Estabeleça uma expressão para a distribuição de probabilidade de W. (*Sugestão*: Exprima, em termos de X_1 e X_2, o evento $\{W = k\}$.)

(b) Estabeleça uma expressão para a distribuição de probabilidade de Z.

(c) Reescreva as expressões acima se for $p_1 = p_2$.

8.16. Quatro componentes são reunidos em um único aparelho. Os componentes são originários de fontes independentes e $p_i = P(i\text{-ésimo componente seja defeituoso})$, $i = 1, 2, 3, 4$.

(a) Estabeleça uma expressão para a probabilidade de que o aparelho completo venha a funcionar.

(b) Estabeleça uma expressão para a probabilidade de que ao menos 3 componentes venham a funcionar.

(c) Se $p_1 = p_2 = 0,1$ e $p_3 = p_4 = 0,2$, calcule a probabilidade de que exatamente 2 componentes venham a funcionar.

8.17. Um maquinista conserva um grande número de arruelas em uma gaveta. Cerca de 50% dessas arruelas são de 1/4 de polegada de diâmetro, cerca de 30% são de 1/8 de diâmetro, e os restantes 20% são de 3/8. Suponha que 10 arruelas sejam escolhidas ao acaso.

(a) Qual é a probabilidade de que existam exatamente cinco arruelas de 1/4, quatro de 1/8 e uma arruela de 3/8?

(b) Qual é a probabilidade de que somente dois tipos de arruelas estejam entre as escolhidas?

(c) Qual é a probabilidade de que todos os três tipos de arruelas estejam entre aquelas escolhidas?

(d) Qual é a probabilidade que existam três de um tipo, três de outro tipo, e quatro do terceiro tipo, em uma amostra de 10?

8.18. Demonstre o Teor. 8.4.

8.19. Demonstre o Teor. 8.6.

8.20. O número de partículas emitidas por uma fonte radioativa, durante um período especificado, é uma variável aleatória com distribuição de Poisson. Se a probabilidade de não haver emissões for igual a 1/3, qual é a probabilidade de que 2 ou mais emissões ocorram?

8.21. Suponha que X_t, o número de partículas emitidas em t horas por uma fonte radioativa, tenha uma distribuição de Poisson com parâmetro $20t$. Qual será a probabilidade de que exatamente 5 partículas sejam emitidas durante um período de 15 minutos?

8.22. A probabilidade de um bem-sucedido lançamento de foguete é igual a 0,8. Suponha que tentativas de lançamento sejam feitas até que tenham ocorrido 3 lançamentos bem-sucedidos. Qual é a probabilidade de que exatamente 6 tentativas sejam necessárias? Qual é a probabilidade de que menos de 6 tentativas sejam necessárias?

8.23. Na situação descrita no Probl. 8.22, suponha que as tentativas de lançamento sejam feitas até que três lançamentos bem-sucedidos, *consecutivos*, ocorram. Responda às questões que surgiram no problema anterior, neste caso.

8.24. Considere novamente a situação descrita no Probl. 8.22. Suponha que cada tentativa de lançamento custe US\$ 5.000. Além disso, um lançamento falho acarrete um custo adicional de US\$ 500. Calcule o custo esperado, para a situação apresentada.

8.25. Com X e Y definidos como na Seção 8.6, comprove se a expressão seguinte é ou não verdadeira:

$$P(Y < n) = P(X > r).$$

Algumas Variáveis Aleatórias Contínuas Importantes

9.1. Introdução

Neste capítulo, prosseguiremos a tarefa que nos propusemos no Cap. 8, e estudaremos minuciosamente algumas variáveis aleatórias contínuas importantes e suas características. Como já salientamos anteriormente, em muitos problemas se torna matematicamente mais simples considerar um espaço amostral "idealizado" para uma variável aleatória X, no qual *todos* os números reais possíveis (em algum intervalo especificado ou conjunto de intervalos) possam ser considerados como resultados possíveis. Desta maneira, seremos levados às variáveis aleatórias contínuas. Muitas das variáveis que agora introduziremos possuem importantes aplicações, e adiaremos para um capítulo posterior o exame de algumas dessas aplicações.

9.2. A Distribuição Normal

A seguinte é uma das mais importantes variáveis aleatórias contínuas.

Definição. A variável aleatória X, que tome todos os valores reais $-\infty < x < \infty$, tem uma *distribuição normal* (ou *gaussiana*) se sua fdp for da forma

$$f(x)\frac{1}{\sqrt{2\pi}\sigma}\exp\left(-\frac{1}{2}\left[\frac{x-\mu}{\sigma}\right]^2\right), \quad -\infty < x < \infty. \tag{9.1}$$

Os parâmetros μ e σ devem satisfazer às condições $-\infty < \mu < \infty$, $\sigma > 0$. Já que teremos muitas ocasiões de nos referir à distribuição acima, empregaremos a seguinte notação: X terá distribuição $N(\mu, \sigma^2)$ se, e somente se, sua distribuição de probabilidade for dada pela Eq. (9.1). [Frequentemente, utilizaremos a notação exp (t) para representarmos e^t.]

Até o Cap. 12, não vamos explicar a razão da grande importância desta distribuição. Vamos apenas afirmar, por enquanto, que a *distribuição normal serve como uma excelente aproximação para uma grande classe de distribuições*, que têm enorme importância prática. Além disso, esta distribuição apresenta algumas propriedades matemáticas muito desejáveis, que permitem concluir importantes resultados teóricos.

9.3. Propriedades da Distribuição Normal

(*a*) Vamos mostrar que f é uma fdp legítima. Obviamente, $f(x) \geq 0$. Devemos ainda verificar que $\int_{-\infty}^{+\infty} f(x)\, dx = 1$. Notamos que fazendo $t = (x - \mu)/\sigma$, poderemos escrever $\int_{-\infty}^{+\infty} f(x)\, dx$ na forma $(1/\sqrt{2\pi}) \int_{-\infty}^{+\infty} e^{-t^2/2}\, dt = I$.

O artifício empregado para calcular esta integral (e *é* um artifício) é considerar, em lugar de I, o quadrado desta integral, a saber I^2. Deste modo,

$$I^2 = \frac{1}{2\pi} \int_{-\infty}^{+\infty} e^{-t^2/2}\, dt \int_{-\infty}^{+\infty} e^{-s^2/2}\, ds$$

$$= \frac{1}{2\pi} \int_{-\infty}^{+\infty} \int_{-\infty}^{+\infty} e^{-(s^2+t^2)/2}\, ds\, dt.$$

Vamos introduzir coordenadas polares para calcular esta integral dupla:

$$s = r \cos \alpha, \quad t = r \operatorname{sen} \alpha.$$

Consequentemente, o elemento de área $ds\, dt$ se torna $r\, dr\, d\alpha$. Como s e t variam entre $-\infty$ e $+\infty$, r varia entre 0 e ∞, enquanto α varia entre 0 e 2π. Portanto,

$$I^2 = \frac{1}{2\pi} \int_0^{2\pi} \int_0^{\infty} r e^{-r^2/2}\, dr\, d\alpha$$

$$= \frac{1}{2\pi} \int_0^{2\pi} e^{-r^2/2} \Big|_0^{\infty}\, d\alpha$$

$$= \frac{1}{2\pi} \int_0^{2\pi} d\alpha = 1.$$

Por isso, $I = 1$, como se queria mostrar.

(b) Vamos examinar o aspecto do gráfico de f. Ele apresenta a bem conhecida forma de sino, mostrada na Fig. 9.1. Visto que f depende de x somente através da expressão $(x - \mu)^2$, torna-se evidente que o gráfico de f será *simétrico* em relação a μ. Por exemplo, se $x = \mu + 2$, $(x - \mu)^2 = (\mu + 2 - \mu)^2 = 4$, enquanto para $x = \mu - 2$, $(x - \mu)^2 = (\mu - 2 - \mu)^2 = 4$, também.

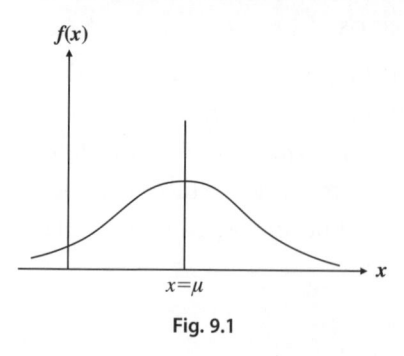

Fig. 9.1

O parâmetro σ também pode ser interpretado geometricamente. Observamos que para $x = \mu$, o gráfico de f é descendente, de concavidade para baixo. Quando $x \to \pm\infty$, $f(x) \to 0$, assintoticamente. Visto que $f(x) \geq 0$ para todo x, isto significa que, para valores grandes de x (positivos ou negativos), o gráfico de f tem a concavidade para cima. O ponto no qual a concavidade muda é denominado ponto de inflexão, e será localizado pela resolução da equação $f''(x) = 0$. Ao fazer isso verificamos que os pontos de inflexão ocorrem para $x = \mu \pm \sigma$. Isto é, σ unidades para a direita e para a esquerda de μ o gráfico de f muda de concavidade. Por isso, se σ for relativamente grande, o gráfico de f tende a ser "achatado", enquanto se σ for pequeno, o gráfico de f tende a ser bastante "pontiagudo".

(c) Em complemento à interpretação geométrica dos parâmetros μ e σ, o seguinte significado probabilístico importante pode ser associado a essas quantidades. Consideremos

$$E(X) = \frac{1}{\sqrt{2\pi}\sigma} \int_{-\infty}^{+\infty} x \exp\left(-\frac{1}{2}\left[\frac{x-\mu}{\sigma}\right]^2\right) dx$$

Fazendo $z = (x - \mu)/\sigma$ e observando que $dx = \sigma\, dz$, obteremos

$$E(X) = \frac{1}{\sqrt{2\pi}} \int_{-\infty}^{+\infty} (\sigma z + \mu) e^{-z^2/2}\, dz$$

$$= \frac{1}{2\pi}\sigma \int_{-\infty}^{+\infty} z e^{-z^2/2}\, dz + \mu \frac{1}{\sqrt{2\pi}} \int_{-\infty}^{+\infty} e^{-z^2/2}\, dz.$$

A primeira das integrais acima é igual a zero, porque o integrando $g(z)$ possui a propriedade $g(z) = -g(-z)$, e por isso, g é uma função ímpar. A segunda integral (sem o fator μ) representa a área total sob a fdp normal e, por isso, é igual à unidade. Assim, $E(X) = \mu$.

Consideremos agora

$$E(X^2) = \frac{1}{\sqrt{2\pi}\sigma} \int_{-\infty}^{+\infty} x^2 \exp\left(-\frac{1}{2}\left[\frac{x-\mu}{\sigma}\right]^2\right) dx.$$

Novamente fazendo-se $z = (x - \mu)/\sigma$, obteremos

$$E(X^2) = \frac{1}{\sqrt{2\pi}} \int_{-\infty}^{+\infty} (\sigma z + \mu)^2 e^{-z^2/2}\, dz$$

$$= \frac{1}{\sqrt{2\pi}} \int_{-\infty}^{+\infty} \sigma^2 z^2 e^{-z^2/2}\, dz + 2\mu\sigma \frac{1}{\sqrt{2\pi}} \int_{-\infty}^{+\infty} z e^{-z^2/2}\, dz$$

$$+ \mu^2 \frac{1}{\sqrt{2\pi}} \int_{-\infty}^{+\infty} e^{-z^2/2}\, dz.$$

A segunda integral também é igual a zero, pelo mesmo argumento usado acima. A última integral (sem o fator μ^2) é igual à unidade. Para calcular $(1/\sqrt{2\pi})\int_{-\infty}^{+\infty} z^2 e^{-z^2/2}\, dz$ integraremos por partes, fazendo $ze^{-z^2/2} = dv$ e $z = u$. Consequentemente $v = -e^{-z^2/2}$ enquanto $dz = du$. Obteremos

$$\frac{1}{\sqrt{2\pi}} \int_{-\infty}^{+\infty} z^2 e^{-z^2/2}\, dz = \frac{-ze^{-z^2/2}}{\sqrt{2\pi}}\bigg|_{-\infty}^{+\infty} + \frac{1}{\sqrt{2\pi}} \int_{-\infty}^{+\infty} e^{-z^2/2}\, dz =$$

$$= 0 + 1 = 1.$$

Logo, $E(X^2) = \sigma^2 + \mu^2$ e, portanto, $V(X) = E(X^2) - [E(X)]^2 = \sigma^2$. *Deste modo verificamos que os dois parâmetros μ e σ^2, que caracterizam a distribuição normal, são a expectância e a variância de X, respectivamente.* Para dizê-lo de outra maneira, se soubermos que X é distribuída normalmente, saberemos apenas que sua distribuição de probabilidade é de certo tipo (ou pertence a certa família). Se, além disso, conhecermos $E(X)$ e $V(X)$, a distribuição de X estará completamente especificada. Como dissemos acima, o gráfico da fdp de uma variável aleatória normalmente distribuída é simétrico em relação a μ. O achatamento do gráfico é determinado por σ^2, no sentido de que se X tiver distribuição $N(\mu, \sigma_1^2)$ e Y tiver distribuição $N(\mu, \sigma_2^2)$, na qual $\sigma_1^2 > \sigma_2^2$, então suas fdp terão as formas relativas apresentadas na Fig. 9.2.

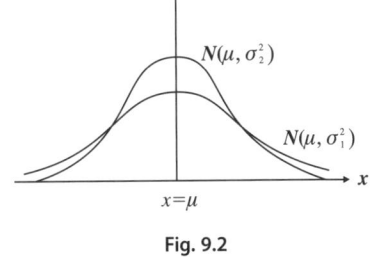

Fig. 9.2

(*d*) Se X tiver a distribuição $N(0, 1)$, diremos que X possui a distribuição *normal reduzida*. Isto é, a fdp de X pode ser escrita como igual a

$$\varphi(x) = \frac{1}{\sqrt{2\pi}} e^{-x^2/2}. \tag{9.2}$$

(Empregaremos a letra φ exclusivamente para a fdp da variável aleatória X acima.) A importância da distribuição normal reduzida está no fato de que ela está *tabelada*. Sempre que X tiver a distribuição $N(\mu, \sigma^2)$, poderemos sempre obter a forma reduzida, pela adoção de uma função *linear* de X, como o indica o seguinte teorema:

Teorema 9.1. Se X tiver a distribuição $N(\mu, \sigma^2)$, e se $Y = aX + b$, então Y terá a distribuição $N(a\mu + b, a^2\sigma^2)$.

Demonstração: O fato de que $E(Y) = a\mu + b$ e $V(Y) = a^2\sigma^2$ decorre imediatamente das propriedades do valor esperado e da variância explicadas no Cap. 7. Para mostrar que, de fato, Y será normalmente distribuída, poderemos aplicar o Teor. 5.1, já que $aX + b$ será ou uma função decrescente ou uma função crescente de X, dependendo do sinal de a. Em consequência, se g for a fdp de Y, teremos

$$g(y) = \frac{1}{\sqrt{2\pi}\sigma} \exp\left(-\frac{1}{2\sigma^2}\left[\frac{y-b}{a} - \mu\right]^2\right)\left|\frac{1}{a}\right|$$

$$= \frac{1}{\sqrt{2\pi}\sigma|a|} \exp\left(-\frac{1}{2\sigma^2 a^2}[y - (a\mu+b)]^2\right),$$

que representa a fdp de uma variável aleatória com distribuição $N(a\mu + b, a^2\sigma^2)$.

Corolário. Se X tiver distribuição $N(\mu, \sigma^2)$ e se $Y = (X - \mu)/\sigma$, então Y terá distribuição $N(0, 1)$.

Demonstração: É evidente que Y é uma função linear de X, e, por isso, o Teor. 9.1 se aplica.

Comentário: A importância deste corolário é que, pela *mudança de unidades* na qual a variável é mensurada, poderemos obter a distribuição reduzida (veja o item *d*). Ao fazer isso, obteremos uma distribuição com parâmetros não especificados, situação a mais desejável do ponto de vista da tabulação da distribuição (veja a seção seguinte).

9.4. Tabulação da Distribuição Normal

Suponha que X tenha distribuição $N(0,1)$. Nesse caso,

$$P(a \leq X \leq b) = \frac{1}{\sqrt{2\pi}} \int_a^b e^{-x^2/2} \, dx.$$

Esta integral não pode ser calculada pelos caminhos comuns. (A dificuldade reside no fato de que não podemos aplicar o Teorema Fundamental do Cálculo, porque não podemos achar uma função cuja derivada seja igual a $e^{-x^2/2}$.) Contudo, métodos de integração numérica podem ser empregados para calcular integrais da forma acima, e de fato $P(X \leq s)$ tem sido *tabelada*.

A fd da distribuição normal reduzida será coerentemente denotada por Φ. Isto é,

$$\Phi(s) = \frac{1}{\sqrt{2\pi}} \int_{-\infty}^s e^{-x^2/2} \, dx. \tag{9.3}$$

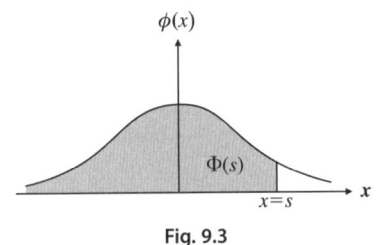

Fig. 9.3

(Veja a Fig. 9.3.) A função Φ tem sido tabelada extensivamente, e um extrato dessa tábua está apresentada no Apêndice. Podemos agora utilizar a tabulação da função Φ, a fim de calcularmos $P(a \leq X \leq b)$, na qual X tem a distribuição reduzida $N^{(0,\,1)}$ visto que

$$P(a \leq X \leq b) = \Phi(b) - \Phi(a).$$

A utilidade notável da tabulação acima é devida ao fato de que, se X tiver *qualquer* distribuição normal $N(\mu, \sigma^2)$, a função tabelada Φ pode ser empregada para calcular probabilidades associadas a X.

Simplesmente empregaremos o Teor. 9.1 para salientar que se X tiver distribuição $N(\mu, \sigma^2)$, então $Y = (X - \mu)/\sigma$ terá distribuição $N(0, 1)$. Consequentemente,

$$P(a \leq X \leq b) = P\left(\frac{a-\mu}{\sigma} \leq Y \leq \frac{b-\mu}{\sigma}\right) =$$

$$= \Phi\left(\frac{b-\mu}{\sigma}\right) - \Phi\left(\frac{a-\mu}{\sigma}\right). \tag{9.4}$$

É também evidente da definição de Φ (veja a Fig. 9.3) que

$$\Phi(-x) = 1 - \Phi(x). \tag{9.5}$$

Esta relação é particularmente útil, porque na maioria das tábuas, a função Φ está tabulada somente para valores positivos de x.

Finalmente, vamos calcular $P(\mu - k\sigma \leq; X \leq \mu + k\sigma)$, na qual X tem distribuição $N(\mu, \sigma^2)$. A probabilidade acima pode ser expressa em termos da função Φ, ao se escrever

$$P(\mu - k\sigma \leq X \leq \mu + k\sigma) = P\left(-k \leq \frac{X - \mu}{\sigma} \leq k\right)$$
$$= \Phi(k) - \Phi(-k).$$

Empregando a Eq. (9.5), teremos para $k > 0$,

$$P(\mu - k\sigma \leq X \leq \mu + k\sigma) = 2\Phi(k) - 1. \tag{9.6}$$

Observe-se que a probabilidade acima é independente de μ e σ. Explicando: A probabilidade de que uma variável aleatória com distribuição $N(\mu, \sigma^2)$ tome valores até k desvios-padrão do valor esperado depende somente de k, e é dada pela Eq. (9.6).

Comentário: Teremos muitas ocasiões de nos referir a "funções tabeladas". Em certo sentido, quando uma expressão pode ser escrita em termos de funções tabeladas, o problema está "resolvido". (Com o recurso das modernas instalações de computação, muitas funções que ainda não estejam tabuladas podem ser facilmente calculadas. Embora não esperemos que nenhuma pessoa tenha fácil acesso a um computador, não parece muito desarrazoado supor que algumas tábuas comuns sejam disponíveis.) Por isso, nos sentimos tão à vontade com a função $\Phi(x) = (1/\sqrt{2\pi})\int_{-\infty}^{x} e^{-s^2/2}$ quanto com a função $f(x) = \sqrt{x}$. Ambas essas funções estão tabeladas e, em ambos os casos poderemos sentir alguma dificuldade em calcular diretamente a função para $x = 0,43$, por exemplo. No Apêndice, estão reunidas várias tábuas de algumas das mais importantes funções que encontraremos em nosso trabalho. Referências ocasionais serão feitas a outras tábuas não incluídas neste livro.

Exemplo 9.1. Suponha que X tenha distribuição $N(3, 4)$. Desejamos achar um número c, tal que $P(X > c) = 2P(X \leq c)$.

Observamos que $(X - 3)/2$ tem distribuição $N(0, 1)$. Logo,

$$P(X > c) = P\left(\frac{X - 3}{2} > \frac{c - 3}{2}\right) = 1 - \Phi\left(\frac{c - 3}{2}\right).$$

Também,

$$P(X \leq c) = P\left(\frac{X - 3}{2} \leq \frac{c - 3}{2}\right) = \Phi\left(\frac{c - 3}{2}\right).$$

A condição anterior pode, pois, ser escrita como $1 - \Phi[(c - 3)/2] = 2\Phi[(c - 3)/2]$. Isto se torna $\Phi[(c - 3)/2] = 1/3$. Daí (a partir das tábuas da distribuição normal) encontrarmos que $(c - 3)/2 = -0,43$, fornecendo $c = 2,14$.

Exemplo 9.2. Suponha que a carga de ruptura de um tecido de algodão (em libras), X, seja normalmente distribuída com $E(X) = 165$ e $V(X) = 9$. Além disso, admita-se que uma amostra desse tecido seja considerada defeituosa se $X < 162$. Qual é a probabilidade de que um tecido escolhido ao acaso seja defeituoso?

Devemos calcular $P(X < 162)$. Contudo,

$$P(X < 162) = P\left(\frac{X-165}{3} < \frac{162-165}{3}\right)$$
$$= \Phi(-1) = 1 - \Phi(1) = 0,159.$$

Comentário: Uma objeção imediata ao emprego da distribuição normal pode surgir aqui, porque é óbvio que X, a carga de ruptura de um tecido de algodão, não pode tomar valores negativos, enquanto uma variável aleatória normalmente distribuída pode tomar todos os valores positivos e negativos. No entanto, o modelo acima (aparentemente não válido, à vista da objeção recém-surgida) atribui probabilidade desprezível ao evento $\{X < 0\}$. Isto é,

$$P(X < 0) = P\left(\frac{X-165}{3} < \frac{0-165}{3}\right) = \Phi(-55) \approx 0.$$

O caso surgido aqui ocorrerá frequentemente: Uma dada variável aleatória X, que sabemos não poder tomar valores negativos, será suposta ter uma distribuição normal, desse modo tomando (ao menos teoricamente) tanto valores positivos como negativos. Enquanto os parâmetros μ e σ^2 forem escolhidos de modo que $P(X < 0)$ seja essencialmente nula, tal representação será perfeitamente válida.

O problema de encontrar a fdp de uma função de variável aleatória, por exemplo $Y = H(X)$, tal como se explicou no Cap. 5, se apresenta nesta passagem, em que a variável aleatória X tem distribuição normal.

Exemplo 9.3. Suponha que o raio R de uma esfera de rolamento seja normalmente distribuído com valor esperado 1 e variância 0,04. Determinar a fdp do volume da esfera de rolamento.

A fdp da variável aleatória R é dada por

$$f(r) = \frac{1}{\sqrt{2\pi}(0,2)} \exp\left(-\frac{1}{2}\left[\frac{r-1}{0,2}\right]^2\right).$$

Já que V é uma função monotonicamente crescente de R, podemos aplicar diretamente o Teor. 5.1 para a fdp de $V = 4/3\,\pi R^3$, e obter $g(v) = f(r)\,(dr/dv)$, em que r será sempre expresso em termos de v. Da relação acima, obteremos $r = \sqrt[3]{3v/4\pi}$. Daí, $dr/dv = (1/4\pi)(3v/4\pi)^{-2/3}$. Pela substituição dessas expressões na equação acima, obteremos a fdp de V desejada.

Exemplo 9.4. Suponha que X, o diâmetro interno (milímetros) de um bocal, seja uma variável aleatória normalmente distribuída com valor esperado μ, e variância 1. Se X não atender a determinadas especificações, o fabricante sofrerá um prejuízo. Especificamente, suponha que o lucro T (por bocal) seja a seguinte função de X:

$$\begin{aligned}
T &= C_1 \text{ dólares se } 10 \le X \le 12, \\
&= -C_2 \qquad \text{se } X < 10, \\
&= -C_3 \qquad \text{se } X > 12.
\end{aligned}$$

Consequentemente, o lucro esperado (por bocal) pode ser escrito:

$$\begin{aligned}
E(T) &= C_1[\Phi(12-\mu)] - \Phi(10-\mu)] - C_2[\Phi(10-\mu)] - C_3[1 - \Phi(12-\mu)] \\
&= (C_1 + C_3)\Phi(12-\mu) - (C_1 + C_2)\Phi(10-\mu) - C_3.
\end{aligned}$$

Admita-se que o processo de fabricação possa ser ajustado de modo que diferentes valores de μ possam ser encontrados. Para que valor de μ o lucro esperado será máximo? Deveremos calcular $dE(T)/(d\mu)$ e igualá-la a zero. Denotando, como é costume, a fdp da distribuição $N(0, 1)$ por φ teremos

$$\frac{dE(T)}{du} = (C_1 + C_3)[-\varphi(12-\mu)] - (C_1 + C_2)[-\varphi(10-\mu)].$$

Daí,

$$-(C_1 + C_3)\frac{1}{\sqrt{2\pi}}\exp\left[-\frac{1}{2}(12-\mu)^2\right] +$$

$$+ (C_1 + C_2)\frac{1}{\sqrt{2\pi}}\exp\left[-\frac{1}{2}(10-\mu)^2\right] = 0.$$

Ou

$$e^{22-2\mu} = \frac{C_1 + C_3}{C_1 + C_2}.$$

Portanto,

$$\mu = 11 - \frac{1}{2}\ln\left(\frac{C_1 + C_3}{C_1 + C_2}\right).$$

[É fácil tarefa para o leitor verificar que a expressão acima fornece o valor máximo para $E(T)$.]

Comentários: (*a*) Se $C_2 = C_3$, isto é, se um diâmetro X muito grande ou muito pequeno constituírem defeitos igualmente sérios, então o valor de u, para o qual o valor máximo de $E(T)$ é atingido, será $\mu = 11$. Se $C_2 > C_3$, o valor de μ será maior que 11, enquanto se $C_2 < C_3$ o valor de μ será menor que 11. Quando $\mu \to +\infty$, $E(T) \to -C_3$, enquanto se $\mu \to -\infty$, $E(T) \to -C_2$.

(*b*) Considerem-se os seguintes valores de custo: $C_1 = $ US\$ 10, $C_2 = $ US\$ 3 e $C_3 = $ US\$ 2. Em consequência, o valor de μ para o qual $E(T)$ se tornará máximo é $\mu = 11 - (1/2)$ ln $(12/13) = $ US\$ 11,04. Deste modo, o valor máximo atingido por $E(T)$ será igual a US\$ 6,04 por bocal.

9.5. A Distribuição Exponencial

Definição. Uma variável aleatória contínua X, que tome todos os valores não negativos, terá uma *distribuição exponencial* com parâmetro $\alpha > 0$, se sua fdp for dada por

$$f(x) = \alpha e^{-\alpha x}, \quad x > 0$$
$$= 0, \text{ para quaisquer outros valores.} \tag{9.7}$$

(Veja a Fig. 9.4.) [Uma integração imediata mostra que

$$\int_0^\infty f(x) \, dx = 1$$

e, por isso, a Eq. (9.7) representa uma fdp.]

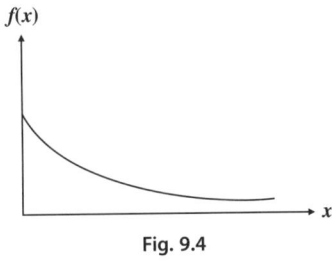

Fig. 9.4

A distribuição exponencial desempenha importante papel na descrição de uma grande classe de fenômenos, particularmente nos assuntos da teoria da confiabilidade. Dedicaremos o Cap. 11 a algumas dessas aplicações. Por enquanto, vamos apenas estudar algumas das propriedades da distribuição exponencial.

9.6. Propriedades da Distribuição Exponencial

(*a*) A fd F da distribuição exponencial é dada por

$$F(x) = P(X \leq x) = \int_0^x \alpha e^{-\alpha t} \, dt = 1 - e^{-\alpha x}, x \geq 0 \tag{9.8}$$
$$= 0, \text{ para outros quaisquer valores.}$$

[Portanto, $P(X > x) = e^{-\alpha x}$.]

(*b*) O valor esperado de X é obtido assim:

$$E(X) = \int_0^\infty x\alpha e^{-\alpha x}\, dx$$

Integrando por partes e fazendo $\alpha e^{-\alpha x}\, dx = dv$, $x = u$, obtemos $v = -e^{-\alpha x}$, $du = dx$. Portanto,

$$E(X) = [-xe^{-\alpha x}]\big|_0^\infty + \int_0^\infty e^{-\alpha x}\, dx = \frac{1}{\alpha}. \qquad (9.9)$$

Por conseguinte, o valor esperado é igual ao inverso do parâmetro α. [Pelo simples rebatismo do parâmetro $\alpha = 1/\beta$, poderíamos escrever a fdp de X como $f(x) = (1/\beta)e^{-x/\beta}$. Nesta forma, o parâmetro β fica igual ao valor esperado de X. No entanto, continuaremos a empregar a forma da Eq. (9.7).]

(*c*) A variância de X pode ser obtida por uma integração semelhante. Encontraremos que $E(X^2) = 2/\alpha^2$ e por isso

$$V(X) = E(X^2) - [E(X)]^2 = \frac{1}{\alpha^2}. \qquad (9.10)$$

(*d*) A distribuição exponencial apresenta a seguinte interessante propriedade, análoga à Eq. (8.6) exposta para a distribuição geométrica. Considere-se para quaisquer $s, t > 0$, $P(X > s + t \mid X > s)$. Teremos

$$P(X > s + t \mid X > s) = \frac{P(X > s + t)}{P(X > s)} = \frac{e^{-\alpha(s+t)}}{e^{-\alpha s}} = e^{-\alpha t}.$$

Portanto,

$$P(X > s + t \mid X > s) = P(X > t). \qquad (9.11)$$

Desta maneira, mostramos que a distribuição exponencial apresenta também a propriedade de "não possuir memória", tal como a distribuição geométrica. (Veja o Comentário que se segue ao Teor. 8.4.) Faremos uso intenso dessa propriedade ao aplicarmos a distribuição exponencial aos modelos de fadiga, no Cap. 11.

Comentário: Do mesmo modo que é verdadeira no caso da distribuição geométrica, a *recíproca* da Propriedade (*d*) também vale aqui. A única variável aleatória contínua X, que toma valores não negativos para os quais $P(X > s + t | X > s) = P(X > t)$ para todos $s, t > 0$, é uma variável aleatória distribuída exponencialmente. [Embora não o provemos aqui, deve-se salientar que o ponto crítico do raciocínio se refere ao fato de que a única função contínua G, que tem a propriedade de $G(x + y) = G(x)G(y)$ para todos $x, y > 0$, é $G(x) = e^{-kx}$. Verifica-se facilmente que se definirmos $G(x) = 1 - F(x)$, na qual F é a fd de X, então G satisfará a esta condição.]

Exemplo 9.5. Suponha que um fusível tenha uma duração de vida X, a qual pode ser considerada uma variável aleatória contínua com uma distribuição exponencial. Existem dois processos pelos quais o fusível pode ser fabricado. O processo I apresenta uma duração de vida esperada de 100 horas (isto é, o parâmetro é igual a 100^{-1}), enquanto o Processo II apresenta uma duração de vida esperada de 150 horas (isto é, o parâmetro é igual a 150^{-1}). Suponha que o processo II seja duas vezes mais custoso (por fusível) que o processo I, que custa C dólares por fusível. Admita-se, além disso, que se um fusível durar menos que 200 horas, uma multa de K dólares seja lançada sobre o fabricante. Que processo deve ser empregado? Vamos calcular o custo *esperado* para cada processo. Para o processo I, teremos

$$C_I = \text{custo (por fusível)} = C \qquad \text{se } X > 200$$
$$= C + K \text{ se } X \le 200.$$

Logo,

$$E(C_I) = CP(X > 200) + (C+K)P(X \le 200)$$
$$= Ce^{-(1/100)200} + (C+K)(1 - e^{-(1/100)200})$$
$$= Ce^{-2} + (C+K)(1 - e^{-2}) = K(1 - e^{-2}) + C.$$

Por um cálculo semelhante, encontraremos

$$E(C_{II}) = K(1 - e^{-4/3}) + 2C.$$

Portanto,

$$E(C_{II}) - E(C_I) = C + K(e^{-2} - e^{-4/3}) = C - 0{,}13K.$$

Consequentemente, preferiremos o processo I, visto que $C > 0{,}13K$.

Exemplo 9.6. Suponhamos que X tenha uma distribuição exponencial com parâmetro α. Nesse caso, $E(X) = 1/\alpha$. Vamos calcular a probabilidade de que X ultrapasse seu valor esperado (Fig. 9.5). Teremos

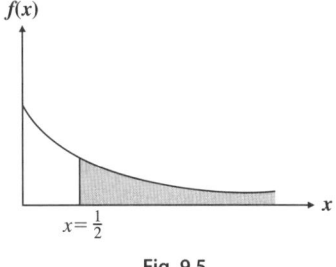

$$P\left(X > \frac{1}{\alpha}\right) = e^{-\alpha(1/\alpha)}$$
$$= e^{-1} < \frac{1}{2}.$$

Fig. 9.5

Exemplo 9.7. Suponhamos que T, o período para a quebra de um componente, seja distribuído exponencialmente. Portanto, $f(t) = \alpha e^{-\alpha t}$. Se n desses componentes forem instalados, qual será a probabilidade de que a metade ou mais deles ainda esteja em funcionamento ao fim de t horas? A probabilidade pedida é

$$\sum_{k=n/2}^{n} \binom{n}{k}(1-e^{-\alpha t})^{n-k}(e^{-\alpha tk}) \quad \text{se } n \text{ for par;}$$

$$\sum_{k=(n+1)/2}^{n} \binom{n}{k}(1-e^{-\alpha t})^{n-k}(e^{-\alpha tk}) \quad \text{se } n \text{ for ímpar.}$$

Exemplo 9.8. Suponhamos que a duração da vida T, em horas, de determinada válvula eletrônica seja uma variável aleatória com distribuição exponencial, com parâmetro β. Quer dizer, a fdp é dada por $f(t) = \beta e^{-\beta t}$, $t > 0$. Uma máquina que emprega esta válvula custa C_1 dólares/hora de funcionamento. Enquanto a máquina está funcionando, um lucro de C_2 dólares/hora é obtido. Um operador deve ser contratado para um número de horas *prefixado*, H, e recebe um pagamento de C_3 dólares/hora. Para qual valor de H, o *lucro esperado* será máximo?

Vamos inicialmente obter uma expressão para o lucro R. Teremos

$$R = C_2 H - C_1 H - C_3 H \quad \text{se } T > H$$
$$= C_2 T - C_1 T - C_3 H \quad \text{se } T \leq H.$$

Note-se que R é uma variável aleatória, porque é uma função de T. Daí

$$E(R) = H(C_2 - C_1 - C_3)P(T > H) - C_3 H P(T \leq H)$$
$$+ (C_2 - C_1)\int_0^H t\beta e^{-\beta t} dt$$
$$= H(C_2 - C_1 - C_3)e^{-\beta H} - C_3 H(1 - e^{-\beta H})$$
$$+ (C_2 - C_1)[\beta^{-1} - e^{-\beta H} + H)]$$
$$= (C_2 - C_1)[He^{-\beta H} + \beta^{-1} - e^{-\beta H}(\beta^{-1} + H)] - C_3 H.$$

Para obtermos o valor máximo de $E(R)$, derivaremos em relação a H e faremos a derivada igual a zero. Teremos

$$\frac{dE(R)}{dH} = (C_2 - C_1)[H(-\beta)e^{-\beta H} + e^{-\beta H} - e^{-\beta H} + (\beta^{-1} + H)(\beta)e^{-\beta H}] - C_3$$
$$= (C_2 - C_1)e^{-\beta H} - C_3.$$

Consequentemente $dE(R)/dH = 0$ acarreta que

$$H = -\left(\frac{1}{\beta}\right)\ln\left[\frac{C_3}{C_2 - C_1}\right].$$

[A fim de que a solução acima tenha significado, devemos ter $H > 0$, o que ocorre se, e somente se, $0 < C_3/(C_2 - C_1) < 1$, o que por sua vez é equivalente a $C_2 - C_1 > 0$ e $C_2 - C_1 - C_3 > 0$. No entanto, a última condição exige apenas que os dados de custo sejam de tal magnitude que um lucro possa ser auferido.]

Suponha, em particular, que $\beta = 0,01$, $C_1 = $ US\$ 3, $C_2 = $ US\$ 10, e $C_3 = $ US\$ 4. Nesse caso, $H = -100 \ln (4/7) = 55,9$ horas ≈ 56 horas. Portanto, o operador deve ser contratado para 56 horas, de modo a se alcançar o máximo lucro. (Para uma ligeira modificação do exemplo acima, veja o Probl. 9.18.)

9.7. A Distribuição Gama

Vamos, inicialmente, introduzir uma função que é da maior importância, não somente em teoria de probabilidade, mas em muitos domínios da Matemática.

Definição. A *função gama*, denotada por Γ, é assim definida:

$$\Gamma(p) = \int_0^\infty x^{p-1} e^{-x}\, dx \text{ , definida para } p > 0. \tag{9.12}$$

[Pode-se demonstrar que essa integral imprópria existe (converge) sempre que $p > 0$.] Se integrarmos por partes, fazendo $e^{-x}\, dx = dv$ e $x^{p-1} = u$, obteremos

$$\begin{aligned}
\Gamma(p) &= -e^{-x} x^{p-1}\big|_0^\infty - \int_0^\infty [-e^{-x}(p-1)x^{p-2}\, dx] \\
&= 0 + (p-1)\int_0^\infty e^{-x} x^{p-2}\, dx \\
&= (p-1)\Gamma(p-1)
\end{aligned} \tag{9.13}$$

Desse modo, mostramos que a função gama obedece a uma interessante relação de recorrência. Suponha que p seja um *inteiro positivo*, digamos $p = n$. Então, aplicando-se a Eq. (9.13) repetidamente, obteremos

$$\begin{aligned}
\Gamma(n) &= (n-1)\Gamma(n-1) \\
&= (n-1)(n-2)\Gamma(n-2) = \cdots = (n-1)(n-2)\cdots\Gamma(1).
\end{aligned}$$

Porém, $\Gamma(1) = \int_0^\infty e^{-x}\,dx = 1$ e, por isso, teremos

$$\Gamma(n) = (n-1)! \qquad (9.14)$$

(se n for um inteiro positivo). (Portanto, poderemos considerar a função gama como uma generalização da função fatorial.) É também fácil verificar que

$$\Gamma\left(\frac{1}{2}\right) = \int_0^\infty x^{-1/2} e^{-x}\,dx = \sqrt{\pi}. \qquad (9.15)$$

(Veja o Probl. 9.19.)

Com o auxílio da função gama, poderemos agora introduzir a distribuição de probabilidade gama.

Definição. Seja X uma variável aleatória contínua, que tome somente valores não negativos. Diremos que X tem uma *distribuição de probabilidade gama*, se sua fdp for dada por

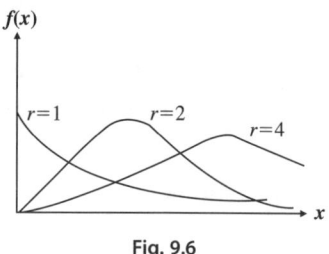

Fig. 9.6

$$f(x) = \frac{\alpha}{\Gamma(r)} (\alpha x)^{r-1} e^{-\alpha} x, \quad x > 0$$

$$= 0, \text{ para quaisquer outros valores.} \qquad (9.16)$$

Esta distribuição depende de *dois parâmetros*, r e α, dos quais se exige $r > 0$, $\alpha > 0$. [Em virtude da definição da função gama, é fácil ver que $\int_{-\infty}^{+\infty} f(x)\,dx = 1$.] A Fig. 9.6 mostra o gráfico da fdp Eq. (9.16), para vários valores de r e $\alpha = 1$.

9.8. Propriedades da Distribuição Gama

(*a*) Se $r = 1$, a Eq. (9.16) fica $f(x) = \alpha e^{-\alpha x}$. Portanto, a *distribuição exponencial* é um *caso particular da distribuição gama*. (Se r for um inteiro positivo maior do que um, a distribuição gama também estará relacionada com a distribuição exponencial, porém de uma forma ligeiramente diferente. Trataremos disso no Cap. 10.)

(*b*) Na maioria de nossas aplicações, o parâmetro r será um inteiro positivo. Neste caso, existe uma interessante relação entre a fd da distribuição gama e a distribuição de Poisson, que agora apresentaremos.

Considere-se a integral $I = \int_a^\infty (e^{-y}y^r/r!)dy$, na qual r é um inteiro positivo e $a > 0$. Então, $r!I = \int_a^\infty e^{-y}y^r\ dy$. Integrando por partes, fazendo-se $u = y^r$ e $dv = e^{-y}\ dy$, teremos $du = ry^{r-1}\ dy$ e $v = -e^{-y}$. Daí, $r!I = e^{-a}a^r + r\int_a^\infty e^{-y}y^{r-1}\ dy$. Nessa expressão, a integral é exatamente da mesma forma que a integral original, com r substituído por $(r - 1)$. Deste modo, continuando-se a integrar por partes, desde que r seja um inteiro positivo, teremos

$$r!I = e^{-\alpha}[a^r + ra^{r-1} + r(r-1)a^{r-2} + \cdots + r!].$$

Consequentemente,

$$I = e^{-a}[1 + a + a^2/2! + \cdots + a^r/r!]$$
$$= \sum_{k=0}^r P(Y = k),$$

em que Y tem uma distribuição de Poisson com parâmetro a.

Consideremos agora a fd da variável aleatória cuja fdp seja dada pela Eq. (9.16). Desde que r seja um inteiro positivo, a Eq. (9.16) poderá ser escrita assim

$$f(x) = \frac{\alpha}{(r-1)!}(\alpha x)^{r-1}e^{-\alpha x},\quad x > 0$$

e consequentemente a fd de X se torna

$$F(x) = 1 - P(X > x) = 1 - \int_x^\infty \frac{\alpha}{(r-1)!}(\alpha s)^{r-1}e^{-\alpha s}ds,\ x > 0.$$

Fazendo-se $(as) = u$, verificamos que isto se transforma em

$$F(x) = 1 - \int_{\alpha x}^\infty \frac{u^{r-1}e^{-u}}{(r-1)!}du,\quad x > 0.$$

Esta integral é justamente da forma considerada acima, a saber I (com $a = \alpha x$), e portanto

$$F(x) = 1 - \sum_{k=0}^{r-1} e^{-\alpha x}(\alpha x)^k/k!,\quad x > 0. \tag{9.17}$$

Por isso, *a fd da distribuição gama pode ser expressa em termos da fd tabulada da distribuição de Poisson*. (Lembramos que isto é válido quando o parâmetro r é um inteiro positivo.)

Comentário: O resultado apresentado na Eq. (9.17), que relaciona a fd da distribuição de Poisson com a fd da distribuição gama, não é tão surpreendente quanto poderia parecer à primeira vista, como será explicado a seguir.

Antes de tudo, lembremo-nos da relação entre as distribuições binomial e de Pascal (veja o Comentário (b), Seção 8.6). Uma relação semelhante existe entre as distribuições de Poisson e gama, destacando-se que esta última é uma distribuição contínua. Quando tratamos com uma distribuição de Poisson, estamos essencialmente interessados no número de ocorrências de algum evento durante um período de tempo fixado. E, como também será indicado, a distribuição gama surge quando indagamos a distribuição do *tempo* necessário para obter um número especificado de ocorrências do evento.

Especificamente, suponhamos X = número de ocorrências do evento A durante $(0, t)$. Então, sob condições adequadas (por exemplo, satisfazendo as hipóteses A_1 até A_5 da Seção 8.3), X tem uma distribuição de Poisson com parâmetro αt, na qual α é o número esperado (ou médio) de ocorrências de A durante um intervalo de tempo unitário. Seja T = tempo necessário para observar r ocorrências de A.

Teremos:

$$H(t) = P(T \le t) = 1 - P(T > t)$$
$$= 1 - P \text{ (menor do que } r \text{ ocorrências de } A \text{ ocorram}$$
$$\text{em } (0, t)$$
$$= 1 - P(X < r)$$
$$= 1 - \sum_{k=0}^{r-1} \frac{e^{-\alpha t}(\alpha t)^k}{k!}.$$

A comparação disso com a Eq. (9.17) estabelece a relação desejada.

(c) Se X tiver uma distribuição gama, dada pela Eq. (9.16), teremos

$$E(X) = r/\alpha, \qquad V(X) = r/\alpha^2. \tag{9.18}$$

Demonstração: Veja o Probl. 9.20.

9.9. A Distribuição de Qui-Quadrado

Um caso particular, muito importante, da distribuição gama Eq. (9.16) será obtido, se fizermos $\alpha = 1/2$ e $r = n/2$, na qual n é um inteiro positivo. Obteremos uma família de distribuições de um parâmetro, com fdp

$$f(z) = \frac{1}{2^{n/2} \Gamma(n/2)} z^{n/2-1} e^{-z/2}, \quad z > 0. \tag{9.19}$$

Uma variável aleatória Z, que tenha fdp dada pela Eq. (9.19), terá uma *distribuição de qui-quadrado*, com *n graus de liberdade*, (denotada por χ_n^2). Na Fig. 9.7, a fdp está apresentada, para $n = 1, 2$ e $n > 2$.

Uma consequência imediata da Eq. (9.18) é que se Z tiver a fdp da Eq. (9.19), teremos

$$E(Z) = n, \quad V(Z) = 2n. \tag{9.20}$$

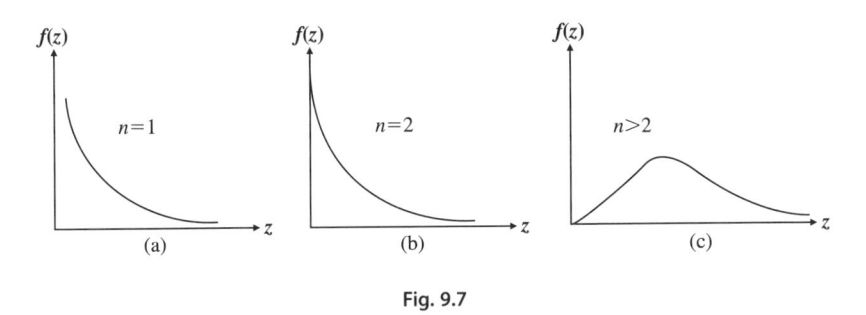

Fig. 9.7

A distribuição de qui-quadrado possui numerosas aplicações importantes em inferência estatística, algumas das quais mencionaremos mais tarde. Em virtude de sua importância, a distribuição de qui-quadrado está tabulada para diferentes valores do parâmetro n. (Veja o Apêndice.) Deste modo, poderemos achar na tábua, aquele valor denotado por X_α^3 que satisfaça a $P(Z \leq X_\alpha^2) = \alpha$, $0 < \alpha < 1$ (Fig. 9.8). O Ex. 9.9 trata de um caso particular de uma caracterização geral da distribuição de qui-quadrado, a qual estudaremos em capítulo posterior.

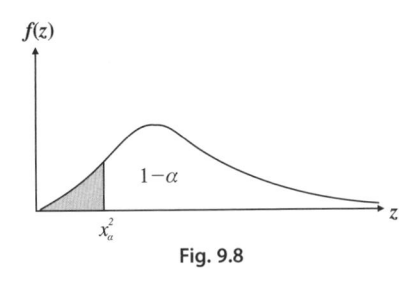

Fig. 9.8

Exemplo 9.9. Suponha que a velocidade V de um objeto tenha distribuição $N(0, 1)$. Seja $K = mV^2/2$ a energia cinética do objeto. Para encontrar-se a fdp de K, vamos inicialmente achar a fdp de $S = V^2$. Aplicando diretamente o Teor. 5.2, teremos

$$g(s) = \frac{1}{2\sqrt{s}}[\varphi(\sqrt{s}) + \varphi(-\sqrt{s})]$$

$$= s^{-1/2} \frac{1}{\sqrt{2\pi}} e^{-s/2}.$$

Se compararmos esse resultado com a Eq. (9.19) e recordarmos que $\Gamma(1/2) = \sqrt{\pi}$, observaremos que S tem uma distribuição de χ_1^2. Assim, encontramos que o *quadrado de uma variável aleatória com distribuição N(0, 1) tem uma distribuição de* χ_1^2. (É este resultado que generalizaremos mais tarde.)

Agora, poderemos obter a fdp h da energia cinética K. Já que K é uma função monótona de V^2, cuja fdp é dada por g, acima, teremos diretamente

$$h(k) = \frac{2}{m} g\left(\frac{2}{m}k\right) = \frac{2}{m}\frac{1}{\sqrt{2\pi}}\left(\frac{2}{m}k\right)^{-1/2} e^{-k/m}, \ k > 0.$$

Para calcularmos, por exemplo, $P(K \leq 5)$, não necessitaremos empregar a fdp de K, mas poderemos simplesmente utilizar a distribuição tabulada de qui-quadrado, da seguinte maneira:

$$P(K \leq 5) = P\left(\frac{m}{2}V^2 \leq 5\right) = P\left(V^2 \leq \frac{10}{m}\right)$$

Esta última probabilidade poderá ser diretamente obtida das tábuas da distribuição de qui-quadrado (se m for conhecido), porque V^2 apresenta uma distribuição de χ_1^2. Já que $E(V^2) = 1$ e a variância $(V^2) = 2$ [veja a Eq. (9.20)], acharemos diretamente

$$E(K) = m/2 \ \text{ e } \ V(K) = m^2/2.$$

Comentário: A tabulação da distribuição de qui-quadrado, dada no Apêndice, somente apresenta aqueles valores para os quais n, o número de graus de liberdade, é menor ou igual a 45. A justificativa disso é que, se n for grande, poderemos aproximar a distribuição de qui-quadrado com a distribuição normal, como se indica pelo teorema seguinte.

Teorema 9.2. Suponha que a variável aleatória Y tenha distribuição de χ_n^2. Então, para n suficientemente grande, a variável aleatória $\sqrt{2y}$ tem aproximadamente a distribuição $N(\sqrt{2n-1}, 1)$. (A demonstração não é dada aqui.)

Este teorema pode ser empregado da seguinte maneira. Suponha que desejamos $P(Y \leq t)$, no qual Y tem distribuição de χ_n^2, e n é tão grande que essa probabilidade não possa ser diretamente obtida da tábua da distribuição de qui-quadrado. Empregando o Teor. 9.2, poderemos escrever

$$P(Y \le t) = P(\sqrt{2Y} \le \sqrt{2t})$$
$$= P(\sqrt{2Y} - \sqrt{2n-1} \le \sqrt{2t} - \sqrt{2n-1})$$
$$\simeq \Phi(\sqrt{2t} - \sqrt{2n-1}).$$

O valor de Φ será obtido das tábuas da distribuição normal.

9.10. Comparações entre Diversas Distribuições

Até agora, já apresentamos algumas importantes distribuições de probabilidades, discretas ou contínuas: A binomial, a de Pascal e a de Poisson, dentre as discretas; a exponencial, a geométrica e a gama, dentre as contínuas. Não vamos reafirmar as várias hipóteses que levaram a essas distribuições. Nosso principal propósito é destacar certas semelhanças (e diferenças) entre as variáveis aleatórias que possuem essas distribuições.

1. Admita-se que provas independentes de Bernouilli estejam sendo realizadas:

   (a) *variável aleatória*: Número de ocorrências do evento A em um número *fixado* de provas;
   distribuição: Binomial;

   (b) *variável aleatória*: Número de provas de Bernouilli necessárias para obter a primeira ocorrência de A;
   distribuição: Geométrica;

   (c) *variável aleatória*: Número de provas de Bernouilli necessárias para obter a r-ésima ocorrência de A;
   distribuição: Pascal.

2. Admita-se um Processo de Poisson (veja o Comentário (c) que precede o Ex. 8.5):

   (d) *variável aleatória*: Número de ocorrências do evento A, durante um intervalo de tempo *fixado*;
   distribuição: Poisson;

   (e) *variável aleatória*: Tempo necessário até a primeira ocorrência de A;
   distribuição: Exponencial;

   (f) *variável aleatória*: Tempo necessário até a r-ésima ocorrência de A;
   distribuição: Gama.

Comentário: Observe-se a similaridade entre (*a*) e (*d*), (*b*) e (*e*) e, finalmente, (*c*) e (*f*).

9.11. A Distribuição Normal Bidimensional

Todas as variáveis aleatórias contínuas que temos estudado têm sido variáveis aleatórias unidimensionais. Como mencionamos no Cap. 6, variáveis aleatórias de maior número de dimensões desempenham importante papel na descrição de resultados experimentais. Uma das mais importantes variáveis aleatórias contínuas bidimensionais, uma generalização direta da distribuição normal unidimensional, é definida da seguinte maneira:

Definição. Seja (*X*, *Y*) uma variável aleatória contínua, bidimensional, tomando todos os valores no plano euclidiano. Diremos que (*X*, *Y*) tem uma *distribuição normal bidimensional* se sua fdp conjunta for dada pela seguinte expressão

$$f(x,y) = \frac{1}{2\pi\sigma_x\sigma_y\sqrt{1-\rho^2}} \times$$

$$\times \exp\left\{-\frac{1}{2(1-\rho^2)}\left[\left(\frac{x-\mu_x}{\sigma_x}\right) - \right.\right.$$

$$\left.\left. -2\rho\frac{(x-\mu_x)(y-\mu_y)}{\sigma_x\,\sigma_y} + \left(\frac{y-\mu_y}{\sigma_y}\right)^2\right]\right\},$$

$$-\infty < x < \infty, \quad -\infty < y < \infty. \tag{9.21}$$

A fdp acima depende de 5 parâmetros. Para que f defina uma fdp legítima [isto é, $f(x, y) \geq 0$, $\int_{-\infty}^{+\infty} \int_{-\infty}^{+\infty} f(x, y)\, dx\, dy = 1$], deveremos impor as seguintes restrições aos parâmetros: $-\infty < \mu_x < \infty$; $-\infty < \mu_y < \infty$; $\sigma_x > 0$; $\sigma_y > 0$; $-1 < \rho < 1$. As seguintes propriedades da distribuição normal bidimensional podem ser facilmente verificadas.

Teorema 9.3. Suponha que (*X*, *Y*) tenha fdp como a dada pela Eq. (9.21). Então, nesse caso:

(*a*) As distribuições marginais de *X* e de *Y* serão $N(\mu_x, \sigma_x^2)$ e $N(\mu_y, \sigma_y^2)$, respectivamente.

(*b*) O parâmetro ρ, que aparece acima, será o coeficiente de correlação entre *X* e *Y*.

(c) As distribuições condicionadas de X (dado que Y = y) e de Y (dado que X = x) serão, respectivamente:

$$N\left[\mu_x + \rho\frac{\sigma_x}{\sigma_y}(y-\mu_y),\ \sigma_{x^2}(1-\rho^2)\right]$$

$$N\left[\mu_y + \rho\frac{\sigma_y}{\sigma_x}(x-\mu_x),\ \sigma_{y^2}(1-\rho^2)\right]$$

Demonstração: Veja o Probl. 9.21.

Comentários: (a) A recíproca de (a) do Teor. 9.3 não é verdadeira. É possível ter-se uma fdp conjunta, que não seja normal bidimensional, e no entanto, as fdp marginais de X e Y serem normais unidimensionais.

(b) Observamos da Eq. (9.21) que se $\rho = 0$, a fdp conjunta de (X, Y) poderá ser fatorada e, consequentemente, X e Y serão independentes. Assim, verificamos que no caso de uma distribuição normal bidimensional, correlação zero e independência *são* equivalentes.

(c) A proposição (c) do teorema acima mostra que ambas as funções de regressão da média são *lineares*. Também mostra que a variância da distribuição condicionada fica reduzida na mesma proporção que $(1 - \rho^2)$. Isto é, se p for próximo de zero, a variância condicionada será essencialmente a mesma que a variância não condicionada, enquanto se ρ for próximo de ± 1, a variância condicionada será próxima de zero.

A fdp normal bidimensional apresenta algumas propriedades interessantes. Formularemos algumas delas como teorema, deixando a demonstração para o leitor.

Teorema 9.4. Considere-se a superfície $z = f(x, y)$, na qual f é a fdp normal bidimensional, dada pela Eq. (9.3).

(a) $z = c$ (const.) corta a superfície em uma *elipse*. (Estas são, algumas vezes, denominadas contornos de densidade de probabilidade constante.)

(b) Se $\rho = 0$ e $\sigma_x = \sigma_y$, essa elipse se transforma em uma circunferência. (Que acontecerá à elipse mencionada quando $\rho \to \pm 1$?)

Demonstração: Veja o Probl. 9.22.

Comentário: Em virtude da importância da distribuição normal bidimensional, diferentes probabilidades com ela associadas foram tabuladas. (Veja D. B. Owen, *Handbook of Statistical Tables*, Addison-Wesley Publishing Company, Inc., Reading, Mass., 1962.)

9.12. Distribuições Truncadas

Exemplo 9.10. Suponha que um dado tipo de parafuso seja fabricado e seu comprimento Y seja uma variável aleatória com distribuição $N(2{,}2;\ 0{,}01)$. De um grande lote desses parafusos, um novo lote é obtido pelo refugo de todos aqueles parafusos para os quais $Y > 2$.

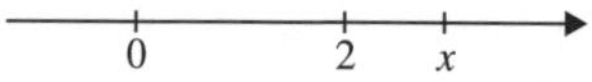

Fig. 9.9

Nesse caso, se X for a variável aleatória que representa o comprimento dos parafusos no novo lote, e se F for sua fd, teremos

$$\begin{aligned} F(x) &= P(X \leq x) \\ &= P(Y \leq x \mid Y \leq 2) = 1 \quad \text{se } x > 2, \\ &= P(Y \leq x)/P(Y \leq 2) \quad \text{se } x \leq 2. \end{aligned}$$

(Veja a Fig. 9.9.) Portanto f, a fdp de X será dada por

$$\begin{aligned} f(x) &= F'(x) = 0 \quad \text{se } x > 2, \\ &= \frac{\dfrac{1}{\sqrt{2\pi}(0{,}1)} \exp\left(-\dfrac{1}{2}\left[\dfrac{x-2{,}2}{0{,}1}\right]^2\right)}{\Phi(-2)} \quad \text{se } x \leq 2. \end{aligned}$$

Em seguida,

$$P(Y \leq 2) = P\left(\frac{Y-2{,}2}{0{,}1} \leq \frac{2-2{,}2}{0{,}1}\right) = \Phi(-2).$$

[Φ, como de costume, é a fd da distribuição $N(0, 1)$.]

Esse é um exemplo de uma *distribuição normal truncada* (especificamente truncada à direita de $X = 2$). Este exemplo pode ser generalizado da maneira seguinte.

Definição. Diremos que uma variável aleatória X tem uma distribuição normal *truncada à direita* de $X = \tau$, se sua fdp for da forma

$$\begin{aligned} f(x) &= 0 \quad \text{se } x > \tau, \\ &= K \frac{1}{\sqrt{2\pi}\sigma} \exp\left(-\frac{1}{2}\left[\frac{x-\mu}{\sigma}\right]^2\right) \quad \text{se } x \leq \tau. \end{aligned}$$

Observamos que K é determinado pela condição $\int_{-\infty}^{+\infty} f(x)\, dx = 1$ e, consequentemente,

$$K = \frac{1}{\Phi[(\tau-\mu)/\sigma]} = \frac{1}{P(Z \leq \tau)}$$

para a qual Z tem distribuição $N(\mu, \sigma^2)$. Analogamente à definição anterior, teremos a seguinte:

Definição. Diremos que a variável aleatória X tem uma distribuição normal *truncada à esquerda* de $X = \gamma$, se sua fdp f for da forma

$$f(x) = 0 \text{ se } x < \gamma,$$

$$= \frac{K}{\sqrt{2\pi}\sigma} \exp\left(-\frac{1}{2}\left[\frac{x-\mu}{\sigma}\right]^2\right) \text{ se } z \geq \gamma. \tag{9.22}$$

Também K é determinado pela condição $\int_{-\infty}^{+\infty} f(x)\, dx = 1$ e, portanto,

$$K = \left[1 - \Phi\left(\frac{\gamma - \mu}{\sigma}\right)\right]^{-1}$$

Os conceitos acima, introduzidos para a distribuição normal, podem ser estendidos de uma forma óbvia para outras distribuições. Por exemplo, uma variável aleatória X distribuída exponencialmente, truncada à esquerda de $X = \gamma$, teria a seguinte fdp:

$$f(x) = 0 \text{ se } x < \gamma,$$

$$= C\alpha e^{-\alpha x} \text{ se } x \geq \gamma. \tag{9.23}$$

Novamente, C é determinado pela condição $\int_{-\infty}^{+\infty} f(x)\, dx = 1$ e por isso

$$C = e^{\alpha\gamma}.$$

Podemos também considerar uma variável aleatória truncada no caso discreto. Por exemplo, se uma variável aleatória com distribuição de Poisson X (com parâmetro λ) for truncada à direita de $X = k + 1$, isso significa que X tem a seguinte distribuição:

$$P(X = i) = 0 \text{ se } i \geq k+1,$$

$$= C\frac{\lambda^i}{i!}e^{-\lambda} \text{ se } i = 0, 1, ..., k. \tag{9.24}$$

Determinamos C pela condição $\sum_{i=0}^{\infty} P(X = i) = 1$ e achamos

$$C = \frac{1}{\sum_{j=0}^{k}(\lambda^j/j!)e^{-\lambda}}.$$

Assim,

$$P(X = i) = \frac{\lambda^i}{i!}\frac{1}{\sum_{j=0}^{k}(\lambda^j/j!)}, i = 0, 1, ..., k \text{ e zero para outros}$$

valores.

Distribuições truncadas podem surgir em muitas aplicações importantes. Abaixo, apresentaremos alguns exemplos.

Exemplo 9.11. Suponha que X represente a duração da vida de um componente. Se X for distribuída normalmente, com

$$E(X) = 4 \quad \text{e} \quad V(X) = 4.$$

encontraremos que

$$P(X < 0) = \Phi(-2) = 0{,}023.$$

Por conseguinte, este modelo não é muito significativo, porque ele atribui probabilidade 0,023 a um evento que sabemos *não pode* ocorrer. Poderíamos, em seu lugar, considerar a variável aleatória X truncada à esquerda de $X = 0$. Daí, admitiremos que a fdp da variável aleatória X será dada por

$$f(x) = 0 \quad \text{se} \quad x \le 0,$$

$$= \frac{1}{\sqrt{(2\pi)}(2)} \exp\left[-\frac{1}{2}\left(\frac{x-4}{2}\right)^2\right]\frac{1}{\Phi(2)} \quad \text{se} \quad x > 0$$

Comentário: Já mencionamos que, frequentemente, empregamos a distribuição normal para representar uma variável aleatória X, a respeito da qual *sabemos* que ela não pode tomar valores negativos. (Por exemplo, tempo até falhar, comprimento de uma barra etc.) Para determinados valores dos parâmetros $\mu = E(X)$ e $\sigma^2 = V(X)$, o valor de $P(X < 0)$ será desprezível. Contudo, se não for este o caso (como no Ex. 9.11), deveremos empregar a distribuição normal truncada à esquerda de $X = 0$.

Exemplo 9.12. Suponha que um sistema seja constituído por n componentes, que funcionem independentemente, cada um deles tendo a mesma probabilidade p de funcionar adequadamente. Sempre que o sistema funcione mal, ele é inspecionado para descobrir quais e quantos componentes estão defeituosos. Seja a variável aleatória X definida como o número dos componentes que sejam verificados defeituosos num sistema que tenha falhado. Se admitirmos que o sistema falhe se, e somente se, ao menos um componente falhar, então X terá uma *distribuição binomial truncada à esquerda* de $X = 0$, porque o simples fato de que o sistema tenha falhado, elimina a possibilidade de que $X = 0$. Nesse caso, teremos

$$P(X = k) = \frac{\binom{n}{k}(1-p)^k p^{n-k}}{P(\text{sistema falhe})}, \quad k = 1, 2, ..., n.$$

Já que $P(\text{sistema falhe}) = 1 - p^n$, podemos escrever

$$P(X = k) = \frac{\binom{n}{k}(1-p)^k p^{n-k}}{1 - p^n}, \quad k = 1, 2, ..., n.$$

Exemplo 9.13. Suponha que partículas sejam emitidas por uma fonte radioativa, de acordo com a distribuição de Poisson, com parâmetro λ. Um dispositivo contador registra essas emissões somente quando menos de três partículas chegam. (Isto é, se três ou mais partículas chegarem durante um período de tempo especificado, o dispositivo cessa de funcionar em virtude de algum "travamento" que ocorre.) Portanto, se Y for o número de partículas registradas durante o intervalo de tempo especificado, Y tem os valores possíveis 0, 1 e 2. Consequentemente,

$$P(Y=k) = \frac{e^{-\lambda}}{k!} \frac{\lambda^k}{e^{-\lambda}[1+\lambda+(\lambda^2/2)]}, \quad k = 0, 1, 2,$$

$$= 0, \text{ para quaisquer outros valores.}$$

Visto que a distribuição normal truncada é particularmente importante, vamos considerar o seguinte problema, associado a essa distribuição.

Suponha que X seja uma variável aleatória normalmente distribuída, truncada à direita de $X = \tau$. Por isso, sua fdp é da forma

$$f(x) = 0 \text{ se } x \geq \tau,$$

$$= \frac{1}{\sqrt{(2\pi)}\sigma} \exp\left[-\frac{1}{2}\left(\frac{x-\mu}{\sigma}\right)^2\right] \frac{1}{\Phi[(\tau-\mu)/\sigma]} \text{ se } x \leq \tau.$$

Logo, teremos

$$E(X) = \int_{-\infty}^{+\infty} x\, f(x)dx$$

$$= \frac{1}{\Phi[(\tau-\mu)/\sigma]} \int_{-\infty}^{\tau} \frac{x}{\sqrt{2\pi}\sigma} \exp\left[-\frac{1}{2}\left(\frac{x-\mu}{\sigma}\right)^2\right]dx$$

$$= \frac{1}{\Phi[(\tau-\mu)/\sigma]} \frac{1}{\sqrt{2\pi}} \int_{-\infty}^{(\tau-\mu)/\sigma} (s\sigma + \mu)e^{-s^2/2}\, ds$$

$$= \frac{1}{\Phi[(\tau-\mu)/\sigma]}\left[\mu\Phi\left(\frac{\tau-\mu}{\sigma}\right) + \sigma\frac{1}{\sqrt{2\pi}} \int_{-\infty}^{(\tau-\mu)/\sigma} se^{-s^2/2}\, ds\right]$$

$$= \mu + \frac{\sigma}{\Phi[(\tau-\mu)/\sigma]} \frac{1}{\sqrt{2\pi}} e^{-s^2/2}(-1)|_{-\infty}^{(\tau-\mu)/\sigma}$$

$$= \mu - \frac{\sigma}{\Phi[(\tau-\mu)/\sigma]} \frac{1}{\sqrt{2\pi}} \exp\left[-\frac{1}{2}\left(\frac{\tau-\mu}{\sigma}\right)^2\right].$$

Observe-se que a expressão obtida para $E(X)$ está expressa em termos de funções tabuladas. A função Φ é, naturalmente, a conhecida fd da distribuição

$N(0, 1)$, enquanto $(1/\sqrt{2\pi})e^{-x^2/2}$ é a ordenada da fdp da distribuição $N(0, 1)$ e está, também, tabulada.

De fato, o quociente

$$\frac{(1/\sqrt{2\pi})e^{-x^2/2}}{\Phi(x)}$$

está tabulado. (Veja D. B. Owen, *Handbook of Statistical Tables*, Addison-Wesley Publishing Company, Inc., Reading, Mass., 1962.)

Empregando o resultado acima, poderemos agora fazer a seguinte pergunta: Para μ e σ dados, onde ocorrerá o truncamento (isto é, qual será o valor de τ) de modo que o valor esperado depois do truncamento tenha algum valor A preestabelecido? Poderemos responder a essa pergunta com o auxílio da distribuição normal tabulada. Suponha que $\mu = 10$, $\sigma = 1$, e que imponhamos $A = 9,5$. Consequentemente, deveremos resolver

$$9,5 = 10 - \frac{1}{\Phi(\tau-10)} \frac{1}{\sqrt{2\pi}} e^{-(\tau-10)^2/2}$$

Isto se torna

$$\frac{1}{2} = \frac{(1/\sqrt{2\pi})e^{-(\tau-10)^2/2}}{\Phi(\tau-10)}.$$

Empregando as tábuas mencionadas acima, encontraremos que $\tau - 10 = 0,52$ e, portanto, $\tau = 10,52$.

Comentário: O problema surgido acima somente pode ser resolvido para determinados valores de μ, σ e A. Isto é, para μ e σ dados, poderá não ser possível obter um valor de A especificado. Considere-se a equação que deve ser resolvida:

$$\mu - A = \frac{\sigma}{\Phi[(\tau - \mu)/\sigma]} \frac{1}{\sqrt{2\pi}} \exp\left[-\frac{1}{2}\left(\frac{\tau-\mu}{\sigma}\right)^2\right].$$

O segundo membro desta equação é, evidentemente, positivo. Logo, deveremos ter $(\mu - A) > 0$ a fim de que o problema acima tenha uma solução. Esta condição não é muito surpreendente, porque ela apenas diz que o valor esperado (depois do truncamento *à direita*) deve ser menor do que o valor esperado original.

Problemas

9.1. Suponha que X tenha a distribuição $N(2, 0,16)$. Empregando a tábua da distribuição normal, calcule as seguintes probabilidades:

(a) $P(X \geq 2,3)$.   (b) $P(1,8 \leq X \leq 2,1)$.

9.2. O diâmetro de um cabo elétrico é normalmente distribuído com média 0,8 e variância 0,0004. Qual é a probabilidade de que o diâmetro ultrapasse 0,81?

9.3. Suponha que o cabo, no Probl. 9.2, seja considerado defeituoso se o diâmetro diferir de sua média em mais de 0,025. Qual é a probabilidade de se encontrar um cabo defeituoso?

9.4. Sabe-se que os erros, em certo dispositivo para medir comprimentos, são normalmente distribuídos com valor esperado zero e desvio-padrão 1 unidade. Qual é a probabilidade de que o erro na medida seja maior do que 1 unidade? 2 unidades? 3 unidades?

9.5. Suponha que a duração da vida de dois dispositivos eletrônicos, D_1 e D_2, tenham distribuições $N(40, 36)$ e $N(45, 9)$, respectivamente. Se o dispositivo eletrônico tiver de ser usado por um período de 45 horas, qual dos dispositivos deve ser preferido? Se tiver de ser usado por um período de 48 horas, qual deles deve ser preferido?

9.6. Podemos estar interessados apenas na magnitude de X, digamos $Y = |X|$. Se X tiver distribuição $N(0, 1)$, determine a fdp de Y, e calcule $E(Y)$ e $V(Y)$.

9.7. Suponha que estejamos medindo a posição de um objeto no plano. Sejam X e Y os erros de mensuração das coordenadas x e y, respectivamente. Suponha que X e Y sejam independentes e identicamente distribuídos, cada um deles com a distribuição $N(0, \sigma^2)$. Estabeleça a fdp de $R = \sqrt{X^2 - Y^2}$. (A distribuição de R é conhecida como *distribuição de Rayleigh*.) [*Sugestão*: Faça $X = R \cos \psi$ e $Y = R$ sen ψ. Obtenha a fdp conjunta de (R, ψ) e, depois, obtenha a fdp marginal de R.]

9.8. Estabeleça a fdp da variável aleatória $Q = X/Y$, na qual X e Y são distribuídos tal como no Probl. 9.7. (A distribuição de Q é conhecida como *distribuição de Cauchy*.) Você pode calcular $E(Q)$?

9.9. Uma distribuição, estreitamente relacionada com a distribuição normal, é a *distribuição lognormal*. Suponha que X seja normalmente distribuído, com média μ e variância σ^2. Faça-se $Y = e^X$. Então, Y possui a distribuição lognormal. (Isto é, Y será lognormal se, e somente se, ln Y for normal.) Estabeleça a fdp de Y. *Comentário*: As seguintes variáveis aleatórias podem ser representadas pela distribuição acima: O diâmetro de pequenas partículas após um processo de trituração, o tamanho de um organismo sujeito a alguns pequenos impulsos, a duração da vida de determinadas peças.

9.10. Suponha que X tenha distribuição $N(\mu, \sigma^2)$. Determine c (como uma função de μ e σ), tal que $P(X \leq c) = 2P(X > c)$.

9.11. Suponha que a temperatura (medida em graus centígrados) seja normalmente distribuída, com expectância $50°$ e variância 4. Qual é a probabilidade de que a temperatura T esteja entre $48°$ e $53°$ centígrados?

9.12. O diâmetro exterior de um eixo, D, é especificado igual a 4 polegadas. Considere D como uma variável aleatória normalmente distribuída com média 4 polegadas e variância. 0,01 (polegadas)^2. Se o diâmetro real diferir do valor especificado por mais de 0,05 polegada e menos de 0,08 polegada, o prejuízo do fabricante será US$ 0,50. Se o diâmetro real diferir do diâmetro especificado por mais de 0,08 polegada, o prejuízo será de US$ 1,00. O prejuízo L pode ser considerado uma variável aleatória. Estabeleça a distribuição de probabilidade de L e calcule $E(L)$.

9.13. Compare o *limite superior* da probabilidade $P[|X - E(X)| \geq 2\sqrt{V(X)}]$, obtido pela desigualdade de Tchebycheff, com a probabilidade exata, em cada um dos casos seguintes:

(a) X tem distribuição $N(\mu, \sigma^2)$.

(b) X tem distribuição de Poisson, com parâmetro λ.

(c) X tem distribuição exponencial, com parâmetro α.

9.14. Suponha que X seja uma variável aleatória para a qual $E(X) = \mu$ e $V(X) = \sigma^2$. Suponha que Y seja uniformemente distribuída sobre o intervalo (a, b). Determine a e b de modo que $E(X) = E(Y)$ e $V(X) = V(Y)$.

9.15. Suponha que X, a carga de ruptura de um cabo (em kg), tenha distribuição $N(100, 16)$. Cada rolo de 100 metros de cabo dá um lucro de US$ 25, desde que $X > 95$. Se $X \leq 95$, o cabo poderá ser utilizado para uma finalidade diferente e um lucro de US$ 10 por rolo será obtido. Determinar o lucro esperado por rolo.

9.16. Sejam X_1 e X_2 variáveis aleatórias independentes, cada uma com distribuição $N(\mu, \sigma^2)$. Faça-se $Z(t) = X_1 \cos \omega t + X_2 \sin \omega t$. Esta variável interessa ao estudo de sinais aleatórios. Seja $V(t) = dZ(t)/dt$. (Supõe-se que ω seja constante.)

(a) Qual é a distribuição de probabilidade de $Z(t)$ e $V(t)$, para qualquer t fixado?

(b) Mostre que $Z(t)$ e $V(t)$ são não correlacionadas. [*Comentário*: Poder-se-á também mostrar que $Z(t)$ e $V(t)$ são independentes, mas isto é um tanto mais difícil de fazer-se.]

9.17. Um combustível para foguetes deve conter certa percentagem X de um componente especial. As especificações exigem que X esteja entre 30 e 35%. O fabricante obterá um lucro líquido T sobre o combustível (por galão), que é dado pela seguinte função de X:

$T(X) =$ US$ 0,10 por galão se $30 < X < 35$,

$=$ US$ 0,05 por galão se $35 \leq X < 40$ ou $25 < X \leq 30$,

$= -$ US$ 0,10 por galão, para outros quaisquer valores.

(a) Calcular $E(T)$, quando X tiver a distribuição $N(33, 9)$.

(b) Suponha que o fabricante deseje aumentar seu lucro esperado $E(T)$, em 50%. Ele pretende fazê-lo pelo aumento de seu lucro (por galão), naquelas remessas de combustível que atendam às especificações, $30 < X < 35$. Qual deverá ser seu novo lucro líquido?

9.18. Reconsidere o Ex. 9.8. Suponha que se pague ao operador C_3 dólares/hora, enquanto a máquina estiver operando e C_4 dólares/hora ($C_4 < C_3$) para o tempo restante em que tenha sido contratado, depois que a máquina tiver parado. Determine novamente para que valor de H (o número de horas para as quais o operador é contratado), deve o lucro esperado ser máximo.

9.19. Mostre que $\Gamma(1/2) = \sqrt{\pi}$. (Veja a Equação 9.15.) [*Sugestão*: Faça uma mudança de variável $x = u^2/2$ na integral $\Gamma(1/2) = \int_0^\infty x^{-1/2} e^{-x} dx$.]

9.20. Verifique as expressões de $E(X)$ e $V(X)$, nas quais X tem a distribuição gama [veja a Eq. (9.18)].

9.21. Demonstre o Teor. 9.3.

9.22. Demonstre o Teor. 9.4.

9.23. Suponha que a variável aleatória X tem uma distribuição de qui-quadrado, com 10 graus de liberdade. Se pedirmos para determinar dois números a e b, tais que $P(a < x < b) = 0,85$, por exemplo, deveremos compreender que existem muitos pares dessa espécie.

   (a) Determine dois diferentes conjuntos de valores (a, b) que satisfaçam à condição acima.

   (b) Suponha que, em aditamento ao acima, se exija que

   $$P(X < a) = P(X > b).$$

   Quantos pares de valores haverá agora?

9.24. Suponha que V, a velocidade (cm/seg) de um objeto que tenha massa de 1 kg, seja uma variável aleatória com distribuição $N(0,25)$. Admita-se que $K = 1.000\ V^2/2 = 500\ V^2$ represente a energia cinética (EC) do objeto. Calcular $P(K < 200)$, $P(K > 800)$.

9.25. Suponha que X tenha distribuição $N(\mu, \sigma^2)$. Empregando o Teor. 7.7, obtenha uma expressão aproximada para $E(Y)$ e $V(Y)$, quando $Y = \ln X$.

9.26. Suponha que X tenha uma distribuição normal truncada à direita, tal como é dada pela Eq. (9.22). Estabeleça uma expressão para $E(X)$, em termos de funções tabuladas.

9.27. Suponha que X tenha uma distribuição exponencial truncada à esquerda, como está dada pela Eq. (9.24). Obtenha $E(X)$.

9.28. (a) Estabeleça a distribuição de probabilidade de uma variável aleatória binomialmente distribuída (baseada em n repetições de um experimento) truncada à direita de $X = n$; isto é, $X = n$ não poderá ser observado.

   (b) Determine o valor esperado e a variância da variável aleatória descrita em (a).

9.29. Suponha que uma variável aleatória normalmente distribuída, com valor esperado μ e variância σ^2, seja truncada à esquerda de $X = \tau$ e à direita de $X = Y$. Estabeleça a fdp desta variável aleatória "duplamente truncada".

9.30. Suponha que X, o comprimento de uma barra, tenha distribuição $N(10, 2)$. Em vez de se medir o valor de X, somente são especificadas certas exigências que devem ser atendidas. Especificamente, cada barra fabricada será classificada como segue: $X < 8$, $8 \leq X < 12$ e $X \geq 12$. Se 15 dessas barras forem fabricadas, qual é a probabilidade de que um igual número de barras caia em cada uma das categorias acima?

9.31. Sabe-se que a precipitação anual de chuva, em certa localidade, é uma variável aleatória normalmente distribuída, com média igual a 29,5 cm e desvio-padrão 2,5 cm. Quantos centímetros de chuva (anualmente) são ultrapassados em cerca de 5% do tempo?

9.32. Suponha que X tenha distribuição $N(0, 25)$. Calcule $P(1 < X^2 < 4)$.

9.33. Seja X_t o número de partículas emitidas em t horas por uma fonte radioativa e suponha que X_t tenha uma distribuição de Poisson, com parâmetro βt. Faça-se igual a T o número de horas entre emissões sucessivas. Mostre que T tem uma distribuição exponencial com parâmetro β. [*Sugestão*: Ache o evento equivalente (em termos de X_t) ao evento $T > t$.]

9.34. Suponha que X_t seja definido tal como no Probl. 9.33, com $\beta = 30$. Qual é a probabilidade de que o tempo entre duas emissões sucessivas seja maior do que 5 minutos? Maior do que 10 minutos? Menor do que 30 segundos?

9.35. Em algumas tábuas da distribuição normal, $H(x) = (1/\sqrt{2\pi}) \int_0^x e^{-t^2/2} dt$ apresenta-se tabulada para valores positivos de x [em vez de $\Phi(x)$, como é dada no Apêndice]. Se a variável aleatória X tiver distribuição $N(1, 4)$, exprimir cada uma das seguintes probabilidades em termos dos valores *tabulados* da função H:

(a) $P[|X| > 2]$.   (b) $P[X < 0]$.

9.36. Suponha que um dispositivo telemedidor de um satélite receba duas espécies de sinais, os quais podem ser registrados como números reais, X e Y. Suponha que X e Y sejam variáveis aleatórias contínuas independentes, com fdp, respectivamente, f e g. Suponha que, durante qualquer período de tempo especificado, somente um desses sinais possa ser recebido e, em consequência, transmitido de volta à Terra, a saber aquele sinal que chegar primeiro. Admita, além disso, que o sinal que dá origem ao valor de X chegue primeiro, com probabilidade p, e, por isso, o sinal que dá origem a Y chegue primeiro com probabilidade $1 - p$. Faça Z denotar a variável aleatória cujo valor seja realmente recebido e transmitido.

(a) Exprimir a fdp de Z, em termos de f e g.

(b) Exprimir $E(Z)$ em termos de $E(X)$ e $E(Y)$.

(c) Exprimir $V(Z)$ em termos de $V(X)$ e $V(Y)$.

(d) Admita-se que X tenha distribuição $N(2, 4)$ e que Y tenha distribuição $N(3, 3)$. Calcular $P(Z > 2)$, se $p = 2/3$.

(e) Admita-se que X e Y tenham distribuições, respectivamente, $N(\mu_1, \sigma_1^2)$ e $N(\mu_2, \sigma_2^2)$. Mostre que se $\mu_1 = \mu_2$ a distribuição de Z será "unimodal", isto é, a fdp de Z terá um único máximo relativo.

9.37. Suponha que o número de acidentes em uma fábrica possa ser representado por um Processo de Poisson, com uma média de 2 acidentes por semana. Qual é a probabilidade de que: (a) o tempo decorrido de um acidente até o próximo seja maior do que três dias? (b) o tempo decorrido desde um acidente até o terceiro acidente seja maior do que uma semana? [*Sugestão*: Em (a), faça T = tempo (em dias) e calcule $P(T > 3)$.]

9.38. Em média, um processo de produção cria uma peça defeituosa entre cada 300 fabricadas. Qual é a probabilidade de que a *terceira* peça defeituosa apareça:

(a) antes de 1.000 peças terem sido fabricadas?

(b) quando a 1.000ª (milésima) peça for fabricada?

(c) depois que a milésima peça for fabricada?

[*Sugestão*: Suponha um Processo de Poisson.)

A Função Geratriz de Momentos

10.1. Introdução

Neste capítulo introduziremos um importante conceito matemático que possui muitas aplicações aos modelos probabilísticos que estamos estudando. A fim de apresentar um desenvolvimento rigoroso deste assunto, seria necessário um conhecimento matemático de nível bem mais elevado do que aquele que aqui temos empregado. No entanto, se estivermos dispostos a evitar certas dificuldades matemáticas que surgem e a aceitar que determinadas operações sejam válidas, nesse caso poderemos alcançar uma compreensão suficiente das principais ideias abrangidas a fim de empregá-las inteligentemente.

Para motivarmos o que se segue, vamos recordar nosso mais antigo encontro com o logaritmo. Ele nos foi apresentado simplesmente como um recurso de cálculo. A cada número real positivo x, associamos outro número, denotado por log x. (O valor deste número pode-se obter de tábuas adequadas.) Com o objetivo de calcularmos xy, por exemplo, obtínhamos os valores de log x e de log y e, a seguir, calculávamos log x + log y, o que representa log xy. Do conhecimento de log xy, éramos, então, capazes de obter o valor de xy (novamente com o auxílio de tábuas). De maneira semelhante, poderemos simplificar o cálculo de outras operações aritméticas, com o auxílio do logaritmo. O tratamento acima é útil, pelas seguintes razões:

(a) A cada número positivo x corresponde exatamente um número, log x, e este número é facilmente obtido nas tábuas.

(b) A cada valor de log x corresponde exatamente um valor de x, e este valor é também encontrado nas tábuas. (Isto é, a relação entre x e log x é biunívoca.)

(c) Determinadas operações aritméticas abrangendo os números x e y, tais como multiplicação e divisão, podem ser substituídas por operações mais simples, tais como adição e subtração, por intermédio dos números "transformados" log x e log y (veja o esquema na Fig. 10.1).

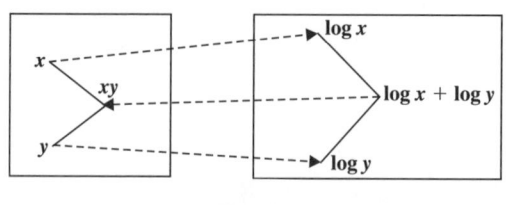

Fig. 10.1

Em lugar de executar as contas diretamente com os números x e y, primeiramente obtemos os números log x e log y, fazemos nossas contas com esses números e, em seguida, os transformamos de novo.

10.2. A Função Geratriz de Momentos

Vamos agora considerar uma situação mais complicada. Suponhamos que X seja uma variável aleatória, isto é, X é uma função do espaço amostral para os números reais. Ao calcularmos várias características da variável aleatória X, tais como $E(X)$ ou $V(X)$, trabalhamos diretamente com a distribuição de probabilidade de X.

[A distribuição de probabilidade é dada por uma *função*: Quer a fdp no caso contínuo, quer as probabilidades punctuais $p(x_i) = P(X = x_i)$ no caso discreto. A última pode também ser considerada uma função que toma valores não nulos somente se $X = x_i$, $i = 1, 2, ...$] Possivelmente, poderemos introduzir alguma outra *função* e fazer os cálculos necessários em termos desta nova função (exatamente como acima associamos a cada *número*, algum novo *número*). Isto é, na verdade, precisamente aquilo que faremos. Vamos, inicialmente, estabelecer uma definição formal.

Definição. Seja X, uma variável aleatória discreta, com distribuição de probabilidade $p(x_i) = P(X = x_i)$, $i = 1, 2, ...$ A função M_X, denominada *função geratriz de momentos* de X, é definida por

$$M_X(t) = \sum_{j=1}^{\infty} e^{tx_j} p(x_j).$$ (10.1)

Se X for uma variável aleatória contínua com fdp f, definiremos a função geratriz de momentos por

$$M_X(t) = \int_{-\infty}^{+\infty} e^{tx} f(x)\, dx. \qquad (10.2)$$

Comentários: (*a*) Em qualquer dos casos, o discreto ou o contínuo, $M_X(t)$ é apenas o valor esperado de e^{tX}. Por isso, poderemos combinar as expressões acima e escrever

$$M_X(t) = E\left(e^{tX}\right). \qquad (10.3)$$

(*b*) $M_X(t)$ é o valor que a função M_X toma para a variável (real) t. A notação, que indica a dependência de X, é empregada porque poderemos desejar considerar duas variáveis aleatórias, X e Y, e depois investigarmos a função geratriz de momentos de cada uma delas, a saber M_X e M_Y.

(*c*) Empregaremos a abreviatura fgm para a função geratriz de momentos.

(*d*) A fgm, tal como definida anteriormente, é escrita como uma série infinita ou integral (imprópria), conforme a variável aleatória seja discreta ou contínua. Essa série (ou integral) poderá nem sempre existir (isto é, convergir para um valor finito) para todos os valores de t. Consequentemente, poderá acontecer que a fgm não seja definida para todos os valores de t. No entanto, não nos preocuparemos com esta dificuldade potencial. Quando empregarmos a fgm, admitiremos que ela sempre exista. (Observe-se que a *fgm existe sempre para o valor $t = 0$, e é igual a* 1.)

(*e*) Existe uma outra função, estreitamente relacionada com a fgm, a qual é frequentemente empregada em seu lugar. Ela é denominada *função característica*, denotada por C_X e definida por $C_X(t) = E(e^{itX})$, na qual $i = \sqrt{-1}$, a unidade imaginária. Por motivos teóricos, existe enorme vantagem em empregar-se $C_X(t)$ em vez de $M_X(t)$. [Por essa razão: $C_X(t)$ sempre existe, para todos os valores de t.] Contudo, a fim de evitarmos cálculos com números complexos, restringiremos nossa exposição à função geratriz de momentos.

(*f*) Adiaremos até a Seção 10.4 a explicação da justificativa de chamar-se M_X de função geratriz de momentos.

10.3. Exemplos de Funções Geratrizes de Momentos

Antes de estudarmos algumas importantes aplicações da fgm à teoria da probabilidade, vamos calcular algumas dessas funções.

Exemplo 10.1. Suponha que X seja *uniformemente distribuída* sobre o intervalo $[a, b]$. Logo, a fgm será dada por

$$M_X(t) = \int_a^b \frac{e^{tx}}{b-a}\, dx$$

$$= \frac{1}{(b-a)t}\left[e^{bt} - e^{at}\right], t \neq 0. \qquad (10.4)$$

Exemplo 10.2. Suponha que X seja *binomialmente distribuída*, com parâmetros n e p. Nesse caso,

$$M_X(t) = \sum_{k=0}^{n} e^{tk} \binom{n}{k} p^k (1-p)^{n-k}$$
$$= \sum_{k=0}^{n} \binom{n}{k} (pe^t)^k (1-p)^{n-k}$$
$$= \left[pe^t + (1-p) \right]^n. \tag{10.5}$$

(A última igualdade decorre de uma aplicação direta do teorema binomial.)

Exemplo 10.3. Suponha que X tenha uma *distribuição de Poisson* com parâmetro λ. Por conseguinte,

$$M_X(t) = \sum_{k=0}^{\infty} e^{tk} \frac{e^{-\lambda} \lambda^k}{k!} = e^{-\lambda} \sum_{k=0}^{\infty} \frac{(\lambda e^t)^k}{k!}.$$
$$= e^{-\lambda} e^{\lambda et} = e^{\lambda(et-1)}. \tag{10.6}$$

[A terceira igualdade decorre do desenvolvimento de e^y em $\sum_{n=0}^{\infty} (y^n/n!)$. Esta foi empregada com $y = \lambda e^t$.]

Exemplo 10.4. Suponha que X tenha uma *distribuição exponencial*, com parâmetro α. Logo,

$$M_X(t) = \int_0^{\infty} e^{tx} \alpha e^{-\alpha x} dx = \alpha \int_0^{\infty} e^{x(t-\alpha)} dx.$$

(Essa integral converge somente se $t < \alpha$. Por isso, a fgm existe somente para aqueles valores de t. Admitindo que essa condição seja satisfeita, podemos prosseguir.) Daí,

$$M_X(t) = \frac{\alpha}{t-\alpha} e^{x(t-\alpha)} \Big|_0^{\infty}$$
$$= \frac{\alpha}{\alpha - t}, \quad t < \alpha. \tag{10.7}$$

Comentário: Visto que a fgm é apenas um valor esperado de X, poderemos obter a fgm de uma função de uma variável aleatória sem primeiramente obtermos sua distribuição de probabilidade (veja o Teor. 7.3). Por exemplo, se X tiver distribuição $N(0, 1)$ e desejarmos achar a fgm de $Y = X^2$, poderemos prosseguir sem obtermos a fgm de Y. Bastará simplesmente escrever

$$M_Y(t) = E(e^{tY}) = E\left(e^{tX^2}\right) = \frac{1}{\sqrt{2\pi}} \int_{-\infty}^{+\infty} \exp\left(tx^2 - x^2/2\right) dx = (1 - 2t)^{-1/2}$$

depois de uma integração imediata.

Exemplo 10.5. Suponha que X tenha *distribuição* $N(\mu, \sigma^2)$. Por isso,

$$M_X(t) = \frac{1}{\sqrt{2\pi}\,\sigma} \int_{-\infty}^{+\infty} e^{tx} \exp\left(-\frac{1}{2}\left[\frac{x - \mu}{\sigma}\right]^2\right) dx.$$

Façamos $(x - \mu)/\sigma = s$; portanto, $x = \sigma s + \mu$ e $dx = \sigma\,ds$. Por conseguinte,

$$M_X(t) = \frac{1}{\sqrt{2\pi}} \int_{-\infty}^{+\infty} \exp\left[t(\sigma s + \mu)\right] e^{-s^2/2} ds$$

$$= e^{t\mu} \frac{1}{\sqrt{2\pi}} \int_{-\infty}^{+\infty} \exp\left(-\frac{1}{2}\left[s^2 - 2\sigma ts\right]\right) ds$$

$$= e^{t\mu} \frac{1}{\sqrt{2\pi}} \int_{-\infty}^{+\infty} \exp\left\{-\frac{1}{2}\left[(s - \sigma t)^2 - \sigma^2 t^2\right]\right\} ds$$

$$= e^{t\mu + \sigma^2 t^2/2} \frac{1}{\sqrt{2\pi}} \int_{-\infty}^{+\infty} \exp\left(-\frac{1}{2}[s - \sigma t]^2\right) ds.$$

Façamos $s - \sigma t = v$; então, $ds = dv$, e obteremos

$$M_X(t) = e^{t\mu + \sigma^2 t^2/2} \frac{1}{\sqrt{2\pi}} \int_{-\infty}^{+\infty} e^{-v^2/2} dv$$

$$= e^{\left(t\mu + \sigma^2 t^2/2\right)}. \tag{10.8}$$

Exemplo 10.6. Admita-se que X tenha uma *distribuição gama* com parâmetros α e r (veja a Eq. 9.16). Nesse caso,

$$M_X(t) = \frac{\alpha}{\Gamma(r)} \int_0^\infty e^{tx} (\alpha x)^{r-1} e^{-\alpha x}\, dx$$

$$= \frac{\alpha^r}{\Gamma(r)} \int_0^\infty x^{r-1} e^{-x(\alpha - t)} dx.$$

(Esta integral converge desde que $\alpha > t$.) Façamos $x(\alpha - t) = u$; por isso

$$dx = (du)/(\alpha - t),$$

e obteremos

$$M_X(t) = \frac{\alpha^r}{(\alpha - t)\Gamma(r)} \int_0^\infty \left(\frac{u}{\alpha - t}\right)^{r-1} e^{-u} \, du$$

$$= \left(\frac{\alpha}{\alpha - t}\right)^r \frac{1}{\Gamma(r)} \int_0^\infty u^{r-1} e^{-u} \, du.$$

Já que a integral é igual a $\Gamma(r)$, teremos

$$M_X(t) = \left(\frac{\alpha}{\alpha - t}\right)^r. \tag{10.9}$$

Comentários: (a) Se $r = 1$, a função gama se transforma na distribuição exponencial. Concluímos que se $r = 1$, as Eqs. (10.7) e (10.9) são iguais.

(b) Visto que a *distribuição de qui-quadrado* é obtida como um caso particular da distribuição gama, fazendo-se $\alpha = 1/2$ e $r = n/2$ (n um inteiro positivo), concluímos que se Z tiver distribuição χ_n^2, então

$$M_Z(t) = (1 - 2t)^{-n/2}. \tag{10.10}$$

10.4. Propriedades da Função Geratriz de Momentos

Apresentaremos, agora, a justificativa de se denominar M_X função *geratriz de momentos*. Recordemos o desenvolvimento da função e^x em série de Maclaurin:

$$e^x = 1 + x + \frac{x^2}{2!} + \frac{x^3}{3!} + \ldots + \frac{x^n}{n!} + \ldots$$

(Sabe-se que esta série converge para todos os valores de x.) Por isso,

$$e^{tx} = 1 + tx + \frac{(tx)^2}{2!} + \ldots + \frac{(tx)^n}{n!} + \ldots$$

Em seguida,

$$M_X(t) = E(e^{tX}) = E\left(1 + tX + \frac{(tX)^2}{2!} + \ldots + \frac{(tX)^n}{n!} + \ldots\right)$$

Mostramos que para uma soma *finita*, o valor esperado da soma é igual à soma dos valores esperados. No entanto, estamos tratando acima com uma série infinita e por isso não poderemos, de imediato, aplicar tal resultado. Verifica-se, contudo, que sob condições bastante gerais, esta operação ainda é válida. Nós admitiremos que as condições exigidas sejam satisfeitas e prosseguiremos de acordo com elas.

Lembremo-nos de que t é uma constante, de modo que tomando os valores esperados, poderemos escrever

$$M_X(t) = 1 + tE(X) + \frac{t^2 E(X^2)}{2!} + \ldots + \frac{t^n E(X^n)}{n!} + \ldots$$

Já que M_X é uma função de variável real t, poderemos tomar a derivada de $M_X(t)$ em relação a t, isto é, $[d/(dt)]\, M_X(t)$, ou por simplicidade $M'(t)$. Novamente estamos diante de uma dificuldade matemática. A derivada de uma soma *finita* é sempre igual à soma das derivadas (admitindo-se, naturalmente, que todas as derivadas em questão existam). Contudo, para uma soma infinita, isto não será sempre assim. Determinadas condições devem ser satisfeitas para que esta operação seja justificável; simplesmente admitiremos que essas condições sejam atendidas e prosseguiremos. (Na maioria dos problemas que encontrarmos, tal hipótese se justifica.) Portanto,

$$M'(t) = E(X) + tE(X^2) + \frac{t^2 E(X^3)}{2!} + \ldots + \frac{t^{n-1} E(X^n)}{(2-1)!} + \ldots$$

Fazendo-se $t = 0$, verifica-se que somente o primeiro termo subsiste, e teremos

$$M'(0) = E(X).$$

Portanto, a derivada primeira da fgm, calculada para $t = 0$, fornece o valor esperado da variável aleatória. Se calcularmos a derivada segunda de $M_X(t)$, procedendo novamente tal como acima, obteremos

$$M''(t) = E(X^2) + tE(X^3) + \ldots + \frac{t^{n-2} E(X^n)}{(n-2)!} + \ldots,$$

e fazendo $t = 0$, teremos

$$M''(0) = E(X^2).$$

Continuando dessa maneira, obteremos [admitindo que $M^{(n)}(0)$ exista] o seguinte teorema:

Teorema 10.1.

$$M^{(n)}(0) = E(X^n). \tag{10.11}$$

Isto é, a derivada n-ésima de $M_X(t)$, calculada para $t = 0$, fornece $E(X^n)$.

Comentários: (*a*) Os números $E(X^n)$, $n = 1, 2, ...$, são denominados os *momentos de ordem* n da variável aleatória X, em relação a zero. Por isso, mostramos que a partir do conhecimento da função M_X os momentos podem ser "gerados". (Daí o nome "função geratriz de momentos".)

(*b*) Vamos recordar o desenvolvimento de uma função h, em série de Maclaurin:

$$h(t) = h(0) + h'(0)t + \frac{h''(0)t^2}{2!} + ... + \frac{h^{(n)}(0)t^n}{n!} + ...,$$

na qual $h^{(n)}(0)$ é a derivada n-ésima da função h, calculada para $t = 0$. Aplicando este resultado à função M_X, poderemos escrever

$$M_X(t) = M_X(0) + M_X'(0)t + ... + \frac{M_X^{(n)}(0)t^n}{n!} + ...$$

$$= 1 + \mu_1 t + \mu_2 t^2/2! + ... + \frac{\mu_n t^n}{n!} + ...,$$

na qual $\mu_i = E(X^i)$, $i = 1, 2, ...$ Em particular,

$$V(X) = E(X^2) - [E(X)]^2 = M''(0) - [M'(0)]^2.$$

(*c*) O leitor pode se surpreender por que os métodos acima seriam de fato proveitosos. Não seria mais simples (e mais imediato) calcular diretamente os momentos de X, em vez de primeiramente obter a fgm e depois derivá-la? A resposta é que em muitos problemas o último caminho é mais facilmente percorrido. Os exemplos seguintes ilustrarão esse fato.

Exemplo 10.7. Suponha que X tenha uma distribuição binomial com parâmetros n e p. Consequentemente (Ex. 10.2), $M_X(t) = [pe^t + q]^n$. Por isso,

$$M'(t) = n(pe^t + q)^{n-1} pe^t,$$

$$M''(t) = np\left[e^t(n-1)(pe^t + q)^{n-2} pe^t + (pe^t + q)^{n-1} e^t\right].$$

Logo, $E(X) = M'(0) = np$, o que concorda com nosso resultado anterior. Também, $E(X^2) = M''(0) = np[(n-1)p + 1]$. Daí,

$$V(X) = M''(0) - [M'(0)]^2 = np(1-p),$$

o que também concorda com o que achamos anteriormente.

Exemplo 10.8. Suponha que X tenha distribuição $N(\alpha, \beta^2)$. Por isso (Ex. 10.5), $M_X(t) = \exp(\alpha t + 1/2\ \beta^2 t^2)$. Portanto,

$$M'(t) = e^{\alpha t + \beta^2 t^2/2}\left(\beta^2 t + \alpha\right),$$

$$M''(t) = e^{\beta^2 t^2/2 + \alpha t}\beta^2 + \left(\beta^2 t + \alpha\right)^2 e^{\beta^2 t^2/2 + \alpha t},$$

e $M'(0) = \alpha$, $M''(0) = \beta^2 + \alpha^2$, fornecendo $E(X) = \alpha$ e $V(X) = \beta^2$ como anteriormente.

Vamos empregar o método da fgm para calcular o valor esperado e a variância de uma variável aleatória com distribuição de probabilidade geométrica, Eq. (8.5).

Exemplo 10.9. Admita-se que X tenha uma distribuição de probabilidade geométrica. Isto é,

$$P(X = k) = q^{k-1}p,\ k = 1, 2, \dots\ (p + q = 1).$$

Por isso,

$$M_X(t) = \sum_{k=1}^{\infty} e^{tk}q^{k-1}p = \frac{p}{q}\sum_{k=1}^{\infty}\left(qe^t\right)^k.$$

Se nos restringirmos àqueles valores de t para os quais $0 < qe^t < 1$ [isto é, $t < \ln(1/q)$] então, poderemos somar a série acima como uma série geométrica e obter

$$M_X(t) = \frac{p}{q}qe^t\left[1 + qe^t + \left(qe^t\right)^2 + \dots\right]$$

$$= \frac{p}{q}\frac{qe^t}{1 - qe^t} = \frac{pe^t}{1 - qe^t}.$$

Portanto,

$$M'(t) = \frac{\left(1 - qe^t\right)pe^t - pe^t\left(-qe^t\right)}{\left(1 - qe^t\right)^2} = \frac{pe^t}{\left(1 - qe^t\right)^2};$$

$$M''(t) = \frac{\left(1 - qe^t\right)^2 pe^t - pe^{t2}\left(1 - qe^t\right)\left(-qe^t\right)}{\left(1 - qe^t\right)^4} = \frac{pe^t\left(1 + qe^t\right)}{\left(1 - qe^t\right)^3}$$

Em consequência,

$$E(X) = M'(0) = p\big/\left(1 - q\right)^2 = 1/p,$$

$$E\left(X^2\right) = M''(0) = p\left(1 + q\right)\big/\left(1 - q\right)^3 = \left(1 + q\right)/p^2,$$

e

$$V(X) = \left(1 + q\right)\big/p^2 - \left(1/p\right)^2 = q/p^2,$$

Dessa forma, temos uma verificação do Teor. 8.5.

Os dois teoremas seguintes serão de notável importância em nossa aplicação da fgm.

Teorema 10.2. Suponha que a variável aleatória X tenha fgm M_X. Seja $Y = \alpha X + \beta$. Então, M_Y, a fgm da variável Y, será dada por

$$M_Y(t) = e^{\beta t} M_X(\alpha t). \tag{10.12}$$

Explicando: Para achar a fgm de $Y = \alpha X + \beta$, calcule a fgm de X para αt (em vez de t) e multiplique por $e^{\beta t}$.

Demonstração:

$$M_Y(t) = E\left(e^{Yt}\right) = E\left[e^{(\alpha X + \beta)t}\right]$$
$$= e^{\beta t} E\left(e^{\alpha t X}\right) = e^{\beta t} M_X(\alpha t).$$

Teorema 10.3. Sejam X e Y duas variáveis aleatórias com fgm $M_X(t)$ e $M_Y(t)$, respectivamente. Se $M_X(t) = M_Y(t)$ para todos os valores de t, então X e Y terão a mesma distribuição de probabilidade.

Demonstração: A demonstração deste teorema é bastante difícil para ser dada aqui. Contudo, é muito importante compreender exatamente o que o teorema afirma. Diz que se duas variáveis aleatórias tiverem a mesma fgm, então elas terão a mesma distribuição de probabilidade. Isto é, a fgm determina univocamente a distribuição de probabilidade da variável aleatória.

Exemplo 10.10. Suponhamos que X tenha a distribuição $N(\mu, \sigma^2)$. Seja $Y = \alpha X + \beta$. Então, Y será também distribuída normalmente. Do Teor. 10.2, teremos que a fgm de Y será $M_Y(t) = e^{\beta t} M_X(\alpha t)$. Contudo, do Ex. 10.8, temos que

$$M_X(t) = e^{\mu t + \sigma^2 t^2/2}.$$

Portanto,

$$M_Y(t) = e^{\beta t}\left[e^{\alpha \mu t + (\alpha\sigma)^2 t^2/2.}\right]$$
$$= e^{(\beta + \alpha\mu)t} e^{(\alpha\sigma)^2 t^2/2}.$$

Ora, isto é a fgm de uma variável aleatória normalmente distribuída, com expectância $\alpha\mu + \beta$ e variância $\alpha^2\sigma^2$. Assim, de acordo com o Teor. 10.3, a distribuição de Y é normal.

O teorema seguinte também desempenha papel fundamental em nosso trabalho subsequente.

Teorema 10.4. Suponha que X e Y sejam variáveis aleatórias independentes. Façamos $Z = X + Y$. Sejam $M_X(t)$, $M_Y(t)$ e $M_Z(t)$ as fgm das variáveis aleatórias X, Y e Z, respectivamente. Então,

$$M_Z(t) = M_X(t)M_Y(t). \tag{10.13}$$

Demonstração:

$$M_Z(t) = E\left(e^{Zt}\right) = E\left[e^{(X+Y)t}\right] = E\left(e^{Xt}e^{Yt}\right)$$
$$= E\left(e^{Xt}\right)E\left(e^{Yt}\right) = M_X(t)M_Y(t).$$

Comentário: Este teorema pode ser generalizado assim: Se X_1, ..., X_n forem variáveis aleatórias independentes, com fgm M_{Xi}, $i = 1, 2, ..., n$, então M_Z, a fgm de

$$Z = X_1 + ... + X_n,$$

será dada por

$$M_Z(t) = M_{X_1}(t) ... M_{Xn}(t). \tag{10.14}$$

10.5. Propriedades Reprodutivas

Existem algumas distribuições de probabilidade que apresentam a seguinte notável e muito útil propriedade: Se duas (ou mais) variáveis aleatórias que tenham uma determinada distribuição forem adicionadas, a variável aleatória resultante terá uma distribuição do mesmo tipo que aquela das parcelas. Esta propriedade é denominada *propriedade reprodutiva* (ou *aditiva*), e a estabeleceremos para algumas distribuições importantes, com o auxílio dos Teors. 10.3 e 10.4.

Exemplo 10.11. Suponha que X e Y sejam variáveis aleatórias independentes, com distribuições $N(\mu_1, \sigma_1^2)$ e $N(\mu_2, \sigma_2^2)$, respectivamente. Façamos $Z = X + Y$. Consequentemente,

$$M_Z(t) = M_X(t)M_Y(t) = \exp.\left(\mu_1 t + \sigma_1^2 t^2/2\right)\exp.\left(\mu_2 t + \sigma_2^2 t^2/2\right)$$
$$= \exp.\left[\left(\mu_1 + \mu_2\right)t + \left(\sigma_1^2 + \sigma_2^2\right)t^2/2\right].$$

Ora, isto representa a fgm de uma variável aleatória normalmente distribuída, com valor esperado $\mu_1 + \mu_2$ e variância $\sigma_1^2 + \sigma_2^2$. Portanto, Z terá esta distribuição normal. (Veja o Teor. 10.3.)

Comentário: O fato de que $E(Z) = \mu_1 + \mu_2$ e $V(Z) = \sigma_1^2 + \sigma_2^2$ poderiam ser obtidos imediatamente do que se viu anteriormente, resulta das propriedades referentes à expectância e variância. No entanto, para se estabelecer o fato de que Z é *também normalmente* distribuída exige-se o emprego da fgm. (Existe outra maneira de se chegar a este resultado, a qual será mencionada no Cap. 12.)

Exemplo 10.12. O comprimento de uma barra é uma variável aleatória distribuída normalmente, com valor esperado 4 polegadas e variância 0,01 (polegada)^2. Duas dessas barras são postas uma em continuação à outra e colocadas em um entalhe. O comprimento deste entalhe é 8 polegadas com uma tolerância de $\pm 0,1$ polegada. Qual é a probabilidade de que as duas barras se ajustem?

Fazendo-se L_1 e L_2 representar os comprimentos das barras 1 e 2, teremos que $L = L_1 + L_2$ será distribuída normalmente, com $E(L) = 8$ e $V(L) = 0,02$. Consequentemente,

$$P[7,9 \le L \le 8,1] = P\left[\frac{7,9-8}{0,14} \le \frac{L-8}{0,14} \le \frac{8,1-8}{0,14}\right]$$
$$= \Phi(+0,714) - \Phi(-0,714) = 0,526,$$

das tábuas da distribuição normal.

Poderemos generalizar o resultado acima no seguinte teorema:

Teorema 10.5. (*Propriedade aditiva da distribuição normal.*) Sejam X_1, X_2, ..., X_n n variáveis aleatórias independentes com distribuição $N(\mu_i, \sigma_i^2)$, $i = 1, 2, ..., n$. Façamos $Z = X_1 + ... + X_n$. Então, Z terá a distribuição $N(\sum_{i=1}^{n} \mu_i, \sum_{i=1}^{n} \sigma_i^2)$.

A distribuição de Poisson também apresenta a propriedade aditiva.

Teorema 10.6. Sejam X_1, ..., X_n variáveis aleatórias independentes. Suponha que X_i tenha distribuição de Poisson, com parâmetro α_i, $i = 1, 2, ..., n$. Seja $Z = X_1 + ... + X_n$. Então, Z terá distribuição de Poisson com parâmetro

$$\alpha = \alpha_1 + ... + \alpha_n.$$

Demonstração: Vamos considerar, inicialmente, o caso de $n = 2$:

$$MX_1(t) = e^{\alpha_1 (e^t - 1)}, MX_2(t) = e^{\alpha_2 (e^t - 1)}.$$

Daí, $M_Z(t = e^{(\alpha_1 + \alpha_2)(e^t - 1)})$. Mas isto é a fgm de uma variável aleatória com distribuição de Poisson que tenha parâmetro $\alpha_i + \alpha_2$. Poderemos agora completar a demonstração do teorema com o auxílio da indução matemática.

Exemplo 10.13. Suponhamos que o número de chamadas telefônicas em um centro, entre 9 e 10 horas, X_1, seja uma variável aleatória com distribuição de Poisson, com parâmetro 3. Semelhantemente, o número de chamadas que chegam entre 10 e 11 horas, X_2, também terá uma distribuição de Poisson, com parâmetro 5. Se X_1 e X_2 forem independentes, qual será a probabilidade de que mais de 5 chamadas ocorram entre 9 e 11 horas?

Façamos $Z = X_1 + X_2$. Do teorema acima, Z terá uma distribuição de Poisson, com parâmetro $3 + 5 = 8$. Consequentemente,

$$P(Z > 5) = 1 - P(Z \leq 5) = 1 - \sum_{k=0}^{5} \frac{e^{-8}(8)^k}{k!}$$
$$= 1 - 0{,}191\,2 = 0{,}808\,8.$$

Outra distribuição que apresenta a propriedade aditiva é a distribuição de qui-quadrado.

Teorema 10.7. Suponha que a distribuição de X_i seja $\chi^2_{n_i}$, $i = 1, 2, ..., k$, na qual os X_i sejam variáveis aleatórias independentes. Faça-se $Z = X_1 + ... + X_k$. Então, Z terá distribuição χ^2_n, na qual $n = n_1 + ... + n_k$.

Demonstração: Pela Eq. (10.10) teremos $M_{X_i}(t) = (1 - 2t)^{-n_i/2}$, $i = 1, 2, ..., k$. Consequentemente,

$$M_Z(t) = M_{X_1}(t) ... M_{X_k}(t) = (1 - 2t)^{-(n_1 + ... + n_k)/2}.$$

Ora, isto é a fgm de uma variável aleatória que tenha distribuição de χ^2_n.

Agora, poderemos apresentar uma das razões da grande importância da distribuição de qui-quadrado. No Ex. 9.9, verificamos que se X tiver distribuição $N(0, 1)$, X^2 terá distribuição X_1^2. Combinando isto com o Teor. 10.7, teremos o seguinte resultado:

Teorema 10.8. Suponha que $X_1, ..., X_k$ sejam variáveis aleatórias independentes, cada uma tendo a distribuição $N(0, 1)$. Então, $S = X_1^2 + X_2^2 + ... + X_k^2$ terá distribuição de χ^2_k.

Exemplo 10.14. Suponhamos que $X_1, ..., X_n$ sejam variáveis aleatórias independentes, cada uma com a distribuição $N(0, 1)$. Façamos $T = \sqrt{X_1^2 + ... + X_n^2}$. Pela nossa exposição anterior, sabemos que T^2 tem distribuição de χ^2_n.

Para acharmos a fdp de T, digamos h, procederemos como habitualmente:

$$H(t) = P(T \leq t) = P(T^2 \leq t^2) = \int_0^{t^2} \frac{1}{2^{n/2} T(n/2)} z^{n/2-1} e^{-z/2} dz.$$

Consequentemente, teremos

$$h(t) = H'(t) = \frac{2t}{2^{n/2}\Gamma(n/2)}\left(t^2\right)^{n/2-1} e^{-t^2/2} = \frac{2t^{n-1}e^{-t^2/2}}{2^{n/2}\Gamma(n/2)} \text{ se } t \geq 0.$$

Comentários: (*a*) Se $n = 2$, a distribuição acima é conhecida como *distribuição de Rayleigh*. (Veja o Probl. 9.7.)

(*b*) Se $n = 3$, a distribuição acima é conhecida como *distribuição de Maxwell* (ou, algumas vezes, como distribuição da velocidade de Maxwell) e tem a seguinte importante interpretação: Suponha que temos um gás em um recipiente fechado. Representemos os componentes da velocidade de uma molécula, escolhida aleatoriamente, por (X, Y, Z). Admitamos que X, Y e Z sejam variáveis aleatórias independentes, cada uma tendo a distribuição $N(0, \sigma^2)$. (Admitir-se a mesma distribuição para X, Y e Z significa que a pressão do gás é a mesma em todas as direções. Admitir-se que as expectâncias sejam iguais a zero significa que o gás não está escoando.) Consequentemente, a *velocidade* da molécula (isto é, a magnitude de sua velocidade) é dada por $S = \sqrt{X^2 + Y^2 + Z^2}$. Salientamos que X/σ, Y/σ e Z/σ são distribuídas de acordo com $N(0, 1)$. Portanto, $S/\sigma = \sqrt{(X/\sigma)^2 + (Y/\sigma)^2 + (Z/\sigma)^2}$ tem distribuição de Maxwell. Por isso, a fdp da velocidade S, isto é, g, será dada por

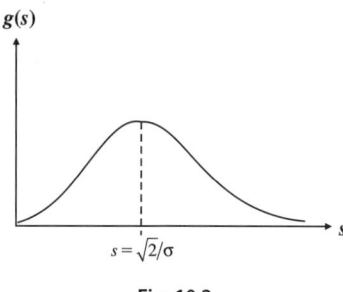

Fig. 10.2

$$g(s) = \sqrt{\frac{2}{\pi}}\, \frac{S^2}{\sigma^3}\, e^{-S^2/2\sigma^2}, \; s \geq 0.$$

O gráfico de g está indicado na Fig. 10.2, para $\sigma = 2$. Observe-se que valores de S muito pequenos ou muito grandes são bastante improváveis. (Pode-se mostrar que a constante σ, que aparece como um parâmetro da distribuição acima, tem a seguinte interpretação física: $\sigma = \sqrt{kT/M}$, na qual T é a temperatura absoluta, M é a massa da molécula, e k é conhecida como a constante de Boltzmann.)

Estudamos algumas distribuições para as quais vale a propriedade aditiva. Vamos agora examinar a distribuição exponencial para a qual, estritamente falando, a propriedade aditiva não vale, mas que, não obstante, possui uma propriedade análoga.

Sejam r variáveis aleatórias independentes: X_i, $i = 1, 2, ..., r$, todas as r com a mesma distribuição exponencial, com parâmetro α. Em consequência, da Eq. (10.7) teremos que

$$M_{X_i}(t) = \alpha/(\alpha - t).$$

Assim se $Z = X_1 + ... + X_r$, teremos $M_Z(t) = [\alpha/\alpha - t]^r$ que é justamente a função geratriz de momentos da distribuição gama, com parâmetros α e r

[Eq. (10.9)]. A menos que $r = 1$, esta não será a fgm de uma distribuição exponencial, de modo que esta distribuição *não* possui a propriedade aditiva. No entanto, temos uma caracterização bastante interessante da distribuição gama, que resumiremos no teorema seguinte.

Teorema 10.9. Seja $Z = X_1 + \ldots + X_r$, na qual os X_i são r variáveis aleatórias independentes, identicamente distribuídas, cada uma tendo distribuição exponencial, com o (mesmo) parâmetro α. Então, Z terá uma distribuição gama, com parâmetros α e r.

Comentários: (*a*) O Teor. 10.9 não será verdadeiro se os parâmetros das várias distribuições exponenciais forem diferentes. Isto se torna evidente quando consideramos a fgm da soma resultante das variáveis aleatórias.

(*b*) O seguinte *corolário* do teorema acima apresenta considerável importância em algumas aplicações estatísticas: A variável aleatória $W = 2\alpha Z$ tem distribuição de $\chi_2^2 r$. Isto constitui uma consequência imediata do fato de que $M_W(t) = M_Z(2\alpha t) = [\alpha/(\alpha - 2\alpha t)]^r = (1 - 2t)^{-2r/2}$. A comparação disto com a Eq. (10.10) dá origem ao corolário acima. Portanto, poderemos empregar a distribuição de qui-quadrado tabulada com o objetivo de calcular determinadas probabilidades associadas a Z. Por exemplo, $P(Z \leq 3) = P(2\alpha Z \leq 6\alpha)$. Esta última probabilidade pode ser diretamente obtida das tábuas da distribuição de qui-quadrado, se α e r forem dados.

10.6. Sequências de Variáveis Aleatórias

Suponha que temos uma sequência de variáveis aleatórias $X_1, X_2, \ldots, X_n \ldots$ Cada uma dessas variáveis aleatórias pode ser descrita em termos de F_i, sua fd, em que $F_i(t) = P(X_i \leq t)$, $i = 1, 2, \ldots$ Bastante frequentemente estaremos interessados no que acontece a F_i quando $i \rightarrow \infty$. Isto é, existirá alguma *função de distribuição limite F* correspondente a alguma variável aleatória X, tal que em algum sentido, as variáveis aleatórias X_i, convirjam para X? A resposta é sim, em muitos casos, e existe um procedimento bastante imediato para determinar-se F.

Essa situação pode surgir quando considerarmos n observações independentes de uma variável aleatória X, por exemplo, $X_1, \ldots, X_n$. Poderemos estar interessados na média aritmética dessas observações, $\overline{X}_n = (1/n)(X_1 + \ldots + X_n)$. $\overline{X}_n$ é também uma variável aleatória. Seja $\overline{F}_n$ a fd de $\overline{X}_n$. Poderá interessar saber o que acontece à distribuição de probabilidade de $\overline{X}_n$ quando n se torna grande. Assim, nosso problema envolve o comportamento limite de $\overline{F}_n$ quando $n \rightarrow \infty$. O teorema seguinte, enunciado sem demonstração, nos tornará capazes de resolver esse e outros problemas similares.

Teorema 10.10. Seja $X_1,...,X_n$ uma sequência de variáveis aleatórias com fd $F_1,...,F_n,...$ e fgm $M_1,...,M_n,...$ Suponha que $\lim_{n\to\infty} M_n(t) = M(t)$, em que $M(0) = 1$. Então, $M(t)$ é a fgm da variável aleatória X, cuja fd F é dada pelo $\lim_{n\to\infty} F_n(t)$.

Comentário: O Teor. 10.10 diz que para obter a distribuição limite procurada, é suficiente estudar as funções geratrizes de momentos das variáveis aleatórias sob exame. Obteremos a forma limite da sequência $M_1, ..., M_n, ...$, digamos $M(t)$. Em virtude da propriedade de unicidade das fgm, existirá apenas uma distribuição de probabilidade correspondente à fgm $M(t)$. Poderemos reconhecer M como a fgm de uma distribuição conhecida (tal como a normal, a de Poisson etc.) ou poderemos ter de empregar métodos mais avançados para determinar a distribuição de probabilidade a partir de M. Na medida em que formos capazes de obter a fgm a partir do conhecimento da fdp, assim também seremos capazes de obter (sob condições bastante gerais) a fdp a partir do conhecimento da fgm. Isto acarretaria alguns teoremas recíprocos e não nos dedicaremos mais a isto.

10.7. Observação Final

Vimos que a fgm pode constituir um instrumento muito poderoso para o estudo de vários aspectos das distribuições de probabilidade. Em particular, verificamos ser o emprego da fgm muito útil ao estudarmos somas de variáveis aleatórias independentes, identicamente distribuídas, e na obtenção de várias regras aditivas. Estudaremos novamente no Cap. 12, somas de variáveis aleatórias independentes, sem o emprego da fgm, porém com métodos semelhantes àqueles que empregamos ao estudar o produto e o quociente de variáveis aleatórias independentes no Cap. 6.

Problemas

10.1. Suponha que X tenha fdp dada por $f(x) = 2x$, $0 \le x \le 1$.

    (*a*) Determine a fgm de X.

    (*b*) Empregando a fgm, calcule $E(X)$ e $V(X)$ e verifique sua resposta. (Veja o Comentário à pág. 262.)

10.2. (*a*) Determine a fgm da tensão (incluindo o ruído) tal como apresentada no Probl. 7.25.

    (*b*) Empregando a fgm, obtenha o valor esperado e a variância dessa tensão.

10.3. Suponha que X tenha a seguinte fdp:

$$f(x) = \lambda e^{-\lambda(x-a)}, \quad x \ge a.$$

(Esta é conhecida como *distribuição exponencial a dois parâmetros*.)

    (*a*) Determine a fgm de X.

    (*b*) Empregando a fgm, ache $E(X)$ e $V(X)$.

10.4. Seja X o resultado da jogada de uma moeda equilibrada.

(a) Determine a fgm de X.

(b) Empregando a fgm, ache $E(X)$ e $V(X)$.

10.5. Determine a fgm da variável aleatória X do Probl. 6.7. Empregando a fgm, ache $E(X)$ e $V(X)$.

10.6. Suponha que a variável aleatória contínua X tenha fdp

$$f(x) = \frac{1}{2} e^{-|x|}, -\infty < x < \infty.$$

(a) Ache a fgm de X.

(b) Empregando a fgm, ache $E(X)$ e $V(X)$.

10.7. Empregue a fgm para mostrar que, se X e Y forem variáveis aleatórias independentes, com distribuição $N(\mu_x, \sigma_x^2)$ e $N(\mu_y, \sigma_y^2)$, respectivamente, então $Z = aX + bY$ será também normalmente distribuída, na qual a e b são constantes.

10.8. Suponha que a fgm da variável aleatória X seja da forma

$$M_X(t) = \left(0{,}4e^t + 0{,}6\right)^8.$$

(a) Qual será a fgm da variável aleatória $Y = 3X + 2$?

(b) Calcule $E(X)$.

(c) Você poderá verificar sua resposta a (b), por algum outro método? [Tente "reconhecer" $M_X(t)$.]

10.9. Alguns resistores, R_i, $i = 1, 2, ..., n$, são montados em série em um circuito. Suponha que a resistência de cada um seja normalmente distribuída, com $E(R_i) = 10$ ohms e $V(R_i) = 0{,}16$.

(a) Se $n = 5$, qual será a probabilidade de que a resistência do circuito exceda 49 ohms?

(b) Para que se tenha aproximadamente igual a 0,05 a probabilidade de que a resistência total exceda 100 ohms, que valor deverá ter n?

10.10. Em um circuito, n resistores são montados em série. Suponha que a resistência de cada um seja uniformemente distribuída sobre [0, 1] e suponha, também, que todas as resistências sejam independentes. Seja R a resistência total.

(a) Estabeleça a fgm de R.

(b) Empregando a fgm, obtenha $E(R)$ e $V(R)$. Confirme suas respostas pelo cálculo direto.

10.11. Se X tiver distribuição de χ_n^2, empregando a fgm, mostre que $E(X) = n$ e $V(X) = 2n$.

10.12. Suponha que V, a velocidade (cm/seg) de um objeto, tenha distribuição $N(0, 4)$. Se $K = mV^2/2$ ergs for a energia cinética do objeto (na qual m = massa), determine a fdp de K. Se $m = 10$ gramas, calcule $P(K \leq 3)$.

10.13. Suponha que a duração da vida de uma peça seja exponencialmente distribuída, com parâmetro 0,5. Suponha que 10 dessas peças sejam instaladas sucessivamente, de modo que a i-ésima peça seja instalada "imediatamente" depois que a peça de ordem $(i - 1)$ tenha falhado. Seja T_i a duração até falhar da i-ésima peça, $i = 1$, 2, 10, sempre medida a partir do instante de instalação. Portanto, $S = T_1 + ... + T_{10}$ representa o tempo total de funcionamento das 10 peças. Admitindo que os T_i sejam independentes, calcule $P(S \geq 15,5)$.

10.14. Suponha que $X_1, ..., X_{80}$ sejam variáveis aleatórias independentes, cada uma tendo distribuição $N(0, 1)$. Calcule $P[X_1^2 + ... + X_{80}^2 > 77]$. [*Sugestão*: Empregue o Teor. 9.2.]

10.15. Mostre que se X_i, $i = 1, 2, ..., k$, representar o número de sucessos em n_i repetições de um experimento, no qual $P(\text{sucesso}) = p$, para todo i, então $X_1 + ... + X_k$ terá uma distribuição binomial. (Isto é, a distribuição binomial possui a propriedade aditiva.)

10.16. (*Distribuições de Poisson* e *multinomial*.) Suponha que X_i, $i = 1, 2, ..., n$, sejam variáveis aleatórias independentes com distribuição de Poisson, com parâmetros α_i, $i = 1, ..., n$. Faça $X = \sum_{i=1}^{n} X_i$. Nesse caso, a distribuição de probabilidade conjunta de $X_1, ..., X_n$, dado $X = x$, é dada por uma distribuição multinomial. Isto é,

$$P\left(X_1 = x_1, ..., X_n = x_n \mid X = x\right) = x! / \left(x_1! ... x_n!\right)\left(\alpha_1 / \sum_{i=1}^{n} \alpha_i\right) x_1 ... \left(\alpha_n / \sum_{i}^{n} = 1\, \alpha_i\right)^{x_n}.$$

10.17. Estabeleça a fgm de uma variável aleatória que tenha distribuição geométrica. Essa distribuição possui a propriedade aditiva?

10.18. Se a variável aleatória X tiver uma fgm dada por $M_X(t) = 3/(3 - t)$, qual será o desvio-padrão de X?

10.19. Estabeleça a fgm de uma variável aleatória que seja uniformemente distribuída sobre $(-1, 2)$.

10.20. Um determinado processo industrial produz grande número de cilindros de aço, cujos comprimentos são distribuídos, normalmente, com média 3,25 polegadas e desvio-padrão 0,05 polegada. Se dois desses cilindros forem escolhidos ao acaso e dispostos um em continuação ao outro, qual será a probabilidade de que seu comprimento combinado seja menor do que 6,60 polegadas?

Comentário: Ao calcular $M'_X(t)$, para $t = 0$, pode surgir uma forma indeterminada. Assim, $M'_X(0)$ pode ser da forma 0/0. Nesse caso, deveremos tentar aplicar a regra de l'Hôpital. Por exemplo, se X for uniformemente distribuída sobre $[0, 1]$, facilmente encontraremos que $M_X(t) = (e^t - 1)/t$ e $M'_x(t) = (te^t - e^t + 1)/t^2$. Consequentemente, em $t = 0$, $M'_x(t)$ é indeterminada. Aplicando a regra de l'Hôpital, encontraremos que

$$\lim_{t \to 0} M'_x(t) = \lim_{t \to 0} te^t / 2t = 1/2.$$

Isto confirma, desde que $M'_x(0) = E(X)$, que é igual a 1/2 para a variável aleatória apresentada aqui.

Aplicações à Teoria da Confiabilidade

11.1. Conceitos Fundamentais

Neste capítulo, estudaremos um domínio em desenvolvimento, muito importante, de aplicação de alguns conceitos apresentados nos capítulos anteriores.

Suponha que estejamos considerando um componente (ou todo um complexo de componentes instalados em um sistema), o qual é submetido a alguma espécie de "esforço". Isto pode constituir uma viga sob uma carga, um fusível intercalado em um circuito, uma asa de avião sob a ação de forças, ou um dispositivo eletrônico posto em serviço. Suponha que, para qualquer desses componentes (ou sistema), um estado que denotaremos como "falha" possa ser definido. Desta forma, a viga de aço pode romper-se ou quebrar, o fusível pode queimar, a asa pode empenar, ou o dispositivo eletrônico pode deixar de funcionar.

Se esse componente for posto sob condições de esforço, em algum instante especificado, digamos $t = 0$, e observado até que falhe (isto é, até que pare de funcionar adequadamente sob o esforço aplicado), a *duração até falhar* ou *duração da vida*, T, pode ser considerada como uma variável aleatória contínua com alguma fdp f. Existe grande quantidade de provas empíricas para indicar que o valor de T não pode ser previsto a partir de um modelo determinístico. Isto é, componentes "idênticos" sujeitos a "idênticos" esforços falharão em diferentes e imprevisíveis instantes. Alguns falharão logo no início de sua vida e outros em épocas mais tardias. Naturalmente, "o estilo de falhar" variará com o tipo de peça que se esteja considerando. Por exemplo, um fusível falhará bastante subitamente, no sentido de que em dado momento estará funcionando perfeitamente e no próximo momento já não funcionará mais. Por outro lado, uma viga de aço sob uma carga pesada tornar-se-á provavelmente mais fraca durante um longo período de tempo. De qualquer modo, o emprego de um modelo probabilístico, com T considerada como uma variável aleatória, parece constituir-se no único tratamento realista do assunto. Apresentaremos, agora, outro conceito importante.

Definição. A *confiabilidade* de um componente (ou sistema) na época t, $R(t)$, é definida como $R(t) = P(T > t)$, na qual T é a duração da vida do componente. R é denominada *função de confiabilidade.*

Comentário: Embora o termo "confiabilidade" (em inglês, "reliability") possua muitos significados técnicos diferentes, aquele apresentado acima está se tornando o mais geralmente aceito. A definição, dada aqui, simplesmente afirma que a confiabilidade de um componente é igual à probabilidade de que o componente não venha a falhar durante o intervalo $[0, t]$ (ou, de modo equivalente, confiabilidade é igual à probabilidade de que o componente ainda esteja em funcionamento na época t). Por exemplo, se para uma determinada peça, $R(t_1) = 0,90$, isto significa que aproximadamente 90% de tais peças, utilizadas sob dadas condições, estarão ainda em funcionamento na época t_1.

Em termos da fdp de T, digamos f, teremos

$$R(t) = \int_t^\infty f(s)\,ds.$$

Em termos da fd de T, digamos F, teremos

$$R(t) = 1 - P(T \le t) = 1 - F(t).$$

Além da função de confiabilidade R, outra função desempenha importante papel na descrição das características de falhas de uma peça.

Definição. A *taxa de falhas* (instantânea) Z (algumas vezes denominada *função de risco*) associada à variável aleatória T é dada por

$$Z(t) = \frac{f(t)}{1 - F(t)} = \frac{f(t)}{R(t)}, \tag{11.1}$$

definida para $F(t) < 1$.

Comentário: A fim de interpretar $Z(t)$, considere-se a probabilidade condicionada
$$P(t \le T \le t + \Delta t \mid T > t),$$
isto é, a probabilidade de que a peça venha a falhar durante as próximas Δt unidades de tempo, desde que a peça esteja funcionando adequadamente no instante t. Aplicando-se a definição de probabilidade condicionada, poderemos escrever a expressão acima assim:

$$P(t \le T \le t + \Delta t \mid T > t) = \frac{P(t < T \le t + \Delta t)}{P(T > t)}$$
$$= \int_t^{t + \Delta t} f(x)\,dx / P(T > t) = \Delta t f(\xi) / R(t),$$

na qual $t \le \xi \le t + \Delta t$.

A última expressão é (para Δt pequeno e supondo-se que f seja contínua em t^+) aproximadamente igual a $\Delta t Z(t)$. Portanto, explicando não formalmente, $\Delta t Z(t)$ representa a proporção de peças que falharão entre t e $t + \Delta t$, dentre aquelas peças que estavam ainda funcionando na época t.

Do que se explicou acima, conclui-se que f, a fdp de T, determina univocamente a taxa de falhas Z. Mostraremos agora que a recíproca também vale: A taxa de falhas Z determina univocamente a fdp f.

Teorema 11.1. Se T, a duração até falhar, for uma variável aleatória contínua, com fdp f e se $F(0) = 0$, na qual F é a fd de T, então, f poderá ser expressa em termos da taxa de falhas Z, da seguinte maneira:

$$f(t) = Z(t) e^{-\int_0^t Z(s)\,ds}. \tag{11.2}$$

Demonstração: Visto que $R(t) = 1 - F(t)$, teremos $R'(t) = -F'(t) = -f(t)$. Daí,

$$Z(t) = \frac{f(t)}{R(t)} = \frac{-R'(t)}{R(t)}.$$

Integremos ambos os membros de 0 a t:

$$\int_0^t Z(s)\,ds = -\int_0^t \frac{R'(s)}{R(s)}\,ds = -\ln R(s)\Big|_0^t$$
$$= -\ln R(t) + \ln R(0) = -\ln R(t),$$

desde que $\ln R(0) = 0$, o que vale se, e somente se, $R(0) = 1$. [Esta última condição será satisfeita se $F(0) = 0$. Isto apenas diz que a probabilidade de falha *inicial* é igual a zero; adotaremos esta hipótese no restante da exposição.] Consequentemente,

$$R(t) = e^{-\int_0^t Z(s)\,ds}.$$

Portanto,

$$f(t) = F'(t) = \frac{d}{dt}[1 - R(t)] = Z(t) e^{-\int_0^t Z(s)\,ds}.$$

Por conseguinte, mostramos que a taxa de falhas Z determina univocamente a fdp f.

Existe uma interessante relação entre a função de confiabilidade e a duração média até falhar, $E(T)$.

Teorema 11.2. Se $E(T)$ for finita, então

$$E(T) = \int_0^\infty R(t)\,dt. \tag{11.3}$$

Demonstração: Considere-se

$$\int_0^\infty R(t)\,dt = \int_0^\infty \left[\int_t^\infty f(s)\,ds\right] dt.$$

Vamos integrar por partes, fazendo $\int_t^\infty f(s)\,ds = u$ e $dt = dv$. Daí, $v = t$ e $du = -f(t)\,dt$. Portanto,

$$\int_0^\infty R(t)\,dt = t\ \int_t^\infty f(s)\,ds\,\big|_0^\infty + \int_0^\infty t f(t)\,dt.$$

A segunda integral, no segundo membro, representa $E(T)$. Portanto a demonstração estará completa se pudermos mostrar que $t\int_t^\infty f(s)\,ds$ se anula em $t = 0$ e quando $t \to \infty$. A anulação em $t = 0$ é imediata. Empregando a finitude de $E(T)$, o leitor pode completar a demonstração.

Os conceitos de confiabilidade e de taxa de falhas estão entre as mais importantes ferramentas necessárias para um estudo profundo dos "modelos de falhas". Estudaremos principalmente as seguintes questões:

(*a*) Que "leis de falhas" subjacentes será razoável admitir? (Isto é, que forma a fdp de T deve ter?)

(*b*) Suponha que temos dois componentes, C_1 e C_2, com leis de falhas conhecidas. Suponha que esses componentes estejam associados em série

ou em paralelo,

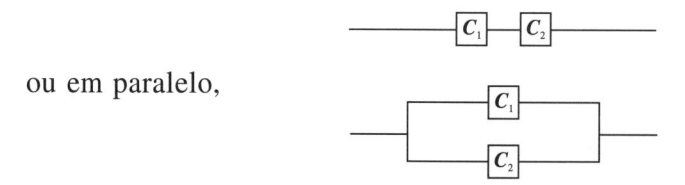

para constituir um sistema. Qual será a lei de falhas (ou confiabilidade) do sistema?

A questão de qual será uma "razoável" lei de falhas nos leva de volta a um problema que já discutimos: Que é um modelo matemático razoável para a descrição de algum fenômeno observável? De um ponto de vista estritamente matemático, poderemos admitir qualquer fdp para T e, depois, simplesmente estudar as consequências dessa hipótese. Contudo, se estivermos interessados em ter um modelo que represente (tão acuradamente quanto possível) os dados de falhas realmente disponíveis, nossa escolha do modelo terá que levar isso em consideração.

11.2. A Lei de Falhas Normal

Existem muitos tipos de componentes cujo comportamento das falhas pode ser representado pela distribuição normal. Isto é, se T for a duração da vida de uma peça, sua fdp será dada por

$$f(t) = \frac{1}{\sqrt{2\pi}\,\sigma}\exp\left(-\frac{1}{2}\left[\frac{t-\mu}{\sigma}\right]^2\right).$$

[Novamente salientamos que a duração até falhar, T, deve ser maior que (ou igual a) zero. Consequentemente, a fim de que o modelo acima possa ser aplicado devemos insistir que $P(T < 0)$ seja essencialmente zero.] Como a forma da fdp normal indica, a lei de falhas normal significa que a maioria das peças falha em torno da duração até falhar média, $E(T) = \mu$ e o número de falhas decresce (simetricamente) quando $|T - \mu|$ cresce. A lei de falhas normal indica que cerca de 95,72% das falhas ocorrem para aqueles valores de t que satisfaçam a $\{t \mid |t - \mu| < 2\sigma\}$. (Veja a Fig. 11.1.)

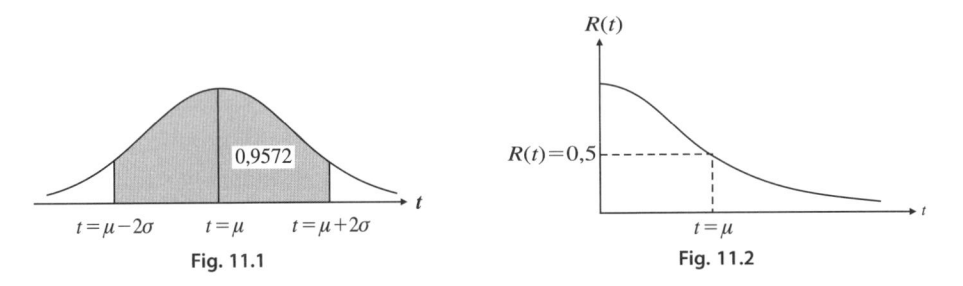

Fig. 11.1 Fig. 11.2

A função de confiabilidade da lei de falhas normal pode ser expressa em termos da função de distribuição acumulada normal, tabulada, Φ, da seguinte maneira:

$$R(t) = P(T > t) = 1 - P(T \leq t)$$

$$= 1 - \frac{1}{\sqrt{2\pi}\,\sigma}\int_{-\infty}^{t}\exp\left(-\frac{1}{2}\left[\frac{x-\mu}{\sigma}\right]^2\right)dx$$

$$= 1 - \Phi\left(\frac{t-\mu}{\sigma}\right).$$

A Fig. 11.2 apresenta uma curva de confiabilidade geral para a lei de falhas normal. Observe-se que a fim de alcançar alta confiabilidade (digamos 0,90 ou maior), o tempo de operação deverá ser bem menor que μ, a duração da vida esperada.

Exemplo 11.1. Suponha que a duração da vida de um componente seja distribuída normalmente, com desvio-padrão igual a 10 (horas). Se o componente tiver uma confiabilidade de 0,99 para um período de operação de 100 horas, qual será sua duração de vida esperada?

A equação acima se torna

$$0,99 = 1 - \Phi\left(\frac{100 - \mu}{10}\right).$$

Das tábuas da distribuição normal, isto dá $(100 - \mu)/10 = -2,33$. Portanto, $\mu = 123,3$ horas.

A lei de falhas normal representa um modelo apropriado para componentes nos quais a falha seja devida a algum efeito de "desgaste". Ela não se inclui, contudo, entre as mais importantes leis de falhas encontradas.

11.3. A Lei de Falhas Exponencial

Uma das mais importantes leis de falhas é aquela cuja duração até falhar é descrita pela distribuição exponencial. Poderemos caracterizá-la de muitas maneiras, mas, provavelmente, a maneira mais simples é supor que a taxa de falhas seja *constante*. Isto é, $Z(t) = \alpha$. Uma consequência imediata desta hipótese é, pela Eq. (11.2), que a fdp associada à duração até falhar T, seja dada por

$$f(t) = \alpha e^{-\alpha t}, \quad t > 0.$$

A recíproca disto é, também, imediata: Se f tiver a forma acima, $R(t) = 1 - F(t) = e^{-\alpha t}$ e, portanto, $Z(t) = f(t)/R(t) = \alpha$. Deste modo, concluímos o seguinte resultado importante:

Teorema 11.3. Seja T, a duração até falhar, uma variável aleatória contínua, que tome todos os valores não negativos. Então, T terá uma distribuição exponencial se, e somente se, tiver uma taxa de falhas constante.

Comentário: A hipótese de taxa de falhas constante pode também significar que, depois que a peça estiver em uso, sua probabilidade de falhar não se tenha alterado. Dizendo de maneira menos rigorosa, não existe efeito de "desgaste" quando o modelo exponencial é estipulado. Há outra maneira de dizer isto, que torna este aspecto mais notável.

Considere-se para $\Delta t > 0$, $P(t \leq T \leq t + \Delta t \mid T > t)$. Isto representa a probabilidade de que a peça venha a falhar durante as próximas Δt unidades, desde que ela não tenha falhado à época t. Aplicando a definição de probabilidade condicionada, encontramos

$$P(t \leq T \leq t + \Delta t \mid T > t) = \frac{e^{-\alpha t} - e^{-\alpha(t + \Delta t)}}{e^{-\alpha t}} = 1 - e^{-\alpha \Delta t}.$$

Portanto, esta probabilidade condicionada é independente de t, dependente apenas de Δt. É neste sentido que poderemos dizer que a lei de falhas exponencial admite que a probabilidade de falhar seja independente do que se tenha passado. Quer dizer, enquanto a peça estiver ainda funcionando ela será "tão boa quanto nova". Se desenvolvermos em série de Maclaurin, o último membro da expressão acima, obteremos

$$P(t \leq T \leq t + \Delta t \mid T > t) = 1 - \left[1 - \alpha \Delta t + \frac{(\alpha \Delta t)^2}{2!} - \frac{(\alpha \Delta t)^3}{3!} + \cdots \right]$$
$$= \alpha \Delta t + h(\Delta t),$$

na qual $h(\Delta t)$ se torna desprezível para Δt pequeno. Por isso, para Δt suficientemente pequeno, a probabilidade acima será diretamente proporcional a Δt.

Para muitos tipos de componentes, a hipótese que conduz à lei de falhas exponencial é, não somente sugestiva intuitivamente, mas de fato é confirmada pela evidência empírica. Por exemplo, é bastante razoável admitir-se que um fusível ou um rolamento de rubis sejam "tão bons quanto novos", enquanto estiverem ainda funcionando. Isto é, se o fusível não tiver fundido, estará praticamente em estado de novo; nem o rolamento se alterará muito devido a desgaste. Em casos tais como esses, a lei de falhas exponencial representa um modelo adequado com o qual se estudem as características de falhas da peça.

Contudo, uma palavra de advertência deve ser incluída aqui. Há muitas situações encontradas nos estudos de falhas, para as quais as hipóteses básicas que levam à distribuição exponencial não serão satisfeitas. Por exemplo, se um pedaço de aço for submetido a esforço continuado, haverá obviamente alguma deterioração, e por isso, um outro modelo, que não o exponencial deve ser examinado.

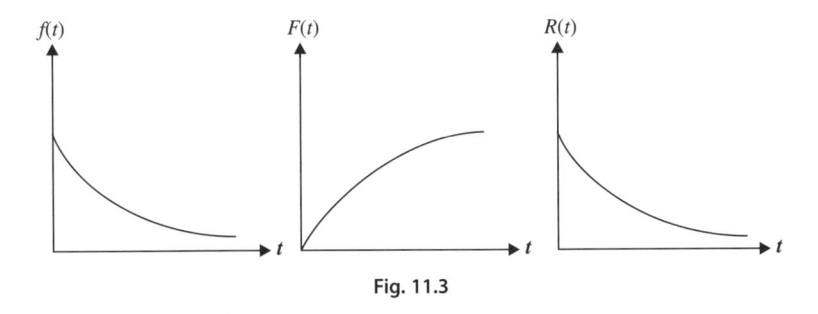

Fig. 11.3

Embora já tenhamos apresentado várias propriedades da distribuição exponencial, vamos resumi-las de novo para tê-las presentes no objetivo atual.

(Veja a Fig. 11.3.) Se T, a duração até falhar, for distribuída exponencialmente (com parâmetro α), teremos

$$E(T) = 1/\alpha; \qquad V(T) = 1/\alpha^2;$$
$$F(t) = P(T \leq t) = 1 - e^{-\alpha t}; \qquad R(t) = e^{-\alpha t}.$$

Exemplo 11.2. Se for dado o parâmetro α e $R(t)$ for especificada, poderemos achar t, o número de horas, por exemplo, de operação. Deste modo, se $\alpha = 0,01$ e $R(t)$ for igual a 0,90, teremos

$$0,90 = e^{-0,01t}.$$

Daí, $t = -100 \ln (0,90) = 10,54$ horas. Logo, se cada um de 100 desses componentes estiver operando durante 10,54 horas, aproximadamente 90 não falharão durante aquele período.

Comentários: (*a*) É muito importante compreender que, no caso exponencial podemos identificar *tempo* de operação (a partir de algum valor inicial fixado arbitrariamente) com *idade* de operação. Isso porque, no caso exponencial, uma peça que não tenha falhado é tão boa quanto a nova, e, por isso, seu comportamento de falhas durante qualquer período particular depende somente da extensão desse período e não de seu passado. Contudo, quando se admite uma lei de falhas não exponencial (tal como a lei normal ou uma das distribuições que examinaremos em breve), o passado exerce influência sobre o desempenho da peça. Por isso, enquanto podemos definir T como o tempo em serviço (até falhar) para o caso exponencial, deveremos definir T como a duração *total* da vida até falhar para os casos não exponenciais.

(*b*) A distribuição exponencial, que estudamos no contexto da duração da vida dos componentes, apresenta muitas outras aplicações importantes. De fato, sempre que uma variável aleatória contínua T, que tome valores não negativos, satisfizer à hipótese $P(T > s + t \mid T > s) = P(T > t)$ para todos s e t, então T terá uma distribuição exponencial. Desta maneira, se T representar o tempo que um átomo radioativo leva para se desintegrar, poderemos admitir que T seja distribuído exponencialmente, já que a suposição acima parece ser satisfeita.

Exemplo 11.3. Não é desarrazoado supor-se que custe mais produzir uma peça com uma grande duração de vida esperada, do que outra com uma pequena expectância de vida. Especificamente, suponha que o custo C de produzir uma peça constitua a seguinte função de μ, a duração até falhar média,

$$C = 3\mu^2.$$

Suponha que um lucro de D dólares seja realizado para cada hora que a peça esteja em serviço. Assim, o lucro por peça será dado por

$$P = DT - 3\mu^2,$$

na qual T é o número de horas em que a peça funcione adequadamente.

Em consequência, o lucro esperado será dado por

$$E(P) = D\mu - 3\mu^2.$$

Para acharmos qual o valor de μ que torna máxima esta quantidade, bastará fazer $dE(P)/d\mu$ igual a zero, e resolvê-la em relação a μ. O resultado será $\mu = D/6$, e por isso o lucro máximo esperado, por peça, será $E(P)_{máx.} = D^2/12$.

Exemplo 11.4. Vamos reexaminar o Ex. 11.3, fazendo as seguintes suposições adicionais. Suponha que T, a duração até falhar, seja distribuída exponencialmente, com parâmetro α. Assim, μ, a duração até falhar esperada, será dada por $\mu = 1/\alpha$. Suponha também que se a peça não funcionar adequadamente ao menos durante um número especificado de horas, t_0, seja lançada uma multa igual a $K(t_0 - T)$ dólares, na qual $T(T < t_0)$ é a época em que a falha ocorra. Consequentemente, o lucro por peça será dado por

$$P = DT - 3\mu^2 \quad \text{se } T > t_0,$$
$$= DT - 3\mu^2 - K(t_0 - T) \quad \text{se } T < t_0.$$

Logo, o lucro esperado (por peça) pode ser expresso como

$$E(P) = D \int_{t_0}^{\infty} t\alpha e^{-\alpha t} dt - 3\mu^2 e^{-\alpha t_0}$$
$$+ (D+K) \int_0^{t_0} t\alpha e^{-\alpha t} dt - (3\mu^2 + Kt_0)(1 - e^{-\alpha t_0}).$$

Depois de integrações imediatas, a expressão acima pode ser escrita

$$E(P) = D\mu - 3\mu^2 + K[\mu - \mu e^{-t_0/\mu} - t_0].$$

Observe-se que se $K = 0$, isto se reduzirá ao resultado obtido no Ex. 11.3. Poderíamos nos fazer uma indagação análoga àquela surgida no exemplo anterior: Para quais valores de μ assumirá $E(P)$ seu valor máximo? Nós não prosseguiremos nos detalhes deste problema, porque incluem a resolução de uma equação transcendente, que deverá ser resolvida numericamente.

11.4. A Lei de Falhas Exponencial e a Distribuição de Poisson

Existe uma conexão muito íntima entre a lei de falhas exponencial descrita na seção anterior e um processo de Poisson. Suponha que a falha ocorra em virtude do aparecimento de certas perturbações "aleatórias". Isso poderá ser causado por forças externas como súbitas rajadas de vento ou uma queda (elevação) de tensão elétrica, ou por causas internas tais como desintegração química ou defeito mecânico. Seja X_t igual ao número de tais perturbações ocorridas durante um intervalo de tempo t, e admita-se que X_t, $t \geq 0$ constitua um *processo de Poisson*. Quer dizer, para qualquer t fixado a variável aleatória X_t tem uma distribuição de Poisson com parâmetro αt. Suponha que a falha durante $[0, t]$ seja causada se, e somente se, ao menos uma dessas perturbações ocorrer. Seja T a duração até falhar, a qual admitiremos ser uma variável aleatória contínua. Então,

$$F(t) = P(T \leq t) = 1 - P(T > t).$$

Ora, $T > t$ se, e somente se, *não* ocorrer perturbação durante $[0, t]$. Isso acontecerá se, e somente se, $X_t = 0$. Por isso,

$$F(t) = 1 - P(X_t = 0) = 1 - e^{-\alpha t}.$$

Essa expressão representa a fd de uma lei de falhas exponencial. Consequentemente, encontramos que a "causa" das falhas acima envolve uma lei de falhas exponencial.

As ideias acima podem ser *generalizadas* de duas maneiras:

(*a*) Suponha novamente que perturbações apareçam de acordo com um processo de Poisson. Suponha também que sempre que essa perturbação aparecer, exista uma probabilidade constante p de que ela não acarrete falha. Portanto, se T for a duração até falhar, teremos, como anteriormente,

$$F(t) = P(T \leq t) = 1 - P(T > t).$$

Agora, $T > t$ se, e somente se, (durante $[0, t]$) nenhuma perturbação ocorrer, *ou* uma perturbação ocorrer *e* não resultar falha, *ou* duas perturbações ocorrerem *e* não resultarem falhas, ou... Daí,

$$F(t) = 1 - \left[e^{-\alpha t} + (\alpha t)e^{-\alpha t} p + (\alpha t)^2 \frac{e^{-\alpha t}}{2!} p^2 + \cdots \right]$$

$$= 1 - e^{-\alpha t} \sum_{k=0}^{\infty} \frac{(\alpha t p)^k}{k!} = 1 - e^{-\alpha t} e^{\alpha t p} = 1 - e^{-\alpha(1-p)t}.$$

Deste modo, T possui uma lei de falhas exponencial com parâmetro $\alpha(1 - p)$. (Observe-se que se $p = 0$, teremos o caso explicado anteriormente.)

(*b*) Suponha novamente que perturbações apareçam de acordo com um processo de Poisson. Agora admitiremos que ocorra falha sempre que r ou mais perturbações ($r \geq 1$) ocorram durante um intervalo de extensão t. Por essa razão, se T for a duração até falhar, teremos, como anteriormente,

$$F(t) = 1 - P(T > t).$$

Neste caso, $T > t$ se, e somente se, $(r - 1)$ ou menos perturbações ocorrerem. Logo,

$$F(t) = 1 - \sum_{k=0}^{r-1} \frac{(\alpha t)^k e^{-\alpha t}}{k!}.$$

De acordo com a Eq. (9.17), a expressão acima é igual a $\int_0^t [\alpha/(r - 1)!]$ $(\alpha s)^{r-1} e^{-\alpha s} ds$ e, por isso, representa a fd de uma distribuição gama. Deste modo, achamos que a "causa" de falhas acima leva à conclusão de que a duração até falhar segue uma *lei de falhas gama*. (Naturalmente, se $r = 1$, ela se torna uma distribuição exponencial.)

11.5. A Lei de Falhas de Weibull

Vamos modificar a noção de taxa de falhas constante, que conduz à lei de falhas exponencial. Suponha que a taxa de falhas Z, associada a T, a duração da vida de uma peça, tenha a seguinte forma:

$$Z(t) = (\alpha \beta) t^{\beta-1}, \tag{11.4}$$

na qual α e β são constantes positivas. Da Eq. (11.2) obtemos a seguinte expressão para a fdp de T:

$$f(t) = (\alpha \beta) t^{\beta-1} e^{-\alpha t^\beta}, \quad t > 0, \, \alpha, \, \beta > 0. \tag{11.5}$$

Diz-se que uma variável aleatória que tenha a fdp dada pela Eq. (11.5) tem uma *distribuição de Weibull*. A Fig. 11.4 apresenta a fdp para $\alpha = 1$ e $\beta = 1, 2, 3$. A função de confiabilidade R é dada por $R(t) = e^{-\alpha t^\beta}$, a qual é uma função decrescente de t.

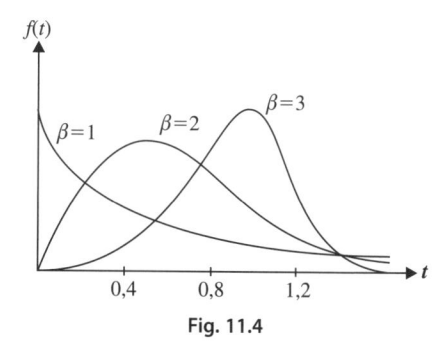

Fig. 11.4

Comentário: A distribuição exponencial é um caso particular da distribuição de Weibull, já que obteremos a distribuição exponencial se fizermos $\beta = 1$ na Eq. (11.4). A Eq. (11.4) afirma a hipótese de que $Z(t)$ não é uma constante, mas é proporcional a potências de t. Por exemplo, se $\beta = 2$, Z será uma função linear de t; se $\beta = 3$, Z será uma função quadrática de t etc. Deste modo, Z será uma função crescente, decrescente ou constante de t, dependendo do valor de β, como está indicado na Fig. 11.5.

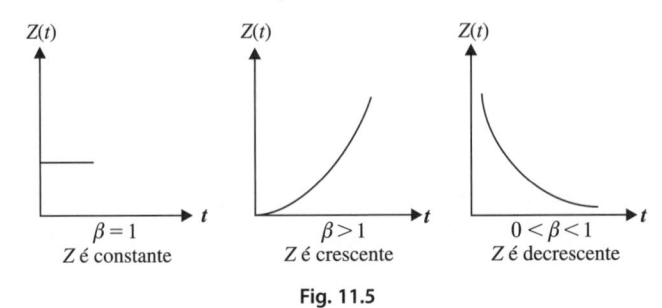

Fig. 11.5

Teorema 11.4. Se a variável aleatória T tiver uma distribuição de Weibull, com fdp dada pela Eq. (11.5), teremos

$$E(T) = \alpha^{-1/\beta} \Gamma\left(\frac{1}{\beta} + 1\right),$$ (11.6)

$$V(T) = \alpha^{-2/\beta} \left\{ \Gamma\left(\frac{2}{\beta} + 1\right) - \left[\Gamma\left(\frac{1}{\beta} + 1\right)\right]^2 \right\}$$ (11.7)

Demonstração: Veja o Probl. 11.8.

Comentário: A distribuição de Weibull representa um modelo adequado para uma lei de falhas, sempre que o sistema for composto de vários componentes e a falha seja essencialmente devida à "mais grave" imperfeição ou irregularidade dentre um grande número de imperfeições do sistema. Também, empregando uma distribuição de Weibull, poderemos obter tanto uma taxa de falhas crescente como uma decrescente, pela simples escolha apropriada do parâmetro β.

Não esgotamos, de maneira alguma, o número de leis de falhas razoáveis. Não obstante, aquelas que apresentamos são, certamente, extremamente importantes enquanto representem modelos significativos para o estudo das características de falhas de componentes ou sistemas de componentes.

11.6. Confiabilidade de Sistemas

Agora que já estudamos algumas distribuições de falhas importantes, nos dedicaremos à segunda questão proposta na Seção 11.1: Como poderemos avaliar a confiabilidade de um sistema, se conhecermos a confiabilidade de seus componentes? Isto poderá constituir-se em um problema muito difícil,

e somente estudaremos alguns casos simples (porém relativamente importantes).

Suponha que dois componentes estejam montados em série:

$$\longrightarrow \boxed{C_1} \longrightarrow \boxed{C_2} \longrightarrow$$

Isso significa que, a fim de que o sistema funcione, *ambos* os componentes
deverão funcionar. Se, além disso, admitirmos que os componentes funcionem *independentemente*, poderemos obter a confiabilidade do sistema, $R(t)$,
em termos das confiabilidades dos componentes, $R_1(t)$ e $R_2(t)$, da seguinte
maneira:

$R(t) = P(T > t)$ (na qual T é a duração até falhar do sistema)

$\quad = P(T_1 > t$ e $T_2 > t)$ (na qual T_1 e T_2 são as durações até falhar, dos
$\qquad\qquad\qquad\qquad\qquad$ componentes C_1 e C_2, respectivamente)

$\quad = P(T_1 > t)P(T_2 > t) = R_1(t)R_2(t)$.

Assim, achamos que $R(t) \leq$ min $[R_1(t), R_2(t)]$. Quer dizer, para um sistema
formado de dois componentes independentes, em série, a confiabilidade do
sistema é menor do que a confiabilidade de qualquer de suas partes.

A explicação acima pode obviamente ser generalizada para n componentes,
e obteremos o seguinte teorema.

Teorema 11.5. Se n componentes, que funcionem independentemente,
forem montados em série, e se o i-ésimo componente tiver confiabilidade
$R_i(t)$, então, a confiabilidade do sistema completo, $R(t)$, será dada por

$$R(t) = R_1(t) \cdot R_2(t) \ldots R_n(t). \tag{11.8}$$

Em particular, se T_1 e T_2 tiverem leis de falhas exponenciais com parâmetros
α_1 e α_2, a Eq. (11.8) se torna

$$R(t) = e^{-\alpha_1 t} e^{-\alpha_2 t} = e^{-(\alpha_1 + \alpha_2)t}.$$

Em consequência, a fdp da duração até falhar do sistema, digamos T, será
dada por

$$f(t) = -R'(t) = (\alpha_1 + \alpha_2)e^{-(\alpha_1 + \alpha_2)t}.$$

Desta maneira, estabelecemos o seguinte resultado:

Teorema 11.6. Se dois componentes, que funcionem independentemente e
tenham leis de falhas exponenciais com parâmetros α_1 e a_2, forem montados

em série, a lei de falhas do sistema resultante será também exponencial com parâmetro igual a $\alpha_1 + \alpha_2$.

(Este teorema pode, evidentemente, ser generalizado para n componentes em série.)

Exemplo 11.5. (Extraído de I. Bazovsky, *Reliability Theory and Practice*, Prentice-Hall, Inc., Englewood Cliffs, N.J., 1961.) Considere-se um circuito eletrônico constituído de 4 transistores de silício, 10 diodos de silício, 20 resistores sintéticos e 10 capacitores cerâmicos, operando *em série* contínua. Suponha que sob certas condições de trabalho, (isto é, tensão, corrente e temperatura prescritas), cada uma dessas peças tenha a seguinte taxa de falhas *constante*:

diodos de silício:	0,000 002
transistores de silício:	0,000 01
resistores sintéticos:	0,000 001
capacitores cerâmicos:	0,000 002

Em virtude da taxa de falhas *constante* admitida, a distribuição exponencial representa a lei de falhas para cada um dos componentes acima. Devido à conexão em série, a duração até falhar para o circuito completo será também distribuída exponencialmente com parâmetro (taxa de falhas) igual a

$$10(0,000\ 002) + 4(0,000\ 01) + 20(0,000\ 001) + 10(0,000\ 002) = 0,000\ 1.$$

Portanto, a confiabilidade do circuito será dada por $R(t) = e^{-0,000\ 1t}$. Assim, para um período de 10 horas de operação, a probabilidade de que o circuito não falhe será dada por $e^{-0,000\ 1(10)} = 0,999$. A duração até falhar *esperada* do circuito é igual a $1/0,000\ 1 = 10.000$ horas.

Outro sistema importante é o sistema em *paralelo*, no qual os componentes são ligados de tal maneira que o sistema deixa de funcionar somente se todos os componentes falharem. Se apenas dois componentes estiverem incluídos, o sistema pode ser esquematizado como está na Fig. 11.6. Novamente, admitindo que os componentes trabalhem *independentemente* um do outro, a confiabilidade do sistema, $R(t)$, pode ser expressa em termos das confiabilidades dos componentes $R_1(t)$ e $R_2(t)$, da maneira seguinte:

$$\begin{aligned}
R(t) = P(T > t) &= 1 - P(T \le t) \\
&= 1 - P[T_1 \le t \text{ e } T_2 \le t] \\
&= 1 - P(T_1 \le t)P(T_2 \le t) \\
&= 1 - \{[1 - P(T_1 > t)][1 - P(T_2 > t)]\} \\
&= 1 - [1 - R_1(t)][1 - R_2(t)] \\
&= R_1(t) + R_2(t) - R_1(t)R_2(t).
\end{aligned}$$

A última forma indica que $R(t) \geq$ máximo $[R_1(t), R_2(t)]$. Isto é, um sistema composto de dois componentes em paralelo, que funcionem independentemente, será de maior confiança que qualquer dos componentes.

Todas as ideias expostas acima para dois componentes podem ser generalizadas no seguinte teorema:

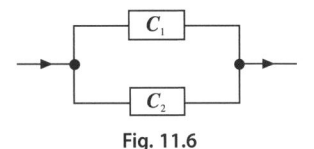

Fig. 11.6

Teorema 11.7. Se n componentes, que funcionem independentemente, estiverem operando em paralelo, e se o i-ésimo componente tiver confiabilidade $R_i(t)$, então a confiabilidade do sistema, $R(t)$, será dada por

$$R(t) = 1 - [1 - R_1(t)][1 - R_2(t)] \cdots [1 - R_n(t)]. \tag{11.9}$$

Frequentemente acontece que todos os componentes têm *igual* confiabilidade, digamos $R_i(t) = r(t)$ para todo i. Neste caso, a expressão acima ficará

$$R(t) = 1 - [1 - r(t)]^n. \tag{11.10}$$

Vamos considerar, em particular, dois componentes em paralelo, cada um com duração até falhar exponencialmente distribuída. Então,

$$R(t) = R_1(t) + R_2(t) - R_1(t)R_2(t) = e^{-\alpha_1^t} + e^{-\alpha_2^t} - e^{-(\alpha_1 + \alpha_2)^t}.$$

Portanto, a fdp da duração até falhar do sistema paralelo, T, será dada por

$$f(t) = -R'(t) = \alpha_1 e^{-\alpha_1 t} + \alpha_2 e^{-\alpha_2 t} - (\alpha_1 + \alpha_2)e^{-(\alpha_1 + \alpha_2)t}.$$

Consequentemente, T não será exponencialmente distribuída. O valor esperado de T é igual a

$$E(T) = \frac{1}{\alpha_1} + \frac{1}{\alpha_2} - \frac{1}{\alpha_1 + \alpha_2}.$$

Enquanto a operação em série é, frequentemente obrigatória (isto é, alguns componentes *devem* funcionar a fim de que o sistema funcione), empregamos muitas vezes uma operação em paralelo de modo a aumentar a confiabilidade do sistema. O exemplo seguinte ilustra o assunto.

Exemplo 11.6. Suponhamos que três unidades sejam operadas em paralelo. Admita-se que todas tenham a mesma taxa de falhas constante $\alpha = 0,01$. (Isto é, a duração até falhar de cada unidade é exponencialmente distribuída com parâmetro $\alpha = 0,01$.) Portanto, a confiabilidade de cada unidade é $R(t) = e^{-0,01t}$, e, por isso, a confiabilidade para um período de operação de 10 horas é igual a $e^{-0,1} = 0,905$ ou cerca de 90%. Quanto de melhoria poderíamos obter (em termos de aumento de confiabilidade) pela operação de três dessas unidades em paralelo?

A confiabilidade de três unidades operando em paralelo por 10 horas seria

$$R(10) = 1 - [1 - 0,905]^3 = 1 - 0,000\ 86$$
$$= 0,999\ 14,\ \text{ou cerca de } 99,9\%.$$

Na Fig. 11.7 vemos as curvas de confiabilidade para a unidade isolada e, também, para três unidades em paralelo. Para a unidade isolada, $R(t) = e^{-\alpha t}$, enquanto para as três unidades em paralelo, $R(t) = 1 - (1 - e^{-\alpha t})^3$, com $\alpha = 0,01$.

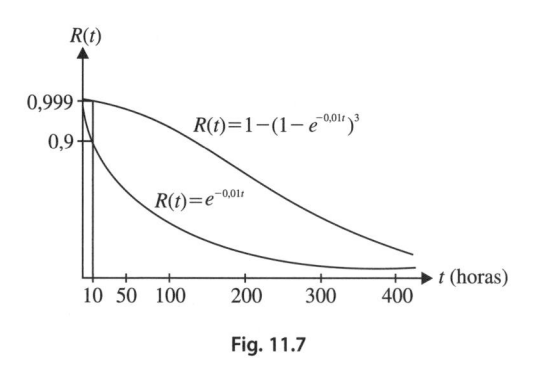

Fig. 11.7

Até aqui estudamos apenas as maneiras mais simples de combinar unidades individuais em um sistema, a saber, as operações de componentes em série e em paralelo. Há várias outras maneiras de combinar componentes, e apenas arrolaremos algumas delas. (Veja a Fig. 11.8.) Algumas das questões que surgem em relação a essas combinações serão consideradas nos problemas ao fim do capítulo.

(*a*) Séries em paralelo. (Aqui estudamos grupos paralelos de componentes, como em um circuito, por exemplo, cada grupo contendo *m* componentes em série.)

(*b*) Paralelos em série.

(*c*) Sistema de reserva. Aqui consideramos dois componentes, o segundo dos quais fica "de reserva" e funciona se, e somente se, o primeiro componente falhar. Neste caso, o segundo componente arranca (instantaneamente) e funciona no lugar do primeiro componente.

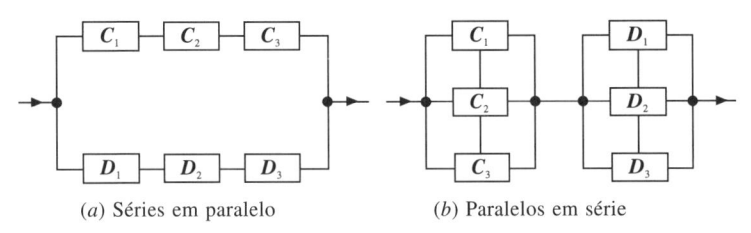

(a) Séries em paralelo   (b) Paralelos em série

Fig. 11.8

Vamos, resumidamente, explicar o conceito de *fator de segurança*. Suponha que o esforço S aplicado a uma estrutura seja considerado uma variável aleatória (contínua). De modo análogo, a resistência da estrutura, R, pode também ser considerada uma variável aleatória contínua. Definimos o fator de segurança como o quociente de R por S,

$$T = R/S.$$

Se R e S forem variáveis aleatórias independentes, com fdp g e h, respectivamente, então a fdp de T será dada por

$$f(t) = \int_0^\infty g(ts)h(s)s\,ds.$$

(Veja o Teor. 6.5.) Ora, a estrutura ruirá se $S > R$, isto é, se $T < 1$. Consequentemente, a probabilidade de ruir é $P_F = \int_0^1 f(t)\,dt$.

Problemas

11.1. Suponha que T, a duração até falhar de uma peça, seja normalmente distribuída com $E(T) = 90$ horas e desvio-padrão 5 horas. Quantas horas de operação deverão ser consideradas, a fim de se achar uma confiabilidade de 0,90; 0,95; 0,99?

11.2. Suponha que a duração da vida de um dispositivo eletrônico seja exponencialmente distribuída. Sabe-se que a confiabilidade desse dispositivo (para um período de 100 horas de operação) é de 0,90. Quantas horas de operação devem ser levadas em conta para conseguir-se uma confiabilidade de 0,95?

11.3. Suponha que a duração da vida de um dispositivo tenha uma taxa de falhas constante C_0 para $0 < t < t_0$ e uma diferente taxa de falhas constante C_1 para $t \geq t_0$. Obtenha a fdp de T, a duração até falhar, e esboce seu gráfico.

11.4. Suponha que a taxa de falhas Z seja dada por

$$Z(t) = 0, \quad 0 < t < A,$$
$$= C, \quad t \geq A.$$

(Isto significa que nenhuma falha ocorre antes que $T = A$.)

(*a*) Estabeleça a fdp associada a T, a duração até falhar.

(*b*) Calcule $E(T)$.

11.5. Suponha que a lei de falhas de um componente tenha a seguinte fdp:

$$f(t) = (r+1)A^{r+1}/(A+t)^{r+2}, \quad t > 0.$$

(*a*) Para quais valores de A e r, essa expressão é uma fdp?

(*b*) Obtenha a expressão da função de confiabilidade e da função de risco.

(*c*) Verifique que a função de risco é decrescente com t.

11.6. Suponha que a lei de falhas de um componente seja uma combinação linear de k leis de falhas exponenciais. Quer dizer, a fdp da duração até falhar é dada por

$$f(t) = \sum_{j=1}^{k} c_j \beta_j e^{-\beta_j t}, \quad t > 0, \quad \beta_j > 0.$$

(*a*) Para quais valores de c_j a expressão acima é uma fdp?

(*b*) Obtenha uma expressão para a função de confiabilidade e a função de risco.

(*c*) Obtenha a expressão da duração até falhar esperada.

(*d*) Responda (*b*) e (*c*), quando $\beta_j = \beta$ para todo j.

11.7. Cada uma das seis válvulas de um radiorreceptor tem uma duração de vida (em anos) que pode ser considerada como uma variável aleatória. Suponha que essas válvulas funcionem independentemente uma da outra. Qual será a probabilidade de que nenhuma válvula tenha de ser substituída, durante os dois primeiros meses de serviço se:

(*a*) A fdp da duração até falhar for $f(t) = 50te^{-25t^2}$, $t > 0$?

(*b*) A fdp da duração até falhar for $f(t) = 25te^{-25t}$, $t > 0$?

11.8. Demonstre o Teor. 11.4.

11.9. A duração da vida de um satélite é uma variável aleatória exponencialmente distribuída, com duração da vida esperada igual a 1,5 ano. Se três desses satélites forem lançados simultaneamente, qual será a probabilidade de que ao menos dois deles ainda venham a estar em órbita depois de 2 anos?

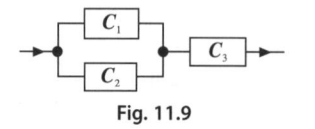

Fig. 11.9

11.10. Três componentes, que funcionem independentemente, são ligados em um sistema único, como está indicado na Fig. 11.9. Suponha que a confiabilidade de cada um dos componentes, para um período de operação de t horas, seja dada por $R(t) = e^{-0,03t}$.

Se T for a duração até falhar do sistema completo (em horas), qual será a fdp de T? Qual será a confiabilidade do sistema? Como ela se compara com $e^{-0,03t}$?

11.11. Suponha que n componentes, que funcionem independentemente, sejam ligados em série. Admita que a duração até falhar, de cada componente, seja normalmente distribuída, com expectância de 50 horas e desvio-padrão 5 horas.

(a) Se $n = 4$, qual será a probabilidade de que o sistema ainda esteja a funcionar depois de 52 horas de operação?

(b) Se n componentes forem instalados *em paralelo*, qual deverá ser o valor de n, para que a probabilidade de falhar durante as primeiras 55 horas seja aproximadamente igual a 0,01?

11.12. (Extraído de Derman &; Klein, *Probability and Statistical Inference*, Oxford University Press, New York, 1959.) A duração da vida (L), em meses, de uma dada válvula eletrônica empregada em aparelhos de radar, foi verificada ser exponencialmente distribuída com parâmetro $\beta = 2$. Ao executar seu programa de manutenção preventiva, uma companhia quer decidir quantos meses (m) depois de sua instalação, cada válvula deverá ser substituída, para tornar mínimo o custo esperado por válvula. O custo por válvula (em dólares) será denotado por C. O mais curto período utilizável de tempo decorrido entre a instalação e a substituição é 0,01 do mês. Sujeito a essa restrição, qual o valor de m que torna mínimo $E(C)$, o custo esperado, em cada uma das seguintes situações, em que o custo C é a mencionada função de L e m?

(a) $C(L, m) = 3|L - m|$.   (b) $C(L, m) = 3 \quad$ se $L < m$,
$\qquad\qquad\qquad\qquad\qquad\qquad = 5(L - m) \quad$ se $L \geq m$.

(c) $C(L, m) = 2 \quad$ se $L < m$,
$\qquad\qquad = 5(L - m) \quad$ se $L \geq m$.

[Em cada caso, esboce o gráfico de $E(C)$, como função de m.]

Comentário: Evidentemente, C é uma variável aleatória, porque é uma função de L, a qual é uma variável aleatória. $E(C)$ é uma função de m, e o problema apenas pede para determinar aquele valor de m que torne mínimo o valor esperado $E(C)$, sujeito à restrição de que $m \geq 0,01$.

11.13. Suponha que a taxa de falhas, associada com a duração da vida T de uma peça, seja dada pela seguinte função

$$Z(t) = C_0, \quad 0 \leq t \leq t_0,$$
$$\qquad = C_0 + C_1(t - t_0), \quad t \geq t_0.$$

Comentário: Isto representa outra generalização da distribuição exponencial. A expressão acima se reduz à taxa de falhas constante (e, por isso, à distribuição exponencial) se $C_1 = 0$.

(a) Estabeleça a fdp de T, a duração até falhar.

(b) Estabeleça a expressão da confiabilidade $R(t)$ e esboce seu gráfico.

11.14. Suponha que cada um de três dispositivos eletrônicos tenha uma lei de falhas dada por uma distribuição exponencial, com parâmetros β_1, β_2, β_3, respectivamente. Suponha que esses três dispositivos funcionem independentemente e estejam ligados em paralelo para formarem um único sistema.

(a) Estabeleça a expressão de $R(t)$, a confiabilidade do sistema.

(b) Estabeleça a expressão da fdp de T, a duração até falhar do sistema. Esboce o gráfico da fdp.

(c) Calcule a duração até falhar esperada do sistema.

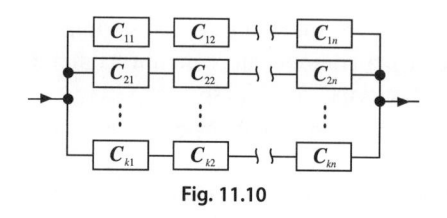

Fig. 11.10

11.15. (*a*) Suponha que *n* componentes sejam ligados em série. A seguir, *k* dessas conexões em série são ligadas em paralelo para formar um sistema completo. (Veja a Fig. 11.10.) Se todos os componentes tiverem a mesma confiabilidade, *R*, para um dado período de operação, determine a expressão da confiabilidade do sistema completo (para o mesmo período de operação).

(*b*) Suponha que cada um dos componentes acima obedeça a uma lei de falhas exponencial, com taxa de falhas 0,05. Suponha, também, que o tempo de operação seja 10 horas e que *n* = 5. Determine o valor de *k*, de maneira que a confiabilidade do sistema completo seja igual a 0,99.

11.16. Suponha que *k* componentes sejam ligados em paralelo. Em seguida, *n* dessas conexões em paralelo são ligadas em série, formando um único sistema. (Veja a Fig. 11.11.) Responda a (*a*) e (*b*) do Probl. 11.15, para esta situação.

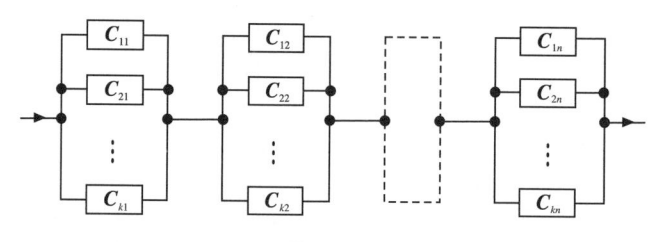

Fig. 11.11

11.17. Suponha que *n* componentes, todos com a mesma taxa de falhas constante λ, sejam ligados em paralelo. Estabeleça a expressão da duração até falhar esperada, do sistema resultante.

11.18. (*a*) O sistema de propulsão de uma aeronave é constituída de três motores. Suponha que a taxa de falhas constante de cada motor seja $\lambda = 0,000\ 5$ e que cada motor falhe independentemente dos demais. Os motores são montados em paralelo. Qual será a confiabilidade deste sistema de propulsão, para uma missão que exija 10 horas, quando ao menos dois motores devam sobreviver?

(*b*) Responda à questão acima, para uma missão que exija 100 horas; 1.000 horas. (Este problema está sugerido por uma explanação incluída em I. Bazovsky, *Reliability Theory and Practice*, Prentice-Hall, Inc., Englewood Cliffs, N.J., 1961.)

11.19. Considere os componentes *A*, *A'*, *B*, *B'* e *C* ligados da maneira indicada nas Figs. 11.12 (*a*) e (*b*). (O componente *C* pode ser considerado como uma "defesa", quando ambos *A* e *B* deixarem de funcionar.) Representando as confiabilidades dos componentes isoladamente por R_A, $R_{A'}$, R_B, $R_{B'}$ e R_C (e admitindo que os componentes funcionem independentemente um do outro), obtenha a expressão da confiabilidade do sistema completo, em cada uma dessas situações.

[*Sugestão*: No segundo caso, Fig. 11.12(*b*), empregue relações de probabilidade condicionada.]

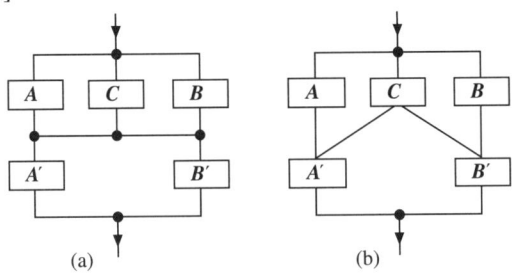

(a)   (b)

Fig. 11.12

11.20. Admitindo que todos os componentes incluídos no Probl. 11.19 tenham a mesma taxa de falhas constante λ, estabeleça a expressão da confiabilidade $R(t)$ do sistema apresentado na Fig. 11.12(*b*). Determine, também, a duração até falhar média, desse sistema.

11.21. O componente A tem confiabilidade 0,9, quando utilizado para dada finalidade. O componente B, que pode ser utilizado em lugar do componente A, tem confiabilidade de somente 0,75. Qual será o número mínimo de componentes do tipo B, que se terá de ligar em paralelo, de maneira a atingir a mesma confiabilidade que tem o componente A sozinho?

11.22. Suponha que dois componentes que funcionem isoladamente, cada um deles com a mesma taxa de falhas constante, sejam ligados em paralelo. Sendo T a duração até falhar do sistema resultante, estabeleça a fgm de T. Determine, também, $E(T)$ e $V(T)$, empregando a fgm.

11.23. Toda vez que consideramos um sistema composto por vários componentes, admitimos sempre que os componentes funcionassem independentemente um do outro. Essa suposição simplificou consideravelmente nossos cálculos. No entanto, ela poderá não ser sempre uma hipótese realista. Em muitas situações, sabe-se que o desempenho de um componente pode influenciar o desempenho de outros. Este é, em geral, um problema muito difícil de se abordar, e examinaremos aqui, apenas um caso particular. Suponha, especificamente, que dois componentes C_1 e C_2 sempre falhem juntos. Quer dizer, C_1 falhará se, e somente se, C_2 falhar. Verifique que, neste caso, $P(C_1 \text{ falha e } C_2 \text{ falha}) = P(C_1 \text{ falha}) = P(C_2 \text{ falha})$.

11.24. Considere quatro componentes C_1, C_2, C_3 e C_4 ligados da maneira indicada na Fig. 11.13. Suponha que os componentes funcionem independentemente um do outro, com exceção de C_1 e C_2, que falham juntamente; como foi explicado no Probl. 11.23. Se T_i, a duração

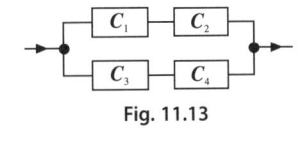

Fig. 11.13

até falhar do componente C_i, for exponencialmente distribuída com parâmetro β_i, obtenha a confiabilidade $R(t)$ do sistema completo. Obtenha também a fdp de T, a duração até falhar do sistema.

11.25. Considere o mesmo sistema apresentado no Probl. 11.24, exceto que agora os componentes C_1 e C_3 falham conjuntamente. Responda às perguntas do Probl. 11.24.

Somas de Variáveis Aleatórias

12.1. Introdução

Neste capítulo desejamos tornar mais precisas algumas ideias a que apenas fizemos referência por todo o texto. A saber, à medida que o número de repetições de um experimento cresce, a frequência relativa f_A de algum evento A converge (em um sentido probabilístico a ser explicado) para a probabilidade teórica $P(A)$. É este fato que nos permite "identificar" a frequência relativa de um evento, baseada em um grande número de repetições, com a probabilidade do evento.

Por exemplo, se uma nova peça for produzida e não tivermos conhecimento anterior sobre quão provável será que a peça seja defeituosa, poderemos proceder à inspeção de um grande número dessas peças, digamos N, contarmos o número de peças defeituosas dentre elas, por exemplo n, e depois empregarmos n/N como uma aproximação da probabilidade de que uma peça seja defeituosa. O número n/N é uma variável aleatória, e seu valor depende essencialmente de duas coisas. Primeira, o valor de n/N depende da probabilidade básica (mas presumivelmente desconhecida) p de que uma peça seja defeituosa. Segunda, n/N depende *daquelas* N peças que tenham sido inspecionadas. O que iremos mostrar é que se a técnica de selecionar as N peças for "aleatória", então o quociente n/N será próximo de p (em sentido a ser explicado). (Evidentemente, a seleção aleatória das N peças é importante. Se fôssemos escolher somente aquelas peças que exibissem algum defeito físico externo, por exemplo, poderíamos prejudicar seriamente nossos cálculos.)

12.2. A Lei dos Grandes Números

Com o auxílio da desigualdade de Tchebycheff, Eq. (7.20), estaremos aptos a deduzir o resultado mencionado acima. Agora, vamos apreciar um exemplo. Suponha que um míssil guiado tenha a probabilidade 0,95 de funcionar adequadamente durante certo período de operação. Consequentemente, se soltarmos N mísseis que tenham a confiabilidade mencionada, e se X for o número de mísseis que *não* funcionem adequadamente, teremos $E(X) = 0,05N$, porque poderemos admitir que X seja binomialmente distribuída. Isto é, esperaríamos que cerca de 1 míssil em cada 20 viesse a falhar. À medida que N, o número de mísseis lançados, crescer, X, o número total de mísseis falhados dividido por N, deve convergir, de algum modo, para o número 0,05. Este importante resultado pode ser enunciado de modo mais rigoroso como a Lei dos Grandes Números.

A Lei dos Grandes Números (Formulação de Bernouilli). Seja ε um experimento e seja A um evento associado a ε. Considerem-se n repetições independentes de ε, seja n_A o número de vezes em que A ocorra nas n repetições, e façamos $fA = n_A/n$. Seja $P(A) = p$ (a qual se admite seja a mesma para todas as repetições).

Então, para todo número positivo ϵ, teremos

$$\text{Prob}\left[\left|f_A - p\right| \geq \epsilon\right] \leq \frac{p(1-p)}{n\epsilon^2}$$

ou, equivalentemente,

$$\text{Prob}\left[\left|f_A - p\right| < \epsilon\right] \geq 1 - \frac{p(1-p)}{n\epsilon^2}. \tag{12.1}$$

Demonstração: Seja n_A o número de vezes que o evento A ocorra. Esta é uma variável aleatória binomialmente distribuída. Então, $E(n_A) = np$ e $V(n_A) = np(1-p)$. Mas $f_A = n_A/n$ e, por isso, $E(f_A) = p$ e $V(f_A) = p(1-p)/n$.

Aplicando a desigualdade de Tchebycheff à variável aleatória f_A, obteremos

$$P\left[\left|f_A - p\right| < k\sqrt{\frac{p(1-p)}{n}}\right] \geq 1 - \frac{1}{k^2}.$$

Seja $\epsilon = k\sqrt{p(1-p)/n}$. Logo, $k^2 = (n\epsilon^2)/[p(1-p)]$, e por isso

$$P\left[\left|f_A - p\right| < \epsilon\right] \geq 1 - \frac{p(1-p)}{n\epsilon^2}.$$

Comentários: (*a*) O resultado acima pode ser enunciado de muitas maneiras equivalentes. É evidente que isto acarreta imediatamente que

$$\lim_{n\to\infty} P\left[\left|f_A - p\right| < \epsilon\right] = 1 \text{ para todo } \epsilon > 0.$$

É nesse sentido que dizemos que a frequência relativa f_A "converge" para $P(A)$.

(b) É importante salientar a diferença entre a convergência referida acima (denominada *convergência em probabilidade*) e o tipo de convergência frequentemente mencionada em Cálculo Infinitesimal. Quando dizemos que 2^{-n} converge para zero quando $n \to \infty$, queremos dizer que para n suficientemente grande, 2^{-n} se torna e permanece arbitrariamente próximo de zero. Quando dizemos que $f_A = n_A/n$ converge para $P(A)$, queremos dizer que a *probabilidade* do evento

$$\left\{ |n_A/n - P(A)| < \epsilon \right\}$$

pode se tornar arbitrariamente próxima da unidade, ao se tomar n suficientemente grande.

(c) Ainda uma outra forma da Lei dos Grandes Números é obtida quando nos fazemos a seguinte pergunta: Quantas repetições de ϵ deveremos realizar, a fim de termos uma probabilidade de ao menos 0,95, para que a frequência relativa difira de $p = P(A)$ por menos do que, digamos, 0,01? Isto é, para $\epsilon = 0,01$ desejamos escolher n, de modo que $1 - p(1 - p)/[n (0,01)^2] = 0,95$. Resolvendo em relação a n, obteremos $n = p(1 - p)/(0,01)^2(0,05)$. Substituindo os valores específicos de 0,05 e 0,01 por δ e ϵ, respectivamente, teremos

$$P\left[|f_A - p| < \epsilon \right] \geq 1 - \delta \text{ sempre que } n \geq \frac{p(1-p)}{\epsilon^2 \delta}.$$

Também se deve salientar que ao tomar-se $n \geq p(1 - p)/\epsilon^2\delta$ *nada se garante* quanto a $|f_A - p|$. Apenas se torna provável que $|f_A - p|$ venha a ser muito pequeno.

Exemplo 12.1. Quantas vezes deveremos jogar um dado equilibrado, de maneira a ficarmos ao menos 95% certos de que a frequência relativa de tirarmos um seis, fique a menos de 0,01 da probabilidade teórica 1/6?

Aqui, $p = 1/6$, $1 - p = 5/6$, $\epsilon = 0,01$ e $\delta = 0,05$. Portanto, da relação acima, encontramos que $n \geq (1/6)(5/6)/(0,01)^2(0,05) = 27.778$.

Comentários: (a) Recordemo-nos de que f_A é uma variável aleatória e não apenas um valor observado. Se realmente jogarmos um dado 27.778 vezes, e depois calcularmos a frequência relativa de tirarmos um seis, este número estará ou não a menos de 0,01 de 1/6. O essencial do exemplo acima é que, se fôssemos jogar um dado 27.778 vezes em cada uma de 100 ocasiões, em cerca de 95 dessas ocasiões, a frequência relativa observada *estaria* a menos de 0,01 de 1/6.

(b) Em muitos problemas, não conhecemos o valor de $p = P(A)$ e, por isso, não poderemos empregar o limite de n acima. Nesse caso, poderemos empregar o fato de que $p(1 - p)$ toma seu valor máximo quando $p = 1/2$, e esse valor máximo é igual a 1/4. Consequentemente, estaremos certamente do lado seguro se afirmarmos que para $n \geq 1/4\epsilon^2\delta$ teremos

$$P\left[|f_A - p| < \epsilon \right] \geq 1 - \delta.$$

Exemplo 12.2. Peças são produzidas de tal maneira que a probabilidade de uma peça ser defeituosa é p (admitida desconhecida). Um grande número de peças, digamos n, são classificadas como defeituosas ou perfeitas. Que valor deverá ter n de maneira que possamos estar 99% certos de que a frequência relativa de defeituosas difere de p por menos de 0,05?

Porque não conhecemos o valor de p, deveremos aplicar a última forma enunciada da Lei dos Grandes Números. Assim, com $\epsilon = 0,05$, $\delta = 0,01$, encontraremos que se $n \geq 1/4(0,05)^2(0,01) = 10.000$, a condição exigida estará satisfeita.

Como em nosso exemplo para a desigualdade de Tchebycheff, deveremos concluir que conhecimento adicional sobre a distribuição de probabilidade nos dará uma formulação "melhorada". (Por exemplo, poderemos lançar mão de um número menor de repetições e ainda formular a mesma proposição referente à proximidade de f_A por p.)

Comentário: Outra formulação da Lei dos Grandes Números pode ser obtida da seguinte maneira. Suponha que X_1, ..., X_n sejam variáveis aleatórias independentes, identicamente distribuídas, com média e variância finitas. Sejam $E(X_i) = \mu$ e $V(X_i) = \sigma^2$. Defina-se $\bar{X} = (1/n)$ $(X_1 + ... + X_n)$. Ora, $\bar{X}$ é uma função de X_1 ..., X_n, a saber, sua média aritmética, e, por isso, é também uma variável aleatória. (Estudaremos esta variável aleatória com mais detalhe no Cap. 13. Por ora, diremos apenas que podemos pensar em X_1, ..., X_n com mensurações independentes de uma característica numérica X, fornecendo a média aritmética $\bar{X}$.) Das propriedades da expectância e variância, temos imediatamente, $E(\bar{X}) = \mu$ e $V(\bar{X}) = \sigma^2/n$. Apliquemos a desigualdade de Tchebycheff à variável aleatória $\bar{X}$:

$$P\left[|\bar{X} - \mu| < \frac{k\sigma}{\sqrt{n}}\right] \geq 1 - \frac{1}{k^2}.$$

Façamos $k\sigma/\sqrt{n} = \epsilon$. Então, $k = \sqrt{n}\,\epsilon/\sigma$ e podemos escrever

$$P\left[|\bar{X} - \mu| < \epsilon\right] \geq 1 - \frac{\sigma^2}{\epsilon^2 n}. \qquad (12.2)$$

À medida que $n \to \infty$, o segundo membro da desigualdade acima tende para a unidade. É neste sentido que a média aritmética "converge" para $E(X)$.

Exemplo 12.3. Um grande número de válvulas eletrônicas é testado. Seja T_i a duração, até falhar, da i-ésima válvula. Suponha, também, que todas as válvulas provenham da mesma reserva e também admitamos que todas sejam exponencialmente distribuídas com o mesmo parâmetro α.

Consequentemente, $E(T_i) = \alpha^{-1}$. Seja $\bar{T} = (T_1 + ... + T_n)/n$. A forma enunciada acima da Lei dos Grandes Números diz que se n for grande, será "muito provável" que o valor obtido para a média aritmética de um grande número de durações até falhar seja próximo de α^{-1}.

12.3. Aproximação Normal da Distribuição Binomial

A Lei dos Grandes Números, como foi enunciada, relaciona-se essencialmente com a variável aleatória X binomialmente distribuída, porque X foi definida como o número de sucessos em n repetições independentes de um experimento, e precisamos apenas associar "sucesso" com a ocorrência do evento A, a fim de reconhecermos essa relação. Assim, o resultado acima pode ser enunciado, não rigorosamente, dizendo-se que à medida que o número de repetições de um experimento crescer, a frequência relativa de sucesso, X/n, convergirá para a probabilidade de sucesso p, no sentido indicado anteriormente.

Contudo, saber-se que X/n será "próximo" de p, para n grande, não nos diz como essa "proximidade" é alcançada. Com o objetivo de investigar este assunto, deveremos estudar a distribuição de probabilidade de X, quando n for grande.

Por exemplo, suponha que um processo de fabricação produza arruelas, cerca de 5% das quais são defeituosas (por exemplo, muito grandes). Se 100 arruelas forem inspecionadas, qual será a probabilidade de que menos de 4 arruelas sejam defeituosas?

Fazendo-se igual a X o número de arruelas defeituosas encontradas, a Lei dos Grandes Números apenas nos diz que $X/100$ será "próximo" de 0,05; contudo, não nos diz como calcular a probabilidade desejada. O valor *exato* dessa probabilidade é dado por

$$P(X<4)=\sum_{k=0}^{3}\binom{100}{k}(0,05)^{k}(0,95)^{100-k}.$$

Esta probabilidade seria bastante difícil de calcular diretamente. Já estudamos um método de aproximação das probabilidades binomiais, a saber, a aproximação de Poisson. Examinaremos agora outra importante aproximação dessas probabilidades, a qual será aplicável sempre que n for suficientemente grande.

Considere-se, a seguir, $P(X = k) = \binom{n}{k}p^{k}(1 - p)^{n-k}$. Esta probabilidade depende de n, de uma maneira bastante complicada, e não fica evidente o que acontece à expressão acima se n for grande. Para estudarmos essa probabilidade, precisamos empregar a *Fórmula de Stirling*, uma aproximação bem conhecida de $n!$ Esta fórmula diz que, para n grande,

$$n! \sim \sqrt{2\pi}\, e^{-n} n^{n+1/2}, \tag{12.3}$$

no sentido de que $\lim_{n\to\infty} (n!)/(\sqrt{2\pi}\, e^{-n} n^{n+1/2}) = 1$. (Demonstração desta aproximação pode ser encontrada na maioria dos manuais de Cálculo avançado.)

A Tab. 12.1 pode dar ao leitor uma ideia da precisão desta aproximação. Esta tabela foi extraída de W. Feller, *Probability Theory and Its Applications*, John Wiley and Sons, Inc., 1st. Edition, New York, 1950.

Tab. 12.1

n	$n!$	$\sqrt{2\pi}\ e^{-n}n^{n+(1/2)}$	Diferença	Diferença $n!$
1	1	0,922	0,078	0,08
2	2	1,919	0,081	0,04
5	120	118,019	1,981	0,02
10	$(3,628\ 8)10^6$	$(3,598\ 6)10^6$	$(0,030\ 2)10^6$	0,008
100	$(9,332\ 6)10^{157}$	$(9,324\ 9)10^{157}$	$(0,007\ 7)10^{157}$	0,000 8

Comentário: Embora a diferença entre $n!$ e sua aproximação cresça quando $n \to \infty$, o que é importante observar na Tab. 12.1 é que o erro relativo (última coluna) se torna cada vez menor.

Empregando a Fórmula de Stirling aos vários fatoriais que aparecem na expressão de $P(X = k)$, pode-se mostrar (depois de numerosas transformações), que para n grande,

$$P(X = k) = \binom{n}{k} p^k (1-p)^{n-k}$$

$$\simeq \frac{1}{\sqrt{2\pi np(1-p)}} \exp\left(-\frac{1}{2}\left[\frac{k-np}{\sqrt{np(1-p)}}\right]^2\right). \tag{12.4}$$

Finalmente, pode-se mostrar que para n grande,

$$P(X \le k) = P\left[\frac{X-np}{\sqrt{np(1-p)}} \le \frac{k-np}{\sqrt{np(1-p)}}\right]$$

$$\simeq \frac{1}{\sqrt{2\pi}} \int_{-\infty}^{(k-np)/\sqrt{np(1-p)}} e^{-t^2/2} dt. \tag{12.5}$$

Desta maneira, encontramos o seguinte resultado importante (conhecido como a *aproximação de DeMoivre-Laplace*, para a distribuição binomial):

Aproximação normal da distribuição binomial. Se X tiver uma distribuição binomial com parâmetros n e p, e se

$$Y = \frac{X - np}{\left[np(1-p) \right]^{1/2}},$$

então, para n grande, Y terá uma distribuição aproximadamente $N(0, 1)$, no sentido de que

$$\lim_{n \to \infty} P \left(Y \leq y \right) = \phi(y).$$

Esta aproximação será válida para valores de $n > 10$, desde que p seja próximo de 1/2. Se p for próximo de 0 ou 1, n deverá ser um tanto maior, para garantir uma boa aproximação.

Comentários: (*a*) Este resultado não é apenas de notável interesse teórico, mas também de grande importância prática. Significa que poderemos empregar a distribuição normal tabulada extensivamente para avaliar probabilidades que surjam da distribuição binomial.

(*b*) Na Tab. 12.2, a precisão da aproximação da Eq. (12.4) é apresentada para diversos valores de n, k e p.

Tab. 12.2

k	$n = 8, p = 0,2$		$n = 8, p = 0,5$		$n = 25, p = 0,2$	
	Aproximação	Exata	Aproximação	Exata	Aproximação	Exata
0	0,130	0,168	0,005	0,004	0,009	0,004
1	0,306	0,336	0,030	0,031	0,027	0,024
2	0,331	0,294	0,104	0,109	0,065	0,071
3	0,164	0,147	0,220	0,219	0,121	0,136
4	0,037	0,046	0,282	0,273	0,176	0,187
5	0,004	0,009	0,220	0,219	0,199	0,196
6	0+	0,001	0,104	0,109	0,176	0,163
7	0+	0+	0,030	0,031	0,121	0,111
8	0+	0+	0,005	0,004	0,065	0,062
9	0+	0+	0+	0+	0,027	0,029
10	0+	0+	0+	0+	0,009	0,012
11	0+	0+	0+	0+	0,002	0,004

Voltando ao exemplo anterior, observamos que

$$E(X)=np=100(0,05)=5, \quad V(X)=np(1-p)=4,75.$$

Daí podermos escrever

$$P(X \leq 3)=P\left(\frac{0-5}{\sqrt{4,75}} \leq \frac{X-5}{\sqrt{4,75}} \leq \frac{3-5}{\sqrt{4,75}}\right)$$
$$=\Phi(-0,92)-\Phi(-2,3)=0,168,$$

das tábuas da distribuição normal.

Comentário: Ao empregar da aproximação normal à distribuição binomial, estaremos aproximando a distribuição de uma variável aleatória discreta com a distribuição de uma variável aleatória contínua. Por isso, algum cuidado deve ser tomado com os pontos extremos dos intervalos considerados. Por exemplo, para uma variável aleatória contínua, $P(X = 3) = 0$, enquanto para uma variável aleatória discreta esta probabilidade pode ser não nula.

A seguintes *correções de continuidade* melhoram a aproximação acima:

(a) $P(X=k) \simeq P\left(k-\frac{1}{2} \leq X \leq k+\frac{1}{2}\right),$

(b) $P(a \leq X \leq b) \simeq P\left(a-\frac{1}{2} \leq X \leq \frac{1}{2}+b\right).$

Empregando esta última correção para a avaliação de $P(X \leq 3)$, teremos

$$P(X \leq 3)=P(0 \leq X \leq 3)=P\left(-\frac{1}{2} \leq X \leq 3\frac{1}{2}\right)$$
$$\simeq \Phi(-0,69)-\Phi(-2,53)=0,239.$$

Exemplo 12.4. Suponha que um sistema seja formado por 100 componentes, cada um dos quais tenha confiabilidade igual a 0,95. (Isto é, a probabilidade de que o componente funcione adequadamente durante um período especificado é igual a 0,95.) Se esses componentes funcionarem independentemente um do outro, e se o sistema completo funcionar adequadamente quando ao menos 80 componentes funcionarem, qual será a confiabilidade do sistema?

Fazendo o número de componentes que funcionem igual a X, deveremos calcular

$$P(80 \leq X \leq 100).$$

Temos $E(X) = 100(0,95) = 95$; $V(X) = 100(0,95)(0,05) = 4,75$. Daí, empregando a correção de continuidade, obteremos

$$P(80 \leq X \leq 100) \approx P(79,5 \leq X \leq 100,5)$$
$$= P\left(\frac{79,5-95}{2,18} \leq \frac{X-95}{2,18} \leq \frac{100,5-95}{2,18}\right)$$
$$\approx \Phi(2,52) - \Phi(-7,1) = 0,994.$$

12.4. O Teorema do Limite Central

A aproximação acima constitui apenas um caso particular de um resultado geral. Para compreendermos isso, vamos recordar que a variável aleatória X binomialmente distribuída, pode ser representada como a *soma* das seguintes variáveis aleatórias independentes:

$X_i = 1$ se ocorrer sucesso na i-ésima repetição;

$\quad = 0$ se não ocorrer sucesso na i-ésima repetição.

Portanto, $X = X_1 + X_2 + ... + X_n$. (Veja o Ex. 7.14.) Para *esta* variável aleatória, já mostramos que $E(X) = np$, $V(X) = np(1-p)$ e, além disso, que para n grande, $(X - np)/\sqrt{np(1-p)}$ tem a distribuição aproximada $N(0, 1)$.

Se uma variável aleatória X puder ser representada pela *soma de quaisquer n variáveis aleatórias independentes* (que satisfaçam a determinadas condições que valem na maioria das aplicações), então esta soma, para n suficientemente grande, terá distribuição aproximadamente normal. Este notável resultado é conhecido como o Teorema do Limite Central. Um dos enunciados desse teorema pode ser apresentado da seguinte maneira:

Teorema do Limite Central. Seja $X_1, X_2, ..., X_n, ...$ uma sequência de variáveis aleatórias independentes, com $E(X_i) = \mu_i$ e $V(X_i) = \sigma_i^2$, $i = 1, 2, ...$ Façamos $X = X_1 + X_2 + ... + X_n$. Então, sob determinadas condições gerais (que não enunciaremos aqui),

$$Z_n = \frac{X - \sum_{i=1}^{n} \mu_i}{\sqrt{2 \sum_{i=1}^{n} \sigma_i^2}}$$

tem aproximadamente a distribuição $N(0, 1)$. Isto é, se G_n for a fd da variável aleatória Z_n, teremos que $\lim_{n \to \infty} G_n(z) = \Phi(z)$.

Comentários: (*a*) Este teorema constitui uma evidente generalização da aproximação de DeMoivre-Laplace, porque as variáveis aleatórias independentes X_i, que tomam somente os valores 1 e 0, foram substituídas por variáveis aleatórias que possuam qualquer espécie de distribuição (desde que tenham expectância finita e variância finita). O fato de que as variáveis X_i possam ter (essencialmente) qualquer espécie de distribuição, e também que a soma $X = X_1 + \ldots + X_n$ possa ser aproximada por uma variável aleatória normalmente distribuída, constitui a razão fundamental da importância da distribuição normal na teoria da probabilidade. Conclui-se que, em muitos problemas, a variável aleatória em estudo poderá ser representada pela soma de *n* variáveis aleatórias independentes e, consequentemente, sua distribuição poderá ser aproximada pela distribuição normal.

Por exemplo, o consumo de eletricidade em uma cidade, em uma época qualquer, é a soma das procuras de um grande número de consumidores individuais. A quantidade de água em um reservatório pode ser pensada como o resultado da soma de um grande número de contribuições individuais. E o erro de mensuração em um experimento físico é composto de muitos erros pequenos, não observáveis, os quais podem ser admitidos como aditivos. O bombardeamento molecular, que uma partícula suspensa em um líquido está sofrendo, acarreta seu deslocamento em uma direção aleatória e com magnitude aleatória, e sua posição (depois de um período de tempo especificado) pode ser considerada como a soma de deslocamentos separados.

(*b*) As condições gerais, mencionadas no enunciado do Teorema do Limite Central acima, podem ser resumidas da seguinte maneira: Cada parcela na soma contribui com um valor sem importância para a variação da soma, e é muito improvável que qualquer parcela isolada dê uma contribuição muito grande para a soma. (Os erros de mensuração parecem ter essa característica. O erro final que cometemos pode ser representado como a soma de muitas contribuições pequenas, nenhuma das quais influi muito no erro total.)

(*c*) Já estabelecemos (Teor. 10.5) que a soma de um número finito qualquer de variáveis aleatórias independentes normalmente distribuídas é também normalmente distribuída. O Teorema do Limite Central afirma que as parcelas não necessitam ser normalmente distribuídas, para que a soma seja aproximada por uma distribuição normal.

(*d*) Não poderemos demonstrar o teorema acima, sem ultrapassarmos o nível pretendido de apresentação. No entanto, há um caso particular, importante, deste teorema, que enunciaremos e para o qual poderemos dar, ao menos, uma indicação da demonstração.

Teorema 12.1. Sejam $X_1, \ldots, X_n$, *n* variáveis aleatórias independentes, todas com a *mesma* distribuição. Sejam $\mu = E(X_i)$ e $\sigma^2 = V(X_i)$ a expectância e a variância comuns. Façamos $S = \sum_{i=1}^{n} X_i$. Então, $E(S) = n\mu$ e $V(S) = n\sigma^2$, e teremos, para *n* grande, que $T_n = (S - n\mu)/\sqrt{n}\,\sigma$ terá aproximadamente a distribuição $N(0, 1)$, no sentido de que $\lim_{n \to \infty} P(T_n \leq t) = \Phi(t)$.

Demonstração (esboço): (O leitor faria bem de recordar os conceitos fundamentais da fgm apresentados no Cap. 10.) Seja *M* a fgm (comum) das X_i.

Já que as X_i são independentes, M_s, a fgm de S, será dada por $M_s(t) = [M(t)]^n$, e como T_n é uma função linear de S, a fgm de T_n será dada por (empregando-se o Teor. 10.2)

$$M_{T_n}(t) = e^{-\left(\sqrt{n}\mu/\sigma\right)t} \left[M\left(\frac{t}{\sqrt{n}\sigma}\right)^n \right].$$

Portanto,

$$\ln M_{T_n}(t) = \frac{-\sqrt{n}\mu}{\sigma} t + n \ln M\left(\frac{t}{\sqrt{n}\sigma}\right).$$

(Observemos, neste ponto, que a ideia da demonstração consiste em investigar $M_{T_n}(t)$, para valores grandes de n.)

Vamos desenvolver $M(t)$ em série de Maclaurin:

$$M(t) = 1 + M'(0)t + \frac{M''(0)t^2}{2} + R,$$

em que R é o resto da série. Recordando que $M'(0) = \mu$ e $M''(0) = \mu^2 + \sigma^2$, obteremos

$$M(t) = 1 + \mu t + \frac{\left(\mu^2 + \sigma^2\right)t^2}{2} + R.$$

Consequentemente,

$$\ln M_{T_n}(t) = -\frac{\sqrt{n}\mu t}{\sigma} + n \ln \left[1 + \frac{\mu t}{\sqrt{n}\,\sigma} + \frac{\left(\mu^2 + \sigma^2\right)t^2}{2n\sigma^2} + R \right].$$

Agora empregaremos o desenvolvimento de Maclaurin para $\ln(1 + x)$:

$$\ln(1 + x) = x - \frac{x^2}{2} + \frac{x^3}{3} + \ldots$$

(Este desenvolvimento será válido para $|x| < 1$. Em nosso caso

$$x = \frac{\mu t}{\sqrt{n}\,\sigma} + \frac{\left(\mu^2 + \sigma^2\right)t^2}{2n\sigma^2} + R;$$

e para n suficientemente grande, o valor absoluto desta expressão será menor do que a unidade.) Assim, obteremos

$$\ln M_{T_n}(t) = -\frac{\sqrt{n}\mu}{\sigma} + n\left[\left(\frac{\mu t}{\sqrt{n}\,\sigma} + \left(\mu^2 + \sigma^2\right)\frac{t^2}{2n\sigma^2} + R \right) - \frac{1}{2}\left(\frac{\mu t}{\sqrt{n}\sigma} + \left(\mu^2 + \sigma^2\right)\frac{t^2}{2n\sigma^2} + R \right)^2 + \cdots \right].$$

Já que estamos apenas esboçando os passos principais da demonstração, sem darmos todos os detalhes, vamos omitir algumas transformações algébricas e somente dizer aquilo que estamos fazendo. Desejamos estudar a expressão anterior [$\ln M_{T_n}(t)$] quando $n \to \infty$. Qualquer termo que tenha uma potência positiva de n no denominador (tal como $n^{-1/2}$, por exemplo) tenderá para zero quando $n \to \infty$. Também se pode mostrar que todos os termos que incluam R tenderão para zero, quando $n \to \infty$. Depois de transformações algébricas imediatas, porém tediosas, encontraremos que

$$\lim_{n \to \infty} \ln M_{T_n}(t) = t^2/2.$$

Consequentemente, teremos

$$\lim_{n \to \infty} M_{T_n}(t) = e^{t^2/2}.$$

Esta é a fgm de uma variável aleatória com distribuição $N(0, 1)$. Em virtude da propriedade da unicidade da fgm (veja o Teor. 10.3), poderemos concluir que a variável aleatória T_n converge em distribuição (quando $n \to \infty$) para a distribuição $N(0, 1)$.

Comentários: (*a*) Embora o que apresentamos acima não constitua uma demonstração rigorosa, ela dá ao leitor alguma noção da dedução deste importante teorema. A forma geral do Teorema do Limite Central (como originalmente enunciado) pode ser demonstrada empregando um caminho semelhante àquele empregado aqui.

(*b*) A forma particular do Teorema do Limite Central, como enunciada acima, diz que a média aritmética $(1/n) \sum_{i=1}^{n} X_i$ de n observações da mesma variável aleatória tem, para n grande, aproximadamente uma distribuição normal.

(*c*) Embora a demonstração matemática deva estabelecer a validade de um teorema, pode não contribuir muito para a percepção intuitiva do resultado. Por isso, apresentaremos o exemplo seguinte, para aqueles que se orientam melhor numericamente.

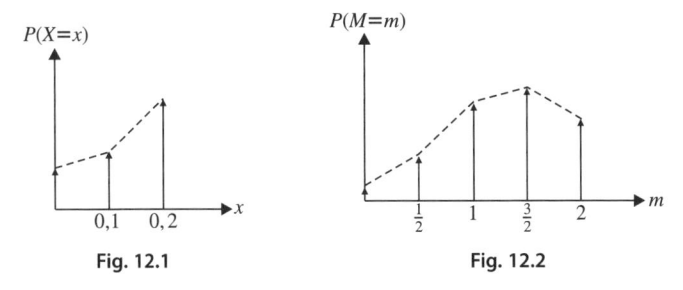

Fig. 12.1   Fig. 12.2

Exemplo 12.5. Considere-se uma urna que contenha três espécies de objetos, identificados como 0, 1 e 2. Suponha que lá existam 20 zeros, 30 uns e 50 dois. Um objeto é extraído aleatoriamente e seu valor, digamos X, é registrado. Suponha que X tenha a seguinte distribuição (veja a Fig. 12.1):

X	0	1	2
$P(X = x)$	0,2	0,3	0,5

Suponha que o objeto extraído em primeiro lugar seja reposto na urna e, a seguir, um segundo objeto seja extraído e seu valor, digamos Y, seja registrado. Considere-se a variável aleatória $M = (X + Y)/2$, e sua distribuição (Fig. 12.2):

M	0	$\frac{1}{2}$	1	$\frac{3}{2}$	2
$P(M = m)$	0,04	0,12	0,29	0,30	0,25

Os valores de $P(M)$, acima, foram obtidos da seguinte maneira:

$$P(M = 0) = P(X = 0, Y = 0) = (0,2)^2 = 0,04;$$
$$P(M = \tfrac{1}{2}) = P(X = 0, Y = 1) + P(X = 1, Y = 0)$$
$$= (0,2)(0,3) + (0,3)(0,2) = 0,12 \text{ etc.}$$

Finalmente, suponha que depois que o segundo objeto tenha sido também reposto, um terceiro objeto seja extraído e seu valor, digamos Z, seja registrado. Considere a variável aleatória $N = (X + Y + Z)/3$ e sua distribuição (Fig. 12.3):

N	0	$\frac{1}{3}$	$\frac{2}{3}$	1	$\frac{4}{3}$	$\frac{5}{3}$	2
$P(N = n)$	0,008	0,036	0,114	0,207	0,285	0,225	0,125

As distribuições de probabilidades das variáveis aleatórias M e N já estão mostrando sinais de "normalidade"; isto é, a aparência da curva em sino da distribuição normalmente está começando a surgir. Partindo da distribuição de X, a qual é quase assimétrica, verificamos que a média de apenas três observações tem uma distribuição que já está mostrando "indicações de normalidade".

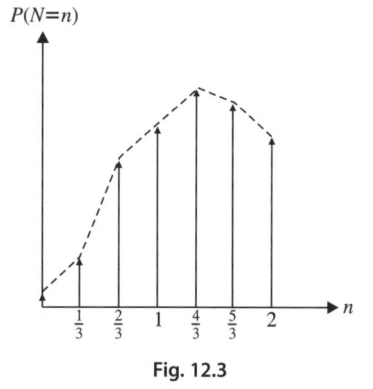

Fig. 12.3

Naturalmente, o exemplo anterior *não demonstra* coisa alguma. No entanto, ele representa uma ilustração numérica do resultado anteriormente estudado de maneira mais rigorosa. O leitor poderá continuar este exemplo pela adição de mais uma observação e, depois, achar a distribuição de probabilidade da média das quatro observações obtidas. (Veja o Probl. 12.10.)

Exemplo 12.6. Suponha que temos algumas voltagens de ruído independentes, por exemplo V_i, $i = 1, 2, ..., n$, as quais são recebidas naquilo que se denomina um "somador". (Veja a Fig. 12.4.) Seja V a soma das voltagens recebidas. Isto é, $V = \sum_{i=1}^{n} V_i$. Suponha que cada variável aleatória V_i seja uniformemente distribuída sobre o intervalo [0, 10]. Daí, $E(V_i) = 5$ volts e variância $(V_i) = 100/12$.

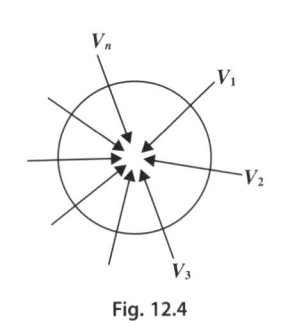

Fig. 12.4

De acordo com o Teorema do Limite Central, se n for suficientemente grande, a variável aleatória

$$S = (V - 5n)\sqrt{12}/10\sqrt{n}$$

terá aproximadamente a distribuição $N(0, 1)$. Portanto, se $n = 20$, poderemos calcular que a probabilidade de que a voltagem total na entrada exceda 105 volts da seguinte maneira:

$$P(V > 105) = P\frac{V - 100}{(10/\sqrt{12})\sqrt{20}} > \frac{105 - 100}{(10/\sqrt{12})\sqrt{20}}$$
$$\approx 1 - \Phi(0{,}388) = 0{,}352.$$

12.5. Outras Distribuições Aproximadas pela Distribuição Normal: A de Poisson, a de Pascal e a Gama

Existem algumas distribuições importantes, que não a distribuição binomial explicada na Seção 12.3, as quais podem ser aproximadas pela distribuição normal. Em cada caso, como observaremos, a variável aleatória, cuja distribuição aproximaremos, pode ser representada como a soma de variáveis aleatórias independentes, dando-nos assim uma aplicação do Teorema do Limite Central, como foi explicado na Seção 12.4.

(*a*) *A distribuição de Poisson*. Recorde-se de que uma variável aleatória de Poisson surge quando (sujeita a determinadas hipóteses) estivermos interessados no número total de ocorrências de algum evento, em um intervalo de tempo de extensão *t*, com intensidade (isto é, taxa de ocorrência por unidade de tempo) de α (veja a Seção 8.2). Como foi indicado naquela seção, poderemos considerar o número total de ocorrências como a *soma* das ocorrências em intervalos menores não imbricados, tornando, dessa maneira, aplicáveis os resultados da seção precedente.

Exemplo 12.7. Suponha que, em uma determinada central telefônica, as chamadas cheguem com a taxa de 2 por minuto. Qual é a probabilidade de que 22 ou menos chamadas sejam recebidas durante um período de 15 minutos? (Admitiremos, naturalmente, que a intensidade permaneça inalterada durante o período considerado.) Se fizermos X = número de chamadas recebidas, então, $E(X) = 2(15) = 30$. Para calcular $P(X < 22)$, e aplicando a correção de continuidade [veja a Eq. (*b*) que está imediatamente antes do Ex. 12.4, ver pág. 291], teremos

$$P\left(X \leqslant 22\right) \cong P\left(Y \leqslant \frac{22 + \frac{1}{2} - 30}{\sqrt{30}}\right),$$

em que Y tem distribuição normal $N(0, 1)$. Consequentemente, a probabilidade acima fica igual a ϕ $(-1,37) = 0,0853$.

(*b*) *A distribuição de Pascal*. Se Y = número de provas de Bernouilli necessárias para obter *r* sucessos, então, Y tem uma distribuição de Pascal e pode ser representada como a soma de *r* variáveis aleatórias independentes (veja a Seção 8.5). Neste caso, para *r* suficientemente grande, os resultados da seção precedente são aplicáveis.

Exemplo 12.8. Achar um valor aproximado para a probabilidade de que serão executadas 150 ou menos provas para obter 48 sucessos, quando $P(\text{sucesso}) = 0,25$. Escrevendo X = número de provas necessárias, teremos (veja a Eq. 8.8): $E(X) = r/p = 48/0,25 = 192$, e Var $X = rq/p^2 = (48)(0,75)/(0,25)^2 = 576$. Portanto,

$$P\left(X \leqslant 150\right) \cong \phi\left(\frac{150 + \frac{1}{2} - 192}{\sqrt{576}}\right) = \phi(-1,73) = 0,0418.$$

(c) *A distribuição Gama.* Como indicado no Teor. 10.9, uma variável aleatória que tenha a distribuição Gama (com parâmetros α e r) poderá ser representada como a soma de r variáveis aleatórias independentes, com distribuição exponencial. Portanto, para r grande, também é aplicável o Teorema do Limite Central.

12.6. A Distribuição da Soma de um Número Finito de Variáveis Aleatórias

O Ex. 12.6 serve para motivar a seguinte explanação: Sabemos que a soma de um número finito qualquer de variáveis aleatórias independentes e normalmente distribuídas é também normalmente distribuída. Do Teorema do Limite Central, podemos concluir que, para n grande, a soma de n variáveis aleatórias é aproximada e normalmente distribuída. A questão seguinte ainda resta a ser respondida: Suponhamos que se considere $X_1 + ... + X_n$ na qual os X_i são variáveis aleatórias independentes (não necessariamente normais) e n não seja suficientemente grande para justificar o emprego do Teorema do Limite Central. Qual será a distribuição desta soma? Por exemplo, qual será a distribuição da voltagem de entrada V (Ex. 12.6), se $n = 2$ ou $n = 3$?

Vamos primeiro examinar o importante caso da soma de duas variáveis aleatórias. O seguinte resultado pode ser estabelecido.

Teorema 12.2. Suponha que X e Y sejam variáveis aleatórias independentes, contínuas, com fdp g e h, respectivamente. Seja $Z = X + Y$ e denotemos a fdp de Z por s. Então,

$$s(z) = \int_{-\infty}^{+\infty} g(w)h(z-w)dw. \tag{12.6}$$

Demonstração: Desde que X e Y são independentes, sua fdp conjunta f poderá ser fatorada:

$$f(x, y) = g(x)h(y).$$

Considere-se a transformação:

$$z = x + y, \quad w = x.$$

Portanto, $x = w$ e $y = z - w$. O jacobiano desta transformação é

$$J = \begin{vmatrix} 0 & 1 \\ 1 & -1 \end{vmatrix} = -1.$$

Por conseguinte, o valor absoluto de J é 1 e, por isso, a fdp conjunta de $Z = X + Y$ e $W = X$ é

$$k(z, w) = g(w)h(z - w).$$

A fdp de Z será agora obtida pela integração de $k(z, w)$ desde $-\infty$ até ∞, em relação a w, desse modo fornecendo o resultado acima.

Comentários: (*a*) A integral acima, que inclui as funções g e h, ocorre em muitas outras passagens matemáticas. Ela é frequentemente mencionada como a *integral de convolução* de g e h, e é, algumas vezes, escrita como $g * h$.

(*b*) O cálculo da integral acima deve ser feito com muito cuidado. De fato, a mesma dificuldade que surge no cálculo da fdp de um produto ou de um quociente surge agora. As funções g e h serão frequentemente não nulas somente para determinados valores de seu argumento. Por isso, o integrando na integral acima, será não nulo somente para aqueles valores da variável de integração w, para os quais *ambos* os fatores do integrando sejam não nulos.

(*c*) A fórmula anterior, Eq. (12.6), poderá ser empregada repetidamente (com dificuldade crescente, porém) para obter-se a fdp da soma de um número qualquer finito de variáveis aleatórias independentes contínuas. Por exemplo, se $S = X + Y + W$, poderemos escrever $S = Z + W$, na qual $Z = X + Y$. Poderemos, então, empregar a marcha acima para obtermos a fdp de Z, e depois, conhecendo a fdp de Z, empregar este método novamente para obtermos a fdp de S.

(*d*) Poderemos deduzir a Eq. (12.6) de outra maneira, sem empregar o conceito de jacobiano. Façamos S denotar a fd da variável aleatória $Z = X + Y$. Então,

$$S(z) = P(Z \leq z) = P(X + Y \leq z) = \int_{R}\int g(x)h(y)\, dx\, dy,$$

em que

$$R = \left\{(x, y) \mid x + y \leq z\right\}.$$

(Veja a Fig. 12.5.) Portanto,

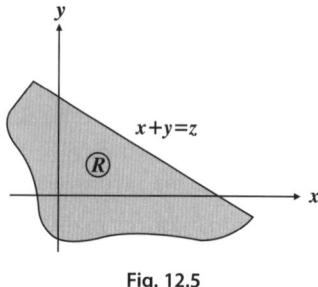

Fig. 12.5

$$S(z) = \int_{-\infty}^{+\infty} \int_{-\infty}^{z-x} g(x)h(y)\, dx\, dy$$
$$= \int_{-\infty}^{+\infty} g(x)\left[\int_{-\infty}^{z-x} h(y)\, dy\right] dx.$$

Derivando $S(z)$ em relação a z (sob o sinal de integração, o que pode ser justificado), obteremos

$$s(z) = S'(z) = \int_{-\infty}^{+\infty} g(x)h(z - x)\, dx,$$

o que concorda com a Eq. (12.6).

(*e*) Como a distribuição de $X + Y$ deve, presumivelmente, ser a mesma que a distribuição de $Y + X$, deveremos ser capazes de verificar que

$$\int_{-\infty}^{+\infty} g(x)h(z-x)dx = \int_{-\infty}^{+\infty} h(y)g(z-y)dy.$$

Apenas fazendo-se $z - x = y$ na primeira integral, ter-se-á a segunda forma. Algumas vezes, se indica esta propriedade escrevendo $g * h = h * g$. Veja o Comentário (*a*), na página anterior.

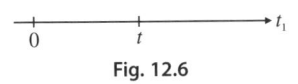

Fig. 12.6

Exemplo 12.9. Considerem-se dois dispositivos eletrônicos, D_1 e D_2. Suponha que D_1 tenha uma duração de vida que possa ser representada por uma variável aleatória T_1, cuja distribuição seja exponencial com parâmetro α_1, enquanto D_2 tenha uma duração de vida que possa ser representada por uma variável aleatória T_2, cuja distribuição seja exponencial com parâmetro α_2. Suponha que D_1 e D_2 estejam ligados de tal maneira que D_2 comece a funcionar no momento em que D_1 deixe de funcionar. Nesse caso, $T = T_1 + T_2$ representa a duração total de funcionamento do sistema composto por esses dois dispositivos. Admita-se que T_1 e T_2 sejam independentes; poderemos aplicar o resultado acima, e obter

$$g(t_1) = \alpha_1 e^{-\alpha_1 t_1}, \qquad t_1 \geq 0,$$
$$h(t_2) = \alpha_2 e^{-\alpha_2 t_2}, \qquad t_2 \geq 0.$$

(Para todos os outros valores de t_1 e t_2, as funções g e h são supostas iguais a zero!) Consequentemente, empregando-se a Eq. (12.6), encontraremos que a fdp de $T_1 + T_2 = T$ será dada por

$$s(t) = \int_{-\infty}^{+\infty} g(t_1)h(t-t_1)dt_1, \qquad t \geq 0.$$

O integrando será positivo se, e somente se, *ambos* os fatores do integrando forem positivos; isto é, sempre que $t_1 \geq 0$ e $t - t_1 \geq 0$. Isto é equivalente a $t_1 \geq 0$ e $t_1 \leq t$, o que por sua vez é equivalente a $0 \leq t_1 \leq t$. (Veja a Fig. 12.6.) Por isso, a integral acima se torna

$$s(t) = \int_0^t \alpha_1 e^{-\alpha_1 t_1} \alpha_2 e^{-\alpha_2(t-t_1)}dt_1$$
$$= \alpha_1 \alpha_2 e^{-\alpha_2 t} \int_0^t e^{-t_1(\alpha_1-\alpha_2)}dt_1$$
$$= \frac{\alpha_1 \alpha_2}{\alpha_2 - \alpha_1}\left(e^{-t\alpha_1} - e^{-t\alpha_2}\right), \text{ para } t \geq 0.$$

Comentários: (a) Observamos que a soma de duas variáveis aleatórias independentes, exponencialmente distribuídas, *não* é exponencialmente distribuída.

(b) Para $\alpha_1 > \alpha_2$, o gráfico da fdp de T está apresentado na Fig. 12.7.

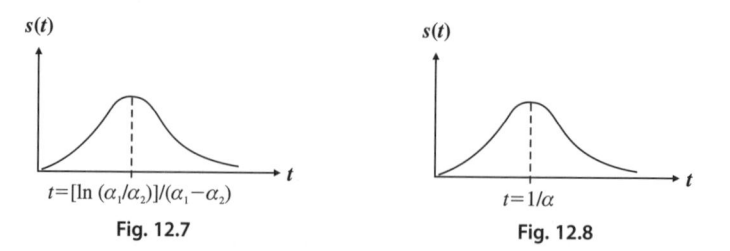

$$t = [\ln (\alpha_1/\alpha_2)]/(\alpha_1-\alpha_2)$$

Fig. 12.7

$$t = 1/\alpha$$

Fig. 12.8

(c) A expressão da fdp, acima, não é definida para $\alpha_1 = \alpha_2$, isto é, para o caso em que T_1 e T_2 tenham a mesma distribuição exponencial. A fim de levar em conta este caso particular, considere-se a expressão da primeira integral de $s(t)$, e faça-se $\alpha = \alpha_1 = \alpha_2$. Obtém-se

$$s(t) = \int_0^t \alpha e^{-\alpha t_1} \alpha e^{-\alpha(t-t_1)} dt_1 = \alpha^2 e^{-\alpha t} \int_0^t dt_1 = \alpha^2 t e^{-\alpha t}, \ t \geq 0.$$

Isto representa a distribuição gama. [Veja a Eq. (9.16).] O gráfico desta fdp está apresentado na Fig. 12.8. O máximo ocorre para $t = 1/\alpha = E(T_1) = E(T_2)$.

Exemplo 12.10. Vamos reexaminar o Ex. 12.6, que trata da adição de duas tensões elétricas aleatórias independentes V_1 e V_2, cada uma das quais é uniformemente distribuída sobre [0, 10] volts. Por isso,

$$f(v_1) = \frac{1}{10}, \qquad 0 \leq v_1 \leq 10,$$

$$g(v_2) = \frac{1}{10}, \qquad 0 \leq v_2 \leq 10.$$

(Recordemos, novamente, que as funções f e g são nulas para quaisquer outros valores.) Se $V = V_1 + V_2$, teremos

$$s(v) = \int_{-\infty}^{+\infty} f(v_1) g(v-v_1) dv_1.$$

Raciocinando tal como no Ex. 12.8, observaremos que o integrando será não nulo somente para aqueles valores de v_1 que satisfaçam a $0 \leq v_1 \leq 10$ e $0 \leq v - v_1 \leq 10$. Essas condições são equivalentes a $0 \leq v_1 \leq 10$ e $v - 10 \leq v_1 \leq v$.

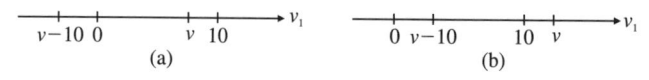

Fig. 12.9

Surgem dois casos, tal como se apresentam na Fig. 12.9:

(a) $v - 10 \leq 10$ e $0 \leq v \leq 10$, as quais, conjuntamente, acarretam que $0 \leq v \leq 10$.

(b) $0 \leq v - 10 \leq 10$ e $v \geq 10$, as quais, conjuntamente, acarretam que $10 \leq v \leq 20$.

No caso (a), v_1 poderá tomar valores entre 0 e v, enquanto no caso (b), v_1 poderá tomar valores entre $v - 10$ e 10.

Portanto, obteremos

para $\quad 0 \leq v \leq 10$:

$$s(v) = \int_0^v \frac{1}{10} \frac{1}{10} \, dv_1 = \frac{v}{100},$$

para $\quad 10 \leq v \leq 20$:

$$s(v) = \int_{v-10}^{10} \frac{1}{10} \frac{1}{10} \, dv_1 = \frac{20 - v}{100}.$$

Por isso, a fdp de V terá o gráfico apresentado na Fig. 12.10.

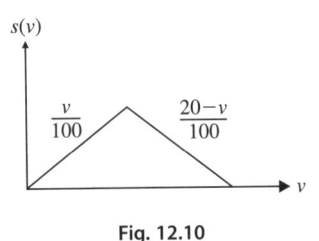

Fig. 12.10

Exemplo 12.11. Como ilustração final de somas de variáveis aleatórias, vamos reestudar um resultado que já demonstramos, empregando o método mais indireto das funções geratrizes de momentos (veja o Ex. 10.11), a saber, que a soma de duas variáveis aleatórias normais independentes é também normalmente distribuída. Com o objetivo de evitar algumas transformações algébricas, vamos examinar somente um caso particular.

Suponha que $Z = X + Y$, na qual X e Y são variáveis aleatórias independentes, cada uma delas com distribuição $N(0, 1)$. Então,

$$f(x) = \frac{1}{\sqrt{2\pi}} e^{-x^2/2}, \qquad -\infty < x < \infty,$$

$$g(y) = \frac{1}{\sqrt{2\pi}} e^{-y^2/2}, \qquad -\infty < y < \infty.$$

Consequentemente, a fdp de Z será dada por

$$s(z) = \int_{-\infty}^{+\infty} f(x) g(z-x) \, dx = \frac{1}{2\pi} \int_{-\infty}^{+\infty} e^{-x^2/2} \, e^{-(z-x)^2/2} \, dx$$

$$= \frac{1}{2\pi} \int_{-\infty}^{+\infty} e^{-(1/2)\left[x^2 + z^2 - 2zx + x^2\right]} \, dx$$

$$= \frac{1}{2\pi} e^{-z^2/2} \int_{-\infty}^{+\infty} e^{-\left(x^2 - zx\right)} dx.$$

Completando o quadrado no expoente do integrando, obteremos

$$\left(x^2 - zx\right) = \left[\left(x - \frac{z}{2}\right)^2 - \frac{z^2}{4}\right].$$

Daí,

$$s(z) = \frac{1}{2\pi} e^{-z^2/2} e^{z^2/4} \int_{-\infty}^{+\infty} e^{-(1/2)\left[\sqrt{2}(x - z/2)\right]^2} dx.$$

Fazendo $\sqrt{2} \, (x - z/2) = u$; segue-se que $dx = du/\sqrt{2}$, e obteremos

$$s(z) = \frac{1}{\sqrt{2\pi}\sqrt{2}} e^{-z^2/4} \frac{1}{\sqrt{2\pi}} \int_{-\infty}^{+\infty} e^{-u^2/2} du.$$

A integral acima (incluindo o fator $1/\sqrt{2\pi}$ é igual a um. Assim,

$$s(z) = \frac{1}{\sqrt{2\pi}\sqrt{2}} e^{-(1/2)(z/\sqrt{2})^2}.$$

Ora, isso representa a fdp de uma variável aleatória com distribuição $N(0, 2)$, o que se queria verificar.

Ao explicarmos a distribuição da soma de variáveis aleatórias, restringimonos às variáveis aleatórias contínuas. No caso discreto, o problema é um tanto mais simples, ao menos em certos casos, como o teorema seguinte indica.

Teorema 12.3. Suponha que X e Y sejam variáveis aleatórias independentes, cada uma das quais possa tomar somente valores inteiros não negativos. Seja $p(k) = P(X = k)$, $k = 0, 1, 2, \ldots$, e seja $q(r) = P(Y = r)$, $r = 0, 1, 2, \ldots$ Façamos $Z = X + Y$ e $w(i) = P(Z = i)$. Então,

$$w(i) = \sum_{k=0}^{i} p(k)\, q(i-k), \qquad i = 0, 1, 2, \ldots$$

Demonstração:

$$
\begin{aligned}
w(i) &= P(Z = i) \\
&= P[X = 0,\, Y = i \text{ ou } X = 1,\, Y = i-1 \text{ ou} \ldots \text{ ou } X = i,\, Y = 0] \\
&= \sum_{k=0}^{i} P[X = k,\, Y = i-k] = \sum_{k=0}^{i} p(k)\, q(i-k),
\end{aligned}
$$

visto que X e Y são independentes.

Comentário: Observe-se a semelhança entre esta soma e a integral de convolução, deduzida no Teor. 12.2.

Exemplo 12.12. Representemos por X e Y o número de emissões de partículas α por duas diferentes fontes de material radioativo, durante um período especificado de tempo t. Suponha que X e Y tenham distribuições de Poisson, com parâmetros $\beta_1 t$ e $\beta_2 t$, respectivamente. Representemos por $Z = X + Y$ o número total de partículas emitidas pelas duas fontes. Empregando o Teor. 12.3, obteremos

$$
\begin{aligned}
P(Z = k) &= \sum_{k=0}^{i} p(k)\, q(i-k) \\
&= e^{-(\beta_1 + \beta_2)t} \sum_{k=0}^{i} \frac{(\beta_1 t)^k (\beta_2 t)^{i-k}}{k!(i-k)!} \\
&= e^{-(\beta_1 + \beta_2)t} \frac{(\beta_1 t + \beta_2 t)^i}{i!}.
\end{aligned}
$$

(Essa igualdade é obtida pela aplicação do teorema binomial à soma acima.) A última expressão representa a probabilidade de que uma variável aleatória, que tenha uma distribuição de Poisson com parâmetro $\beta_1 t + \beta_2 t$ tome o valor i. Desse modo, verificamos aquilo que já sabíamos: A soma de duas variáveis aleatórias independentes com distribuição de Poisson tem distribuição de Poisson.

Problemas

12.1. (a) Peças são produzidas de tal maneira que 2% resultam defeituosas. Um grande número dessas peças, digamos n, é inspecionado e a frequência relativa das defeituosas, f_D, é registrada. Que valor deverá ter n, a fim de que a probabilidade seja ao menos 0,98, de que f_D difira de 0,02 por menos do que 0,05?

(b) Responda a (a), acima, supondo que 0,02, a probabilidade de se obter uma peça defeituosa, seja substituída por p, a qual se admite ser desconhecida.

12.2. Suponha que uma amostra de tamanho n seja obtida de uma grande coleção de parafusos, 3% dos quais sejam defeituosos. Qual será a probabilidade de que, no máximo, 5% dos parafusos selecionados sejam defeituosos, se

(a) $n = 6$?   (b) $n = 60$?   (c) $n = 600$?

12.3. (a) Um sistema complexo é constituído de 100 componentes que funcionam independentemente. A probabilidade de que qualquer um dos componentes venha a falhar durante o período de operação é igual a 0,10. A fim de que o sistema completo funcione, ao menos 85 dos componentes devem trabalhar. Calcule a probabilidade de que isso aconteça.

(b) Suponha que o sistema acima seja constituído de n componentes, cada um deles tendo uma confiabilidade de 0,90. O sistema funcionará se ao menos 80% dos componentes funcionarem adequadamente. Determine n, de maneira que o sistema tenha uma confiabilidade de 0,95.

12.4. Suponha que 30 dispositivos eletrônicos, D_1, ..., D_{30}, sejam empregados da seguinte maneira: Tão logo D_1 falhe, D_2 entra em operação; quando D_2 falhar, D_3 entrará em operação etc. Suponha que a duração até falhar D_i seja uma variável aleatória exponencialmente distribuída, com parâmetro $\beta = 0,1$ hora^{-1}. Seja T o tempo total de operação dos 30 dispositivos. Qual é a probabilidade de que T ultrapasse 350 horas?

12.5. Um computador, ao adicionar números, arredonda cada número para o inteiro mais próximo. Admita-se que todos os erros de arredondamento sejam independentes e uniformemente distribuídos sobre (–0,5, 0,5).

(a) Se 1.500 números forem adicionados, qual é a probabilidade de que a magnitude do erro total ultrapasse 15?

(b) Quantos números poderão ser adicionados juntos, de modo que a magnitude do erro total seja menor do que 10, com probabilidade 0,90?

12.6. Suponha que X_i, $i = 1, 2, ..., 50$ sejam variáveis aleatórias independentes, cada uma delas tendo distribuição de Poisson com parâmetro $\lambda = 0,03$. Faça $S = X_1 + ... + X_{50}$.

(a) Empregando o Teorema do Limite Central, calcule $P(S \geq 3)$.

(b) Compare a resposta de (a) com o valor exato dessa probabilidade.

12.7. Em um circuito simples, dois resistores, R_1 e R_2, são ligados em série. Portanto, a resistência total será dada por $R = R_1 + R_2$. Suponha que R_1 e R_2 sejam variáveis aleatórias independentes, tendo cada uma a fdp

$$f(r_i) = \frac{10 - r_i}{50}, \qquad 0 < r_i < 10, \quad i = 1, 2.$$

Determine a fdp de R, a resistência total, e esboce seu gráfico.

12.8. Suponha que os resistores no Probl. 12.7 sejam ligados em paralelo. Determine a fdp de R, a resistência total do circuito (estabeleça apenas na forma de integral). (*Sugestão*: A relação entre R, R_1 e R_2 é dada por $1/R = 1/R_1 + 1/R_2$.)

12.9. Ao mensurar-se T, a duração da vida de uma peça, pode-se cometer um erro, o qual se pode admitir ser uniformemente distribuído sobre $(-0,01, 0,01)$. Por isso, o tempo registrado (em horas) pode ser representado por $T + X$, na qual T tem uma distribuição exponencial com parâmetro 0,2 e X tem a distribuição uniforme descrita acima. Determine a fdp de $T + X$, quando T e X forem independentes.

12.10. Suponha que X e Y sejam variáveis aleatórias independentes, identicamente distribuídas. Suponha que a fdp de X (e, em consequência, a de Y) seja dada por

$$f(x) = a/x^2, \quad x > a, \quad a > 0,$$
$$= 0, \text{ para quaisquer outros valores.}$$

Determine a fdp de $X + Y$. (*Sugestão*: Empregue frações parciais para a integração.)

12.11. Realize os cálculos sugeridos ao final do Ex. 12.5.

12.12. (*a*) Um dispositivo eletrônico tem uma duração até falhar T, cuja distribuição é dada por $N(100, 4)$. Suponha que ao se registrar T cometa-se um erro cujo valor possa ser representado por uma variável aleatória X, uniformemente distribuída sobre $(-1, 1)$. Determine a fdp de $S = X + T$ em termos de Φ, a fd da distribuição $N(0, 1)$, quando X e Y forem independentes.

    (*b*) Calcule $P(100 \leq S \leq 101)$. (*Sugestão*: Empregue a Regra de Simpson, para calcular um valor aproximado da integral.)

12.13. Suponha que um novo aparelho seja testado repetidamente, sob determinadas condições de carga, até que ele falhe. A probabilidade de falhar em qualquer das provas é p_1. Faça igual a X o número de provas necessárias inclusive a da primeira falha. Um segundo aparelho é também testado repetidamente até falhar; suponha que uma probabilidade constante de falhar p_2 esteja associada a ele. Faça igual a Y o número de provas necessárias, inclusive a de sua primeira falha. Admita que X e Y sejam independentes e faça $Z = X + Y$. Portanto, Z é igual ao número de provas necessárias até que ambos os aparelhos tenham falhado.

    (*a*) Estabeleça a distribuição de probabilidade de Z.

    (*b*) Calcule $P(Z = 4)$, quando $p_1 = 0,1$ e $p_2 = 0,2$.

    (*c*) Estude (*a*), quando $p_1 = p_2$.

Amostras e Distribuições Amostrais

13.1. Introdução

Vamos novamente examinar um problema apresentado. Suponha que temos uma fonte de material radioativo que esteja emitindo partículas α. Suponha que as hipóteses formuladas no Cap. 8 sejam válidas, de maneira que a variável aleatória X, definida como o número de partículas emitidas durante um período de tempo especificado t, tenha uma distribuição de Poisson com parâmetro λt.

Para que se possa "utilizar" este modelo probabilístico na explicação da emissão de partículas α, necessitamos conhecer o valor de λ. As hipóteses que fizemos somente conduzem à conclusão de que X tem uma distribuição de Poisson com algum parâmetro λt. Porém, se quisermos calcular $P(X > 10)$, por exemplo, a resposta será em termos de λ, a menos que conheçamos seu valor numérico. Semelhantemente, os importantes parâmetros associados à distribuição, tais como $E(X)$ e $V(X)$, são todos funções de λ.

Para procurarmos um valor numérico para λ, deveremos, ao menos por enquanto, deixar o mundo de nosso modelo matemático teórico e entrar no mundo empírico das observações. Quer dizer, deveremos realmente observar a emissão de partículas, obter valores numéricos de X, e a seguir empregar esses valores, de algum modo sistemático, a fim de obtermos alguma informação relevante sobre λ.

É importante para o leitor ter uma ideia clara sobre a influência recíproca entre a verificação empírica e a dedução matemática, que surge em muitos domínios da Matemática aplicada. Isto é especialmente importante quando construímos modelos probabilísticos para o estudo de fenômenos observáveis.

Vamos examinar um exemplo trivial da Trigonometria elementar. Um problema típico pode abranger o cálculo da altura de uma árvore. Um modelo matemático para este problema pode ser obtido pela postulação de que a relação entre a altura desconhecida h, a sombra projetada s e o ângulo α seja da forma $h = s$ tg α. (Estamos admitindo que a árvore esteja ereta e perpendicular ao solo, Fig. 13.1.) Consequentemente, se s e α forem conhecidos, poderemos, com o auxílio de uma tábua adequada, calcular h. O ponto importante a salientar aqui é que s e α devem ser *conhecidos* antes que possamos calcular h. Isto é, alguém deverá ter medido s e α. A dedução matemática que leva à relação $h = s$ tg α é completamente independente dos meios pelos quais mediremos s e α. Se essas mensurações forem precisas, então s tg α representará um valor preciso de h (admitindo-se que o modelo seja válido). Dizendo de outra maneira, não poderemos apenas deduzir o valor de h a partir de nosso conhecimento de Trigonometria e com o auxílio de tábuas trigonométricas. Teremos de deixar nosso santuário (onde quer que ele possa estar) e fazer algumas mensurações! E, justamente como tais mensurações sejam feitas, ainda que isso constitua um importante problema a ser resolvido, de maneira alguma influencia a *validade* de nossa dedução matemática.

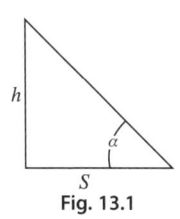

Fig. 13.1

Ao empregarmos modelos probabilísticos, também teremos de entrar no mundo empírico e fazer algumas mensurações. Por exemplo, no caso que está sendo examinado, estamos empregando a distribuição de Poisson como nosso modelo probabilístico e, por isso, necessitamos conhecer o valor do parâmetro λ. A fim de obter alguma informação sobre λ, temos de realizar algumas mensurações e, depois, empregar as medidas obtidas de alguma forma sistemática com o objetivo de estimarmos λ. De que maneira isso será feito será explicado no Cap. 14.

Dois pontos devem ser finalmente salientados aqui. Primeiro, as mensurações exigidas para obter-se informação sobre λ serão, em geral, mais fáceis de se conseguir, do que o seriam mensurações diretas de $e^{-\lambda t}(\lambda t)^k/k!$ (da mesma forma que é mais fácil conseguir mensurações do comprimento da sombra s e do ângulo α do que da altura h). Segundo, a maneira pela qual obteremos mensurações de λ e a maneira pela qual empregaremos essas medidas de modo algum invalidará (ou confirmará) a aplicabilidade do modelo de Poisson.

O exemplo acima é típico de uma grande classe de problemas. Em muitas situações é relativamente natural (e apropriado) admitir que uma variável aleatória X tenha uma particular distribuição de probabilidade. Já vimos alguns exemplos que mostram que hipóteses bastante simples sobre o comportamento probabilístico de X conduzem a um tipo definido de distribuição, tal como a binomial, a exponencial, a normal, a de Poisson, e outras. Cada uma dessas distribuições depende de certos parâmetros. Em alguns casos o valor de um ou mais desses parâmetros pode ser conhecido. (Tal conhecimento pode vir de estudo anterior da variável aleatória.) Mais frequentemente, porém, não conhecemos o valor de todos os parâmetros incluídos. Em tais casos, deveremos proceder como sugerido acima e obter alguns valores empíricos de X e, depois, empregarmos esses valores de maneira apropriada. Como isso será feito é o que prenderá nossa atenção no Cap. 14.

13.2. Amostras Aleatórias

Já explicamos a noção de amostragem aleatória com ou sem reposição, de um conjunto finito ou *população* de objetos. Temos sob exame uma população especificada de objetos (pessoas, peças fabricadas etc.) sobre os quais desejamos fazer alguma inferência sem examinarmos cada objeto isoladamente. Por isso, "amostramos". Isto é, tentamos examinar alguns objetos "típicos", dos quais esperamos extrair alguma informação, que em algum sentido seja característica de toda a população. Vamos ser mais precisos.

Suponha que rotulemos cada elemento de uma população finita com um número, consecutivamente, de modo que, sem perda de generalidade, uma população formada de N objetos possa ser representada como 1, 2, ..., N. Agora escolhemos n itens, de maneira a ser explicada abaixo. Definamos as seguintes variáveis aleatórias:

X_i = valor da população obtido quando o i-ésimo item for escolhido, $i = 1, 2, ..., n$.

A distribuição de probabilidade das variáveis aleatórias X_1, ..., X_n obviamente dependerá de como conduzirmos a amostragem. Se amostrarmos com reposição, de cada vez escolhendo um objeto ao acaso, as variáveis aleatórias X_1, ..., X_n serão independentes e identicamente distribuídas. Isto é, para cada X_i, $i = 1, 2, ..., n$, teremos

$$P(X_i = j) = 1/N, \quad j = 1, 2, ..., N.$$

Se amostrarmos sem reposição, as variáveis aleatórias X_1, ..., X_n não serão mais independentes. Ao contrário, sua distribuição de probabilidade conjunta será dada por

$$P[X_1 = j_1, ..., X_n = j_n] = \frac{1}{N(N-1)...(N-r+1)},$$

na qual j_1, ..., j_n são quaisquer n valores de $(1, ..., N)$. (Poderemos mostrar que a distribuição marginal de qualquer X_i, sem levar em conta os valores tomados por X_1, ..., X_{i-1}, X_{i+1}, ..., X_n, é a mesma que a acima, quando amostrarmos com reposição.)

Em nossa exposição, até agora, temos admitido que exista uma população subjacente, digamos 1, 2, ..., N, a qual é finita e sobre a qual desejamos obter alguma informação baseada em uma amostra de tamanho $n < N$. Em muitas situações, não existe população finita, na qual estejamos a extrair amostras; de fato, poderemos ter dificuldade em definir uma população subjacente de qualquer espécie. Consideremos os seguintes exemplos:

(a) Uma moeda é jogada. Defina-se a variável aleatória X_1 = número de caras obtidas. De algum modo, poderemos pensar em X_1 como uma amostra de tamanho um, de uma "população" de todas as jogadas possíveis daquela moeda. Se jogássemos a moeda uma segunda vez e definíssemos a variável aleatória X_2 como o número de caras obtidas na segunda jogada, X_1, X_2 poderia presumivelmente ser considerada como uma amostra de tamanho dois tirada da *mesma* população.

(b) A altura total de chuva anual, em certa localidade, para o ano de 1970, poderia ser definida como uma variável aleatória X_1. Durante anos sucessivos, variáveis aleatórias X_2, ..., X_n poderiam ser definidas analogamente. Também poderemos considerar $(X_1, ..., X_n)$ como uma amostra de tamanho n, obtida da população de todas as possíveis alturas de chuvas anuais naquela localidade especificada; e seria aceitável supor-se que os X_i fossem variáveis aleatórias independente e identicamente distribuídas.

(c) A duração da vida de uma lâmpada, fabricada por certo processo em certa fábrica, é estudada pela escolha de n lâmpadas e mensuração de suas durações da vida, digamos T_1, ..., T_n. Podemos considerar $(T_1, ..., T_n)$ como uma amostra aleatória da população de todas as possíveis durações de vida de lâmpadas fabricadas de maneira especificada.

Vamos apresentar essas noções rigorosamente, da seguinte forma:

Definição. Seja X uma variável aleatória com uma distribuição de probabilidade especificada. Sejam n variáveis aleatórias X_1, ..., X_n, independentes e tendo cada uma delas a mesma distribuição que X. Nesse caso, denominaremos $(X_1, ..., X_n)$ uma *amostra aleatória da variável aleatória X*.

Comentários: (*a*) Vamos enunciar o que está acima de modo menos formal: Uma amostra aleatória de tamanho *n*, de uma variável aleatória X, corresponde a *n* mensurações repetidas de X, feitas sob condições essencialmente inalteradas, Como já mencionamos antes em algumas passagens, a noção matematicamente idealizada de amostra aleatória pode, quando muito, ser apenas aproximada pelas condições experimentais reais. Para que X_1 e X_2 venham a ter a mesma distribuição, todas as condições "relevantes" sob as quais o experimento seja realizado devem ser as mesmas quando X_1 e X_2 forem observados. Naturalmente, condições experimentais nunca podem ser identicamente duplicadas. O importante é que aquelas condições que sejam diferentes devem ter pequena ou nenhuma influência no resultado do experimento. Não obstante, algum cuidado deve ser tomado para assegurar-nos realmente a obtenção de uma amostra aleatória.

Por exemplo, suponha que a variável aleatória em estudo seja X, o número de chamadas telefônicas que chegam a uma central entre 16 e 17 horas na quarta-feira. A fim de que se obtenha uma amostra aleatória de X, escolheríamos presumivelmente *n* quartas-feiras ao acaso e registraríamos o valor de $X_1, ..., X_n$. Deveríamos estar certos de que todas as quartas-feiras fossem quartas-feiras "típicas". Por exemplo, não poderíamos desejar incluir uma particular quarta-feira, que coincidisse com o Dia de Natal.

Também, se tentarmos obter uma amostra aleatória da variável aleatória X, definida como a duração da vida de um dispositivo eletrônico, que tenha sido fabricado sujeito a certas especificações, desejaríamos estar seguros de que um valor amostral não se tivesse obtido de uma peça, a qual fosse produzida em um momento em que o processo de produção estivesse imperfeito.

(*b*) Se X for uma variável aleatória contínua com fdp f e se $X_1, ..., X_n$ for uma amostra aleatória de X, então g, a fdp conjunta de $X_1, ..., X_n$, poderá ser escrita como $g(x_1, ..., x_n) = f(x_1) ... f(x_n)$. Se X for uma variável aleatória discreta e $p(x_i) = P(X = x_i)$, então

$$P[X_1 = x_1, ..., X_n = x_n] = p(x_1) ... p(x_n).$$

(*c*) Como já fizemos, empregaremos letras maiúsculas para a variável aleatória e letras minúsculas para os valores da variável aleatória. Desse modo, os valores tomados por uma particular amostra $(X_1, ..., X_n)$ serão denotados por $(x_1, ..., x_n)$. Frequentemente, falaremos do *ponto amostral* $(x_1, ..., x_n)$, com o que desejaremos dizer que poderemos considerar $(x_1, ..., x_n)$ as coordenadas de um ponto em um espaço euclidiano *n*-dimensional.

13.3. Estatísticas

Depois que tenhamos obtido os valores de uma amostra aleatória, em geral, desejamos empregar aqueles valores amostrais com o objetivo de realizar alguma inferência sobre a população representada pela amostra, o que nesta passagem significa a distribuição de probabilidade da variável aleatória que está sendo amostrada. Desde que os vários parâmetros que caracterizam uma distribuição de probabilidade são números, é muito natural que desejemos calcular determinadas características numéricas pertinentes, que se podem conseguir dos valores amostrais, as quais podem nos ajudar, de alguma forma, a fazer afirmações apropriadas sobre os valores dos parâmetros que são frequentemente desconhecidos. Vamos definir o seguinte conceito importante:

Definição. Seja X_1, ..., X_n uma amostra aleatória de uma variável aleatória X, e sejam x_1, ..., x_n os valores tomados pela amostra. Seja H uma função definida para a ênupla $(x_1, ..., x_n)$. Definiremos $Y = H(X_1, ..., X_n)$ como uma *estatística*, que tome o valor $y = H(x_1, ..., x_n)$.

Explicando: Uma estatística é uma função de valores reais da amostra. Algumas vezes empregamos o termo estatística para referir ao valor da função. Assim, poderemos falar da estatística $y = H(x_1, ..., x_n)$, quando realmente deveríamos dizer que y é o valor da estatística $Y = H(X_1, ..., X_n)$.

Comentários: (*a*) O emprego acima é um emprego muito especial, mas geralmente aceito, do termo estatística. Observe-se que o empregamos no singular.

(*b*) De acordo com a definição acima, uma estatística é uma variável aleatória! É muito importante guardar isso em mente. Em consequência, terá sentido considerar-se a distribuição de probabilidade de uma estatística, sua expectância, e sua variância. Quando uma variável aleatória for, de fato, uma estatística, quer dizer, uma função da amostra, falaremos frequentemente de sua *distribuição amostral*, em lugar de sua distribuição de probabilidade.

Como sugerimos no início deste capítulo, empregaremos a informação obtida de uma amostra com o objetivo de estimar certos parâmetros desconhecidos, associados à distribuição de probabilidade. Verificaremos que determinadas estatísticas desempenham importante papel na resolução deste problema. Antes de examinarmos este assunto mais detalhadamente (no Cap. 14), vamos estudar algumas estatísticas importantes e suas propriedades.

13.4. Algumas Estatísticas Importantes

Há determinadas estatísticas que encontramos frequentemente. Arrolaremos poucas delas e estudaremos algumas de suas propriedades importantes.

Definição. Seja $(X_1, ..., X_n)$, uma amostra aleatória de uma variável aleatória X. As seguintes estatísticas são de interesse:

(a) $\bar{X} = (1/n)\sum_{i=1}^{n} X_i$ é denominada a *média amostral*.

(b) $S^2 = [1/(n-1)]\sum_{i=1}^{n} (X_i - \bar{X})^2$ é denominada a *variância amostral*. [Muito em breve, explicaremos por que dividimos por $(n-1)$ em vez de fazê-lo por n, o que seria óbvio.]

(c) $K = \min (X_1, ..., X_n)$ é denominado o *mínimo da amostra*. (K apenas representa o menor valor observado.)

(d) $M = \max (X_1, ..., X_n)$ é denominado o *máximo da amostra*. (M representa o maior valor observado.)

(e) $R = M - K$ é denominada a *amplitude da amostra*.

(f) $X_n^{(j)} = j$-ésima observação maior de todas na amostra, $j = 1, 2, ..., n$. (Temos $X_n^{(1)} = M$, enquanto $X_n^{(n)} = K$.)

Comentários: (a) As variáveis aleatórias $X_n^{(j)}$, $j = 1, 2, ..., n$ são denominadas *estatísticas ordinais* (ou estatísticas de ordem) associadas com a amostra aleatória $X_1, ..., X_n$. Se X for uma variável aleatória contínua, poderemos supor que $X_n^{(1)} > X_n^{(2)} > ... > X_n^{(n)}$.

(b) Os valores extremos de amostra (na notação acima, $X_n^{(1)}$ e $X_n^{(n)}$) são frequentemente de considerável interesse. Por exemplo, na construção de diques para controle de enchentes, a maior altura da água que um rio particular tenha atingido nos últimos 50 anos passados pode ser muito importante.

Naturalmente, há muitas outras estatísticas importantes que encontraremos, mas certamente aquelas mencionadas acima desempenham importante papel em muitas aplicações estatísticas. Enunciaremos agora (e demonstraremos) alguns teoremas referentes às estatísticas acima.

Teorema 13.1. Seja X uma variável aleatória, com expectância $E(X) = \mu$ e variância $V(X) = \sigma^2$. Seja $\bar{X}$ a média amostral de uma amostra aleatória de tamanho n. Então,

(a) $E(\bar{X}) = \mu$.

(b) $V(\bar{X}) = \sigma^2/n$.

(c) Para n grande, $(\bar{X} - \mu)/(\sigma/\sqrt{n})$ terá aproximadamente a distribuição $N(0, 1)$.

Demonstração: (a) e (b) Decorrem imediatamente das propriedades da expectância e da variância, anteriormente estabelecidas:

$$E(\bar{X}) = E\left(\frac{1}{n}\sum_{i=1}^{n} X_i\right) = \frac{1}{n}\sum_{i=1}^{n} E(X_i) = \frac{1}{n}n\mu = \mu.$$

Porque os X_i são independentes,

$$V(\bar{X}) = V\left(\frac{1}{n}\sum_{i=1}^{n} X_i\right) = \frac{1}{n^2}\sum_{i=1}^{n} V(X_i) = \frac{1}{n^2}n\sigma^2 = \frac{\sigma^2}{n}.$$

(*c*) Decorre de uma aplicação direta do Teorema do Limite Central. Poderemos escrever $\bar{X} = (1/n)X_i + ... + (1/n)X_n$ como a soma de variáveis aleatórias independentemente distribuídas.

Comentários: (*a*) À medida que o tamanho da amostra *n* crescer, a média amostral *X* tenderá a variar cada vez menos. Isto é intuitivamente evidente e corresponde à nossa experiência com dados numéricos. Considere, por exemplo, o seguinte conjunto de 18 números:

$$-1;\ 3;\ 2;\ -4;\ -5;\ 6;\ 7;\ 2;\ 0;\ 1;\ -2;\ -3;\ 8;\ 9;\ 6;\ -3;\ 0;\ 5.$$

Se tomarmos a média desses números, dois a dois na ordem enumerada, obteremos a seguinte coleção de médias:

$$1;\ -1;\ 0{,}5;\ 4{,}5;\ 0{;}5;\ -2{,}5;\ 8{,}5;\ 1{,}5;\ 2{,}5.$$

Se promediarmos o conjunto original de números, três a três, obteremos

$$1{,}3;\ -1;\ 3;\ -1{,}3;\ 7{,}7;\ 0{,}7.$$

Finalmente, se promediarmos os números, seis de cada vez, obteremos

$$0{,}2;\ 0{,}8;\ 4{,}1.$$

A variância, em cada uma dessas coleções de médias, é menor do que na coleção anterior, porque em cada caso a média está baseada em um número maior de números. O teorema acima explica, precisamente, como a variação de $\bar{X}$ (medida em termos de sua variância) decresce com *n* crescente. [Neste ponto, veja a Lei dos Grandes Números, Seção 12.2 e, especialmente, Eq. (12.2).]

(*b*) Se *n* não for suficientemente grande para garantir a aplicação do Teorema do Limite Central, poderemos tentar achar a distribuição de probabilidade exata de $\bar{X}$ por caminhos diretos (mas geralmente complicados). Na Seção 12.5 apresentamos um método pelo qual podemos achar a distribuição de probabilidade da soma de variáveis aleatórias. A aplicação repetida daquele método nos permitirá obter a distribuição de probabilidade de $\bar{X}$, especialmente se *n* for relativamente pequeno.

(*c*) O Teor. 13.1 diz que, para *n* suficientemente grande, a média amostral $\bar{X}$ será aproximadamente distribuída normalmente (com expectância μ e variância σ^2/n).

Verificamos que não somente $\bar{X}$, mas a maioria das funções "bem comportadas" de $\bar{X}$ tem esta propriedade. Neste nível de exposição, não poderemos dar um cuidadoso desenvolvimento deste resultado. Contudo, o resultado é de suficiente importância em muitas aplicações para merecer, ao menos, um raciocínio heurístico, intuitivo.

Suponha que $Y = r(\overline{X})$ e que r possa ser desenvolvido em série de Taylor, em relação a μ. Deste modo, $r(\overline{X}) = r(\mu) + (\overline{X} - \mu)r'(\mu) + R$, em que R é o resto da série e pode ser expresso, assim $R = [(\overline{X} - \mu)^2/2] \, r''(z)$, em que z é algum valor entre $\overline{X}$ e μ. Se n for suficientemente grande, $\overline{X}$ será próximo de μ, e consequentemente $(\overline{X} - \mu)^2$ será pequeno comparado a $(\overline{X} - \mu)$. Para n grande, poderemos portanto considerar o resto desprezível e *aproximar* $r(\overline{X})$, da seguinte maneira:

$$r(\overline{X}) \simeq r(\mu) + r'(\mu)(\overline{X} - \mu).$$

Vemos que para n suficientemente grande, $r(\overline{X})$ pode ser aproximado por uma função *linear* de $\overline{X}$. Visto que $\overline{X}$ será aproximadamente normal (para n grande), encontramos que $r(\overline{X})$ será também aproximadamente normal, porque uma função linear de uma variável aleatória normalmente distribuída é normalmente distribuída.

Da representação de $r(\overline{X})$ acima, encontramos que

$$E[r(\overline{X})] \simeq r(\mu), \qquad V[r(\overline{X})] \simeq \frac{[r'(\mu)]^2 \sigma^2}{n}.$$

Portanto, para n suficientemente grande, vemos que (sob condições bastante gerais sobre a função r) a distribuição de $r(\overline{X})$ será aproximadamente $N\{r(\mu), [r'(\mu)]^2\sigma^2/n\}$.

Teorema 13.2. Seja X uma variável aleatória contínua com fdp f e fd F. Seja $X_1, ..., X_n$ uma amostra aleatória de X e sejam K e M o mínimo e o máximo da amostra, respectivamente. Então,

(*a*) A fdp de M será dada por $g(m) = n[F(m)]^{n-1}f(m)$.

(*b*) A fdp de K será dada por $h(k) = n[1 - F(k)]^{n-1}f(k)$.

Demonstração: Seja $G(m) = P(M \le m)$ a fd de M. Ora, $\{M \le m\}$ é equivalente ao evento $\{X_i \le m,$ para todo $i\}$. Logo, visto que os X_i são independentes, encontramos

$$G(m) = P[X_1 \le m \text{ e } X_2 \le m \, ... \text{ e } X_n \le m] = [F(m)]^n.$$

Por isso,

$$g(m) = G'(m) = n[F(m)]^{n-1} f(m).$$

A dedução da fdp de K será deixada para o leitor. (Veja o Probl. 13.1.)

Exemplo 13.1. Um dispositivo eletrônico tem uma duração de vida T, a qual é exponencialmente distribuída, com parâmetro $\alpha = 0,001$; quer dizer, sua fdp é $f(t) = 0,001e^{-0,001t}$. Suponha que 100 desses dispositivos sejam ensaiados, fornecendo os valores observados $T_1, ..., T_{100}$.

(*a*) Qual é a probabilidade de que $950 < \overline{T} < 1.100$? Porque o tamanho da amostra é bastante grande, poderemos aplicar o Teorema do Limite Central e proceder da seguinte maneira:

$$E(\overline{T}) = \frac{1}{0,001} = 1.000, \qquad V(\overline{T}) = \frac{1}{100}(0,001)^{-2} = 10.000.$$

Portanto, $(\overline{T} - 1.000)/100$ terá aproximadamente a distribuição $N(0, 1)$. Por isso,

$$P(950 < \overline{T} < 1.100) = P\left(-0,5 < \frac{\overline{T}-1.000}{100} < 1\right)$$
$$= \Phi(1) - \Phi(-0,5)$$
$$= 0,532,$$

das tábuas da distribuição normal.

Comentário: No caso presente, poderemos realmente obter a distribuição exata de $\overline{T}$ sem recorrermos ao Teorema do Limite Central. No Teor. 10.9, demonstramos que a soma de variáveis aleatórias independentes distribuídas exponencialmente tem uma distribuição gama; isto é,

$$g(s) = \frac{(0,001)^{100} s^{99} e^{-0,001s}}{99!},$$

na qual g é a fdp de $T_1 + ... + T_{100}$. Daí, a fdp de $\overline{T}$ será dada por

$$f(\overline{t}) = \frac{(0,1)^{100} \overline{t}^{99} e^{-0,1\overline{t}}}{99!}.$$

Portanto, $\overline{T}$ tem uma distribuição gama, com parâmetros 0,1 e 100.

(*b*) Qual é a probabilidade de que o maior valor observado ultrapasse 7.200 horas? Pede-se que $P(M > 7.200) = 1 - P(M \le 7.200)$. Ora, o valor máximo será menor que 7.200 se, e somente se, todo valor amostral for menor que 7.200. Daí,

$$P(M > 7.200) = 1 - [F(7.200)]^{100}.$$

Para calcular $F(7.200)$, recordemos que para a variável aleatória exponencialmente distribuída com parâmetro 0,001, $F(t) = 1 - e^{-0,001t}$.

Portanto,

$$F(7.200) = 1 - e^{-0,001(7.200)} = 1 - e^{-7,2} = 0,999\ 25.$$

Por conseguinte, a probabilidade pedida é $1 - (0,999\ 25)^{100} = 0,071$.

(c) Qual é a probabilidade de que a menor duração até falhar seja menor do que 10 horas? Exigiremos que $P(K < 10) = 1 - P(K \geq 10)$.

Ora, o mínimo da amostra será maior do que ou igual a 10, se, e somente se, todo valor amostral for maior do que ou igual a 10. Portanto,

$$P(K < 10) = 1 - [1 - F(10)]^{100}.$$

Empregando a expressão de F dada em (b), acima, teremos

$$1 - F(10) = e^{-0,001(10)} = e^{-0,01} = 0,99005.$$

Daí,

$$P(K < 10) = 1 - (0,990\ 05)^{100} = 0,63.$$

A última parte do exemplo acima pode ser generalizada, como indica o seguinte teorema.

Teorema 13.3. Seja X exponencialmente distribuída, com parâmetro α e seja $(X_1, ..., X_n)$ uma amostra aleatória de X. Seja $K = $ mín $(X_1, ..., X_n)$. Então, K será também exponencialmente distribuída com parâmetro $n\alpha$.

Demonstração: Seja H a fd de K. Então,

$$H(k) = P(K \leq k) = 1 - P(K > k) = 1 - [1 - F(k)]^n,$$

na qual F é a fd de X. Ora, $F(x) = 1 - e^{-\alpha x}$. Por conseguinte, $H(k) = 1 - e^{-n\alpha k}$. Tomando a derivada de $H(k)$ em relação a k, obteremos $h(k) = n\alpha e^{-n\alpha k}$.

Comentário: Esse teorema pode ser estendido da seguinte forma: Se $X_1, ..., X_n$ forem variáveis aleatórias independentes e se X_i tiver distribuição exponencial com parâmetro α_i, $i = 1, ..., n$, então, $K = $ mín. $(X_1, ..., X_n)$ terá distribuição exponencial com parâmetro $\alpha_1 + ... + \alpha_n$. Para uma demonstração disso, veja o Probl. 13.2.

O Teor. 13.4 nos dá alguma informação sobre a estatística S^2.

Teorema 13.4. Suponhamos que $X_1, ..., X_n$ constitua uma amostra aleatória de uma variável aleatória X, com expectância μ e variância σ^2. Façamos

$$S^2 = \frac{1}{n-1}\sum_{i=1}^{n}(X_i - \overline{X})^2,$$

na qual $\overline{X}$ é a média amostral. Então, teremos o seguinte:

(a) $E(S^2) = \sigma^2$.

(b) Se X for normalmente distribuída, $[(n-1)/\sigma^2]S^2$ terá uma distribuição de qui-quadrado, com $(n-1)$ graus de liberdade.

Demonstração: (a) Escrevamos:

$$\sum_{i=1}^{n}(X_i - \overline{X})^2 = \sum_{i=1}^{n}(X_i - \mu + \mu - \overline{X})^2$$

$$= \sum_{i=1}^{n}[(X_i - \mu)^2 + 2(\mu - \overline{X})(X_i - \mu) + (\mu - \overline{X})^2]$$

$$= \sum_{i=1}^{n}[(X_i - \mu)^2 + 2(\mu - \overline{X})\sum_{i=1}^{n}(X_i - \mu) + n(\mu - \overline{X})^2$$

$$= \sum_{i=1}^{n}(X_i - \mu)^2 - 2n(\mu - \overline{X})^2 + n(\mu - \overline{X})^2$$

$$= \sum_{i=1}^{n}(X_i - \mu)^2 - n(\overline{X} - \mu)^2.$$

Portanto,

$$E\left(\frac{1}{n-1}\sum_{i=1}^{n}(X_i - \overline{X})^2\right) = \frac{1}{n-1}\left[n\sigma^2 - n\frac{\sigma^2}{n}\right] = \sigma^2.$$

Comentário: Se tivéssemos dividido por n em vez de fazê-lo por $(n-1)$ ao definir S^2, a propriedade acima não seria válida.

(b) Não demonstraremos a propriedade (b), mas somente faremos sua validade plausível, pela consideração do seguinte caso particular. Considere $\sum_{i=1}^{n}(X_i - \overline{X})^2$ para $n = 2$. Então,

$$(X_1 - \overline{X})^2 + (X_2 - \overline{X})^2 = [X_1 - \tfrac{1}{2}(X_1 + X_2)]^2 + [X_2 - \tfrac{1}{2}(X_1 + X_2)]^2$$

$$= \tfrac{1}{4}[2X_1 - X_1 - X_2]^2 + \tfrac{1}{4}[2X_2 - X_1 - X_2]^2$$

$$= \tfrac{1}{4}[(X_1 - X_2)^2 + (X_2 - X_1)^2] = \frac{[X_1 - X_2]^2}{2}.$$

Desde que X_1 e X_2 sejam independentemente distribuídas, ambas com distribuição $N(\mu, \sigma^2)$, encontraremos que $(X_1 - X_2)$ terá distribuição $N(0, 2\sigma^2)$. Daí,

$$\left[\frac{X_1-X_2}{\sqrt{2}\sigma}\right]^2 = \frac{1}{\sigma^2}\sum_{i=1}^{2}(X_i - \bar{X}) = \frac{1}{\sigma^2}S^2$$

terá distribuição de qui-quadrado com um grau de liberdade. (Veja o Teor. 10.8.) A demonstração, para n qualquer, segue caminho semelhante: Deveremos mostrar que $\sum_{i=1}^{n}(X_i - \bar{X})^2/\sigma^2$ poderá ser decomposto na soma de quadrados de $(n - 1)$ variáveis aleatórias independentes, cada uma com distribuição $N(0, 1)$.

Comentário: Embora S^2 seja definida como a soma de quadrados de n termos, esses n termos não são independentes. De fato, $(X_1 - \bar{X}) + (X_2 - \bar{X}) + ... + (X_n - \bar{X}) = \sum_{i=1}^{n} X_i - n\bar{X} = 0$. Por isso, existe uma relação linear entre esses n termos, o que significa que tão logo quaisquer $(n-1)$ deles sejam conhecidos o n-ésimo ficará determinado.

Finalmente, vamos enunciar (sem demonstrar) um resultado referente à distribuição de probabilidade da amplitude amostral R.

Teorema 13.5. Seja X uma variável aleatória contínua com fdp f. Seja $R = M - K$ a amplitude amostral, baseada em uma amostra aleatória de tamanho n. Então, a fdp de R será dada por

$$g(r) = n(n-1)\int_{s=-\infty}^{+\infty}\left[\int_{x=s}^{s+r}f(x)dx\right]^{n-2}f(s)f(s+r)ds, \text{ para } r \geq 0.$$

Exemplo 13.2. Uma tensão elétrica aleatória V é uniformemente distribuída sobre $[0, 1]$. Uma amostra de tamanho n é obtida, digamos, $V_1, ..., V_n$, e a amplitude amostral R é calculada. A fdp de R é, a seguir, encontrada igual a

$$g(r) = n(n-1)\int_{s=-\infty}^{+\infty}r^{n-2}f(s)f(s+r)ds.$$

Temos $f(s) = f(s + r) = 1$ sempre que $0 \leq s \leq 1$ e $0 \leq s + r \leq 1$, as quais em conjunto determinam que $0 \leq s \leq 1 - r$. Daí,

$$k(r) = n(n-1)\int_{0}^{1-r}r^{n-2}ds$$
$$= n(n-1)r^{n-2}(1-r), \qquad 0 \leq r \leq 1.$$

Para $n > 2$, o gráfico da fdp de R tem o aspecto mostrado na Fig. 13.2. Observe-se que, quando $n \to \infty$, o valor de r, para o qual ocorre o máximo, se desloca para a direita. Por isso, à medida que o tamanho da amostra aumenta, torna-se cada vez mais provável que a amplitude R se aproxime de 1, o que, intuitivamente, era de se esperar.

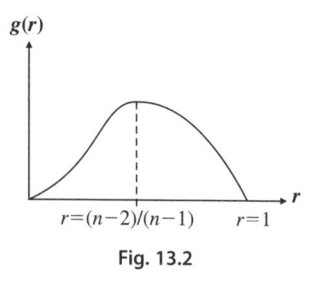

Fig. 13.2

13.5. A Transformação Integral

Uma amostra da variável aleatória X pode ser empregada para obter-se alguma informação sobre parâmetros desconhecidos, associados à distribuição de probabilidade de X. No entanto, poderemos empregar uma amostra para objetivo diferente. Poderemos tomar algumas observações de uma variável aleatória, cuja distribuição seja completamente especificada e, a seguir, empregar esses valores amostrais para aproximar determinadas probabilidades, as quais seriam muito difíceis de se obter através de transformações matemáticas diretas. Por exemplo, suponha que X tenha distribuição $N(0, 1)$, e desejamos estudar a variável aleatória $Y = e^{-X}$ sen X. Em particular, admitamos que se deseje calcular $P(0 \leq Y \leq 1/2)$. A fim de se obter a resposta exata, necessitaremos achar G, a fd de Y e, depois, calcular $G(1/2) - G(0)$. Encontraríamos considerável dificuldade para fazer isso. Contudo, poderemos seguir outro caminho, o qual se baseia na ideia de *simulação* do experimento que dê origem à variável aleatória Y. Então, empregaremos a frequência relativa como uma aproximação da probabilidade desejada. Se esta frequência relativa for baseada em um número suficientemente grande de observações, a Lei dos Grandes Números dará justificativa ao nosso procedimento.

Especificamente, suponha que temos uma amostra aleatória da variável aleatória X, acima, cuja distribuição esteja completamente especificada, digamos X_1, ..., X_n. Para cada X_i, defina a variável aleatória $Y_i = e^{-X_i}$ sen X_i. A seguir calcularemos a frequência relativa n_A/n, na qual n_A é igual ao número de valores de Y_i, digamos y_i, que satisfaçam $0 \leq y_i \leq 1/2$. Portanto, n_A/n será a frequência relativa do evento $0 \leq Y \leq 1/2$, e se n for grande, esta frequência relativa será próxima de $P[0 \leq Y \leq 1/2]$, no sentido da Lei dos Grandes Números.

Para levar a cabo o procedimento acima, deveremos achar um meio de "gerar" uma amostra aleatória $X_1, \ldots, X_n$ da variável aleatória cuja distribuição é $N(0, 1)$. Antes de indicarmos como isso se faz, vamos apresentar, brevemente, uma distribuição para a qual essa tarefa foi essencialmente realizada para nós, por causa da disponibilidade de tábuas. Suponha que X seja uniformemente distribuída sobre o intervalo $[0, 1]$. A fim de obter uma amostra aleatória, necessitaremos apenas de consultar uma *Tábua de Números Aleatórios* (veja o Apêndice). Tais tábuas foram compiladas de maneira a torná-las adequadas para este objetivo. Para empregá-las, apenas selecionamos uma posição ao acaso na tábua e, a seguir, obtemos números seguindo as colunas (ou as linhas). Se desejarmos empregar esses números tabulados para representarem valores entre 0 e 1, precisaremos somente inserir a vírgula decimal no início do número; desse modo, o número 4.573, como está tabulado, seria empregado para representar o número 0,457 3 etc.

A disponibilidade dessas tábuas de números aleatórios torna relativamente simples a tarefa de obter-se uma amostra aleatória de uma distribuição arbitrária, em virtude do resultado contido no seguinte teorema.

Teorema 13.6. Seja X uma variável aleatória com fdp f e fd F. [Suponha que $f(x) = 0$, $x \notin (a, b)$.] Seja Y a variável aleatória definida por $Y = F(X)$. Então, Y será uniformemente distribuída sobre $[0, 1]$. (Y é denominada *transformada integral* de X.)

Demonstração: Desde que X é uma variável aleatória contínua, a fd F será uma função contínua, estritamente monótona, com uma função inversa, F^{-1}. Isto é, $Y = F(X)$ pode ser resolvida para X em termos de Y: $X = F^{-1}(Y)$. (Veja a Fig. 13.3.) [Se $F(x) = 0$ para $x \leq a$, defina-se $F^{-1}(0) = a$. Semelhantemente, se $F(x) = 1$ para $x \geq b$, defina-se $F^{-1}(1) = b$.] Seja G a fd da variável aleatória Y, definida acima. Então,

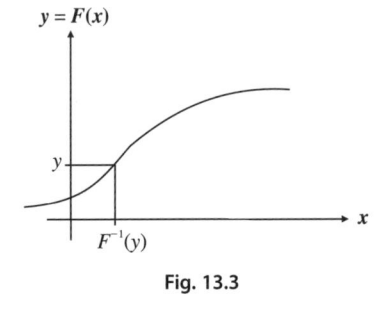

Fig. 13.3

$$G(y) = P(Y \leq y) = P[F(X) \leq y] = P[X \leq F^{-1}(y)] = F[F^{-1}(y)] = y.$$

Consequentemente, a fdp de Y, $g(y) = G'(y) = 1$. Isto estabelece nosso resultado.

Comentários: (*a*) Vamos comentar, resumidamente, como um *valor* da variável aleatória *Y* é realmente observada. Observamos um valor da variável aleatória *X*, digamos *x*, e depois calculamos o valor de $Y = F(X)$ como $y = F(x)$, em que *F* é a (conhecida) fd de *X*.

(*b*) O Teor. 13.6, enunciado e demonstrado acima para variáveis aleatórias contínuas, também vale para variáveis aleatórias discretas. Uma ligeira alteração deve ser feita na demonstração, porque a fd de uma variável aleatória discreta é uma função em degraus e não tem uma inversa única.

Agora poderemos empregar o resultado acima, a fim de gerar uma amostra aleatória de uma variável aleatória com distribuição especificada. Também estudaremos somente o caso contínuo. Seja *X* uma variável aleatória com fd *F*, da qual se pede uma amostra. Seja y_1 um valor (entre 0 e 1) obtido de uma tábua de números aleatórios. Porque $Y = F(X)$ é uniformemente distribuída sobre [0, 1], poderemos considerar y_1 como uma observação daquela variável aleatória. Resolvendo a equação $y_1 = F(x_1)$ para x_1 (o que é possível se *X* for contínua), obteremos um valor da variável aleatória cuja fd é *F*. Continuando este procedimento com os números y_2, ..., y_n tirados de uma tábua de números aleatórios, obteremos x_i, $i = 1$, ..., *n*, como a solução da equação $y_i = F(x_i)$, e, portanto, teremos nossos valores amostrais desejados.

Exemplo 13.3. Suponha que desejemos obter uma amostra de tamanho cinco, de uma variável aleatória com distribuição $N(2, 0,09)$. Suponha que obtenhamos os seguintes valores de uma tábua de números aleatórios: 0,487, 0,722, 0,661, 0,194, 0,336. Defina x_1 da seguinte maneira:

$$0,487 = \frac{1}{\sqrt{2\pi}(0,3)} \int_{-\infty}^{x_1} \exp\left[-\frac{1}{2}\left(\frac{t-2}{0,3}\right)^2\right] dt$$

$$= \frac{1}{\sqrt{2\pi}} \int_{-\infty}^{(x_1-2)/0,3} \exp\left(\frac{-s^2}{2}\right) ds = \Phi\left(\frac{x_1-2}{0,3}\right).$$

Das tábuas de distribuição normal, encontraremos que $(x_1 - 2)/0,3 = -0,03$. Consequentemente, $x_1 = (-0,03)(0,3) + 2 = 1,991$. Esse número representa nosso primeiro valor amostral da distribuição especificada. Procedendo-se da mesma maneira com os outros valores, obteremos os seguintes valores amostrais adicionais, 2,177, 2,124, 1,742, 1,874.

O procedimento acima pode ser generalizado da seguinte maneira: Para obter um valor amostral x_1 da distribuição $N(\mu, \sigma^2)$, obteremos um valor amostral y_1 (entre 0 e 1) de uma tábua de números aleatórios. O valor desejado x_1 será definido pela equação $\Phi[(x_1 - \mu)/\sigma] = y_1$.

Comentários: (*a*) Há métodos alternativos daquele sugerido acima, para a geração de amostras aleatórias de uma distribuição especificada. Veja o Probl. 13.8.

(*b*) Um dos aspectos que tornam útil esta resolução por "simulação" é a possibilidade de obter-se uma amostra aleatória bastante *grande*. Isto será factível, especialmente se um computador eletrônico for disponível.

Exemplo 13.4. O empuxo T de um foguete de combustível sólido é uma função muito complicada de várias variáveis. Se X = área da garganta, Y = fator da taxa de combustão, Z = área de combustão de combustível sólido, W = densidade do combustível sólido, n = coeficiente de combustão, e C_i = constante, $i = 1, 2, 3$, poderemos exprimir T, da seguinte forma:

$$T = C_1 \left(\frac{X}{YWZ} \right)^{1/(n-1)} X + C_2 \left(\frac{X}{YWZ} \right)^{1/(n-1)} + C_3.$$

Investigações anteriores tornaram plausíveis as seguintes hipóteses: X, Y, W e Z são variáveis aleatórias independentes, normalmente distribuídas, com médias e variâncias conhecidas. Quaisquer esforços para obter a distribuição de probabilidade da variável aleatória T, ou mesmo expressões exatas para $E(T)$ e $V(T)$ serão frustradas em virtude da complexa relação entre X, Y, W, Z e T.

Se pudermos gerar uma (grande) amostra aleatória de X, Y, Z e W, obtendo-se quadras (X_i, Y_i, Z_i, W_i) por exemplo, poderemos depois gerar a amostra grande de T, digamos $(T_1, ..., T_n)$ e tentar estudar a característica da variável aleatória T empiricamente (em termos da amostra). Suponha, por exemplo, que desejemos calcular $P(a \leq T \leq b)$. Aplicando a Lei dos Grandes Números, necessitaremos somente obter a frequência relativa do evento $\{a \leq T \leq b\}$ a partir de nossa amostra (grande), e, depois, poderemos estar razoavelmente certos de que esta frequência relativa difira pouco da probabilidade teórica que estejamos procurando.

Até aqui, tratamos somente do problema de aproximação de uma probabilidade exata com a frequência relativa baseada em um grande número de observações. Contudo, o método que sugerimos pode ser empregado para obter soluções aproximadas de problemas, que sejam de natureza inteiramente não probabilística. Mencionaremos apenas um dos muitos tipos de problemas que podem ser estudados dessa maneira. O tratamento é referido como o método de "Monte Carlo". Uma excelente explicação deste método está apresentada no livro *Modern Mathematics for the Engineer*, editado por E. F. Beckenbach, McGraw-Hill Book Co., Inc., New York, 1956, Cap. 12. O Ex. 13.5 foi extraído dessa obra.

Exemplo 13.5. Suponha que desejemos calcular a integral $\int_0^1 x \, dx$, sem recorrer ao cálculo trivial para obtermos seu valor 1/2. Procederemos da seguinte maneira. Obteremos, de uma tábua de números aleatórios, uma amostra aleatória da variável aleatória uniformemente distribuída sobre [0, 1]. Admita que os valores amostrais sejam: 0,69, 0,37, 0,39, 0,97, 0,66, 0,51, 0,60, 0,41, 0,76 e 0,09. Visto que a desejada integral representa $E(X)$, na qual X é a variável aleatória uniformemente distribuída que está sendo amostrada, parece razoável que poderemos aproximar $E(X)$ empregando a média aritmética dos valores amostrais. Encontraremos que $\overline{X} = 0{,}545$. (Se tivéssemos tomado uma amostra maior, teríamos boas razões para esperar maior precisão.)

Esta ilustração trivial apresenta a ideia fundamental, por detrás dos vários métodos de Monte Carlo. Tais métodos têm sido frutuosamente empregados para calcular integrais múltiplas sobre complicadas regiões e para resolver determinadas equações diferenciais.

Comentário: Os recursos de obtenção de amostras de uma distribuição arbitrária, como foi explicado na Seção 13.5, podem se tornar bastante incômodos. Em virtude da grande importância da distribuição normal, existem tábuas disponíveis (veja a Tábua 7 no Apêndice) que eliminam uma grande parte dos cálculos descritos. A Tábua 7 lista diretamente amostras da distribuição normal $N(0, 1)$. Esses valores amostrais são denominados *desvios* (ou *afastamentos*) *normais reduzidos*. Se n valores amostrais X_1, ..., X_n de uma distribuição $N(0, 1)$ forem desejados, eles serão lidos diretamente da Tábua 7 (escolhendo o ponto de partida de alguma maneira razoavelmente aleatória, como foi explicado para o emprego da Tábua de Números Aleatórios).

De forma óbvia, esta tábua também pode ser empregada para obter amostras de uma distribuição normal qualquer $N(\mu, \sigma^2)$. Bastará multiplicar x_i, o valor escolhido na tábua, por σ e depois somar μ, isto é, formar $y_i = \sigma x_i + \mu$. Dessa maneira, y_i será um valor amostral da distribuição desejada.

Problemas

13.1. Deduza a expressão da fdp do mínimo de uma amostra. (Veja o Teor. 13.2.)

13.2. Verifique que se $X_1, ..., X_n$ forem variáveis aleatórias independentes, cada uma tendo uma distribuição exponencial com parâmetro α_i, $i = 1, 2, ..., n$, e se $K = \text{mín}\ (X_1, ..., X_n)$, então K terá uma distribuição exponencial com parâmetro $\alpha_1 + ... + \alpha_n$. (Veja o Teor. 13.3.)

13.3. Suponha que X tenha uma distribuição geométrica com parâmetro p. Seja $X_1, ..., X_n$ uma amostra aleatória de X e sejam $M = \text{máx}\ (X_1, ..., X_n)$ e $K = \text{mín}\ (X_1, ..., X_n)$. Estabeleça a distribuição de probabilidade de M e de K. [*Sugestão*: $P(M = m) = F(m) - F(m - 1)$, na qual F é a fd de M.]

13.4. Uma amostra de tamanho 5 é obtida de uma variável aleatória com distribuição $N(12, 4)$.

(*a*) Qual é a probabilidade de que a média amostral exceda 13?

(*b*) Qual é a probabilidade de que o mínimo da amostra seja menor do que 10?

(*c*) Qual é a probabilidade de que o máximo da amostra exceda 15?

13.5. A duração da vida (em horas) de uma peça é exponencialmente distribuída, com parâmetro $\beta = 0,001$. Seis peças são ensaiadas e sua duração até falhar é registrada.

(*a*) Qual é a probabilidade de que nenhuma peça falhe antes que tenham decorrido 800 horas?

(*b*) Qual é a probabilidade de que nenhuma peça dure mais de 3.000 horas?

13.6. Suponha que X tenha distribuição $N(0, 0,09)$. Uma amostra de tamanho 25 é obtida de X, digamos $X_1, ..., X_{25}$. Qual é a probabilidade de que $\sum_{i=1}^{25} X_i^2$ exceda 1,5?

13.7. Empregando uma tábua de números aleatórios, obtenha uma amostra aleatória de tamanho 8 de uma variável aleatória que tenha as seguintes distribuições:

(*a*) Exponencial, com parâmetro 2.

(*b*) De qui-quadrado, com 7 graus de liberdade.

(*c*) $N(4; 4)$.

13.8. Na Seção 13.5, apresentamos um método pelo qual amostras aleatórias de uma distribuição especificada podem ser geradas. Há vários outros métodos pelos quais isto pode ser feito, alguns dos quais são preferidos em relação ao apresentado, particularmente se equipamentos de cálculo estiverem disponíveis. O seguinte é um desses métodos: Suponha que desejemos obter uma amostra aleatória de uma variável aleatória que tenha distribuição de qui-quadrado, com $2k$ graus de liberdade. Proceda assim: Obtenha uma amostra aleatória de tamanho k (com o auxílio de uma tábua de números aleatórios) de uma variável aleatória que seja uniformemente distribuída sobre $(0, 1)$, digamos $U_1, ..., U_k$. A seguir, calcule $X_1 = -2 \ln (U_1 U_2 ... U_k) = -2 \sum_{i=1}^{h} \ln (U_i)$. A variável aleatória X_1 terá, então, a distribuição desejada, como indicaremos adiante. Prosseguiremos, depois, este esquema, obtendo outra amostra de tamanho k de uma variável aleatória uniformemente distribuída, e, desse modo, encontrando o segundo valor amostral X_2. Note-se que este procedimento exige k observações de uma variável aleatória uniformemente distribuída, para cada observação de χ^2_{2k}. Para verificar a afirmação feita anteriormente, proceda como segue:

(a) Obtenha a função geratriz de momentos da variável aleatória $-2 \ln (U_i)$, na qual U_i é uniformemente distribuída sobre (0, 1).

(b) Obtenha a função geratriz de momentos da variável aleatória $-2 \sum_{i=1}^{h} \ln (U_i)$,

na qual os U_i são variáveis aleatórias independentes, cada uma com a distribuição acima. Compare esta fgm com a da distribuição de qui-quadrado e, depois, chegue à conclusão desejada.

13.9. Empregando o esquema esboçado no Probl. 13.8, obtenha uma amostra aleatória de tamanho 3, da distribuição de χ_8^2.

13.10. Uma variável aleatória contínua X é uniformemente distribuída sobre $(-1/2, 1/2)$. Uma amostra de tamanho n é obtida de X e a média amostral $\overline{X}$ é calculada. Qual é o desvio-padrão de $\overline{X}$?

13.11. Amostras independentes de tamanhos 10 e 15 são tiradas de uma variável aleatória normalmente distribuída, com expectância 20 e variância 3. Qual será a probabilidade de que as médias das duas amostras difiram (em valor absoluto) de mais de 0,3?

13.12. (Para este exercício e os três seguintes, leia o Comentário no final do Cap. 13.) Empregue a tábua de desvios normais reduzidos (Tábua 7, no Apêndice) e obtenha uma amostra de tamanho 30, de uma variável aleatória X que tenha a distribuição $N(1,4)$. Use esta amostra para responder o seguinte:

(a) Compare $P(X \geq 2)$ com a frequência relativa do evento.

(b) Compare a média amostral $\overline{X}$ e a variância amostral S^2 com 1 e 4, respectivamente.

(c) Construa o gráfico de $F(t) = P(X \leq t)$. Empregando o mesmo sistema de coordenadas, obtenha o gráfico da *função de distribuição empírica* F_n definida assim:

$$F_n(t) = 0, \text{ se } t < X^{(1)}$$
$$= k/n, \text{ se } X^{(k)} \leq t = X^{(k+1)}$$
$$= 1, \text{ se } t \geq X^{(n)},$$

na qual $X^{(i)}$ é a i-ésima maior observação na amostra (isto é, $X^{(i)}$ é a i-ésima estatística ordinal). [A função F_n é frequentemente empregada para aproximar a fd F. Pode-se demonstrar que, sob condições bastante gerais, $\lim_{n \to \infty} F_n(t) = F(t)^-$.]

13.13. Admitamos que X tenha distribuição $N(0, 1)$. Da Tábua 7 no Apêndice, obtenha uma amostra de tamanho 20 desta distribuição.

Faça $Y = |X|$.

(a) Empregue esta amostra para comparar $P[1 < Y \leq 2]$ com a frequência relativa daquele evento.

(*b*) Compare $E(Y)$ com a média amostral $\bar{Y}$.

(*c*) Compare a fd de Y, a saber, $F(t) = P(Y \leq t)$, com F_n, a fd empírica de Y.

13.14. Suponha que X tenha distribuição $N(2, 9)$. Admita que $X_1, ..., X_{20}$ seja uma amostra aleatória de X obtida com o auxílio da Tábua 7. Calcule

$$S^2 = \frac{1}{n-1} \sum_{i=1}^{n} (X_i - \bar{X})^2$$

e compare com $E(S^2) = 9$.

13.15. Admita que X tenha distribuição $N(0, 1)$. Seja $X_1, ..., X_{30}$ uma amostra aleatória de X obtida empregando-se a Tábua 7. Calcule $P(X^2 \geq 0, 10)$ e compare esse valor com a frequência relativa daquele evento.

Estimulação de Parâmetros

Capítulo 14

14.1. Introdução

No capítulo anterior, mencionamos que muito frequentemente uma amostra aleatória de uma variável aleatória X pode ser empregada com o objetivo de estimar um ou vários parâmetros (desconhecidos) associados à distribuição de probabilidade de X. Neste capítulo, estudaremos esse problema minuciosamente.

Para que se tenha em mente um exemplo específico, considere-se a seguinte situação. Um fabricante nos forneceu 100.000 pequenos rebites. Uma junta firmemente rebitada exige que o rebite encaixe adequadamente em seu furo e, consequentemente, verifica-se algum transtorno quando o rebite tiver rebarbas. Antes de aceitar esta remessa, desejamos ter alguma ideia sobre a magnitude de p, a proporção de rebites defeituosos (isto é, com rebarbas). Procederemos da seguinte maneira. Inspecionaremos n rebites escolhidos, ao acaso, da partida. Em virtude do tamanho grande da partida, poderemos admitir que escolhemos com reposição, embora isto na realidade não venha a ser feito. Definamos as seguintes variáveis aleatórias: $X_i = 1$, se o i-ésimo item for defeituoso, e 0, em caso contrário $i = 1, 2, ..., n$. Portanto, poderemos considerar $X_1, ..., X_n$ como uma amostra da variável aleatória X, cuja distribuição é dada por $P(X = 1) = p$, $P(X = 0) = 1 - p$.

A distribuição de probabilidade de X depende do parâmetro desconhecido p, de uma maneira muito simples. Poderemos empregar a amostra $X_1, ..., X_n$ para, de algum modo, estimarmos o valor de p? Existe alguma estatística H, tal que $H(X_1, ..., X_n)$ possa ser empregada como uma estimativa (por ponto) de p?

Seria óbvio que uma amostra de tamanho n, na qual $n < 100.000$, nunca nos permitiria reconstruir a composição real da remessa, não importa quão esclarecidamente utilizássemos a informação obtida da amostra. Em outras palavras, a menos que inspecionássemos cada item (isto é, tomássemos $n =$ 100.000) nunca poderíamos conhecer o verdadeiro valor de p. (Esta última afirmação se refere obviamente à amostragem sem reposição.)

Consequentemente, quando propomos $\hat{p}$ como uma estimativa de p, não esperamos realmente que $\hat{p}$ venha a ser igual a p. (Recordemos que $\hat{p}$ é uma variável aleatória e, por isso, pode tomar diferentes valores.) Este dilema origina duas importantes questões:

(1) Quais as características que desejamos que uma "boa" estimativa apresente?

(2) Como decidiremos que uma estimativa é "melhor" do que outra?

Já que esta poderá ser a primeira vez que o leitor tenha encontrado questões deste tipo, parece valer a pena comentar resumidamente a natureza geral deste problema.

Para muitas questões matemáticas há uma resposta definida. Esta pode ser muito difícil de encontrar, abrangendo muitos problemas técnicos, e poderemos ter de nos contentar com uma aproximação. Contudo, é comumente evidente quando temos uma resposta e quando não a temos. (Por exemplo, suponha que se peça encontrar uma raiz real da equação $3x^5 - 4x^2 + 13x - 7 = 0$. Uma vez que se tenha achado uma solução, é muito simples verificar se ela é a solução correta: Precisaremos somente substituí-la na equação dada. Se tivermos duas respostas aproximadas, digamos r_1 e r_2, será também assunto simples decidir qual das aproximações é a melhor.)

No entanto, o presente problema, a saber a estimação de p, não admite uma análise tão simples. Em primeiro lugar, porque nunca poderemos (ao menos em uma situação concreta) conhecer o verdadeiro valor de p, não fará sentido dizer que nossa estimativa $\hat{p}$ seja "correta". Segundo, se tivermos duas estimativas de p, por exemplo $\hat{p}_1$ e $\hat{p}_2$, deveremos achar alguma maneira de decidir qual delas é a "melhor". Isto significa que deveremos estipular algum critério, que poderemos aplicar para decidir se uma estimativa deve ser preferida à outra.

14.2. Critérios para Estimativas

Agora definiremos alguns conceitos importantes que nos auxiliarão a resolver os problemas sugeridos acima.

Definição. Seja *X* uma variável aleatória com alguma distribuição de probabilidade que dependa de um parâmetro desconhecido. Seja $X_1, ..., X_n$ uma amostra de *X*, e sejam $x_1, ..., x_n$ os correspondentes valores amostrais. Se $g(X_1, ..., X_n)$ for uma função de amostra a ser empregada para estimação de θ, nos referiremos a *g* como um *estimador* de θ. O valor que *g* assume, isto é, $g(x_1, ..., x_n)$, será referido como uma *estimativa* de θ e é usualmente escrito assim: $\hat{\theta} = g(x_1, ..., x_n)$. (Veja o Comentário seguinte.)

Comentário: Neste capítulo, transgrediremos uma regra que temos respeitado bastante cuidadosamente até aqui: Fazer uma distinção cuidadosa entre uma variável aleatória e o seu valor. Assim, frequentemente falaremos de $\hat{\theta}$, a estimativa de θ, quando desejaríamos realmente falar do estimador $g(X_1, ..., X_n)$. Desta maneira, escreveremos $E(\hat{\theta})$ quando, naturalmente, queremos significar $E[g(X_1, ..., X_n)]$. Contudo, o contexto no qual nos permitiremos esta liberdade eliminará qualquer possível ambiguidade.

Definição. Seja $\hat{\theta}$ uma estimativa do parâmetro desconhecido θ associado com a distribuição da variável aleatória *X*. Neste caso, θ será um *estimador não tendencioso* (ou uma estimativa não tendenciosa; veja o Comentário precedente) de θ, se for $E(\hat{\theta}) = \theta$ para todo θ.

Comentário: Qualquer boa estimativa deve ser "próxima" do valor que está sendo estimado. "Não tendenciosidade" significa, essencialmente, que o valor médio da estimativa será próximo do verdadeiro valor do parâmetro. Por exemplo, se a mesma estimativa for empregada repetidamente e promediarmos esses valores, esperaríamos que a média fosse próxima do verdadeiro valor do parâmetro. Embora seja desejável que uma estimativa seja não tendenciosa, haverá ocasiões em que poderemos preferir estimativa tendenciosa (veja abaixo). É possível (e na verdade muito facilmente feito) encontrar mais de uma estimativa não tendenciosa para um parâmetro desconhecido. A fim de realizar uma escolha plausível em tais situações, introduziremos o seguinte conceito.

Definição. Seja $\hat{\theta}$ uma estimativa não tendenciosa de θ. Diremos que $\hat{\theta}$ é uma estimativa *não tendenciosa, de variância mínima* de θ, se para todas as estimativas θ^* tais que $E(\theta^*) = \theta$, tivermos $V(\hat{\theta}) \leq V(\theta^*)$ para todo θ. Isto é, dentre todas as estimativas não tendenciosas de θ, $\hat{\theta}$ tem a variância menor de todas.

Comentário: (*a*) A variância de uma variável aleatória mede a variabilidade da variável aleatória em torno de seu valor esperado. Por isso, exigir que uma estimativa não tendenciosa tenha variância pequena é intuitivamente compreensível. Porque se a variância for pequena, então o valor da variável aleatória tende a ser próximo de sua média, o que no caso de uma estimativa não tendenciosa significa próxima do valor verdadeiro do parâmetro. Assim, se

$\hat{\theta}_1$ e $\hat{\theta}_2$ forem duas estimativas de θ, cuja fdp está esboçada na Fig. 14.1, presumivelmente preferiríamos $\hat{\theta}_1$ a $\hat{\theta}_2$. Ambas as estimativas são não tendenciosas, e $V(\hat{\theta}_1) < V(\hat{\theta}_2)$.

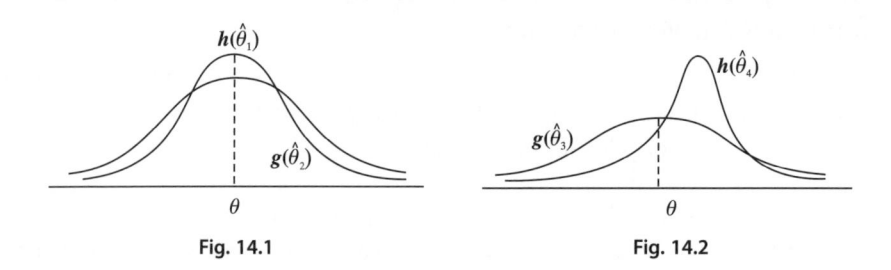

Fig. 14.1   Fig. 14.2

No caso das estimativas $\hat{\theta}_3$ e $\hat{\theta}_4$, a decisão não é tão evidente (Fig. 14.2), porque $\hat{\theta}_3$ é não tendenciosa, enquanto $\hat{\theta}_4$ não o é. Todavia, $V(\hat{\theta}_3) > V(\hat{\theta}_4)$. Isto significa que, enquanto em média $\hat{\theta}_3$ será próxima de θ, sua grande variância revela que desvios consideráveis em relação a θ não serão de surpreender. $\hat{\theta}_4$, por sua vez, tende a ser um tanto maior do que θ, em média, e no entanto, poderá ser mais próxima de θ do que $\hat{\theta}_3$ (veja a Fig. 14.2).

(*b*) Existem algumas técnicas gerais para encontrar estimativas não tendenciosas de variância mínima. Contudo, não estamos capacitados a explicar isso aqui. Faremos uso deste conceito principalmente com a finalidade de escolher entre duas ou mais estimativas não tendenciosas disponíveis. Quer dizer, se $\hat{\theta}_1$ e $\hat{\theta}_2$ forem ambas estimativas não tendenciosas de $\hat{\theta}$, e se $V(\hat{\theta}_1) < V(\hat{\theta}_2)$, preferiremos $\hat{\theta}_1$.

Outro critério para julgar estimativas é um tanto mais difícil de formular e é baseado na seguinte definição.

Definição. Seja $\hat{\theta}$ uma estimativa (baseada em uma amostra X_1, ..., X_n do parâmetro θ. Diremos que $\hat{\theta}$ é uma estimativa *coerente* de θ se

$$\lim_{n \to \infty} \text{Prob}\left[|\hat{\theta} - \theta| > \epsilon \right] = 0 \qquad \text{para todo } \epsilon > 0$$

ou, equivalentemente, se

$$\lim_{n \to \infty} \text{Prob}\left[|\hat{\theta} - \theta| \leq \epsilon \right] = 1 \qquad \text{para todo } \epsilon > 0.$$

Comentários: (*a*) Esta definição declara que uma estimativa será coerente se, à medida que o tamanho da amostra n for aumentado, a estimativa $\hat{\theta}$ convergirá para θ, no sentido probabilístico acima. Esta é, também, uma característica intuitivamente compreensível que uma estimativa deva possuir, porque ela diz que à medida que o tamanho da amostra crescer (o que significará, na maioria de circunstâncias razoáveis, que mais informação se torne disponível) a estimativa se tornará "melhor", no sentido indicado.

(*b*) É relativamente fácil verificar se uma estimativa é não tendenciosa ou tendenciosa. Também é bastante imediato comparar as variâncias de duas estimativas não tendenciosas. Contudo, verificar a coerência, pela aplicação da definição acima, não é tão simples. O teorema seguinte é muitas vezes bastante útil.

Teorema 14.1. Seja $\hat{\theta}$ uma estimativa de θ baseada em uma amostra de tamanho n. Se $\lim_{n \to \infty} E(\hat{\theta}) = \theta$, e se $\lim_{n \to \infty} V(\hat{\theta}) = 0$, então $\hat{\theta}$ será uma estimativa coerente de θ.

Demonstração: Empregaremos a desigualdade de Tchebycheff, Eq. (7.20). Assim, escreveremos

$$
\begin{aligned}
P\left[|\hat{\theta}-\theta| \geq \epsilon\right] &\leq \frac{1}{\epsilon^2} E\left[\hat{\theta}-\theta\right]^2 = \\
&= \frac{1}{\epsilon^2} E\left[\hat{\theta}-E\left(\hat{\theta}\right)+E\left(\hat{\theta}\right)-\theta\right]^2 = \\
&= \frac{1}{\epsilon^2} E\left\{\left[\hat{\theta}-E\left(\hat{\theta}\right)\right]^2 + 2\left[\hat{\theta}-E\left(\hat{\theta}\right)\right]\left[E\left(\hat{\theta}\right)-\theta\right] + \right. \\
&\quad \left. + \left[E\left(\hat{\theta}\right)-\theta\right]^2\right\} = \\
&= \frac{1}{\epsilon^2}\left\{\operatorname{Var}\hat{\theta} + 0 + \left[E\left(\hat{\theta}\right)-\theta\right]^2\right\}.
\end{aligned}
$$

Portanto, fazendo $n \to \infty$ e empregando as hipóteses do teorema, encontraremos

$$
\lim_{n \to \infty} P\left[|\hat{\theta}-\theta| \geq \epsilon\right] \leq 0,
$$

e, por isso, igual a 0 (zero).

Comentário: Se a estimativa $\hat{\theta}$ for não tendenciosa, a primeira condição estará automaticamente satisfeita.

Um último critério, que é frequentemente aplicado a estimativas, pode ser formulado da seguinte maneira: Suponha que $X_1, ..., X_n$ seja uma amostra de X e que θ seja um parâmetro desconhecido. Seja $\hat{\theta}$ uma função de $(X_1, ..., X_n)$.

Definição. Diremos que $\hat{\theta}$ é a *melhor* estimativa *não tendenciosa linear* de θ se:

(a) $E(\hat{\theta}) = \theta$.

(b) $\hat{\theta} = \sum_{i=1}^{n} a_i X_i$. Isto é, $\hat{\theta}$ é uma função *linear* da amostra.

(c) $V(\hat{\theta}) \leq V(\theta^*)$, na qual θ^* é qualquer outra estimativa de θ que satisfaça a (a) e (b), acima.

Subsequentemente, estudaremos um método bastante geral que fornecerá boas estimativas em um grande número de problemas, no sentido de que elas satisfazem a um ou mais dos critérios anteriores. Antes, porém, vamos examinar algumas estimativas que são intuitivamente muito razoáveis, e verificar, a seguir, quão boas ou más elas são em termos dos critérios anteriores.

14.3. Alguns Exemplos

Os critérios anteriores de não tendenciosidade, variância mínima, coerência e linearidade nos dão, ao menos, algumas diretrizes para julgarmos uma estimativa. Vamos agora examinar alguns exemplos.

Exemplo 14.1. Vamos reexaminar o problema anterior. Tiramos uma amostra de n rebites e encontramos que a amostra $(X_1, ..., X_n)$ apresentou exatamente k defeituosos; quer dizer $Y = \sum_{i=1}^{n} X_i = k$. Em virtude de nossas hipóteses, Y é uma variável aleatória binomialmente distribuída.

A estimativa do parâmetro p, intuitivamente mais sugestiva, é $\hat{p} = Y/n$, a proporção defeituosa encontrada na amostra. Vamos aplicar alguns dos critérios anteriores, para ver quão boa é a estimativa $\hat{p}$.

$$E(\hat{p}) = E\left(\frac{Y}{n}\right) = \frac{1}{n}(np) = p.$$

Portanto, $\hat{p}$ é uma estimativa não tendenciosa de p.

$$V(\hat{p}) = V\left(\frac{Y}{n}\right) = \frac{1}{n^2}(np)(1-p) = \frac{p(1-p)}{n}.$$

Por conseguinte $V(\hat{p}) \to 0$ quando $n \to \infty$, e, por isso, $\hat{p}$ é uma estimativa coerente. Como já salientamos anteriormente, poderão existir muitas estimativas não tendenciosas para um parâmetro, algumas das quais poderão ser, no entanto, bastante insatisfatórias. Considere-se, por exemplo, no contexto do presente exemplo, a estimativa $p*$ assim definida: $p* = 1$ se o primeiro item escolhido for defeituoso, e igual a 0 no caso contrário. Fica evidente que esta não é uma estimativa muito boa, quando notamos que seu valor é apenas uma função de X_1 em vez de $X_1, ..., X_n$. No entanto, $p*$ é não tendenciosa, porque $E(p*) = 1P(X = 1) + 0P(X = 0) = p$. A variância de $p*$ é $p(1-p)$, a qual se compara muito mal à variância de p apresentada acima, a saber $p(1-p)/n$, especialmente se n for grande.

O resultado obtido no exemplo anterior é um caso particular do seguinte enunciado geral:

Teorema 14.2. Seja X uma variável aleatória com expectância finita μ e variância σ^2. Seja $\overline{X}$ a média amostral, baseada em uma amostra aleatória de tamanho n. Nesse caso, $\overline{X}$ será uma estimativa não tendenciosa e coerente de μ.

Demonstração: Isto decorre imediatamente do Teor. 13.1, no qual demonstramos que $E(\overline{X}) = \mu$ e $V(\overline{X}) = \sigma^2/n$, a qual se aproxima de 0 quando $n \to \infty$.

Comentário: Verifica-se que o resultado demonstrado no Ex. 14.1 é um caso particular do Teor. 14.2, quando observamos que a proporção defeituosa na amostra, Y/n, pode ser escrita na forma $(1/n)\,(X_1 + ... + X_n)$, na qual os X_i tomam os valores um e zero, dependendo de ser ou não defeituoso o item inspecionado.

A média amostral mencionada no Teor. 14.2 é uma função linear da amostra, isto é, ela é da forma $a_1X_1 + a_2X_2 + ... + a_nX_n$ com $a_1 = ... = a_n = 1/n$. Vê-se facilmente que $\hat{\mu} = \sum_{i=1}^{n} a_iX_i$, constitui uma estimativa não tendenciosa de μ para qualquer escolha dos coeficientes que satisfaçam à condição $\sum_{i=1}^{n} a_i = 1$. Surge a seguinte e interessante questão: Para qual escolha dos a_i (sujeitos a $\sum_{i=1}^{n} a_i = 1$) será a variância de $\sum_{i=1}^{n} a_iX_i$ a menor possível? Verifica-se que a variância se tornará mínima se $a_i = 1/n$ para todo i. Isto é, $\overline{X}$ constitui a estimativa linear, não tendenciosa, de variância mínima. Para verificar isso, considere-se

$$\hat{\mu} = \sum_{i=1}^{n} a_iX_i, \qquad \sum_{i=1}^{n} a_i = 1.$$

Portanto,

$$\text{Var } \hat{\mu} = \sigma^2 \sum_{i=1}^{n} a_i^2,$$

visto que os X_i são variáveis aleatórias independentes com variância comum σ^2. Escreveremos

$$\sum_{i=1}^{n} a_i^2 = \left(a_1 - 1/n\right)^2 + ... + \left(a_n - 1/n\right)^2 +$$
$$+ \left(2/n\right)\left(a_1 + ... + a_n\right) - n\left(1/n\right) =$$
$$= \left(a_1 - 1/n\right)^2 + ... + \left(a_n - 1/n\right)^2 + 1/n$$

(porque $\sum_{i=1}^{n} a_1 = 1$).

Portanto, esta expressão é evidentemente minimizada se for $a_i = 1/n$, para todo i.

Exemplo 14.2. Suponha que T, a duração até falhar de um componente, seja exponencialmente distribuída, Isto é, a fdp de T é dada por $f(t) = \beta e^{-\beta t}$, $t \geq 0$. Suponha que ensaiemos n desses componentes, registrando a duração até falhar de cada um, $T_1, ..., T_n$. Desejamos uma estimativa não tendenciosa da duração até falhar esperada, $E(T) = 1/\beta$, baseada na amostra $(T_1, ..., T_n)$. Uma dessas estimativas será $\overline{T} = (1/n) \sum_{i=1}^{n} T_i$. Do Teor. 14.2 sabemos que $E(\overline{T}) = 1/\beta$. Visto que $V(T) = 1/\beta^2$ o Teor. 13.1 nos diz que $V(\overline{T}) = 1/\beta^2 n$. Porém, $\overline{T}$ não é a única estimativa não tendenciosa de $1/\beta$. De fato, considere-se o mínimo da amostra a saber, $Z = \text{mín} (T_1, ..., T_n)$. De acordo com o Teor. 13.3, Z será também exponencialmente distribuída com parâmetro $n\beta$. Consequentemente, $E(Z) = 1/n\beta$. Portanto, a estimativa nZ constitui também uma estimativa não tendenciosa de $1/\beta$.

Para calcular sua variância, tomemos

$$V(nZ) = n^2 V(Z) = n^2 \frac{1}{(n\beta)^2} = \frac{1}{\beta^2} .$$

Assim, embora as duas estimativas nZ e $\overline{T}$ sejam ambas não tendenciosas, a última tem menor variância e, por isso, deverá ser preferida.

Não obstante, nesta particular situação há outra razão que poderá influenciar nossa escolha entre as duas estimativas sugeridas. Os n componentes podem ser ensaiados simultaneamente. (Por exemplo, poderemos inserir n lâmpadas em n soquetes e registrar sua duração até queimar.) Quando empregarmos nZ como nossa estimativa, o ensaio poderá estar terminado tão logo o primeiro componente tenha falhado. Ao empregarmos $\overline{T}$ como nossa estimativa deveremos esperar até que todos os componentes tenham falhado. É perfeitamente concebível que um longo período de tempo exista entre a primeira e a última falha. Explicando de outro modo: Se L for o tempo necessário para ensaiar os n itens, e calcularmos a estimativa para $1/\beta$, então, empregando nZ, teremos $L = \text{mín} (T_1, ..., T_n)$, enquanto se empregarmos $\overline{T}$ teremos $L = \text{máx} (T_1, ..., T_n)$. Portanto, se o tempo necessário para executar os ensaios acarretar qualquer consequência séria (em termos de custo, por exemplo), poderemos preferir a estimativa com maior variância.

Exemplo 14.3. Suponha que desejemos uma estimativa não tendenciosa da variância σ^2 de uma variável aleatória, baseada em uma amostra $X_1,..., X_n$.

Embora intuitivamente pudéssemos considerar $(1/n)\sum_{i=1}^{n} (X_i - \bar{X})^2$, verifica-se que esta estatística tem um valor esperado igual a $[(n - 1)/n]\sigma^2$. (Veja o Teor. 13.4.) Por isso, uma estimativa não tendenciosa de σ^2 será obtida tomando-se

$$\hat{\sigma}^2 = \frac{1}{n-1}\sum_{i=1}^{n}(X_i - \bar{X})^2.$$

Comentários: (*a*) Embora dividir-se por $(n - 1)$ em vez de fazê-lo por n acarrete diferença quando n for relativamente pequeno, para n maior fará pequena diferença empregar-se qualquer dessas estimativas.

(*b*) O Ex. 14.3 ilustra uma situação bastante comum: Pode acontecer que uma estimativa para um parâmetro β, digamos $\hat{\beta}$, seja tendenciosa no sentido de que $E(\hat{\beta}) = k\beta$; nesse caso, simplesmente consideraremos uma nova estimativa $\hat{\beta}/k$, a qual será, então, não tendenciosa.

(*c*) Pode-se verificar, embora não o tenhamos feito aqui, que a estimativa de σ^2, acima, é coerente.

Tab. 14.1

k	0	1	2	3	4	5	6	7	8	9	10	11	Total
n_k	57	203	383	525	532	408	273	139	49	27	10	6	2.612

Exemplo 14.4. Na Tab. 14.1, reproduzimos os dados obtidos no famoso experimento realizado por Rutherford [Rutherford and Geiger, *Phil. Mag.* **S6**, 20, 698 (1910)] sobre a emissão de partículas α por uma fonte radioativa. Na tabela, k é o número de partículas observadas em uma unidade de tempo [unidade = (1/8) minuto], enquanto n_k é o número de intervalos, durante os quais k partículas foram observadas. Se fizermos X igual ao número de partículas emitidas durante o intervalo de tempo de 1/8 (minuto) e se admitirmos que X tenha uma distribuição de Poisson, teremos

$$P(X=k)=\frac{e^{-(1/8)\lambda}\left(\frac{1}{8}\lambda\right)^k}{k!}.$$

Desde que $E(\bar{X}) = (1/8)\lambda$, poderemos empregar a média amostral para obter uma "estimativa" não tendenciosa de $\lambda/8$. Para λ, obteremos então a estimativa $\hat{\lambda} = 8\bar{X}$.

Para calcular $\bar{X}$ simplesmente avaliamos

$$\frac{\sum_{k=0}^{11} kn_k}{\sum_{k=0}^{11} n_k} = 3,87 \text{ partículas.}$$

Portanto, uma estimativa não tendenciosa de λ baseada na média amostral é igual a 30,96 (que pode ser interpretada como o número esperado de partículas emitidas por minuto).

Exemplo 14.5. Na fabricação de explosivos, pode ocorrer certo número de ignições, ao acaso. Seja X o número de ignições por dia. Admita-se que X tenha uma distribuição de Poisson com parâmetro λ. A Tab. 14.2 fornece alguns dados que devem ser empregados na estimação de λ.

Tab. 14.2

Número de ignições, k	0	1	2	3	4	5	6	Total
Número de dias com k ignições, n_k	75	90	54	22	6	2	1	250

Novamente empregando a média amostral para a estimativa de λ, obteremos

$$\hat{\lambda} = \frac{\sum_k kn_k}{\sum_k n_k} = 1,22 \text{ número e ignições por dia.}$$

Tab. 14.3

Cinzas contidas no carvão										
x	9,25	9,75	10,25	10,75	11,25	11,75	12,25	12,75	13,25	13,75
n_x	1	0	2	1	1	2	5	4	7	6
x	14,25	14,75	15,25	15,75	16,25	16,75	17,25	17,75	18,25	18,75
n_x	13	14	15	13	24	15	19	23	22	12
x	19,25	19,75	20,25	20,75	21,65	21,75	22,25	22,75	23,25	23,75
n_x	12	7	6	8	6	4	2	2	0	3
x	24,25	24,75	25,25							
n_x	0	0	1							
Total de amostras	250									

Exemplo 14.6. Verificou-se que a quantidade de cinzas contidas no carvão é normalmente distribuída com parâmetros μ e σ^2. Os dados da Tab. 14.3 representam o conteúdo de cinzas em 250 amostras de carvão analisadas. [Dados extraídos de E. S. Grummel and A. C. Dunningham (1930), *British Standards Institution* **403**, 17.] n_x, é o número de amostras que tinham x por cento de conteúdo de cinzas.

A fim de estimar os parâmetros μ e σ^2, empregaremos as estimativas não tendenciosas explicadas anteriormente

$$\hat{\mu} = \frac{\sum_x x n_x}{250} = 16,998, \qquad \hat{\sigma}^2 = \frac{1}{249} \sum_x n_x \left(x - \hat{\mu}\right)^2 = 7,1.$$

Comentário: Suponha que tenhamos uma estimativa não tendenciosa, $\hat{\theta}$, de um parâmetro θ. Pode acontecer que estejamos realmente interessados em estimar alguma função de θ, digamos $g(\theta)$. [Por exemplo, se X for exponencialmente distribuída com parâmetro θ, estaremos provavelmente interessados em $1/\theta$, a saber $E(X)$.] Poder-se-ia admitir que tudo que necessitaríamos seria considerar $1/\hat{\theta}$ ou $(\hat{\theta})^2$, por exemplo, como as estimativas não tendenciosas apropriadas para $1/\theta$ ou $(\theta)^2$. Isto, definitivamente, *não* é assim. Na verdade, uma das desvantagens do critério de não tendenciosidade é que, se tivermos encontrado uma estimativa não tendenciosa de θ, deveremos, em geral, recomeçar do princípio para encontrarmos uma estimativa de $g(\theta)$. Somente se $g(\theta) = a\theta + b$, isto é, somente *se g* for uma função linear de θ, será verdade que $E[g(\hat{\theta})] = g[E(\hat{\theta})]$. Em geral, $E[g(\hat{\theta})] \neq g[E(\hat{\theta})]$. Por exemplo, suponha que X seja uma variável aleatória com $E(X) = \mu$ e $V(X) = \sigma^2$. Já vimos que a média amostral $\bar{X}$ é uma estimativa não tendenciosa de μ. Será $\bar{X}^2$ uma estimativa não tendenciosa de μ. Será $\bar{X}^2$ uma estimativa não tendenciosa de $(\mu)^2$? A resposta é "não", como indica o cálculo seguinte.

Desde que $V(\bar{X}) = E(\bar{X})^2 - [E(\bar{X})^2$, teremos

$$E(\bar{X})^2 = V(\bar{X}) + [E(\bar{X})]^2 = \sigma^2/n + (\mu)^2 \neq (\mu)^2.$$

Embora os exemplos acima mostrem, bastante conclusivamente, que em geral

$$E\left[g(\hat{\theta})\right] \neq g\left[E(\hat{\theta})\right],$$

verifica-se que em muitos casos a igualdade vale, ao menos aproximadamente, particularmente se o tamanho da amostra for, grande. Por exemplo, no caso acima apresentado encontramos [com $\hat{\theta} = \bar{X}$ e $g(z) = z^2$] que $E(\bar{X}) = \mu$ e $E(\bar{X})^2 = \mu^2 + \sigma^2/n$, a qual será aproximadamente igual a μ^2 se n for grande.

14.4. Estimativas de Máxima Verossimilhança

Estudamos apenas alguns critérios pelos quais poderemos julgar uma estimativa. Quer dizer, dada uma estimativa proposta para um parâmetro desconhecido, poderemos verificar se ela é não tendenciosa e coerente, e poderemos calcular (ao menos, em princípio) sua variância e compará-la com a variância de outra estimativa. No entanto, não dispomos ainda de um procedimento geral, com o qual possamos encontrar estimativas "razoáveis". Existem vários desses procedimentos, e exporemos um deles, a saber, o método da máxima verossimilhança. Em muitos casos, este método conduz a estimativas razoáveis.

A fim de evitarmos repetir nossa exposição para o caso discreto e o contínuo, vamos concordar em estabelecer a seguinte terminologia para os objetivos da presente exposição.

Escreveremos $f(x; \theta)$ quer para a fdp de X (calculada no ponto x) ou para $P(X = x)$ se X for discreta. Incluiremos θ (na notação) com a finalidade de lembrarmos que a distribuição de probabilidade de X depende do parâmetro θ, em relação ao qual estaremos interessados.

Seja $X_1, ..., X_n$ uma amostra aleatória da variável aleatória X e sejam $x_1,..., x_n$ os valores amostrais. Definiremos a *função de verossimilhança L*, como a seguinte função da amostra e de θ:

$$L(X_1,..., X_n; \theta) = f(X_1; \theta)f(X_2; \theta)...f(X_n; \theta). \qquad (14.1)$$

Se X for discreta, $L(x_1,..., x_n; \theta)$ representará $P[X_1 = x_1,..., X_n = x_n]$, enquanto se X for contínua, $L(x_1,..., x_n; \theta)$ representará a fdp conjunta de $(X_1,..., X_n)$.

Se a amostra $(X_1,..., X_n)$ tiver sido obtida, os valores amostrais $(x_1,..., x_n)$ serão conhecidos. Já que θ é desconhecido, poderemos propor a seguinte questão: Para qual valor de θ será $L(x_1,..., x_n; \theta)$ máxima? Colocando-a de maneira diferente, vamos supor que dispomos de dois valores possíveis de θ, digamos θ_1 e θ_2. Vamos admitir, além disso, que $L(x_1,..., x_n; \theta_1) < L(x_1,..., x_n; \theta_2)$. Nesse caso, preferiríamos θ_2 a θ_1, para os valores amostrais *dados* $(x_1,..., x_n)$, porque, se θ_2 realmente for o verdadeiro valor de θ, então, a probabilidade de obter valores amostrais tais como aqueles que obtivemos é maior do que se θ_1 for o verdadeiro valor de θ. Dizendo sem muito rigor, preferiremos aquele valor do parâmetro que torne o mais provável possível aquele evento que de fato tenha ocorrido. Assim, desejaremos escolher o valor mais provável de θ *depois* que os dados sejam obtidos, admitindo que cada valor de θ fosse igualmente provável *antes* que os dados fossem obtidos. Estabeleceremos a seguinte definição formal:

Definição. A estimativa de *máxima verossimilhança* de θ, isto é, θ, baseada em uma amostra aleatória X_1, ..., X_n é aquele valor de θ que torna máxima $L(X_1, ..., X_n; \theta)$, considerada como uma função de θ para uma dada amostra X_1, ..., X_n na qual L é definida pela Eq. (14.1). (Esta estimativa é, geralmente, referida como a estimativa de MV.)

Comentários: (*a*) Naturalmente, $\hat{\theta}$ será uma estatística e, por isso, uma variável aleatória, já que seu valor dependerá da amostra $(X_1,..., X_n)$. (Não consideraremos uma constante como solução.)

(*b*) Na maioria de nossos exemplos, θ representará um número real isolado. Contudo, pode acontecer que a distribuição de probabilidade de X dependa de dois ou mais valores de parâmetros (como se dá, por exemplo, com a distribuição normal). Em tal caso, θ poderá representar um vetor, por exemplo, $\theta = (\alpha, \beta)$ ou $\theta = (\alpha, \beta, \gamma)$ etc.

(*c*) A fim de encontrar a estimativa de MV, deveremos determinar o valor máximo de uma função. Consequentemente, em muitos problemas, poderemos aplicar alguma das técnicas usuais do Cálculo para acharmos esse máximo. Visto que ln x é uma função *crescente* de x,

$$\ln L(X_1,..., X_n; \theta)$$

alcançará seu valor máximo para o mesmo valor de θ que o fará com $L(X_1, ..., X_n; \theta)$. Por isso, sob condições bastante gerais, admitindo-se que θ seja um número real e que $L(X_1, ..., X_n; \theta)$ seja uma função derivável de θ, obteremos a estimativa de MV $\hat{\theta}$, pela resolução de

$$\frac{\partial}{\partial \theta} \ln L\left(X_1,..., X_n; \theta\right) = 0 \qquad (14.2)$$

que é conhecida como *equação de verossimilhança*.

Se $\theta = (\alpha, \beta)$, a equação acima deverá ser substituída pelas equações simultâneas de verossimilhança

$$\frac{\partial}{\partial \alpha} \ln L\left(X_1,..., X_n; \alpha \; \beta\right) = 0,$$

$$\frac{\partial}{\partial \beta} \ln L\left(X_1,..., X_n; \alpha, \; \beta\right) = 0. \qquad (14.3)$$

Deve-se novamente salientar que a orientação acima nem sempre dá resultados. No entanto, em um grande número de exemplos importantes (alguns dos quais apresentaremos muito em breve), este método fornece, com relativa facilidade, a desejada estimativa de MV.

Propriedades das estimativas de máxima verossimilhança:

(*a*) A estimativa de MV pode ser tendenciosa. Muito frequentemente, tal tendenciosidade pode ser eliminada pela multiplicação por uma constante apropriada.

(b) Sob condições bastante gerais, as estimativas de MV são coerentes. Isto é, se o tamanho da amostra sobre a qual essas estimativas tenham sido calculadas for grande, a estimativa de MV será "próxima" do valor do parâmetro a ser estimado. (As estimativas de MV possuem outra propriedade de "grandes amostras" muito importante, a qual apresentaremos depois.)

(c) As estimativas de MV apresentam a seguinte *propriedade de invariância* muito importante: Suponha que $\hat{\theta}$ seja a estimativa de MV de θ. Nesse caso, pode-se mostrar que a estimativa de MV de $g(\theta)$, na qual g é uma função monótona contínua, é $g(\hat{\theta})$. Assim, se o *estaticista* (ou o estatístico) A faz sua mensuração em metros quadrados (m^2), o estaticista B mede em metros (m), e se a estimativa de MV de A for θ, então, a estimativa de B será $\sqrt{\theta}$. Lembre-se de que as estimativas não tendenciosas *não* gozam desta propriedade.

Vamos agora estudar alguns exemplos importantes de estimativas de MV.

Exemplo 14.7. Suponha que a duração até falhar, T, de um componente tenha distribuição exponencial com parâmetro β. Portanto, a fdp de T será dada por

$$f(t) = \beta e^{-\beta t}, \quad t \geq 0.$$

Suponha que n desses componentes sejam ensaiados, fornecendo as durações até falhar $X_1, ..., X_n$. Consequentemente, a função de verossimilhança desta amostra será dada por

$$L(T_1, ..., T_n; \beta) = \beta^n \exp\left(-\beta \sum_{i=1}^{n} T_i\right).$$

Daí, $\ln L = n \ln \beta - \beta : \sum_{i=1}^{n} T_i$. Portanto,

$$\frac{\partial \ln L}{\partial \beta} = \frac{n}{\beta} - \sum_{i=1}^{n} T_i \quad \text{e} \quad \frac{\partial \ln L}{\partial \beta} = 0$$

fornece $\hat{\beta} = 1/\overline{T}$, na qual $\overline{T}$ é a média amostral das durações até falhar. Já que o valor esperado de T, a média da duração até falhar, é dada por $1/\beta$, encontraremos, empregando a propriedade da invariância das estimativas de MV, que a estimativa de MV de $E(T)$ é dada por $\overline{T}$, a média amostral. Sabemos que $E(T) = 1/\beta$ e, por isso, $\overline{T}$, a estimativa de MV de $E(T)$, é não tendenciosa.

Comentário: Em geral, não é fácil achar a distribuição de probabilidade das estimativas de MV, particularmente se o tamanho da amostra for pequeno. (Se n for grande, verificaremos que uma resposta geral será viável.) Contudo, no presente exemplo, seremos capazes de obter a distribuição da estimativa de MV. Do Corolário do Teor. 10.9, encontraremos que $2n\beta\bar{T}$ tem distribuição de χ^2_{2n}. Portanto, $P(\bar{T} \leqslant t) = P(2n\beta\bar{T} \leqslant 2n\beta t)$. Esta probabilidade poderá ser diretamente obtida da tábua da distribuição de qui-quadrado se n, β e t forem conhecidos.

Exemplo 14.8. Sabe-se que certa proporção (fixa), p, de granadas é defeituosa. De uma grande partida de granadas, n são escolhidas ao acaso e ensaiadas. Definam-se as seguintes variáveis aleatórias:

$X_i = 1$ se a i-ésima granada for defeituosa, e igual a 0 em caso contrário, $i = 1, 2, ..., n$.

Portanto, $(X_1, ..., X_n)$ é uma amostra aleatória da variável aleatória X, que tenha distribuição de probabilidade $P(X = 0) = f(0; p) = 1 - p$, $P(X = 1) = f(1; p) = p$.

Isto é,

$$f(x,p) = p^x (1-p)^{1-x}, \ x = 0,1.$$

Logo,

$$L(X_1, ..., X_n; p) = p^k (1-p)^{n-k},$$

em que $k = \sum_{i=1}^{n} X_i$ = número total de defeituosas. Portanto,

$$\ln L(X_1, ..., X_n; p) = k \ln p + (n-k) \ln (1-p).$$

Logo,

$$\frac{\partial \ln L}{\partial p} = \frac{k}{p} + \frac{n-k}{1-p}(-1) = \frac{k}{p} - \frac{n-k}{1-p}.$$

Se $k = 0$ ou n, encontraremos diretamente, ao considerarmos a expressão de L, que o valor máximo de L será atingido quando $p = 0$ ou 1, respectivamente. Para $k \neq 0$ ou n, faremos $\partial \ln L/\partial p = 0$ e encontraremos como sua solução $\hat{p} = k/n = \bar{X}$, a média amostral. Nesse caso, verificaremos novamente que a estimativa de MV constitui uma estimativa não tendenciosa do parâmetro procurado.

Exemplo 14.9. Suponha que a variável aleatória X seja normalmente distribuída com expectância μ e variância 1. Isto é, a fdp de X é dada por

$$f(x)\frac{1}{\sqrt{2\pi}} \ e^{-(1/2)(x-\mu)^2}.$$

Se $(X_1, \ldots, X_n)$ for uma amostra aleatória de X, a função de verossimilhança dessa amostra será

$$L(X_1, \ldots, X_n; \mu) = \frac{1}{(2\pi)^{n/2}} \exp\left[-\frac{1}{2}\sum_{i=1}^{n}(X_i - \mu)^2\right].$$

Daí,

$$\ln L = -\frac{n}{2}\ln(2\pi) - \frac{1}{2}\sum_{i=1}^{n}(X_i - \mu)^2$$

e

$$\frac{\partial \ln L}{\partial \mu} = \sum_{i=1}^{n}(X_i - \mu).$$

Portanto, $\partial \ln L/\partial \mu = 0$ fornece $\hat{\mu} = \bar{X}$, a média amostral.

Exemplo 14.10. Até agora temos considerado situações nas quais éramos capazes de encontrar o valor máximo de L pela simples derivação de L (ou de $\ln L$) em relação ao parâmetro, e a igualação dessa derivada a zero. Isso nem sempre dá resultado, como ilustra o exemplo seguinte.

Suponha que a variável aleatória X seja uniformemente distribuída sobre o intervalo $[0, \alpha]$ no qual α é um parâmetro desconhecido. A fdp de X é dada por

$$f(x) = 1/\alpha, \quad 0 \leq x \leq \alpha,$$
$$= 0, \text{ para quaisquer outros valores.}$$

Se $(X_1, \ldots, X_n)$ for uma amostra de X, sua função de verossimilhança será dada por

$$L(X_1, \ldots, X_n; \alpha) = (1/\alpha)^n, \quad 0 \leq X_i \leq \alpha \text{ para todo } i,$$
$$= 0, \text{ para quaisquer outros valores.}$$

Considerando L como uma função de α para dada amostra $(X_1, \ldots, X_n)$ notamos que deveremos ter $\alpha \geq X_i$ para todo i, a fim de que L não seja nula. Isso é equivalente a impor $\alpha \geq$ máx $(X_1, \ldots, X_n)$. Assim, se marcarmos L como uma função de α, obteremos o gráfico apresentado na Fig. 14.3. Deste gráfico é imediatamente evidente qual o valor de α que torna L máxima, a saber

$$\hat{\alpha} = \text{máx } (X_1, \ldots, X_n).$$

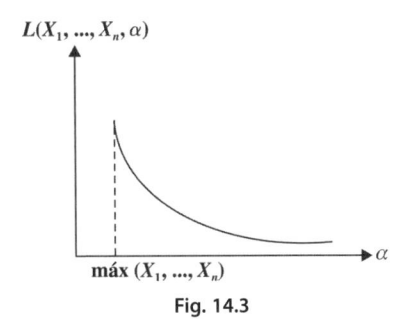

Fig. 14.3

Vamos examinar algumas das propriedades dessa estimativa. Do Teor. 13.2, obtemos a fdp de $\hat{\alpha}$: $g(\hat{\alpha}) = n[F(\hat{\alpha})]^{n-1}f(\hat{\alpha})$. Mas $F(x) = x/\alpha$, $0 \le x \le \alpha$, e $f(x)$ está dada acima. Portanto, obteremos

$$g(\hat{\alpha}) = n\left[\frac{\hat{\alpha}}{\alpha}\right]^{n-1}\left(\frac{1}{\alpha}\right) = \frac{n(\hat{\alpha})^{n-1}}{\alpha^n},$$

$$0 \le \hat{\alpha} \le \alpha.$$

Para achar $E(\hat{\alpha})$, calcularemos

$$E(\hat{\alpha}) = \int_0^\alpha \hat{\alpha}g(\hat{\alpha})d\hat{\alpha} = \int_0^\alpha \hat{\alpha}\frac{n\hat{\alpha}^{n-1}}{\alpha^n}d\hat{\alpha} =$$

$$= \frac{n}{\alpha^n}\frac{\hat{\alpha}^{n+1}}{n+1}\bigg|_0^\alpha = \frac{n}{n+1}\alpha.$$

Por conseguinte, $\hat{\alpha}$ não é uma estimativa não tendenciosa de α; $\hat{\alpha}$ tende a "subestimar" α. Se desejarmos uma estimativa não tendenciosa, poderemos empregar

$$\hat{\hat{\alpha}} = \frac{n+1}{n} \text{ máx } \left(X_1, \ldots, X_n\right).$$

Observe-se que, embora $E(\hat{\alpha}) \ne \alpha$, temos $\lim_{n \to \infty} E(\hat{\alpha}) = \alpha$. Portanto, para verificar a coerência, deveremos ainda mostrar que $V(\hat{\alpha}) \to 0$ quando $n \to \infty$. (Veja o Teor. 14.1.) Deveremos calcular $E(\hat{\alpha})^2$:

$$E(\hat{\alpha})^2 = \int_0^\alpha (\hat{\alpha})^2 g(\hat{\alpha})d\hat{\alpha} = \int_0^\alpha (\hat{\alpha})^2 \frac{n(\hat{\alpha})^{n-1}}{\alpha^n}d\hat{\alpha} =$$

$$= \frac{n}{\alpha^n}\frac{(\hat{\alpha})^{n+2}}{n+2}\bigg|_0^\alpha = \frac{n}{n+2}\alpha^2.$$

Daí,

$$V(\hat{\alpha}) = E(\hat{\alpha})^2 - \left[E(\hat{\alpha})\right]^2 = \frac{n}{n+2}\alpha^2 - \left[\frac{n}{n+1}\alpha\right]^2 =$$

$$= \alpha^2\left[\frac{n}{(n+2)(n+1)^2}\right].$$

Assim, $V(\hat{\alpha}) \to 0$ quando $n \to \infty$ e, por isso, a coerência está estabelecida.

Exemplo 14.11. Vamos estudar um exemplo no qual dois parâmetros (ambos desconhecidos) caracterizam a distribuição. Suponha que X tenha distribuição $N(\mu, \sigma^2)$. Daí, a fdp de X será

$$f(x) = \frac{1}{\sqrt{2\pi}\,\sigma}\exp\left(-\frac{1}{2}\left[\frac{x-\mu}{\sigma}\right]^2\right).$$

Se $(X_1, ..., X_n)$ for uma amostra de X, sua função de verossimilhança será dada por

$$L(X_1, ..., X_n; \mu, \sigma) = (2\pi\sigma^2)^{-n/2}\exp\left\{-\frac{1}{2}\sum_{i=1}^{n}\left[\frac{X_i-\mu}{\sigma}\right]^2\right\}.$$

Portanto,

$$\ln L = \left(-\frac{n}{2}\right)\ln(2\pi\sigma^2) - \frac{1}{2}\sum_{i=1}^{n}\left(\frac{X_i-\mu}{\sigma}\right)^2.$$

Deveremos resolver simultaneamente

$$\frac{\partial \ln L}{\partial \mu} = 0 \quad e \quad \frac{\partial \ln L}{\partial \sigma} = 0.$$

Teremos

$$\frac{\partial \ln L}{\partial \mu} = \sum_{i=1}^{n}\frac{(X_i-\mu)^2}{\sigma^2} = 0,$$

que fornece $\hat{\mu} = \bar{X}$, a média amostral. E

$$\frac{\partial \ln L}{\partial \sigma} = -\frac{n}{\sigma} + \sum_{i=1}^{n}\frac{(X_i-\mu)^2}{\sigma^3} = 0,$$

o que dá

$$\hat{\sigma}^2 = \frac{1}{n}\sum_{i=1}^{n}(X_i-\mu)^2 = \frac{1}{n}\sum_{i=1}^{n}(X_i-\bar{X})^2.$$

Observe-se que o método de MV fornece uma estimativa tendenciosa de σ^2, porque já vimos que a estimativa não tendenciosa é da forma $1/(n-1)\sum_{i=1}^{n}(X_i-\bar{X})^2$.

Exemplo 14.12. Já estudamos anteriormente (Ex. 14.7) o problema da estimação do parâmetro β de uma lei de falhas exponencial, pelo ensaio de n itens e registro de sua duração até falhar, $T_1, ..., T_n$. Outro procedimento poderá ser o seguinte: Suponha que temos n itens, submetemo-los a ensaio, e depois que certo período de tempo tenha decorrido, digamos T_0 horas, contaremos apenas o número de itens que tenham falhado, digamos X. Nossa amostra constará de X_1, ..., X_n na qual $X_i = 1$ se o i-ésimo item tiver falhado no período especificado, e 0 em caso contrário. Desse modo, a função de verossimilhança da amostra será

$$L(X_1, ..., X_n; \beta) = p^k(1 - p)^{n-k},$$

na qual $k = \sum_{i=1}^{n} X_i$ = número de itens que tenham falhado e p = Prob. (um item falhe). Ora, p é uma função do parâmetro β a ser estimado, isto é,

$$p = P(T \leq T_0) = 1 - e^{-\beta T_0}.$$

Empregando o resultado do Ex. 14.8, encontraremos que a estimativa de MV de p é $\hat{p} = k/n$. Aplicando a propriedade da invariância da estimativa de MV (notando que p é uma função crescente de β), obteremos a estimativa de MV de β simplesmente pela resolução da equação $1 - e^{-\beta T_0} = k/n$. Um cálculo fácil dá

$$\hat{\beta} = -\frac{1}{T_0} \ln\left(\frac{n-k}{n}\right),$$

ou, para a estimativa de $1/\beta$, a média da duração até falhar,

$$\left(\frac{\hat{1}}{\beta}\right) = \frac{-T_0}{\ln\left[(n-k)/n\right]}.$$

Em todos os exemplos estudados acima, o método de MV fornece equações que são relativamente fáceis de resolver. Em muitos problemas isso não se dará, e muitas vezes teremos que recorrer a métodos numéricos (aproximados) a fim de obtermos as estimativas. O seguinte exemplo ilustra tais dificuldades.

Exemplo 14.13. Como já salientamos, a distribuição gama possui importantes aplicações em ensaios de vida. Vamos supor, por exemplo, que a duração até falhar de um gerador elétrico tenha duração de vida X, cuja fdp seja dada por

$$f(x) = \frac{\lambda^r x^{r-1}}{\Gamma(r)} e^{-\lambda x}, \qquad x \geq 0,$$

para a qual r e λ são dois parâmetros positivos que desejamos estimar. Suponha que uma amostra, X_1, ..., X_n de X seja disponível. (Isto é, n geradores tenham sido ensaiados e suas durações até falhar registradas.) A função de verossimilhança da amostra será

$$L(X_1, ..., X_n; \lambda, r) = \frac{(\lambda)^{nr} \left(\Pi_{i=1}^n X_i\right)^{r-1} \exp\left(-\lambda\sum_{i=1}^n X_i\right)}{[\Gamma(r)]^n},$$

$$\ln L = nr \ln \lambda + (r-1)\sum_{i=1}^n \ln X_i - \lambda\sum_{i=1}^n X_i - n \ln \Gamma(r).$$

Daí, deveremos resolver simultaneamente, $\partial \ln L/\partial\lambda = 0$ e $\partial \ln L/\partial r = 0$. Essas equações se tornam

$$\frac{\partial \ln L}{\partial \lambda} = \frac{nr}{\lambda} - \sum_{i=1}^n X_i = 0,$$

$$\frac{\partial \ln L}{\partial r} = n \ln \lambda + \sum_{i=1}^n \ln X_i - n\frac{\Gamma'(r)}{\Gamma(r)} = 0.$$

Assim, $\partial \ln L/\partial\lambda = 0$ fornece diretamente $\hat{\lambda} = r/X$. Por isso, depois de substituir λ por $\hat{\lambda}$, encontraremos que $\partial \ln L/\partial r = 0$ dá

$$\ln r - \frac{\Gamma'(r)}{\Gamma(r)} = \ln \bar{X} - \frac{1}{n}\sum_{i=1}^n \ln X_i.$$

É evidente que deveremos resolver a equação acima para r, obtendo $\hat{r}$ e, depois, $\hat{\lambda} = \hat{r}/\bar{X}$. Felizmente, a função $\Gamma'(r)/\Gamma(r)$ foi tabulada. Um método bastante rápido de encontrar a solução procurada foi apresentada em um trabalho de D. G. Chapman (*Annals of Mathematical Statistics* **27**, 498-506, 1956). Este exemplo ilustra que a resolução das equações de verossimilhança pode conduzir a enormes dificuldades matemáticas.

Como já mencionamos, as estimativas de MV possuem uma propriedade adicional, que as torna particularmente desejáveis, especialmente se as estimativas forem baseadas em uma amostra bastante grande.

Propriedade assintótica das estimativas de máxima verossimilhança. Se $\hat{\theta}$ for uma estimativa de MV para o parâmetro θ, baseada em uma amostra aleatória $X_1, ..., X_n$ de uma variável aleatória X, então, para n suficientemente grande, a variável aleatória terá aproximadamente a distribuição

$$N\left(\theta, \frac{1}{B}\right), \text{ em que } B = nE\left[\frac{\partial}{\partial\theta} \ln f(X;\theta)\right]^2; \qquad (14.4)$$

aqui f é a distribuição de probabilidade por pontos ou a fdp de X, dependendo de ser X discreta ou contínua, e se supõe que θ seja um número real.

Comentários: (*a*) A propriedade acima é, naturalmente, muito mais forte do que a propriedade da coerência que já apresentamos. Coerência apenas diz que se *n* for suficientemente grande, θ será "próxima" de $\hat{\theta}$. O enunciado acima realmente nos indica qual é o comportamento probabilístico de $\hat{\theta}$ para *n* grande.

(*b*) Não demonstraremos o enunciado acima, apenas ilustraremos sua utilização com um exemplo.

Exemplo 14.14. Vamos reexaminar o Ex. 14.7. Achamos $\hat{\beta} = 1/\overline{T}$ como a estimativa de MV de β. A fdp de *T* foi dada por $f(t; \beta) = \beta e^{-\beta t}$, $t > 0$. A propriedade acima nos diz que, para *n* suficientemente grande, $\hat{\beta} = 1/\overline{T}$ terá a distribuição aproximada $N(\beta, 1/B)$, na qual *B* é dado pela Eq. (14.4).

Para encontrarmos *B*, consideremos $\ln f(T; \beta) = \ln \beta - \beta T$. Nesse caso,

$$(\partial/\partial\beta)\ln f(T;\beta) = (1/\beta) - T.$$

Logo,

$$\left[\frac{\partial}{\partial\beta}\ln f(T;\beta)\right]^2 = \frac{1}{\beta^2} - \frac{2T}{\beta} + T^2.$$

Já que

$$E(T) = 1/\beta \text{ e } E(T^2) = V(T) + \left[E(T)\right]^2 = 1/\beta^2 + 1/\beta^2 = 2/\beta^2,$$

teremos

$$E\left[\frac{\partial}{\partial\beta}\ln f(T;\beta)\right]^2 = \frac{1}{\beta^2} - \frac{2}{\beta}\frac{1}{\beta} + \frac{2}{\beta^2} = \frac{1}{\beta^2}.$$

Portanto, encontramos que, para *n* grande, $\hat{\beta}$ tem aproximadamente a distribuição $N(\beta, \beta^2/n)$. (Isto verifica a propriedade de coerência da estimativa, desde que $\beta^2/n \to 0$ quando $n \to \infty$.)

14.5. O Método dos Mínimos Quadrados

Exemplo 14.15. Estamos familiarizados com o fato de que a temperatura do ar decresce com a altitude da localidade. Os dados apresentados na Tab. 14.4 e o *diagrama de dispersão* associado (pontos marcados) (Fig. 14.4) confirmam isso. Não somente os pontos marcados indicam que a temperatura *Y* decresce com a altitude *X*, mas também uma tendência linear está evidenciada.

Tab. 14.4

X (altitude, m)	Y (temperatura, °C)	X (altitude, m)	Y (temperatura, ºC)
1.142	13	1.008	13
1.742	7	208	18
280	14	439	14
437	16	1.471	14
678	13	482	18
1.002	11	673	13
1.543	4	407	16
1.002	9	1.290	7
1.103	5	1.609	6
475	11	910	9
1.049	10	1.277	11
566	15	410	14
995	10		

As observações representam a altitude (em metros) e a temperatura (em graus centígrados) ao amanhecer, em algumas estações meteorológicas da Suíça. Os dados são originários do Observatório de Basilea – Sta. Margarida.

Qual é um modelo razoável para os dados acima? Vamos supor que Y seja uma variável aleatória cujo valor depende, entre outras coisas, do valor de X. Especificamente, admitiremos que

$$Y = \alpha X + \beta + \epsilon,$$

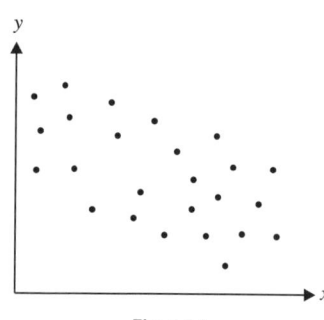

Fig. 14.4

na qual α e β são constantes (desconhecidas), X é a altitude (conhecida) na qual Y é medida, e ϵ é uma variável aleatória. A análise deste *modelo linear* depende das hipóteses que façamos sobre a variável aleatória ϵ. (Estamos dizendo, essencialmente, que a temperatura é um resultado aleatório cujo valor pode ser decomposto em uma componente estritamente aleatória mais um termo que depende da altitude X de uma maneira linear.) A hipótese que faremos sobre ϵ é a seguinte:

$$E(\epsilon) = 0; \quad V(\epsilon) = \sigma^2 \text{ para } todo \ X.$$

Isto é, o valor esperado e a variância de ϵ não dependem do valor de X. Consequentemente, $E(Y) = \alpha X + \beta$ e $V(Y) = \sigma^2$. Observe-se que o modelo que estipulamos depende de três parâmetros: α, β e σ^2. Não poderemos empregar o método de máxima verossimilhança para estimar esses parâmetros, a menos que façamos hipóteses adicionais sobre a distribuição de ϵ, porque nada foi suposto sobre a distribuição da variável aleatória ϵ; somente uma hipótese sobre seu valor esperado e sua variância foi feita. (Uma modificação deste modelo será mencionada posteriormente.)

Antes de explicarmos como estimar os parâmetros apropriados, vamos dizer alguma coisa sobre o significado de uma amostra aleatória, no presente contexto. Suponha que n valores de X sejam escolhidos, digamos x_1, ..., x_n. (Lembremos, novamente, que aqui, X não é uma variável aleatória.) Para cada x_i, seja Y_i uma observação independente da variável aleatória Y descrita acima. Portanto, (x_1, Y_1), ..., (x_n, Y_n) podem ser considerados como uma amostra aleatória da variável aleatória Y, para valores dados de X, a saber, $(x_1, ..., x_n)$.

Definição. Suponha que temos $E(Y) = \alpha X + \beta$, na qual α, β e X são como explicadas acima. Seja (x_1, Y_1), ..., (x_n, Y_n) uma amostra aleatória de Y. As *estimativas de mínimos quadrados* dos parâmetros α e β são aqueles valores de α e β que tornam mínima a expressão

$$\sum_{i=1}^{n}\left[Y_i - \left(\alpha x_i + \beta\right)\right]^2.$$

Comentário: A interpretação do critério acima é bastante clara. (Veja a Fig. 14.5.) Para cada par (x_i, Y_i) calculamos a discrepância entre o valor observado Y_i, e $\alpha x_i + \beta$, o valor esperado. Desde que estamos interessados somente na magnitude dessa discrepância, nós a elevamos ao quadrado e somamos para todos os pontos amostrais. A reta procurada é aquela para a qual essa soma é mínima.

A fim de obter as estimativas desejadas para α e β, procederemos da seguinte maneira: Façamos $S(\alpha, \beta) = \sum_{i=1}^{n} [Y_i - (\alpha x_i + \beta)]^2$. Para tornar mínima $S(\alpha, \beta)$, deveremos resolver as equações

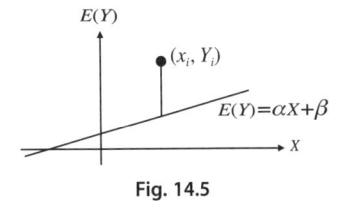

Fig. 14.5

$$\frac{\partial S}{\partial \alpha} = 0 \quad \text{e} \quad \frac{\partial S}{\partial \beta} = 0.$$

Derivando S, parcialmente, em relação a α e β, obteremos

$$\frac{\partial S}{\partial \alpha} = \sum_{i=1}^{n} 2\left[Y_i - (\alpha x_i + \beta)\right](-x_i) = -2\sum_{i=1}^{n}\left[x_i Y_i - \alpha x_i^2 - \beta x_i\right],$$

$$\frac{\partial S}{\partial \beta} = \sum_{i=1}^{n} 2\left[Y_i - (\alpha x_i + \beta)\right](-1) = -2\sum_{i=1}^{n}\left[Y_i - \alpha x_i - \beta\right].$$

Por isso, $\partial S/\partial \alpha = 0$ e $\partial S/\partial \beta = 0$ podem ser escritas, respectivamente:

$$\alpha\sum_{i=1}^{n} x_i^2 + \beta\sum_{i=1}^{n} x_i = \sum_{i=1}^{n} x_i^2 Y_i \tag{14.5}$$

$$\alpha\sum_{i=1}^{n} x_i + n\beta = \sum_{i=1}^{n} Y_i. \tag{14.6}$$

Portanto, teremos duas equações *lineares* nas incógnitas α e β. A solução poderá ser obtida da maneira usual, quer por eliminação direta, quer com o emprego de determinantes. Denotando as soluções por $\hat{\alpha}$ e $\hat{\beta}$, facilmente verificaremos que

$$\hat{\alpha} = \frac{\sum_{i=1}^{n} Y_i (x_i - \bar{x})}{\sum_{i=1}^{n} (x_i - \bar{x})^2}, \text{ na qual } \bar{x} = \frac{1}{n}\sum_{i=1}^{n} x_i, \tag{14.7}$$

$$\hat{\beta} = \bar{Y} - \hat{\alpha}\bar{x}, \text{ na qual } \bar{Y} = \frac{1}{n}\sum_{i=1}^{n} Y_i. \tag{14.8}$$

As soluções acima serão sempre viáveis e únicas, desde que

$$\sum_{i=1}^{n} (x_i - \bar{x})^2 \neq 0.$$

Porém, esta condição será satisfeita sempre que *nem todos* os x_i sejam iguais.

A estimativa do parâmetro σ^2 não pode ser obtida pelos métodos acima. Vamos apenas afirmar que a estimativa usual de σ^2, em termos das estimativas de mínimos quadrados $\hat{\alpha}$ e $\hat{\beta}$, é

$$\hat{\sigma}^2 = \frac{1}{n-2}\sum_{i=1}^{n}\left[Y_i - (\hat{\alpha}x_i + \hat{\beta})\right]^2.$$

Comentário: (*a*) $\hat{\alpha}$ é, obviamente, uma função *linear* dos valores amostrais $Y_1, \ldots, Y_n$.

(*b*) $\hat{\beta}$ é também uma função linear de $Y_1, \ldots, Y_n$, como o seguinte desenvolvimento indica:

$$\hat{\beta} = \bar{Y} - \hat{\alpha}\bar{x} =$$

$$= \frac{1}{n}\sum_{i=1}^{n}Y_i - \frac{\overline{x}}{\sum_{i=1}^{n}(x_i-\overline{x})^2}\sum_{i=1}^{n}(x_i-\overline{x})Y_i$$

$$= \sum_{i=1}^{n}Y_i\left[\frac{1}{n} - \overline{x}\frac{(x_i-\overline{x})}{\sum_{i=1}^{n}(x_i-\overline{x})^2}\right].$$

(c) Constitui um exercício simples mostrar que $E(\hat{\alpha}) = \alpha$ e $E(\hat{\beta}) = \beta$. (Veja o Probl. 14.34.) Isto é, que ambas $\hat{\alpha}$ e $\hat{\beta}$ são estimativas não tendenciosas.

(d) As variâncias de $\hat{\alpha}$ e $\hat{\beta}$ são também facilmente calculadas. (Veja o Probl. 14.35.) Teremos,

$$V(\hat{\alpha}) = \frac{\sigma^2}{\sum_{i=1}^{n}(x_i-\overline{x})^2}; \quad V(\hat{\beta}) = \left[\frac{1}{n} + \frac{\overline{x}^2}{\sum_{i=1}^{n}(x_i-\overline{x})^2}\right]\sigma^2. \tag{14.9}$$

(e) As estimativas $\hat{\alpha}$ e $\hat{\beta}$ são, de fato, as estimativas não tendenciosas lineares ótimas de α e β. Quer dizer, dentre todas as estimativas não tendenciosas, lineares, aquelas acima têm variância mínima. Este é um caso particular do *teorema geral de Gauss-Markoff*, que afirma que, sob determinadas condições, as estimativas de mínimos quadrados e as estimativas não tendenciosas lineares ótimas são sempre iguais.

(f) O método dos mínimos quadrados pode ser aplicado a modelos não lineares. Por exemplo, se $E(Y) = \alpha X^2 + \beta X + \gamma$, poderemos estimar α, β e γ, de modo que

$$\sum_{i=1}^{n}\left[Y_i - \left(\alpha x_i^2 + \alpha x_i + \gamma\right)\right]^2$$

seja minimizada.

(g) Se fizermos a hipótese adicional de que a variável aleatória ϵ tenha distribuição $N(0, \sigma^2)$, poderemos aplicar o método da máxima verossimilhança para estimar os parâmetros α e β. Essas estimativas serão as mesmas estimativas de mínimos quadrados obtidas acima. (Isto não será sempre verdadeiro. Constitui uma consequência da hipótese de normalidade.)

Exemplo 14.16. Este exemplo está apresentado por Y. V. Linnik, em *Method of Least Squares and Principles of the Theory of Observations*, Pergamon Press, New York, 1961. Os dados deste exemplo foram obtidos por Mendeléjef e relatados em *Foundations of Chemistry*. (Veja a Tab. 14.5.) Eles relacionam a solubilidade do nitrato de sódio ($NaNO_3$) com a temperatura da água ($^{\circ}C$). Na temperatura indicada, as Y partes de $NaNO_3$ se dissolvem em 100 partes de água. Marcando esses dados obtém-se o diagrama de dispersão apresentado na Fig. 14.6.

Tab. 14.5

T	Y	T	Y
0	66,7	29	92,9
4	71,0	36	99,4
10	76,3	51	113,6
15	80,6	68	125,1
21	85,7		

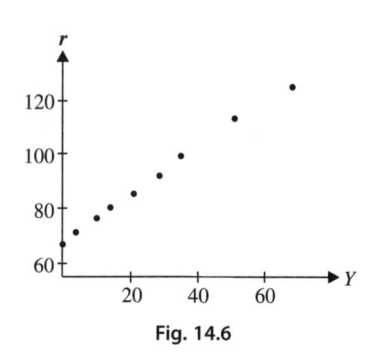

Fig. 14.6

Isto sugere um modelo da forma $E(Y) = bT + a$. Empregando o método dos mínimos quadrados, explicado acima, encontraremos que $\hat{b} = 0,87$ e $\hat{a} = 67,5$.

14.6. O Coeficiente de Correlação

Na seção anterior, estivemos interessados em pares de valores (X, Y), porém, como repetidamente salientamos, X não era considerada uma variável aleatória. Há, no entanto, variáveis aleatórias bidimensionais (X, Y) que dão origem a uma amostra aleatória $(X_1 Y_1)$, ..., (X_n, Y_n). Um dos parâmetros importantes, associados a uma variável aleatória bidimensional, é o coeficiente de correlação ρ_{xy}.

Tab. 14.6

X(velocidade, km/s)	11,93	11,81	11,48	10,49	10,13	8,87
Y(altitude, km)	62,56	57,78	53,10	48,61	44,38	40,57

A estimativa geralmente empregada para ρ é o *coeficiente de correlação amostral*, assim definido:

$$r = \frac{\sum_{i=1}^{n}(X_i - \bar{X})(Y_i - \bar{Y})}{\sqrt{\sum_{i=1}^{n}(X_i - \bar{X})^2 \sum_{i=1}^{n}(Y_i - \bar{Y})^2}}.$$

Observe-se que, para a finalidade de calcular-se r, é mais fácil empregar-se:

$$r = \frac{n \sum_{i=1}^{n} X_i Y_i - \sum_{i=1}^{n} X_i \sum_{i=1}^{n} Y_i}{\sqrt{n \sum_{i=1}^{n} X_i^2 - \left(\sum_{i=1}^{n} X_i\right)^2} \sqrt{n \sum_{i=1}^{n} Y_i^2 - \left(\sum_{i=1}^{n} Y_i\right)^2}} .$$

Exemplo 14.17. Os dados reunidos na Tab. 14.6 representam a velocidade (km/s) e a altitude (km) do meteoro N.º 1.242, como relatado em "Smithsonian Contributions to Astrophysics", dos *Proceedings of the Symposium on Astronomy and Physics of Meteors*, Cambridge, Mass., ago. 28-set., 1, 1961. Um cálculo direto fornece $r = 0,94$.

14.7. Intervalos de Confiança

Até agora estivemos tratando apenas de obter uma estimativa por ponto de um parâmetro desconhecido. Como mencionamos no início deste capítulo, há outra maneira de tratar o assunto que frequentemente conduz a resultados muito significativos.

Suponha que X tenha distribuição $N(\mu, \sigma^2)$, na qual se supõe σ^2 conhecido, enquanto μ é o parâmetro desconhecido. Seja $X_1, \ldots, X_n$ uma amostra aleatória de X e seja $\overline{X}$ a média amostral.

Sabemos que $\overline{X}$ tem distribuição $N(\mu, \sigma^2/n)$; portanto, $Z = [(\overline{X} - \mu)/\sigma] \sqrt{n}$ tem distribuição $N(0, 1)$. Observe-se que, embora Z dependa de μ, sua distribuição de probabilidade não depende. Empregaremos este fato a nosso favor da seguinte maneira:

Considere-se

$$2\Phi(z) - 1 = P\left(-z \leq \frac{\overline{X} - \mu}{\sigma} \sqrt{n} \leq z\right) =$$

$$= P\left(-\frac{z\sigma}{\sqrt{n}} - \overline{X} \leq -\mu \leq +\frac{z\sigma}{\sqrt{n}} - \overline{X}\right) =$$

$$= P\left(\overline{X} - \frac{z\sigma}{\sqrt{n}} \leq \mu \leq \overline{X} + \frac{z\sigma}{\sqrt{n}}\right).$$

Esta última expressão de probabilidade deve ser interpretada *muito cuidadosamente*. Ela *não* significa que a probabilidade do parâmetro μ cair dentro de um intervalo especificado seja igual a $2\Phi(z) - 1$; μ é um parâmetro, e ou está ou não está dentro do intervalo acima. De preferência, a expressão acima deve ser interpretada assim: $2\Phi(z) - 1$ é igual à probabilidade de que o intervalo aleatório $(\overline{X} - z\sigma/\sqrt{n}, \overline{X} + z\sigma/\sqrt{n})$ contenha μ. Tal intervalo é denominado *intervalo de confiança* do parâmetro μ. Desde que z é arbitrário, poderemos escolhê-lo de modo que a probabilidade acima seja igual, por exemplo, a $1 - \alpha$. Consequentemente, z ficará definido pela relação $\Phi(z) = 1 - \alpha/2$. Aquele valor de z, denotado por $K_{1-\alpha/2}$, pode ser obtido das tábuas da distribuição normal. (Veja também a Fig. 14.7.) Isto é, teremos $\Phi(K_{1-\alpha/2}) = 1 - \alpha/2$.

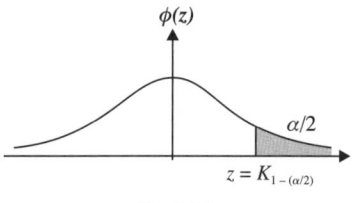

Fig. 14.7

Em resumo: O intervalo $(\overline{X} - n^{-1/2}\sigma K_{1-\alpha/2}, \overline{X} + n^{-1/2}\sigma K_{1-\alpha/2})$ é um intervalo de confiança do parâmetro μ, com *coeficiente de confiança* $(1 - \alpha)$, ou um intervalo de confiança $100 (1 - \alpha)\%$.

Suponha que X represente a duração da vida de uma peça de equipamento. Admita-se que 100 peças sejam ensaiadas, fornecendo uma duração de vida média de $\overline{X} = 501,2$ horas. Suponha que σ seja conhecido e igual a 4 horas, e que se deseje obter um intervalo de confiança de 95% para a média μ. Nesse caso, encontraremos o seguinte intervalo de confiança para $\mu = E(X)$:

$$501,2 - \frac{4}{10}(1,96), \; 501,2 + \frac{4}{10}(1,96), \text{ que se torna } (500,4; \; 502,0).$$

Novamente cabe uma observação. Ao afirmar que (500,4; 502,0) constitui um intervalo de confiança de 95% para μ, não estaremos dizendo que 95% das vezes a média amostral cairá *naquele* intervalo. A próxima vez que tirarmos uma amostra aleatória, $\overline{X}$ presumivelmente será diferente e, por isso, os extremos do intervalo de confiança serão diferentes. Estaremos afirmando que 95% das vezes, μ estará contido no intervalo $(\overline{X} - 1,96\sigma/\sqrt{n}, \overline{X} + 1,96\sigma/\sqrt{n})$. Quando fazemos a afirmação de que $500,4 < \mu < 502,0$, estamos apenas adotando a orientação de acreditar que alguma coisa é assim, porque sabemos ser assim na maior parte das vezes.

Comentário: O intervalo de confiança construído não é o único. Da mesma maneira que podem existir muitas estimativas (por ponto) para um parâmetro, também poderemos construir muitos intervalos de confiança. Embora não examinemos o problema do que poderá significar um intervalo de confiança "ótimo", vamos enunciar uma conclusão óbvia. Se dois intervalos de confiança que tenham o mesmo coeficiente de confiança estiverem sendo comparados, iremos preferir aquele que tenha o menor comprimento esperado.

Para o intervalo de confiança estudado anteriormente, o comprimento L poderá ser escrito como:

$$L = \left(\bar{X} + n^{-1/2}\sigma K_{1-\alpha/2}\right) - \left(\bar{X} - n^{-1/2}\sigma K_{1-\alpha/2}\right) = 2\sigma n^{-1/2}K_{1-\alpha/2}.$$

Portanto, L será uma constante.

Além disso, resolvendo-se a equação precedente em relação a n, temos

$$n = \left(2\sigma k_{1-\alpha/2}/L\right)^2.$$

Portanto, poderemos determinar n (para valores de α e σ dados) de modo que o intervalo de confiança tenha comprimento preestabelecido, Em geral, (tal como foi ilustrado no exemplo anterior), L será uma função decrescente de n: Tanto menor quanto desejarmos ter L, maior n deveremos tomar. No caso citado, deveremos essencialmente quadruplicar n, a fim de reduzirmos L à metade.

14.8. A Distribuição t de Student

A análise do exemplo acima dependeu inteiramente do fato de que a variância σ^2 era conhecida. Como deverá ser modificado nosso procedimento, se não conhecermos o valor de σ^2?

Suponha que estimemos σ^2, empregando a estimativa não tendenciosa

$$\hat{\sigma}^2 = \frac{1}{n-1}\sum_{i=1}^{n}\left(X_i - \bar{X}\right)^2.$$

Consideraremos a variável aleatória

$$t = \frac{\left(\bar{X} - \mu\right)\sqrt{n}}{\hat{\sigma}}. \tag{14.10}$$

É intuitivamente evidente que a distribuição de probabilidade da variável aleatória t deve ser muito mais complicada do que a de $Z = (\bar{X} - \mu)\sqrt{n}/\sigma$, porque na definição de t, *ambos*, numerador e denominador, são variáveis aleatórias enquanto Z é apenas uma função linear de $X_1, ..., X_n$. Para obtermos a distribuição de t, levaremos em conta os seguintes fatos:

(*a*) $Z = (\bar{X} - \mu)\sqrt{n}/\sigma$ tem distribuição $N(0, 1)$.

(*b*) $V = \sum_{i=1}^{n}(X_i - \bar{X})^2/\sigma^2$ tem uma distribuição de qui-quadrado, com $(n - 1)$ graus de liberdade. (Veja o Teor. 13.4.)

(*c*) Z e V são variáveis aleatórias independentes. (Isto não é muito fácil de demonstrar, e aqui não o verificaremos.)

Com o auxílio do seguinte teorema, poderemos agora obter a fdp de t:

Teorema 14.3. Suponha que as variáveis aleatórias Z e V sejam independentes e tenham, respectivamente, as distribuições $N(0, 1)$ e χ_k^2. Defina-se

$$t = \frac{Z}{\sqrt{(V/k)}}.$$

Então, a fdp de t será dada por

$$h_k(t) = \frac{\Gamma[(k+1)/2]}{\Gamma(k/2)\sqrt{\pi k}}\left(1 + \frac{t^2}{k}\right)^{-(k+1)/2}, \quad -\infty < t < \infty. \tag{14.11}$$

Esta distribuição é conhecida como *distribuição de t de Student*, com k graus de liberdade.

Comentários: (*a*) A demonstração deste teorema não será dada aqui, mas está sugerida na seção de problemas. (Veja o Probl. 14.17.) Temos os elementos disponíveis com os quais poderemos achar $h_k(t)$ bastante facilmente. Primeiro, precisaremos determinar a fdp de $\sqrt{V/k}$, que será facilmente obtida da fdp conhecida de V. A seguir, precisaremos somente aplicar o Teor. 6.5, que dá a fdp do quociente de duas variáveis aleatórias independentes.

(*b*) O teorema acima poderá ser aplicado diretamente para obter-se a fdp de $t = (\overline{X} - \mu)\sqrt{n}/\hat{\sigma}$, a variável aleatória apresentada acima. Esta variável aleatória tem distribuição de t de Student, com $(n - 1)$ graus de liberdade. Note-se que, embora o valor de t dependa de μ, sua distribuição não depende.

(*c*) O gráfico de h_k é simétrico, como está apresentado na Fig. 14.8. De fato, ele se assemelha ao gráfico da distribuição normal, e o leitor poderá verificar que

$$\lim_{k \to \infty} h_k(t) = \left(1/\sqrt{2\pi}\right)e^{-t^2/2}.$$

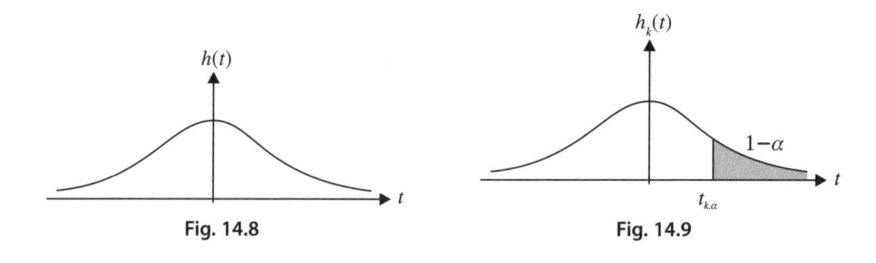

Fig. 14.8   Fig. 14.9

(*d*) Em virtude da importância desta distribuição, ela foi tabulada. (Veja o Apêndice.) Para α dado, $0{,}5 < \alpha < 1$, os valores de $t_{k,\alpha}$ que satisfazem à condição

$$\int_{-\infty}^{t_{k,\alpha}} h_k(t)\,dt = \alpha$$

estão tabulados. (Veja a Fig. 14.9.) (Para valores de α, que satisfaçam a $0 < \alpha < 0,5$, poderemos empregar os valores tabulados, em virtude da simetria da distribuição.)

(*e*) Essa distribuição leva este nome em homenagem ao estaticista inglês W. S. Gosset, que publicou sua pesquisa sob o pseudônimo de "Student".

Voltaremos, agora, ao problema apresentado no início desta seção. Como obteremos um intervalo de confiança para a média de uma variável aleatória normalmente distribuída, se a variância for *desconhecida*?

De maneira inteiramente análoga àquela empregada na Seção 14.7, obteremos o seguinte intervalo de confiança para μ, com coeficiente de confiança $(1 - \alpha)$:

$$\left(\overline{X} - n^{-1/2} \hat{\sigma} t_{n-1, 1-\alpha/2}, \overline{X} + n^{-1/2} \hat{\sigma} t_{n-1, 1-\alpha/2} \right).$$

Desse modo, o coeficiente de confiança acima apresenta a mesma estrutura que o anterior, com a importante diferença de que o valor conhecido de σ foi substituído pela sua estimativa $\hat{\sigma}$ e a constante $K_{1-\alpha/2}$, que anteriormente era obtida das tábuas da distribuição normal, foi substituída por $t_{n-1,1-\alpha/2}$, esta obtida das tábuas da distribuição t.

Comentário: O comprimento L, do intervalo de confiança acima é igual a

$$L = 2n^{-1/2} t_{n-1, 1-\alpha/2} \hat{\sigma}.$$

Concluímos que L não é uma constante, porque ele depende de $\hat{\sigma}$, a qual por sua vez depende dos valores amostrais $(X_1, ..., X_n)$.

Exemplo 14.18. Dez mensurações são feitas para a resistência de certo tipo de fio, fornecendo os valores $X_1, ..., X_{10}$. Suponha que $\overline{X} = 10,48$ ohms e $\hat{\sigma} = \sqrt{\frac{1}{9} \sum_{i=1}^{10} (X_i - \overline{X})^2} = 1,36$ ohms. Vamos supor que X tenha distribuição $N(\mu, \sigma^2)$ e que desejemos obter um intervalo de confiança para μ, com coeficiente de confiança 0,90. Portanto, $\alpha = 0,10$. Das tábuas da distribuição t encontraremos que $t_{9; 0,95} = 1,83$. Consequentemente, o intervalo de confiança procurado será

$$\left[10,48 - \frac{1}{\sqrt{10}}(1,36)(1,83), \ 10,48 + \frac{1}{\sqrt{10}}(1,36)(1,83) \right] =$$
$$= (9,69; 11,27).$$

14.9. Mais sobre Intervalos de Confiança

Embora não pretendamos dar uma exposição geral deste assunto, desejamos continuar a estudar alguns exemplos importantes.

Algumas vezes desejamos obter um intervalo de confiança para uma particular *função* de um parâmetro desconhecido, conhecendo-se já um intervalo de confiança para o próprio parâmetro. Se a função for monótona, isto poderá ser conseguido na forma ilustrada pelo exemplo seguinte.

Exemplo 14.19. Suponha que a duração da vida X de uma peça tenha distribuição $N(\mu, \sigma^2)$. Admita-se que σ^2 seja conhecido. A confiabilidade da peça para um tempo de serviço de t horas será dada por

$$R(t; \mu) = P(X > t) = 1 - \Phi\left(\frac{t-\mu}{\sigma}\right).$$

Desde que $\partial R(t; \mu)/\partial\mu > 0$ para todo μ, teremos que, para cada t fixado, $R(t; \mu)$ será uma função crescente de μ. (Veja a Fig. 14.10.) Assim, poderemos proceder da seguinte maneira, para obter um intervalo de confiança para $R(t; \mu)$. Seja $(\underline{\mu}, \overline{\mu})$ o intervalo de confiança para μ, obtido na Seção 14.7. Façamos $\underline{R}$ e $\overline{R}$, respectivamente, iguais ao extremo inferior e superior do intervalo de confiança desejado para $R(t; \mu)$. Se definirmos $\underline{R}$ e $\overline{R}$ pelas relações

$$\underline{R} = 1 - \Phi\left(\frac{t-\underline{\mu}}{\sigma}\right) \quad e \quad \overline{R} = 1 - \Phi\left(\frac{t-\overline{\mu}}{\sigma}\right),$$

verificaremos que $P(\underline{R} \leq R \leq \overline{R}) = P(\underline{\mu} \leq \mu \leq \overline{\mu}) = 1 - \alpha$, e, por isso, $(\underline{R}, \overline{R})$ representará um intervalo de confiança para $R(t; \mu)$, com coeficiente de confiança $(1 - \alpha)$. (Veja a Fig. 14.11.)

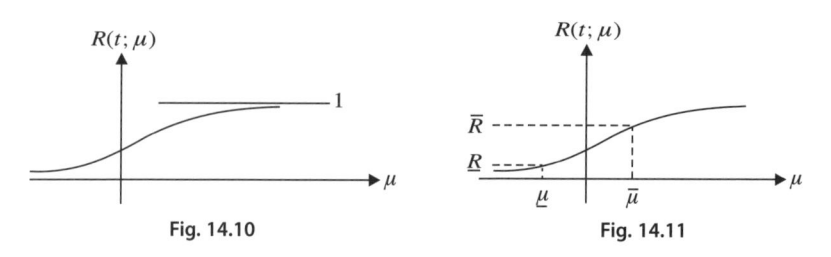

Fig. 14.10   Fig. 14.11

Vamos empregar os valores amostrais obtidos na Seção 14.7 para ilustrar este procedimento. Suponha que desejemos um intervalo de confiança para a confiabilidade do componente quando utilizado durante $t = 500$ horas. Já que obtivemos $\underline{\mu} = 500,4$ e $\overline{\mu} = 502,0$, encontraremos

$$\underline{R} = 1 - \Phi\left(\frac{500 - 500{,}4}{4}\right) = 0{,}655\,4, \quad \overline{R} = 1 - \Phi\left(\frac{500 - 502}{\sigma}\right) = 0{,}691\,5.$$

Até agora temos tratado apenas de intervalos de confiança *bilaterais*. Quer dizer, temos obtido duas estatísticas (algumas vezes denominadas limites de confiança inferior e superior) digamos $L(X_1, \ldots, X_n)$ e $U(X_1, \ldots, X_n)$, tais que $P[L \le \theta \le U] = 1 - \alpha$, para qual θ é o parâmetro desconhecido.

Frequentemente, porém, estaremos interessados em obter somente intervalos de confiança *unilaterais*, das formas seguintes:

$$P[\theta \le U] = 1 - \alpha \quad \text{ou} \quad P[L \le \theta] = 1 - \alpha.$$

Vamos ilustrar isso com exemplos.

Exemplo 14.20. Suponha que X tenha distribuição $N(\mu, \sigma^2)$ e desejemos obter um intervalo de confiança unilateral para o parâmetro desconhecido σ^2.

$h_{n-1}(\chi^2)$

Seja $X_1, \ldots, X_n$ uma amostra aleatória de X.

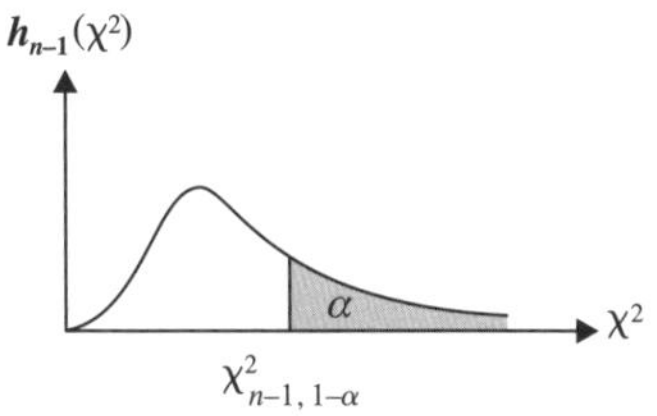

Do Teor. 13.4, sabemos que $\sum_{i=1}^{n} (X_i - \overline{X})^2/\sigma^2$ tem distribuição de qui-quadrado χ_{n-1}^2. Por isso, das tábuas da distribuição de qui-quadrado, poderemos obter um número $\chi_{n-1,\,1-\alpha}^2$ tal que

$\chi_{n-1,\,1-\alpha}^2$

Fig. 14.12

$$P\left[\sum_{i=1}^{n} \frac{(X_i - \overline{X})^2}{\sigma^2} \le \chi_{n-1,\,1-\alpha}^2\right] = 1 - \alpha.$$

(Veja a Fig. 14.12.) A probabilidade acima poderá ser escrita na forma seguinte:

$$P\left[\sigma^2 \ge \frac{\sum_{i=1}^{n}(X_i - \overline{X})^2}{\chi_{n-1,\,1-\alpha}^2}\right] = 1 - \alpha.$$

Consequentemente, $[\sum_{i=1}^{n} (X_i - \overline{X})^2/\chi_{n-1,\,1-\alpha}^2, \infty]$ é o intervalo de confiança unilateral pedido para σ^2, com coeficiente de confiança $(1 - \alpha)$.

Exemplo 14.21. Suponha que X, a duração da vida de um dispositivo eletrônico, seja exponencialmente distribuída com parâmetro $1/\beta$. Consequentemente, $E(X) = \beta$. Seja $X_1, \ldots, X_n$ uma amostra de X. No Ex. 14.7 encontramos que $\sum_{i=1}^{n} X_i n$ é a estimativa de MV de β. Do corolário do Teor. 10.9 verificamos que $2n\bar{X}/\beta$ tem distribuição de χ^2_{2n}. Portanto, $P[2n\bar{X}/\beta \geq \chi^2_{2n,\,1-\alpha}] = \alpha$, em que o número $\chi^2_{2n,\,1-\alpha}$ é obtido da tábua da distribuição de qui-quadrado.

Se desejarmos um intervalo de confiança (inferior ou à esquerda), para a confiabilidade $R(t;\,\beta) = P(X > t) = e^{-t/\beta}$, procederemos da seguinte maneira: Multiplicaremos a desigualdade acima por $(-t)$ e reordenaremos os termos, obtendo

$$P\left[(-t/\beta) \geq -t\chi^2_{2n,\,1-\alpha}\Big/\bar{X}2n\right] = 1 - \alpha.$$

O que por sua vez acarreta, desde que e^x é uma função crescente de x,

$$P\left\{R(t;\,\beta) = e^{-t/\beta} \geq \exp\left[\frac{-t\chi^2_{2n,\,1-\alpha}}{\bar{X}2n}\right]\right\} = 1 - \alpha.$$

Consequentemente, $(\exp[-t\chi^2_{2n,\,1-\alpha}/\bar{X}2n],\,\infty)$ constitui um intervalo de confiança unilateral para $R(t;\,\beta)$, com coeficiente de confiança $(1 - \alpha)$.

Como ilustração final de intervalo de confiança, vamos encontrar um intervalo de confiança para o parâmetro p associado a uma variável aleatória X, *binomialmente* distribuída. Examinaremos apenas o caso em que n, o número de repetições do experimento que dá origem a X, seja suficientemente grande, de modo que possamos empregar a *aproximação normal*.

Façamos $X/n = h$ representar a frequência relativa de um evento A, em n repetições de um experimento para o qual $P(A) = p$. Portanto, $E(h) = p$ e $V(h) = pq/n$, em que $q = 1 - p$.

Empregando a aproximação normal da distribuição binomial, poderemos escrever

$$P = \left[\frac{|h-p|}{\sqrt{pq/n}} \leq K\right] = P\left[|h-p| \leq K\sqrt{pq/n}\right] \simeq \frac{1}{\sqrt{2\pi}}\int_{-K}^{K} e^{-t^2/2} dt =$$
$$= 2\Phi(K) - 1,$$

em que, como sempre $\Phi(K) = (1/\sqrt{2\pi})\int_{-\infty}^{K} e^{-t^2 2}\,dt$. Assim, se fizermos a probabilidade acima igual a $(1 - \alpha)$, poderemos obter o valor de K da tábua da distribuição normal. Isto é, $2\Phi(K) - 1 = 1 - \alpha$ acarreta $K = K_{1-\alpha\,2}$. Porque estamos interessados em obter um intervalo de confiança para p, deveremos reescrever a desigualdade acima $\{|h-p| \leq K\sqrt{pq/n}\}$ como uma desigualdade em p. Ora, $\{|h-p| \leq K\sqrt{pq/n}\}$ é equivalente a $\{(h-p)^2 \leq K^2(1-p)p/n\}$.

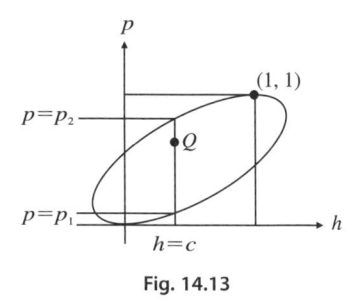

Fig. 14.13

Se considerarmos um sistema de coordenadas (h, p), a desigualdade representará a fronteira e o interior de uma elipse. O tipo de elipse será determinado por K e n: Quanto maior n, mais achatada será a elipse.

Considere-se um ponto $Q(h, p)$ no plano hp. (Veja a Fig. 14.13.) Q será um ponto "aleatório" no sentido de que sua primeira coordenada h será determinada pelo resultado do experimento. Porque Q cairá dentro da elipse se, e somente se, $\{|h - p| \le K \sqrt{pq/n}\}$, a probabilidade de que isso ocorra será $2\Phi(K) - 1$. Se desejarmos ter esta probabilidade igual a $(1 - \alpha)$, deveremos escolher K adequadamente, isto é, $K = K_{1-\alpha/2}$.

Ora, p é desconhecido. (Este é, naturalmente, nosso problema.) A reta $h = c$ (constante) cortará a elipse em dois pontos, digamos $p = p_1$ e $p = p_2$. (Pode ser facilmente verificado que, para α e h dados, existirão sempre dois valores distintos de p.)

Os valores p_1 e p_2 podem ser obtidos como a solução da equação quadrática (em p): $(h - p)^2 = K^2 (1 - p)p/n$. As soluções são

$$p_1 = \frac{hn + \left(K^2/2\right) - K\left[h(1-h)n + \left(K^2/4\right)\right]^{1/2}}{n + K^2},$$

(14.12)

$$p_2 = \frac{hn + \left(K^2/2\right) + K\left[h(1-h)n + \left(K^2/4\right)\right]^{1/2}}{n + K^2}$$

Portanto, $\{|h - p| \le K \sqrt{pq/n}\}$ é equivalente a $\{p_1 \le p \le p_2\}$. Desse modo, se K for escolhido tal que o primeiro evento tenha probabilidade $(1 - \alpha)$, teremos obtido um intervalo de confiança para p, a saber (p_1, p_2), com coeficiente de confiança $(1 - \alpha)$.

Resumindo: A fim de obter um intervalo de confiança para $p = P(A)$ com coeficiente de confiança $(1 - \alpha)$, realize-se o experimento n vezes e calcule-se a frequência relativa do evento A, digamos h. Depois, calculem-se p_1 e p_2 de acordo com as Eqs. (14.12), nas quais K é determinado pelas tábuas da distribuição normal. Recorde-se que este procedimento é válido somente quando n for suficientemente grande para justificar a aproximação normal.

Comentário: Recorde-se que, na Eq. (14.12), $h = X/n$, em que X = número de ocorrências do evento A. Portanto, $X = nh$ e $n - X = n(1 - h)$. Se, além de n, ambos os valores X e $n - X$ forem grandes, p_1 e p_2 poderão ser calculados aproximadamente como

$$p_1 \cong h - \frac{k}{\sqrt{n}}\sqrt{h(1-h)}, \; p_2 \cong h + \frac{k}{\sqrt{n}}\sqrt{h(1-h)}.$$

Exemplo 14.22. Em determinado processo produtivo, 79 itens foram fabricados durante uma semana especificada. Desses, verificou-se serem 3 defeituosos. Portanto, $h = 3/79 = 0,038$. Empregando o procedimento acima, obteremos (0,013; 0,106) como intervalo de confiança, para $p = P$ (item ser defeituoso), com coeficiente de confiança 0,95.

Exemplo 14.23. Uma fábrica tem um grande estoque de peças, algumas das quais oriundas de um método de produção agora considerado inferior, enquanto outras provêm de um processo moderno. Três milhares de peças são tiradas ao acaso do estoque. Dessas, verificou-se serem 1578 originadas do processo inferior. Empregando as expressões aproximadas de p_1 e p_2, o cálculo seguinte fornece um intervalo de confiança de 99% para p = proporção de peças do processo inferior:

$$h = \frac{1578}{3000} = 0,526, \qquad k = 2,576$$

$$p_1 = 0,526 - \frac{2,576}{\sqrt{3000}}\sqrt{(0,526)(0,474)} = 0,502,$$

$$p_2 = 0,526 + \frac{2,576}{\sqrt{3000}}\sqrt{(0,526)(0,474)} = 0,550.$$

Problemas

14.1. Suponha que um objeto seja mensurado independentemente com dois diferentes dispositivos de mensuração. Sejam L_1 e L_2 os comprimentos medidos pelo primeiro e segundo dispositivos, respectivamente. Se ambos os dispositivos estiverem calibrados corretamente, poderemos admitir que $E(L_1) = E(L_2) = L$, o comprimento verdadeiro. No entanto, a precisão dos dispositivos não é necessariamente a mesma. Se avaliarmos a precisão em termos da variância, então $V(L_1) \neq V(L_2)$. Se empregarmos a combinação linear $Z = aL_1 + (1 - a) L_2$ para nossa estimativa de L, teremos imediatamente que $E(Z) = L$, isto é, Z será uma estimativa não tendenciosa de L. Para qual valor escolhido de a, $0 < a < 1$, a variância de L será um mínimo?

14.2. Seja X uma variável aleatória com expectância μ e variância σ^2. Seja $(X_1, ..., X_n)$ uma amostra de X. Existem muitas outras estimativas de σ^2 que se podem sugerir além daquela apresentada anteriormente. Verifique que $C \sum_{i=1}^{n-1} (X_{i+1} - X_i)^2$ constitui uma estimativa não tendenciosa de σ^2, para uma escolha adequada de C. Determine aquele valor de C.

14.3. Suponha que 200 observações independentes $X_1, ..., X_{200}$ sejam obtidas de uma variável aleatória X. Sabe-se que $\sum_{i=1}^{200} X_i = 300$ e que $\sum_{i=1}^{200} X_i^2 = 3.754$. Empregando esses valores, calcule uma estimativa não tendenciosa de $E(X)$ e de $V(X)$.

14.4. Uma variável aleatória X tem fdp $f(x) = (\beta + 1)x^\beta$, $0 < x < 1$.

(a) Calcule a estimativa de MV de β, baseada numa amostra $X_1, ..., X_n$.

(b) Calcule a estimativa quando os valores amostrais forem: 0,3; 0,8; 0,27; 0,35; 0,62 e 0,55.

14.5. Os dados da Tab. 14.7 foram obtidos para a distribuição da espessura do lenho em postes telefônicos. (W. A. Shewhart, *Economic Control of Quality of Manufactured Products*, Macmillan and Co., New York, 1932, p. 66.) Admitindo-se que a variável aleatória em estudo tenha distribuição $N(\mu, \sigma^2)$, determine as estimativas de MV de μ e σ^2.

Tab. 14.7

Espessura do lenho (pol.)	Frequência	Espessura do lenho (pol.)	Frequência
1,0	2	3,7	123
1,3	29	4,0	82
1,6	62	4,3	48
1,9	106	4,6	27
2,2	153	4,9	14
2,5	186	5,2	5
2,8	193	5,5	1
3,1	188		
3,4	151	Frequência total: 1.370	

14.6. Suponha que T, a duração até falhar (em horas) de um dispositivo eletrônico, tenha a seguinte fdp:

$$f(t) = \beta e^{-\beta(t-t_0)}, \quad t > t_0 > 0,$$
$$= 0, \text{ para quaisquer outros valores.}$$

(T tem uma distribuição exponencial truncada à esquerda de t_0.) Suponha que n itens sejam ensaiados e as durações até falhar $T_1, ..., T_n$ sejam registradas.

(a) Supondo que t_0 seja conhecido, determine a estimativa de MV de β.

(b) Supondo que t_0 seja desconhecido, mas β seja conhecido, determine a estimativa de MV de t_0.

14.7. Considere a mesma lei de falhas apresentada no Probl. 14.6. Agora, N itens são ensaiados até T_0 horas $(T_0 > t_0)$, e o número de itens que falhem nesse período é registrado, digamos k. Responda à pergunta (a) do Probl. 14.6.

14.8. Suponha que X seja uniformemente distribuído sobre $(-\alpha, \alpha)$. Determine a estimativa de MV de α, baseada em uma amostra de tamanho n: $X_1, ..., X_n$.

14.9. (a) Um procedimento é realizado até que um particular evento A ocorra pela primeira vez. Em cada repetição, $P(A) = p$; suponha que sejam necessárias n_1 repetições. Depois, esse experimento é repetido e, agora, n_2 repetições são necessárias para produzir-se o evento A. Se isso for feito k vezes, obteremos a amostra $n_1, ..., n_k$. Baseando-se nessa amostra, determine a estimativa de MV de p.

(b) Admita que k seja bastante grande. Determine o valor aproximado de $E(\hat{p})$ e $V(\hat{p})$, em que $\hat{p}$ é a estimativa de MV obtida em (a).

14.10. Testou-se um componente que se supõe ter uma distribuição de falhas exponencial. Foram observadas as seguintes durações de vida (em horas): 108, 212, 174, 130, 198, 169, 252, 168, 143. Empregando esses valores amostrais, calcule a estimativa de MV da confiabilidade desse componente, quando utilizado por um período de 150 horas.

14.11. Os seguintes dados representam a duração da vida de lâmpadas elétricas (em horas):

1.009, 1.085, 1.123, 1.181, 1.235 1.249, 1.263, 1.292, 1.327, 1.338, 1.348
1.352, 1.359, 1.368, 1.379, 1.397, 1.406, 1.425, 1.437, 1.438, 1.441, 1.458
1.483, 1.488, 1.499, 1.505, 1.509, 1.519, 1.541, 1.543, 1.548, 1.549, 1.610
1.620, 1.625, 1.638, 1.639, 1.658, 1.673, 1.682, 1.720, 1.729, 1.737, 1.752,
1.757, 1.783, 1.796, 1.809, 1.828, 1.834, 1.871, 1.881, 1.936, 1.949, 2.007.

Com os valores amostrais acima, calcule a estimativa de MV da confiabilidade dessa lâmpada elétrica, quando utilizada por 1.600 horas de operação, admitindo-se que a duração da vida seja normalmente distribuída.

14.12. Suponha que duas lâmpadas, como explicado no Probl. 14.11, sejam empregadas em (a) ligação em série, e (b) ligação em paralelo. Em cada caso, calcule a estimativa de MV da confiabilidade, para um período de 1.600 horas de operação do sistema, baseada nos valores amostrais fornecidos no Probl. 14.11.

14.13. Suponhamos que partículas α sejam emitidas por uma fonte radioativa, de acordo com uma distribuição de Poisson. Isto é, se X for o número de partículas emitidas durante um intervalo de t minutos, então $P(X = k) = e^{-\lambda t}(\lambda t)^k/k!$ Em lugar de registrar-se o número real de partículas emitidas, suponha que registremos o número de vezes em que nenhuma partícula foi emitida. Especificamente, suponhamos que 30 fontes radioativas de mesma potência, sejam observadas durante um período de 50 segundos e que em 25 dos casos, ao menos uma partícula tenha sido emitida. Determine a estimativa de MV de λ, com base nessa informação.

14.14. Uma variável aleatória X tem distribuição $N(\mu, 1)$. Tomam-se vinte observações de X, mas em vez de se registrar o valor real, somente anotamos se X era ou não era negativo. Suponha que o evento $\{X < 0\}$ tenha ocorrido exatamente 14 vezes. Utilizando essa informação, determine a estimativa de MV de μ.

14.15. Suponha que X tenha uma distribuição gama; isto é, sua fdp seja dada por

$$f(x) = \frac{\lambda (\lambda x)^{r-1} e^{-\lambda x}}{\Gamma(r)}, \qquad x > 0.$$

Suponha que r seja conhecido, e seja X_1, ..., X_n uma amostra de X. Determine a estimativa de MV de λ, com base nessa amostra.

14.16. Suponha que X tenha uma distribuição de Weibull, com fdp

$$f(x) = (\lambda \alpha) x^{\alpha-1} e^{-\lambda x^{\alpha}}, \qquad x > 0.$$

Suponha que α seja conhecido. Determine a estimativa de MV de λ com base em uma amostra de tamanho n.

14.17. Demonstre o Teor. 14.3. [*Sugestão*: Veja o Comentário (*a*), que se segue a esse teorema.]

14.18. Compare o valor de $P(X \geq 1)$, na qual X tem distribuição $N(0, 1)$, com $P(t \geq 1)$, na qual t tem distribuição t de Student com: (*a*) 5 gl, (*b*) 10 gl, (*c*) 15 gl, (*d*) 20 gl, (*e*) 25 gl.

14.19. Suponha que X tenha distribuição $N(\mu, \sigma^2)$. Uma amostra de tamanho 30, digamos $X_1, ..., X_{30}$, fornece os seguintes valores: $\sum_{i=1}^{30} X_i = 700,8$; $\sum_{i=1}^{30} X_i^2 = 16.395,8$. Determine um intervalo de confiança de 95% (bilateral) para μ.

14.20. Suponha que X tenha distribuição $N(\mu, 4)$. Uma amostra de tamanho 25 fornece a média amostral $\bar{X} = 78,3$. Determine um intervalo de confiança de 99% (bilateral) para μ.

14.21. Suponha que a duração da vida de um componente seja normalmente distribuída, $N(\mu, 9)$. Vinte componentes são ensaiados e suas durações até falhar $X_1, ..., X_{20}$ são registradas. Suponha que $\bar{X} = 100,9$ horas. Determine um intervalo de confiança de 99% (bilateral) para a confiabilidade $R(100)$.

14.22. Determine um intervalo de confiança de 99%, unilateral inferior, para $R(100)$ do Probl. 14.2l.

14.23. Suponha que X tenha distribuição $N(\mu, \sigma^2)$, na qual μ e σ^2 são desconhecidos. Uma amostra de tamanho 15 forneceu os valores $\sum_{i=1}^{15} X_i = 8,7$ e $\sum_{i=1}^{15} X_i^2 = 27,3$. Determine um intervalo de confiança de 95% (bilateral) para σ^2.

14.24. Uma centena de componentes foi ensaiada, e 93 deles funcionaram mais de 500 horas. Determine um intervalo de confiança de 95% (bilateral) para $p = P$ (componente funcione mais de 500 horas). [*Sugestão*: Empregue a Eq. (14.12).]

14.25. Suponha que X, o comprimento de um parafuso, tenha distribuição $N(\mu, 1)$. Um grande número de parafusos é fabricado e depois separado em duas grandes reservas. A reserva 1 contém somente aqueles parafusos para os quais $X > 5$, enquanto a reserva 2 contém todos os demais. Uma amostra de tamanho n é tirada da reserva 1 e os comprimentos dos parafusos escolhidos são medidos. Obtém-se, assim, uma amostra $Y_1,\ldots, Y_n$ da variável aleatória Y, que é normalmente distribuída, truncada à esquerda de 5. Escreva a equação a ser resolvida a fim de se obter a estimativa de MV de μ, baseada na amostra $(Y_1,\ldots, Y_n)$ em termos das funções tabuladas ϕ e Φ, na qual $\phi(x) = (1/\sqrt{2})e^{-x^2/2}$ e Φ é a fd da distribuição $N(0, 1)$.

14.26. (Distribuição de F.) Sejam X e Y variáveis aleatórias independentes, tendo distribuições $\chi^2_{n_1}$ e $\chi^2_{n_2}$, respectivamente. Seja a variável aleatória F definida da seguinte maneira: $F = (X/n_1)/(Y/n_2) = n_2X/n_1Y$. (Esta variável aleatória desempenha importante papel em muitas aplicações estatísticas.) Verifique que a fdp de F é dada pela seguinte expressão:

$$h(f) = \frac{\Gamma\left[(n_1+n_2)/2\right]}{\Gamma(n_1/2)\Gamma(n_2/2)}\left(\frac{n_1}{n_2}\right)^{n_2/2} f^{(n_1/2)-1}\left[1+(n_1/n_2)f\right]^{-(1/2)(n_1+n_2)}, \quad f > 0.$$

[Esta é a denominada distribuição de F (de Snedecor), com (n_1, n_2) graus de liberdade. Em virtude de sua importância, probabilidades associadas à variável aleatória F foram tabuladas.] (*Sugestão*: Para deduzir a fdp acima, empregue o Teor. 6.5.)

14.27. Esboce o gráfico da fdp h, como está apresentada no Probl. 14.26, supondo que $n_1 > n_2 > 2$.

14.28. Um dos motivos da importância da distribuição de F é o seguinte: Suponha que X e Y sejam variáveis aleatórias independentes com distribuições $N(\mu_x, \sigma_x^2)$ e $N(\mu_y, \sigma_y^2)$, respectivamente. Sejam $X_1,\ldots, X_{n_1}$, e $Y_1,\ldots, Y_{n_2}$, amostras aleatórias de X e Y, respectivamente. Então a estatística $C\sum_{i=1}^{n_1}(X_i - \bar{X})^2 \div \sum_{i=1}^{n_2}(Y_i - \bar{Y})^2$ tem uma distribuição de F, para uma escolha apropriada de C. Verifique isso e determine C. Quais são os graus de liberdade associados a esta distribuição?

14.29. Suponha que a variável aleatória t tenha distribuição de t de Student, com 1 grau de liberdade. Qual será a distribuição de t^2? Identifique-a.

14.30. Suponha que X seja normalmente distribuída. Uma amostra aleatória de tamanho 4 é obtida e $\bar{X}$, a média amostral, é calculada. Se a soma dos quadrados dos desvios dessas 4 medidas em relação a $\bar{X}$ for igual a 48, estabeleça um intervalo de confiança de 95% (bilateral) para $E(X)$ em termos de $\bar{X}$.

14.31. A seguinte amostra de tamanho 5 foi obtida da variável aleatória bidimensional (X, Y). Utilizando esses valores, calcule o coeficiente de correlação amostral.

x	1	2	3	4	5
y	4	5	3	1	2

14.32. Suponha que $E(Y) = \alpha X + \beta$. Uma amostra de tamanho 50 está disponível, digamos (x_i, Y_i), $i = 1, ..., 50$ para a qual $\bar{x} = \bar{Y} = 0$, $\sum_{i=1}^{50} x_i^2 = 10$, $\sum_{i=1}^{50} Y_i^2 = 15$ e $\sum_{i=1}^{50} x_i Y_i = 8$.

(a) Determine as estimativas de mínimos quadrados dos parâmetros α e β, a saber $\hat{\alpha}$ e $\hat{\beta}$.

(b) Qual é o valor do mínimo da soma de quadrados $\sum_{i=1}^{50} [Y_i - (\hat{\alpha}x_i + \hat{\beta})]^2$?

14.33. Pode-se supor (erroneamente) que uma estimativa não tendenciosa possa sempre ser encontrada para um parâmetro desconhecido. Isso não é verdade, como está ilustrado pelo seguinte exemplo. Suponha que n repetições de um experimento sejam realizadas e um particular evento A ocorra precisamente k vezes. Se tivermos formulado a hipótese de uma probabilidade constante $p = P(A)$, de que A ocorra quando o experimento for realizado, poderemos estar interessados na estimação da razão $r = p/(1 - p)$. Para verificar que nenhuma estimativa não tendenciosa de $r = p/(1 - p)$ existe [com base na observação de k resultados A, e $(n - k)$ resultados $\bar{A}$], suponha que, de fato, essa estimativa exista. Isto é, suponha que $\hat{r} = h(k)$ seja uma estatística para a qual $E(\hat{r}) = p/(1 - p)$. Especificamente, suponha que $n = 2$, e, portanto, $k = 0, 1$ ou 2. Denotem-se os três valores correspondentes de $\hat{r}$ por a, b e c. Verifique que $E(\hat{r}) = p/(1 - p)$ conduz a uma contradição, observando-se o que acontece ao primeiro e ao segundo membros dessa equação, quando $p \to 1$.

14.34. Verifique que as estimativas de mínimos quadrados $\hat{\alpha}$ e $\hat{\beta}$, tal como são dadas pelas Eqs. (14.7) e (14.8), são não tendenciosas.

14.35. Verifique as expressões de $V(\hat{\alpha})$ e $V(\hat{\beta})$, tal como estão dadas pelas Eqs. (14.9).

14.36. Suponha que $E(Y) = \alpha X^2 + \beta X + \gamma$, na qual X é preestabelecido. Baseando-se em uma amostra (x_i, Y_i), $i = 1, ..., n$, determine as estimativas de mínimos quadrados dos parâmetros α, β e γ.

14.37. Com o auxílio da Tábua 7, obtenha uma amostra de tamanho 20 de uma variável aleatória que tenha distribuição $N(2, 4)$.

(a) Suponha que essa amostra tenha sido obtida de uma variável aleatória que tenha distribuição $N(\alpha, 4)$. Empregue os valores amostrais para obter para α um intervalo de confiança de 95%.

(b) O mesmo que em (a), admitindo, porém, que a amostra provenha de uma distribuição $N(\alpha, \beta^2)$, com β^2 desconhecido.

(c) Compare os comprimentos dos intervalos de confiança em (a) e (b) e comente o resultado.

Testes de Hipóteses

Capítulo 15

15.1. Introdução

Neste capítulo apresentaremos outra maneira de tratar o problema de fazer uma afirmação sobre um parâmetro desconhecido, associado a uma distribuição de probabilidade, baseada em uma amostra aleatória. Em vez de procurar-se uma estimativa do parâmetro, frequentemente nos parecerá conveniente admitir um valor hipotético para ele e, depois, utilizar a informação da amostra para confirmar ou rejeitar esse valor hipotético. Os conceitos, a serem apresentados neste capítulo, podem ser formulados sobre uma base teórica bastante sólida. No entanto, não nos dedicaremos a este assunto sob um ângulo rigoroso; em vez disso, examinaremos alguns procedimentos que são, intuitivamente, bastante interessantes. Estudaremos algumas das propriedades dos procedimentos apresentados, mas não pretenderemos indicar por que alguns dos métodos propostos devam ser preferidos a outros, alternativos. O leitor interessado poderá encontrar melhor fundamentação teórica de alguns desses procedimentos recorrendo às obras enumeradas no fim do capítulo.

Considere o seguinte exemplo.

Exemplo 15.1. Um fabricante vem produzindo pinos para serem utilizados sob determinadas condições de trabalho. Verificou-se que a duração da vida (em horas) desses pinos é normalmente distribuída, $N(100, 9)$. Um novo esquema de fabricação foi introduzido com o objetivo de aumentar a duração da vida desses pinos. Quer dizer, a expectativa é que a duração da vida X (correspondente aos pinos fabricados pelo novo processo) terá distribuição $N(\mu, 9)$ em que $\mu > 100$. (Admitimos que a variância permaneça a mesma. Isto significa, essencialmente, que a variabilidade do novo processo seja a mesma que a do processo antigo.)

Deste modo, o fabricante e o comprador potencial desses pinos estão interessados em pôr à prova (ou testar) as seguintes hipóteses:

$$H_0: \mu = 100 \quad \text{contra} \quad H_1: \mu > 100.$$

(Estamos fazendo a suposição tácita de que o novo processo não pode ser pior do que o antigo.) H_0 é denominada a *hipótese da nulidade* (ou hipótese básica), e H_1 a *hipótese alternativa*.

Estamos, essencialmente, diante de um problema semelhante àquele apresentado no Cap. 14. Estamos estudando uma variável aleatória e não conhecemos o valor de um parâmetro associado à sua distribuição. Poderíamos resolver este problema, como já o fizemos anteriormente, pela simples estimação de μ. Porém, em muitas situações, estaremos realmente interessados em tomar uma *decisão específica*: Deveremos aceitar ou rejeitar a hipótese H_0? Por isso, não retrocederemos aos conceitos anteriores de estimação, mas iremos desenvolver alguns conceitos que serão particularmente adequados a resolver o problema específico que temos à mão.

Começamos por obter uma amostra de tamanho n, da variável aleatória X. Isto é, escolhemos ao acaso n pinos fabricados pelo novo processo e registramos quanto tempo esses pinos funcionam, assim obtendo a amostra $X_1,..., X_n$. Depois, calculamos a média aritmética desses números, digamos $\overline{X}$. Como se sabe que $\overline{X}$ constitui uma "boa" estimativa de μ, parece razoável que devamos basear nossa decisão de aceitar ou rejeitar H_0 sobre o valor de $\overline{X}$. Já que estamos interessados em discriminar entre $\mu = 100$ e valores de μ maiores do que 100, parece razoável rejeitarmos H_0 se $(\overline{X} - 100)$ for "muito grande".

Desta maneira, somos conduzidos (estritamente em base intuitiva) ao seguinte procedimento, comumente denominado *teste* (ou *prova*) de hipótese: Rejeitar H_0 se $\overline{X} - 100 > C'$ ou, equivalentemente, se $\overline{X} > C$, (no qual C é uma constante a ser determinada), e aceitar no caso contrário.

Observe que a forma particular do teste que estamos utilizando foi em parte sugerido pela hipótese alternativa H_1. Este é um ponto ao qual voltaremos ainda. Se na situação acima estivéssemos interessados em testar $H_0: \mu = 100$ contra $H_1': \mu \neq 100$, teríamos de empregar o teste: Rejeitar H_0 se $|\overline{X} - 100| > C'$. Estamos agora em posição análoga àquela em que nos encontramos quando estabelecemos uma estimativa $\hat{\theta}$ para o parâmetro θ. Perguntamos: Quão "boa" é a estimativa? Que propriedades desejáveis deve ela apresentar? Podemos formular questões semelhantes sobre o teste que construímos: Quão "bom" é o teste? Que propriedades deve ele apresentar? Como compará-lo com outro teste que se possa propor?

A fim de responder a essas questões, deveremos, antes de mais nada, compreender que nenhuma solução existe, no sentido usual, para o problema que estamos colocando. Quer dizer, apenas pela inspeção de alguns pinos que estejam sendo fabricados, nunca poderemos estar *certos* de que $\mu = 100$. (Novamente, observe a analogia com o problema da estimação: Não esperamos que nossa estimativa $\hat{\theta}$ seja igual a θ; apenas esperamos que ela esteja "próxima" de θ.) A mesma coisa é verdadeira aqui: Um teste não nos conduzirá sempre à decisão certa, mas um "bom" teste nos conduzirá à decisão correta "na maioria das vezes".

Vamos ser mais precisos. Existem, fundamentalmente, dois tipos de erros que poderemos cometer. Poderemos rejeitar H_0 quando, de fato, H_0 for verdadeira; isto é, quando a qualidade dos pinos *não* tiver melhorado. Isto poderá acontecer porque tenhamos escolhido alguns pinos fortes em nossa amostra, que não serão típicos da produção completa. Ou, alternativamente, poderemos aceitar H_0 quando, de fato, H_0 for falsa; isto é, quando a qualidade dos pinos tiver melhorado. Formalizando, estabeleceremos a seguinte definição:

Definição.

Erro Tipo 1: Rejeitar H_0 quando H_0 for verdadeira.

Erro Tipo 2: Aceitar H_0 quando H_0 for falsa.

Deve-se esclarecer que não poderemos evitar completamente esses erros; tentaremos manter relativamente pequena a probabilidade de cometer esses erros.

A fim de enfrentar este problema, vamos introduzir a noção muito importante da função Característica de Operação de um teste, L, que é a seguinte função do parâmetro μ (desconhecido):

Definição. A *função característica de operação* (função CO) do teste acima é definida:

$$L(\mu) = P \text{ (aceitar } H_0|\mu) = P(\overline{X} \le C|\mu).$$

Isto é, $L(\mu)$ é a probabilidade de aceitar H_0, considerada como uma função de μ.

Comentário: Outra função estreitamente relacionada com a função CO é a *função de poder*, definida por

$$H(\mu) = P[\text{rejeitar } H_0|\mu].$$

Por isso, $H(\mu) = 1 - L(\mu)$. Empregaremos a função CO para descrever as propriedades de um teste, apesar de que isso poderia ser também facilmente feito em termos da função de poder.

No caso particular que está sendo estudado, poderemos obter a seguinte expressão explícita para L: Se μ for o verdadeiro valor de $E(X)$, então $\bar{X}$ terá a distribuição $N(\mu, 9/n)$. Portanto,

$$L(\mu) = P(\bar{X} \leq C \mid \mu) = P\left(\frac{\bar{X}-\mu}{3/\sqrt{n}} \leq \frac{C-\mu}{3/\sqrt{n}}\right) = \Phi\left[\frac{(C-\mu)\sqrt{n}}{3}\right],$$

na qual, como sempre

$$\Phi(s) = \frac{1}{\sqrt{2\pi}} \int_{-\infty}^{s} e^{-x^2/2} dx.$$

As seguintes propriedades de $L(\mu)$ são facilmente verificadas:

(a) $L(-\infty) = 1$.

(b) $L(+\infty) = 0$,

(c) $dL/d\mu < 0$ para todo μ. (Portanto, L é uma função estritamente decrescente de μ.)

Assim, o gráfico da função L apresenta a aparência geral da curva da Fig. 15.1. (A configuração específica dependerá, natural-mente, da escolha da constante C e do tama-nho da amostra n.)

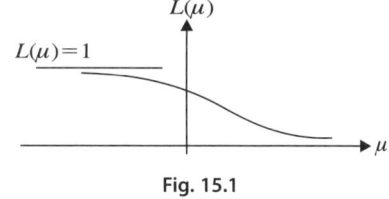

Fig. 15.1

Considere $1 - L(100)$. Este número representa a probabilidade de rejeitar H_0, quando H_0 for verdadeira. Isto é, $1 - L(100)$ representa a probabilidade de um erro tipo 1. Se n e C forem dados, então $1 - L(100)$ ficará completamente determinado. Por exemplo, se tomarmos $n = 50$ e $C = 101$, obteremos

$$1 - L(100) = 1 - \Phi\left[\frac{101-100}{3}\sqrt{50}\right]$$
$$= 1 - \Phi(2,37) = 0,009.$$

Portanto, este teste particular nos levará a rejeitar H_0 erroneamente cerca de 0,9% das vezes.

Frequentemente, examinaremos o problema de um ângulo ligeiramente diferente. Suponha que o tamanho da amostra, n, seja dado e que a probabilidade do erro tipo 1 seja especificada. Isto é, $1 - L(100) = \alpha$ ou, equivalentemente, $L(100) = 1 - \alpha$. Qual deverá ser o valor de C?

Particularizando, se tomarmos $n = 50$ e escolhermos $\alpha = 0,05$, obteremos C como solução da seguinte equação:

$$0,95 = \Phi\left(\frac{C-100}{3}\sqrt{50}\right).$$

Da tábua da distribuição normal, isso dá

$$1,64 = \frac{C-100}{3}\sqrt{50}.$$

Consequentemente,

$$C = 100 + \frac{3(1,64)}{\sqrt{50}} = 100,69.$$

Por conseguinte, se rejeitarmos a hipótese sempre que a média amostral for maior do que 100,69, estaremos assegurando uma probabilidade 0,05 de que o erro tipo 1 ocorrerá. Desde que n e C sejam agora conhecidos, a função CO estará completamente especificada. Seu gráfico está apresentado na Fig. 15.2. O valor 0,05 é denominado *nível de significância* do teste (ou algumas vezes, a *amplitude* do teste). Na maioria dos problemas, este valor é tomado menor do que 0,1.

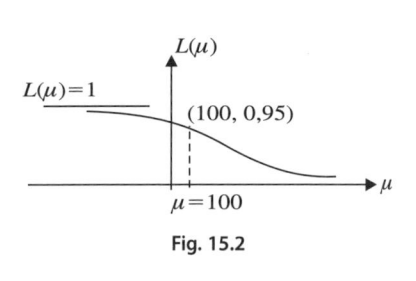

Fig. 15.2

Note que, uma vez especificados α e o tamanho da amostra n, apenas a constante C terá de ser determinada, a fim de que se especifique completamente o teste. Fizemos isso, impondo que o gráfico da função CO passasse por um ponto especificado, a saber (100; 0,95). (É evidente a maneira como o procedimento acima seria modificado se tivéssemos escolhido um outro valor que não 0,05 para o nível de significância.)

Agora que a função CO está completamente especificada, poderemos achar as coordenadas de qualquer outro ponto. Por exemplo, qual será o valor de $L(102)$?

$$L(102) = \Phi\left(\frac{100,69 - 102}{3}\sqrt{50}\right)$$
$$= \Phi(-3,1) = 0,000\ 97.$$

Portanto, para o teste que estamos examinando, a probabilidade de aceitar H_0: $\mu = 100$, quando de fato $\mu = 102$, é igual a 0,000 97. Em consequência, a probabilidade de um erro tipo 2 será realmente muito pequena se $\mu = 102$. Já que L é uma função decrescente de μ, concluímos que $L(\mu) < 0,000\ 97$ para todo $\mu > 102$.

Se desejarmos escolher tanto n como C, deveremos especificar dois pontos, pelos quais o gráfico da função CO deverá passar. Desta maneira, seremos capazes de controlar não somente a probabilidade do erro tipo 1, mas também a probabilidade do erro tipo 2.

Suponha que, no exemplo que estamos estudando, não desejemos rejeitar H_0 quando $\mu \geq 102$. Por isso, deveremos fazer, por exemplo, $L(102) = 0,01$, e, desde que L é uma função decrescente de μ, segue-se que $L(\mu) \leq 0,01$ para $\mu > 102$. (Veja a Fig. 15.3.)

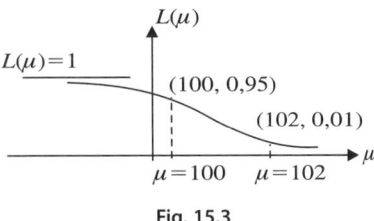

Fig. 15.3

Se também impusermos um nível de significância de 0,05, obteremos as duas seguintes equações, para a determinação de n e C:

$$L(100) = 0,95, \quad L(102) = 0,01.$$

Essas equações ficam

$$0,95 = \Phi\left(\frac{C - 100}{3}\sqrt{n}\right), \quad 0,01 = \Phi\left(\frac{C - 102}{3}\sqrt{n}\right).$$

Das tábuas da distribuição normal, verificamos que essas expressões são equivalentes a

$$1,64 = \frac{C - 100}{3}\sqrt{n}, \quad -2,33 = \frac{C - 102}{3}\sqrt{n}.$$

A fim de eliminarmos n, dividiremos uma equação pela outra. Daí,

$$(C - 102)(1,64) = (-2,33)(C - 100),$$

da qual se obtém

$$C = \frac{(102)(1,64) - (100)(-2,33)}{1,64 - (-2,33)} = 100,8.$$

Uma vez que C é conhecido, poderemos obter n elevando ao quadrado qualquer das equações anteriores; portanto,

$$n = \left[\frac{3(1,64)}{C-100} \right]^2 = 34,6 \approx 35.$$

15.2. Formulação Geral: Distribuição Normal com Variância Conhecida

Estudamos, com detalhe, um exemplo que trata de hipótese referente à média de uma variável aleatória normalmente distribuída. Enquanto algumas das operações ainda estão vivas em nossa mente, vamos generalizar esse exemplo, da maneira seguinte.

Suponha que X seja uma variável aleatória com distribuição $N(\mu, \sigma^2)$, em que σ^2 é suposto conhecido. Para testar H_0: $\mu = \mu_0$ contra H_1: $\mu > \mu_0$, propomos o seguinte: Obtenha uma amostra de tamanho n, calcule a média amostral $\overline{X}$, e rejeite H_0 se $\overline{X} > C$, em que C é uma constante a ser determinada. A função CO deste teste é dada por

$$L(\mu) = P(\overline{X} \le C) = \Phi\left(\frac{C-\mu}{\sigma} \sqrt{n} \right). \tag{15.1}$$

A configuração geral da função CO é a apresentada na Fig. 15.4.

As propriedades gerais de $L(\mu)$ são facilmente estabelecidas (veja o Probl. 15.4):

(a) $L(-\infty) = 1$.

(b) $L(+\infty) = 0$.

(c) $L'(\mu) < 0$, e, por isso, L é uma função estritamente decrescente de μ.

(d) $L''(\mu) = 0$ para $\mu = C$ e, por isso, o gráfico apresenta um ponto de inflexão para esse valor de μ.

(e) n crescente determina que a curva se torne mais íngreme.

Para prosseguir, vamos examinar dois casos.

Caso 1. Se n for dado e especificarmos o nível de significância do teste (isto é, a probabilidade do erro tipo 1) em algum valor α, poderemos obter o valor de C, pela resolução da seguinte equação:

$$1 - \alpha = \Phi\left(\frac{C - \mu_0}{\sigma}\sqrt{n}\right).$$

Definindo K_α pela relação $1/\sqrt{2\pi}\int_{-\infty}^{K_\alpha} e^{-t^2/2}dt = \alpha$, poderemos escrever a equação acima na forma

$$K_{1-\alpha} = \frac{C - \mu_0}{\sigma}\sqrt{n},$$

na qual $K_{1-\alpha}$ poderá ser obtido da tábua da distribuição normal. Consequentemente, rejeitaremos H_0 se

$$\overline{X} > \mu_0 + \frac{\sigma}{\sqrt{n}}K_{1-\alpha}.$$

Caso 2. Se α e C tiverem de ser determinados, deveremos especificar dois pontos do gráfico da curva CO: $1 - L(\mu_0) = \alpha$, o nível de significância, e $L(\mu_1) = \beta$, a probabilidade do erro tipo 2 para $\mu = \mu_1$. Em consequência, deveremos resolver as seguintes equações, para n e C:

$$1 - \alpha = \Phi\left(\frac{C - \mu_0}{\sigma}\sqrt{n}\right); \quad \beta = \Phi\left(\frac{C - \mu_1}{\sigma}\sqrt{n}\right).$$

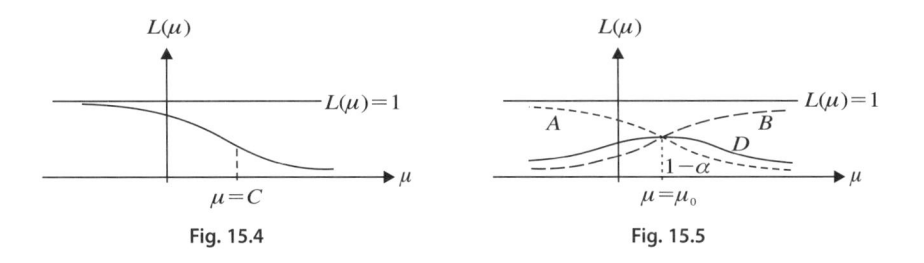

Fig. 15.4   Fig. 15.5

Essas equações poderão ser resolvidas para n e C, tal como foi explicado anteriormente. Obteremos

$$C = \frac{\mu_1 K_{1-\alpha} - \mu_0 K_\beta}{K_{1-\alpha} - K_\beta}, \quad n = \left[\frac{\sigma K_{1-\alpha}}{C - \mu_0}\right]^2,$$

na qual $K_{1-\alpha}$ e K_β já foram definidos acima.

No procedimento esboçado, tratamos com a hipótese alternativa H_1: $\mu >$ 100 (ou, no caso geral, $\mu > \mu_0$). Em alguma outra situação, poderemos desejar considerar H_0: $\mu = \mu_0$ contra H_1': $\mu < \mu_0$ ou H_0: $\mu = \mu_0$ contra H_1'': $\mu \neq \mu_0$. Deve estar evidente a maneira pela qual modificaremos o teste acima, para tal hipótese alternativa. Se considerássemos H_1': $\mu < \mu_0$, rejeitaríamos H_0 se $\overline{X} < C$ e a função CO seria definida por

$$L(\mu) = P(\overline{X} \geq C) = 1 - \Phi\left(\frac{C - \mu}{\sigma}\sqrt{n}\right).$$

Se considerássemos H_1'': $\mu \neq \mu_0$, rejeitaríamos H_0 sempre que $|\overline{X} - \mu_0| > C$ e, consequentemente, a função CO seria definida por

$$L(\mu) = P(|\overline{X} - \mu_0| \leq C) =$$
$$= \Phi\left(\frac{C + \mu_0 - \mu}{\sigma}\sqrt{n}\right) - \Phi\left(\frac{-C + \mu_0 - \mu}{\sigma}\sqrt{n}\right).$$

Se escolhermos o *mesmo* nível de significância para cada um dos testes acima, digamos α, e marcarmos os gráficos das respectivas funções CO no mesmo sistema de coordenadas, obteremos o que está representado na Fig. 15.5, na qual a curva A corresponde a H_1, B a H_1', e D a H_1''. Essa figura nos dá meios de comparar os três testes que estamos estudando. Todos os testes têm o mesmo nível de significância. (Deve ficar bem compreendido que C é apenas um símbolo genérico para uma constante, que não será a mesma em todos os casos. O importante é que em cada caso C tenha sido escolhido de modo que o teste tenha o nível de significância α.)

Se $\mu > \mu_0$, então o teste A será melhor do que os outros dois, porque ele dará um menor valor para a probabilidade do erro tipo 2. No entanto, se $\mu < \mu_0$, o teste A será o pior deles enquanto o teste B será o melhor. Finalmente, o teste D é geralmente aceitável e, no entanto, em qualquer caso específico poderá ser melhorado, quer pelo teste A, quer pelo teste B. Portanto, observavamos que é muito importante ter uma hipótese alternativa específica em mente, porque o teste que escolhermos dependerá dela. (Somente comparamos testes com o mesmo nível de significância; isto não é absolutamente necessário, mas as comparações se tornarão um tanto vagas se empregarmos testes que tenham diferentes níveis de significância. Observe-se a semelhança com nossa comparação de certas estimativas: Somente comparamos as variâncias daquelas estimativas que eram não tendenciosas.)

Em muitas situações é bastante evidente qual hipótese alternativa deveremos considerar. No caso anterior, por exemplo, presumivelmente sabíamos que o novo processo de fabricação produziria pinos ou com a *mesma* durabilidade ou com durabilidade *aumentada* e, consequentemente, empregaríamos o teste A, como foi sugerido. (Se o novo processo se destinasse a produzir pinos de qualidade inferior, o nosso teste seria muito deficiente.) Se uma hipótese como essa não fosse justificável, seria melhor empregar um teste tal como o D: Rejeitar H_0 se $\overline{X} - \mu_0 | > C$. Testes tais como A e B são denominados testes *unicaudais*, enquanto um teste semelhante a D é denominado teste *bicaudal*.

Ao examinar hipóteses alternativas, a seguinte analogia se revelará útil. Suponha que uma pessoa esteja deixando a localidade M, e *sabemos* que terá ido para a esquerda ou para a direita de M, percorrendo uma trajetória retilínea.

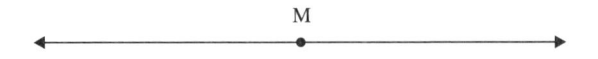

Se 10 pessoas estiverem disponíveis para um grupo de busca, como deverão essas pessoas se dispersar? Se nada mais for conhecido, relativamente ao paradeiro da pessoa, pareceria razoável enviar um grupo de 5 pessoas em cada direção, dessa maneira expedindo um grupo de busca bastante eficiente, mas não demasiadamente forte, tanto para a esquerda como para a direita. No entanto, se houver algum indício de que a pessoa tenha se extraviado para a esquerda, nesse caso todas ou a maioria das pessoas disponíveis deveriam ser enviada, para a esquerda, para constituírem um grupo de busca muito eficiente à esquerda e um muito deficiente à direita. Outras considerações poderiam também influenciar o emprego dos recursos disponíveis. Por exemplo, suponha que a trajetória para a esquerda leve a um campo raso arborizado, enquanto a trajetória para a direita conduza à borda de uma profunda garganta. É óbvio que, neste caso, a maioria dos exploradores estaria concentrada à direita, porque as consequências de ficar perdido à direita seriam muito mais sérias do que aquelas à esquerda.

A analogia fica evidente. Ao testar hipóteses, também estaremos interessados nas consequências de nossa decisão de rejeitar H_0 ou de aceitá-la. Por exemplo, o erro que cometeríamos ao aceitar alguns pinos, que fossem realmente inferiores (acreditando-se que não o fossem) seria tão importante quanto não aceitar pinos que fossem realmente satisfatórios (acreditando-se que não o fossem)?

Comentário: Na formulação anterior, sugerimos que, frequentemente, preestabelecemos o nível de significância do teste. Isto é feito frequentemente; contudo, existe outro tratamento para o problema, o qual é muito comum e deve ser comentado.

Vamos voltar ao Ex. 15.1, no qual testamos H_0: $\mu = 100$ contra H_1: $\mu > 100$. Suponha que simplesmente tiramos uma amostra de tamanho 50, calculamos a média amostral, digamos $\bar{X}$, e achamos que $\bar{X} = 100,87$. Deveremos aceitar ou rejeitar H_0? Poderemos raciocinar assim: Se $\mu = 100$, então $\bar{X}$ terá distribuição $N(100, 9/50)$. Por isso, calcularemos

$$P(\bar{X} \geq 100,87) = P\left(\frac{\bar{X}-100}{3}\sqrt{50} \geq \frac{100,87-100}{3}\sqrt{50}\right) =$$
$$= 1 - \Phi(2,06) = 0,019\ 699.$$

Desde que $0,01 < 0,019\ 699 < 0,05$ diremos que o valor observado de $\bar{X}$ é significativo no nível de 5%, mas não o é no nível de 1%. Quer dizer, se empregássemos $\alpha = 0;05$, rejeitaríamos H_0, enquanto ao mesmo tempo se empregássemos $\alpha = 0,01$, não rejeitaríamos H_0.

Em outras palavras, se $\mu = 100$, obteríamos um resultado que somente ocorreria cerca de 1,9% das vezes. Se sentíssemos que, a fim de aceitar H_0, um resultado deveria ter ao menos probabilidade de ocorrência de 0,05, então rejeitaríamos H_0. Se estivéssemos satisfeitos com uma probabilidade de 0,01 aceitaríamos H_0.

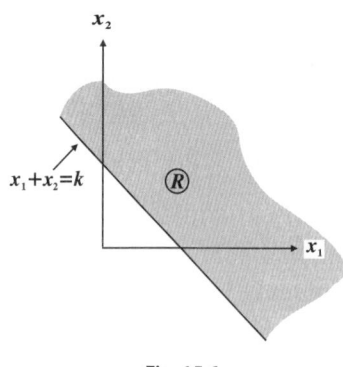

Fig. 15.6

Comentário: O teste acima estipula que H_0 deve ser rejeitada sempre que $\bar{X} > C$. Suponha que o tamanho da amostra seja $n = 2$. Consequentemente, o critério acima se torna $(X_1 + X_2)/2 > C$ ou, equivalentemente, $(X_1 + X_2) > k$. Dessa maneira, o conjunto dos valores possíveis $(x_1 > x_2)$ terá sido dividido em duas regiões: $R = \{(x_1, x_2) \mid x_1 + x_2 > k\}$ e $\bar{R}$.

A região específica R depende, naturalmente, do valor de k, o qual por sua vez depende do nível de significância do teste. R, a região de rejeição, é algumas vezes denominada *região crítica* do teste. (Veja a Fig. 15.6.)

De forma bastante geral, um teste pode ser descrito em termos de sua região crítica R. Quer dizer, rejeitaremos H_0 se, e somente se, $(x_1,..., x_n) \in R$.

15.3. Exemplos Adicionais

Em vez de formularmos uma teoria geral dos testes de hipóteses (a qual existe e é bastante extensa), continuaremos a examinar alguns exemplos. Em cada caso, o teste que proporemos será intuitivamente justificável. Nenhuma tentativa será feita para indicar que um teste particular seja, em algum sentido, o melhor.

Exemplo 15.2. Dois processos de produção estão sendo comparados. O produto do processo A pode ser caracterizado como uma variável aleatória X, com distribuição $N(\mu_x, \sigma_x^2)$, enquanto o produto do processo B pode ser caracterizado como uma variável aleatória Y, com distribuição $N(\mu_y, \sigma_y^2)$. Admitiremos que a variabilidade inerente em cada um dos processos, medida pela variância, seja *conhecida*. Desejamos testar a hipótese H_0: $\mu_x = \mu_y$ contra a hipótese alternativa H_1: $\mu_x - \mu_y > 0$.

Obteremos uma amostra de tamanho n de X, por exemplo $X_1,..., X_n$, e uma amostra de tamanho m de Y, digamos $Y_1,..., Y_m$. Calcularemos as respectivas médias amostrais $\bar{X}$ e $\bar{Y}$ e proporemos o seguinte teste para provarmos a hipótese acima:

Rejeitar H_0 se $\bar{X} - \bar{Y} > C$, na qual C é uma constante escolhida de modo que o teste tenha um nível de significância especificado igual a α.

A variável aleatória $Z = [(\bar{X} - \bar{Y}) - (\mu_x - \mu_y)]/\sqrt{\sigma_x^2/n + \sigma_y^2/m}$ terá distribuição $N(0, 1)$. Definindo $\mu = \mu_x - \mu_y$, poderemos exprimir a função CO do teste acima, como uma função de μ, assim:

$$L(\mu) = P(\bar{X} - \bar{Y} \leq C \mid \mu) = P\left(Z \leq \frac{C - \mu}{\sqrt{\sigma_x^2/n + \sigma_y^2/m}}\right) =$$

$$= \Phi\left(\frac{C - \mu}{\sqrt{\sigma_x^2/n + \sigma_y^2/m}}\right).$$

Ora, $\mu_x = \mu_y$ é equivalente a $\mu = 0$. Consequentemente, para determinarmos C, deveremos resolver a equação

$$L(0) = 1 - \alpha$$

ou

$$1 - \alpha = \Phi\left(\frac{C}{\sqrt{\sigma_x^2/n + \sigma_y^2/m}}\right).$$

Logo,

$$K_{1-\alpha} = \frac{C}{\sqrt{\sigma_x^2/n + \sigma_y^2/m}}$$

na qual K_α é definido, como anteriormente, pela relação

$$\alpha = (1/\sqrt{2\pi}) \int_{-\infty}^{K_\alpha} e^{-t^2/2}\, dt.$$

Portanto,

$$C = K_{1-\alpha} \sqrt{\sigma_x^2/n + \sigma_y^2/m}\,.$$

(Não abordaremos a questão de determinar n e m, para uma solução ótima. Uma exposição dessa questão é encontrada em Derman and Klein, *Probability and Statistical Inference for Engineers*, Oxford University Press, New York, 1959.)

Exemplo 15.3. Um fabricante fornece fusíveis, 90% dos quais, aproximadamente, funcionam adequadamente. Inicia-se um novo processo, cujo objetivo é aumentar a proporção dos fusíveis que funcionam adequadamente. Consequentemente, desejamos testar a hipótese H_0: $p = 0,90$ contra H_1: $p > 0,90$, na qual p é a proporção dos fusíveis que funcionam adequadamente. (Quer dizer, estamos testando a hipótese de que nenhuma melhoria teve lugar contra a hipótese que o novo processo seja superior.) Tiramos uma amostra de 50 fusíveis fabricados pelo novo processo e contamos X, o número de fusíveis que funcionam adequadamente. Propomos o seguinte teste:

Rejeitar H_0 sempre que $X > 48$ e aceitar no caso contrário.

Supondo que a variável aleatória X tenha uma distribuição binomial com parâmetro p (o que constitui uma suposição adequada se a amostra for tirada de um lote muito grande), obteremos a seguinte expressão para a função CO:

$$L(p) = P(X \le 48) = 1 - P(X \ge 49) =$$
$$= 1 - \sum_{k=49}^{50} \binom{50}{k} p^k (1-p)^{50-k} = 1 - p^{49}(50 - 49p)$$

depois de alguma simplificação algébrica. Portanto, teremos o seguinte:

(a) $L(0) = 1$.

(b) $L(1) = 0$.

(c) $L'(p) < 0$ para todo p, $0 < p < 1$.

(d) $L''(p) = 0$ se $p = 48/49$.

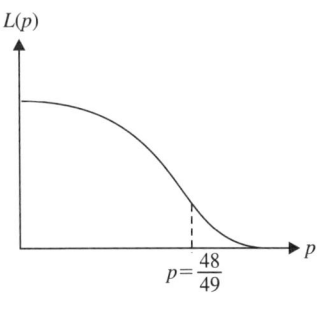

Fig. 15.7

[As propriedades (c) e (d) são facilmente verificadas por uma derivação imediata.] Consequentemente, o gráfico da função L, acima, terá a configuração da curva apresentada na Fig. 15.7. O nível de significância α do teste será obtido calculando-se $1 - L(0,9)$. Obteremos

$$\alpha = 1 - L(0,9) =$$
$$= (0,9)^{49}[50 - 44,1] =$$
$$= 0,034.$$

Comentários: (a) O exemplo acima pode ser generalizado assim: Suponha que X seja uma variável aleatória binomialmente distribuída, baseada em n repetições de um experimento, com parâmetro p. Para testar a hipótese H_0: $p = p_0$ contra H_1: $p > p_0$, propomos o seguinte teste:

Rejeitar H_0 sempre que $X > C$, na qual C é uma constante a ser determinada. (Portanto, aceitar H_0 sempre que $X \leq C$.)

A função CO deste teste será da forma

$$L(p) = \sum_{k=0}^{C} \binom{n}{k} p^k (1-p)^{n-k}. \tag{15.2}$$

As seguintes propriedades de L são facilmente verificadas. (Veja o Probl. 15.5.)

(1) $L(0) = 1$; $L(1) = 0$.

(2) $L'(p) < 0$ para todo p, $0 < p < 1$. (Consequentemente, L é estritamente decrescente.)

(3) $L''(p) = 0$ se $p = C/(n - 1)$. [Consequentemente, L possui um ponto de inflexão em $C/(n - 1)$.]

(b) Afirmamos que, em alguns casos, poderemos aproximar a distribuição binomial com a distribuição de Poisson. Isto é, para n grande e p pequeno, $P(X = k) \simeq e^{-np} (np)^k/k!$ Empregando esta forma de $P(X = k)$, encontraremos que a função CO para o teste proposto se torna:

$$R(p) = \sum_{k=0}^{C} \frac{e^{-np}(np)^k}{k!}.$$ (15.3)

As seguintes propriedades de R são também facilmente verificadas. (Veja o Probl. 15.6.)

(4) $R(0) = 1$; $R(1) = 0$.

(5) $R'(p) < 0$ para todo p, $0 < p < 1$.

(6) $R''(p) = 0$ se $p = C/n$.

(7) $R(C/n)$ é uma função somente de C, e não de n.

Vamos reexaminar o problema de testar H_0: $\mu = \mu_0$. contra H_1: $\mu > \mu_0$, na qual X tenha distribuição $N(\mu, \sigma^2)$. Anteriormente, admitimos que σ^2 fosse conhecido; agora, vamos levantar essa restrição.

Nosso teste anterior rejeitava H_0 sempre que $(\overline{X} - \mu_0) \sqrt{n}/\sigma > C$; C era determinado levando-se em conta o fato de que $(\overline{X} - \mu_0) \sqrt{n}/\sigma$ tem distribuição $N(0, 1)$ quando $\mu = \mu_0$.

Da mesma maneira que fizemos quando construímos um intervalo de confiança para μ, quando σ^2 era desconhecido, vamos estimar σ^2 por $\hat{\sigma}^2 = [1/(n - 1)]\sum_{i=1}^{n} (X_i - \overline{X})^2$. Agora, vamos empregar um teste análogo àquele proposto acima: Rejeitar H_0 sempre que $(\overline{X} - \mu) \sqrt{n}/\hat{\sigma} > C$. Para determinar C levaremos em conta o fato de que $(\overline{X} - \mu_0) \sqrt{n}/\hat{\sigma}$ possui distribuição de t de Student, com $(n - 1)$ graus de liberdade, quando $\mu - \mu_0$. (Veja o Teor. 14.3.)

Seja α, o nível de significância preestabelecido. Então, $\alpha = P[(\overline{X} - \mu_0) \sqrt{n}/\hat{\sigma} > C]$ acarreta que $C = t_{n-1,\ 1-\alpha}$, que se obtém da tábua de distribuição de t de Student. (Veja a Fig. 15.8.) Nosso teste se torna, portanto, rejeitar H_0 sempre que $\overline{X} > \hat{\sigma}t_{n-1,\ 1-\alpha}n^{-1/2} + \mu_0$.

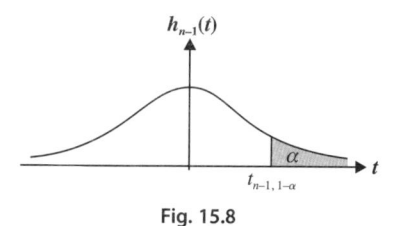

Fig. 15.8

Exemplo 15.4. Suponha que X, a queda anual de chuva em determinada localidade, seja normalmente distribuída com $E(X) = 30,0$ polegadas. (Este valor foi estabelecido a partir de um longo registro histórico de dados meteorológicos.) Em anos recentes, determinadas alterações climáticas parece se evidenciarem, influenciando, entre outras coisas, a precipitação anual. Lança-se a hipótese de que, de fato, a pluviosidade anual tenha aumentado. Particularmente, desejamos testar H_0: $\mu = 30,0$ contra H_1: $\mu > 30,0$. Admite-se que a variância seja desconhecida, porque as alterações climáticas mencionadas podem ter também influenciado a variabilidade da queda de chuva e, consequentemente, os registros passados sobre a variância são destituídos de sentido.

Vamos admitir que os últimos 8 anos tenham dado a seguinte precipitação anual (em polegadas):

$$34,1; \; 33,7; \; 27,4; \; 31,1; \; 30,9; \; 35,2; \; 28,4; \; 32,1.$$

Cálculos imediatos dão $\bar{X} = 31,6$ e $\hat{\sigma}^2 = 7,5$. Das tábuas da distribuição de t encontramos que $t_{7;\,0,95} = 1,89$. Portanto,

$$\hat{\sigma} t_{7;\,0,95} \sqrt{8} + 30,0 = 31,8 > 31,6.$$

Consequentemente, não rejeitaremos H_0, no nível de significância de 0,05.

15.4. Testes de Aderência

Na maioria de nossas explanações, admitimos que a variável aleatória em estudo tivesse uma distribuição específica. No capítulo anterior e em seções anteriores deste capítulo, aprendemos como resolver o problema de ter um parâmetro desconhecido, associado a uma distribuição de probabilidade. No entanto, pode acontecer que não estejamos nem sequer seguros sobre a forma geral da distribuição básica. Vamos apresentar alguns exemplos.

Exemplo 15.5. Recipientes de mercadoria de certo tipo foram expostos ao risco de acidentes sob ação de tempestades, gelo, fogo, queda, desarranjo da maquinaria etc., por um período de 400 dias. O número de acidentes com cada recipiente, X, pode ser considerado como uma variável aleatória. Os seguintes dados foram relatados:

Número de acidentes (X)	0	1	2	3	4	5	6
Número de recipientes com X acidentes	1.448	805	206	34	4	2	1

Os dados acima fundamentam a suposição de que X tenha uma distribuição de Poisson?

Exemplo 15.6. Suponha que 20 amostras de um particular tipo de fio foram obtidas e as resistências (ohms) foram medidas.

Os seguintes valores foram registrados:

9,8; 14,5; 13,7; 7,6; 10,5; 9,3; 11,1; 10,1; 12,7; 9,9;

10,4; 8,3; 11,5; 10,0; 9,1; 13,8; 12,9; 10,6; 8,9; 9,5.

Se R for a variável aleatória da qual a amostra acima foi obtida, teremos razão para supor que R seja normalmente distribuída?

Exemplo 15.7. Vinte válvulas eletrônicas foram ensaiadas e as seguintes durações de vida (horas) foram registradas:

7,2; 37,8; 49,6; 21,4; 67,2; 41,1; 3,8; 8,1; 23,2; 72,1;

11,4; 17,5; 29,8; 57,8; 84,6; 12,8; 2,9; 42,7; 7,4; 33,4.

Serão os dados acima consistentes com a hipótese de que T, a variável aleatória amostrada, seja exponencialmente distribuída?

Os exemplos acima são típicos de uma grande classe de problemas que surgem frequentemente nas aplicações. Há algumas técnicas estatísticas pelas quais tais problemas podem ser analisados, e, a seguir, estudaremos uma delas.

O problema de testar a hipótese de que uma variável aleatória tenha certa distribuição especificada pode ser considerado como um caso especial do seguinte problema geral:

Considere novamente a situação que deu origem à distribuição multinomial (Seção 8.7). Um experimento ε é realizado n vezes. Cada repetição de ε dá como resultado um e somente um dos eventos A_i, $i = 1, 2, ..., k$. Suponha que $P(A_i) = p_i$. Seja n_i o número de vezes que A_i ocorra dentre as n repetições de ε, $n_1 + n_2 + ... + n_k = n$.

Desejamos testar a hipótese H_0: $p_i = p_{io}$, $i = 1, ..., k$, na qual p_{io} é um valor especificado. Karl Pearson (1900) apresentou o seguinte teste de "aderência" para testar a hipótese acima:

$$\text{Rejeitar } H_0 \text{ sempre que } D^2 = \sum_{i=1}^{k} \frac{(n_i - np_{io})^2}{np_{io}} > C, \qquad (15.4)$$

na qual C é uma constante a ser determinada.

Comentários: (*a*) Desde que $E(n_i) = np_{io}$ se $p_i = p_{io}$, o critério do teste acima apresenta considerável base intuitiva. Porque ele requer que rejeitemos H_0 sempre que o desvio entre os valores observados n_i e os valores esperados np_{io} seja "muito grande". A estatística acima D^2 é, algumas vezes, sugestivamente escrita sob a forma $\sum_{i=1}^{k} (o_i - e_i)^2/e_i$, na qual o_i e e_i se referem aos valores observados e esperados de n_i, respectivamente.

(b) É importante compreender que D^2 é uma estatística (isto é, uma função dos valores observados $n_1, ..., n_k$) e, portanto, é uma variável aleatória. De fato, D^2 é uma variável aleatória discreta que toma um grande número, finito, de valores. A distribuição verdadeira de D^2 é muito complicada. Felizmente, existe uma aproximação para a distribuição de D^2, válida se n for grande, tornando o procedimento apresentado acima muito utilizável.

Teorema 15.1 Se n for suficientemente grande, e se $p_i = p_{io}$, a distribuição de D_2 tem, aproximadamente, a distribuição de qui-quadrado, com $(k - 1)$ graus de liberdade.

Demonstração: O seguinte raciocínio não constitui uma demonstração rigorosa. Representa somente um esforço para tornar o resultado plausível.

Considere um caso particular, a saber $k = 2$. Então,

$$D^2 = \frac{(n_1 - np_{1o})^2}{np_{1o}} + \frac{(n_2 - np_{2o})^2}{np_{2o}}.$$

Levando em conta o fato de que $n_1 + n_2 = n$ e que $p_{1o} + p_{2o} = 1$, poderemos escrever

$$D^2 = \frac{(n_1 - np_{1o})^2}{np_{1o}} + \frac{[n - n_1 - n(1 - p_{1o})]^2}{np_{2o}} =$$

$$= \frac{(n_1 - np_{1o})^2}{np_{1o}} + \frac{(n_1 - np_{1o})^2}{np_{2o}} = (n_1 - np_{1o})^2 \left[\frac{1}{np_{1o}} + \frac{1}{np_{2o}} \right] =$$

$$= (n_1 - np_{1o})^2 \left[\frac{np_{2o} + np_{1o}}{n^2 p_{1o} p_{2o}} \right] = \left[\frac{n_1 - np_{1o}}{np_{1o}(1 - p_{1o})} \right]^2.$$

Ora, $n_1 = \sum_{j=1}^{n} Y_{1j}$, na qual

$$Y_{1j} = 1 \quad \text{se } A_1 \text{ ocorrer na } j\text{-ésima repetição,}$$
$$= 0 \quad \text{para qualquer outra ocorrência.}$$

Assim, n_1 pode ser expresso como a soma de n variáveis aleatórias independentes e, de acordo com o Teorema do Limite Central, tem aproximadamente uma distribuição normal se n for grande. Além disso, $E(n_1) = np_{1o}$ e $V(n_1) = np_{1o}(1 - p_{1o})$ se p_{1o} for o verdadeiro valor de p_1. Consequentemente, se $p_1 = p_{1o}$, então para n grande, a variável aleatória $(n_1 - np_{1o})/\sqrt{np_{1o}(1 - p_{1o})}$ terá, aproximadamente, a distribuição $N(0, 1)$. Deste modo, de acordo com o Teor. 10.8 para n grande, a variável aleatória

$$\left[\frac{n_1 - np_{1o}}{\sqrt{np_{1o}(1 - p_{1o})}} \right]^2$$

terá aproximadamente a distribuição de χ_1^2.

Mostramos que se n for suficientemente grande, D^2 (com $k = 2$) tem aproximadamente a distribuição de χ_1^2. Mas isto é, precisamente, o que afirmamos no teorema. A demonstração para k genérico segue as mesmas linhas: Deveremos mostrar que D^2 pode ser expresso como a soma de quadrados de $(k - 1)$ variáveis aleatórias independentes, cada uma delas com distribuição $N(0, 1)$, se n for grande e se $p_i = p_{io}$, e recorrendo-se ao Teor. 10.8, encontraremos que resultará o que se afirmou acima.

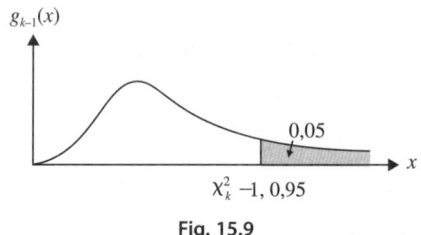

Fig. 15.9

Podemos empregar o resultado que acabamos de estabelecer para respondermos à questão de "quão grande" D^2 deveria ser a fim de que rejeitássemos a hipótese H_0: $p_i = p_{i0}$.

Suponha que desejemos obter uma probabilidade do erro tipo 1 (isto é, do nível de significância) igual a 0,05. Isto significa que esperamos rejeitar H_0 cerca de 5% das vezes, quando de fato H_0 for verdadeira. Por isso, escolheremos C que satisfaça

$$P(D^2 > C \mid p_i = p_{io}) = 0,05.$$

Já que D^2 tem distribuição de χ_{k-1}^2 se $p_i = p_{io}$, poderemos obter o valor de C das tábuas da distribuição de qui-quadrado, isto é, $C = \chi^2_{k-1;\, 0,95}$; aqui, $\chi^2_{k-1;\, 0,95}$ é definido pela relação

$$\int_{\chi^2_{k-1;\, 0,95}}^{\infty} g_{k-1}(x)\, dx = 0,05,$$

na qual $g_{k-1}(x)$ é a fdp da variável aleatória com distribuição de χ_{k-1}^2. (Veja a Fig. 15.9.)

Vamos empregar as ideias desenvolvidas acima para respondermos a algumas das questões colocadas no início desta seção: Como poderemos encontrar um teste para decidir aceitar ou rejeitar a hipótese de que uma particular amostra tenha sido extraída de uma variável aleatória com uma distribuição especificada?

Neste ponto, deveremos fazer uma distinção entre dois tipos de problemas. Poderemos simplesmente colocar a hipótese de que a variável que está sendo amostrada tenha *alguma* distribuição normal, sem especificarmos os parâmetros correspondentes. Ou poderemos ser mais específicos e colocar a hipótese de que a variável em estudo tenha uma distribuição normal com média e variância especificadas. Os dois problemas podem ser tratados de maneira semelhante, mas o último (quando especificamos a hipotética distribuição *completamente*) é um tanto mais simples e o examinaremos em primeiro lugar.

Caso 1. Teste para uma distribuição completamente especificada.

Exemplo 15.8. Suponha que acreditemos que a duração da vida T, de lâmpadas elétricas, seja exponencialmente distribuída com parâmetro $\beta = 0,005$. (Isto é, a duração até falhar esperada é 200 horas.) Obtemos uma amostra de 150 lâmpadas, ensaiamo-las, e registramos sua duração até queimar, T_1, ..., T_{150}. Considerem os seguintes quatro eventos mutuamente excludentes:

$$A_1: 0 \le T < 100; \qquad A_2: 100 \le T < 200;$$
$$A_3: 200 \le T < 300; \qquad A_4: T \ge 300.$$

Suponha que registremos n_i, o número de vezes (dentre as 150 durações até falhar) que o evento A_i tenha ocorrido, e encontremos o seguinte: $n_1 = 47$, $n_2 = 40$, $n_3 = 35$ e $n_4 = 28$. A fim de calcular a estatística D^2, deveremos calcular p_i, $i = 1, 2, 3, 4$. Ora,

$$p_1 = P(T \le 100) = 1 - e^{-0,005(100)} = 1 - e^{-0,5} = 0,39,$$
$$p_2 = P(100 \le T < 200) = 1 - e^{-0,005(200)} - 0,39 = 0,24,$$
$$p_3 = P(200 \le T < 300) = 1 - e^{-0,005(300)} - (1 - e^{-0,005(200)}) = 0,15,$$
$$p_4 = P(T > 300) = e^{-0,005(300)} = 0,22.$$

Agora podemos calcular

$$D^2 = \sum_{i=1}^{4} \frac{(n_i - np_{io})^2}{np_{io}} =$$
$$= \frac{(47 - 58,5)^2}{58,5} + \frac{(40 - 36)^2}{36} + \frac{(35 - 22,5)^2}{22,5} + \frac{(28 - 33)^2}{33} =$$
$$= 11,56.$$

Das tábuas da distribuição de qui-quadrado, encontramos que $P(D^2 > 11,56) < 0,01$, na qual D^2 terá aproximadamente a distribuição de qui-quadrado com $4 - 1 = 3$ graus de liberdade. Consequentemente, rejeitaríamos a hipótese de que os dados representem uma amostra de uma distribuição exponencial com parâmetro $\beta = 0,005$.

O exemplo acima ilustra o procedimento geral que empregaremos para testar a hipótese de que X_1, ..., X_n represente uma amostra de uma variável aleatória com uma distribuição completamente especificada:

(a) Dividamos a reta real em k intervalos mutuamente excludentes, A_1, ..., A_k.

(b) Façamos igual a n_i o número de valores amostrais que caiam dentro de A_i, $i = 1, 2, ..., k$.

(c) Façamos $p_{io} = P(A_i)$. Esses valores podem ser calculados já que a hipótese especifica completamente a distribuição.

(d) Calculemos D^2 e rejeitemos a hipótese se $D^2 > C$, na qual C é obtido das tábuas da distribuição de qui-quadrado. Se um nível de significância α for desejado, $C = \chi^2_{k-1;\ 1-\alpha}$.

Comentário: Não examinaremos a questão de como os intervalos A_i, acima, devam ser escolhidos ou quantos deles devam ser escolhidos. Vamos somente enunciar a seguinte regra: Se $np_{io} < 5$ para qualquer A_i, reúna os dados com A_{i+1} ou A_{i-1}. Isto é, não desejaremos subdividir o espaço amostral da variável aleatória em partes tão pequenas que o número esperado de ocorrências em qualquer particular subdivisão seja menor do que 5. [Uma exposição compreensível deste problema pode ser encontrada em um trabalho de W. G. Cochran, intitulado "The χ^2-Test of Goodness of Fit", (traduzindo, "O Teste de Qui-quadrado de Aderência"), publicado nos *Ann. Math. Stat.* **23**, 315-345 (1952).]

Caso 2. Teste para uma distribuição cujos parâmetros devam ser estimados.

Em muitos problemas, temos somente motivos para supor que a variável aleatória que está sendo amostrada tenha uma distribuição de certo *tipo*, sem sermos capazes de especificar os parâmetros. Por exemplo, sabemos que certas hipóteses que fizemos poderiam nos conduzir a uma distribuição de Poisson, a uma distribuição exponencial etc. A fim de aplicarmos a técnica sugerida na seção anterior, deveremos *conhecer* os valores dos parâmetros da distribuição.

Se não conhecermos esses valores, o caminho óbvio será primeiro estimar os parâmetros conhecidos, e, depois, utilizar essas *estimativas* com a finalidade de avaliar as probabilidades p_i. Duas questões surgem:

(a) Como deveriam ser estimados os parâmetros?

(b) Se $\hat{p}_i$ (isto é, o parâmetro estimado) for empregado no lugar de p_{io}, na expressão de D^2, como isso influenciará a distribuição de D^2? (O fato de que isso alterará a distribuição fica evidenciado quando compreendemos que, originalmente, os p_{io} eram constantes, enquanto agora os próprios $\hat{p}_i$ são variáveis aleatórias, desse modo dando à variável aleatória D^2 uma estrutura muito mais complicada.)

Enunciaremos (sem demonstração) algumas respostas às questões acima:

(*a*) As estimativas geralmente empregadas para os parâmetros são aquelas obtidas pelo método da máxima verossimilhança.

(*b*) Se o número de parâmetros a ser estimado for igual a $r < k$, então, para n grande, a variável aleatória D^2 terá também uma distribuição de qui-quadrado, desta vez com $n - k - r$ graus de liberdade.

Comentário: Este último fato é bastante notável. Ele significa que D^2 tem a mesma distribuição de qui-quadrado básica que anteriormente, a única diferença sendo que se perderá um grau de liberdade para cada parâmetro que se tiver de estimar.

Exemplo 15.9. Considerem os dados para o conteúdo de cinzas no carvão, apresentados no Ex. 14.6. Suponha que desejemos testar a hipótese de que aqueles dados tenham sido obtidos de uma variável aleatória distribuída normalmente. Deveremos inicialmente estimar os parâmetros correspondentes μ e σ^2. Anteriormente já havíamos obtido as estimativas de MV: $\hat{\mu} = 17,0$ e $\hat{\sigma}^2 = 7,1$. Vamos subdividir os valores possíveis de X nas cinco seguintes categorias:

$$A_1: X < 12; \qquad A_2: 12 \leq X < 15; \qquad A_3: 15 \leq X < 18;$$

$$A_4: 18 \leq X < 21; \qquad A_5: X \geq 21.$$

Seja n_i o número de vezes que A_i ocorra. Encontraremos que

$$n_1 = 7; \; n_2 = 49; \; n_3 = 109; \; n_4 = 67; \; n_5 = 18.$$

A seguir, deveremos calcular $p_i = P(A_i)$, empregando os valores estimados $\hat{\mu}$ e $\hat{\sigma}^2$ obtidos acima. Teremos

$$p_1 = P(X < 12) = P\left(\frac{X-17}{2,7} < \frac{12-17}{2,7}\right) = \Phi(-1,85) = 0,03,$$
$$p_2 = P(12 \leq X < 15) = \Phi(-0,74) - \Phi(-1,85) = 0,20,$$
$$p_3 = P(15 \leq X < 18) = \Phi(0,37) - \Phi(-0,74) = 0,41,$$
$$p_4 = P(18 \leq X < 21) = \Phi(1,48) - \Phi(0,37) = 0,29,$$
$$\hat{p}_5 = P(X \geq 21) = 1 - \Phi(1,48) = 0,07.$$

Agora poderemos calcular

$$D^2 = \sum_{i=1}^{5} \frac{(n_i - 250\hat{p}_i)^2}{250\hat{p}_i} =$$

$$= \frac{(7-7,5)^2}{7,5} + \frac{(49-50)^2}{50} + \frac{(109-102,5)^2}{102,5} +$$

$$+ \frac{(67-72,5)^2}{72,5} + \frac{(18-17,5)^2}{17,5} =$$

$$= 0,82.$$

Já que D^2 tem $5 - 1 - 2 = 2$ graus de liberdade, encontraremos nas tábuas da distribuição de qui-quadrado que $P(D^2 \geq 0,82) \simeq 0,65$ e, consequentemente, deveremos aceitar a hipótese de normalidade.

Exemplo 15.10. Vamos considerar os dados apresentados no Ex. 15.5. Terá a variável aleatória X = número de acidentes durante o período especificado de 400 dias, uma distribuição de Poisson?

Vamos inicialmente estimar o parâmetro λ da distribuição. No Cap. 14, vimos que a estimativa de MV de λ é dada pela média aritmética. Desse modo,

$$\hat{\lambda} = \frac{0(1.448) + 1(805) + 2(206) + 3(34) + 4(4) + 5(2) + 6(1)}{1.448 + 805 + 206 + 34 + 4 + 2 + 1} =$$

$$= \frac{1.351}{2.500} = 0,543.$$

Façamos $A_1: X = 0$; $A_2: X = 1$; $A_3: X = 2$; $A_4: X = 3$; $A_5: X \geq 4$. Então $n_1 = 1.448$; $n_2 = 805$; $n_3 = 206$; $n_4 = 34$; $n_5 = 7$, e obteremos

$$\hat{p}_1 = P(X=0) = e^{-(0,543)} = 0,58 \qquad \text{e} \qquad n\hat{p}_1 = 1.450,$$

$$\hat{p}_2 = P(X=1) = e^{-0,543}(0,543) = 0,31 \qquad \text{e} \qquad n\hat{p}_2 = 775,$$

$$\hat{p}_3 = P(X=2) = e^{-0,543}\frac{(0,543)^2}{2} = 0,08 \qquad \text{e} \qquad n\hat{p}_3 = 200,$$

$$\hat{p}_4 = P(X=3) = e^{-0,543}\frac{(0,543)^3}{6} = 0,01 \qquad \text{e} \qquad n\hat{p}_4 = 25,$$

$$\hat{p}_5 = P(X \geq 4) = 1 - P(X < 4) = 0,02 \qquad \text{e} \qquad n\hat{p}_5 = 50.$$

Poderemos agora calcular

$$D^2 = \sum_{i=1}^{5} \frac{(n_1 - n\hat{p}_i)^2}{n\hat{p}_i} = \frac{(1.448 - 1.450)^2}{1.450} + \frac{(805 - 775)^2}{775} +$$

$$+ \frac{(206 - 200)^2}{200} + \frac{(34 - 25)^2}{25} + \frac{(7 - 50)^2}{50} = 42,2.$$

Porque existem cinco categorias e estimamos um parâmetro, a variável aleatória D^2 terá a distribuição aproximada de χ_3^2. Das tábuas da distribuição de qui-quadrado, encontraremos que $P(D^2 \geq 42,2) \simeq 0$ e, consequentemente, deveremos rejeitar a hipótese.

Problemas

15.1. Suponha que X tenha distribuição $N(\mu, \sigma^2)$ com σ^2 conhecido. Para testar H_0: $\mu = \mu_0$ contra H_1: $\mu < \mu_0$ propõe-se o seguinte procedimento: Obter uma amostra de tamanho n e rejeitar H_0 sempre que a média amostral $\bar{X} < C$, na qual C é uma constante a ser determinada.

    (*a*) Obtenha uma expressão para $L(\mu)$, a função CO, em termos da distribuição normal tabulada.

    (*b*) Quando o nível de significância dos testes for $\alpha = 0,01$, obtenha uma expressão para C.

    (*c*) Suponha que $\sigma^2 = 4$ e admita que estejamos testando H_0: $\mu = 30$ contra H_1: $\mu < 30$. Determine o tamanho da amostra n e a constante C, a fim de satisfazer às condições: $L(30) = 0,98$ e $L(27) = 0,01$.

    (*d*) Suponha que os seguintes valores amostrais de X tenham sido obtidos:

        27,1; 29,3; 31,5; 33,0; 30,1; 30,9; 28,4; 32,4; 31,6; 28,9; 27,3; 29,1.

    Você rejeitaria H_0 (contra H_1), tal como enunciada em (*c*), no nível de significância de 5%?

15.2. Considere a situação apresentada no Probl. 15.1, exceto que a hipótese alternativa é, agora, da forma H_1: $\mu \neq \mu_0$. Portanto, rejeitaremos H_0 sempre que $|\bar{X} - \mu_0| > C$. Responda às questões (*a*) e (*b*), acima.

15.3. Suponha que X tenha uma distribuição de Poisson com parâmetro λ. Para testar H_0: $\lambda = \lambda_0$ contra H_1: $\lambda > \lambda_0$, o seguinte teste é proposto: Obtenha uma amostra de tamanho n, calcule a média $\bar{X}$, e rejeite H_0 sempre que $\bar{X} > C$, na qual C é uma constante a ser determinada.

    (*a*) Obtenha uma expressão para a função CO do teste acima, a saber $L(\lambda)$. [*Sugestão*: Empregue a propriedade reprodutiva da distribuição de Poisson.]

    (*b*) Esboce o gráfico da função CO.

    (*c*) Suponha que estejamos testando H_0: $\lambda = 0,2$ contra H_1: $\lambda > 0,2$. Uma amostra de tamanho $n = 10$ é obtida, e rejeitaremos H_0 se $\bar{X} > 0,25$. Qual será o nível de significância deste teste?

15.4. Estabeleça as propriedades da Eq. (15.1) para a função CO: $L(\mu) = \Phi\left[(C - \mu)\sqrt{n}/\sigma\right]$.

15.5. Verifique as propriedades da função CO: $L(p)$, tal como foram definidas pela Eq. (15-2).

15.6. Verifique as propriedades da função CO: $R(p)$, tal como foram definidas pela Eq. (15.3).

15.7. Sabe-se que uma grande partida de voltímetros contém certa proporção de defeituosos, digamos p. Para testar H_0: $p = 0,2$ contra H_1: $p > 0,2$, o seguinte procedimento é empregado: Uma amostra de tamanho 5 é obtida e X, o número de voltímetros defeituosos, é contado. Se $X \leq 1$, aceita-se H_0; se $X > 4$, rejeita-se H_0; e se $X = 2$, 3 ou 4, tira-se uma segunda amostra de tamanho 5. Seja Y o número de voltímetros defeituosos na segunda amostra. Seja Y o número de voltímetros defeituosos na segunda amostra. Rejeite-se H_0 se $Y \geq 2$, e aceite-se em caso contrário. (Suponha que a partida que está sendo amostrada seja suficientemente grande, de modo que X e Y possam ser supostas variáveis aleatórias independentes e binomialmente distribuídas.)

(a) Obtenha uma expressão para $L(p)$, a função CO do teste acima, e esboce o seu gráfico.

(b) Determine a amplitude do teste acima.

(c) Qual é a probabilidade do erro tipo 2, quando $p = 0,5$?

15.8. Se $n = 4$ e $k = 3$, quantos valores possíveis poderá tomar a variável aleatória D^2, tal como foi definida na Eq. (15.4)?

15.9. (a) Calcule o valor esperado da variável aleatória D^2, tal como foi definida na Eq. (15.4).

(b) Como esse valor se compara com o valor esperado (assintótico) de D^2 obtido da distribuição de qui-quadrado, a qual pode ser empregada para aproximar a distribuição de D^2, quando n for grande?

15.10. Três espécies de lubrificantes estão sendo preparados por um novo processo. Cada lubrificante é testado em certo número de máquinas, e o resultado é, depois, classificado como aceitável ou inaceitável. Os dados da Tab. 15.1 representam o resultado desse experimento. Teste a hipótese de que a probabilidade p de que um lubrificante apresente um resultado aceitável seja a *mesma* para todos três lubrificantes. (*Sugestão*: Inicialmente, calcule p a partir da amostra).

Tab. 15.1

	Lubrificante 1	Lubrificante 2	Lubrificante 3
Aceitável	144	152	140
Inaceitável	56	48	60
Total	200	200	200

15.11. Ao empregarmos várias leis de falhas, verificamos que a distribuição exponencial desempenha um papel particularmente importante, e, consequentemente, é importante ser capaz de decidir se uma particular amostra de durações até falhar se originam de uma distribuição exponencial básica. Suponha que 335 lâmpadas tenham sido ensaiadas e o seguinte resumo de T, sua duração de vida (em horas), esteja disponível:

Duração da vida (horas)	$0 \leq T < 100$	$100 \leq T < 200$	$200 \leq T < 300$	$300 \leq T < 400$	$T \geq 400$
Número de lâmpadas	82	71	68	62	52

A partir das reais durações até falhar, que relatamos, encontrou-se que $\bar{T}$, a média amostral, é igual a 123,5 horas. Empregando esta informação, teste a hipótese de que T, a duração até falhar seja exponencialmente distribuída.

15.12. Suponha que a variável aleatória X tenha a seguinte fdp:

$$f(x) = \frac{\alpha \cos \alpha x}{\operatorname{sen}(\pi/2)\alpha}, \quad 0 < x < \pi/2, \quad \text{na qual} \quad 0 < \alpha < 1.$$

Para testar H_0: $\alpha = \alpha_0$, o seguinte teste é proposto: Obtenha uma observação de X, digamos X_1, e rejeite H_0 se $X_1 > 1$.

(a) Obtenha uma expressão para a função CO deste teste, digamos $L(\alpha)$, e trace seu gráfico.

(b) Qual será a amplitude deste teste se $\alpha_0 = \pi/4$?

15.13. Em uma malha de 165 células, o número de grãos de grafita em cada célula foi contado. Os dados da Tab. 15.2 foram obtidos. Teste a hipótese de que o número de grãos em cada célula seja uma variável aleatória com uma distribuição de Poisson. (*Sugestão*: Reúna as observações ≤ 2 e, também, aquelas ≥ 10.)

Tab. 15.2

Número de grãos de grafita em uma célula	Observados	Número de grãos de grafita em uma célula	Observados
0	1	7	17
1	1	8	22
2	5	9	21
3	7	10	4
4	20	11	2
5	34	12	1
6	30		

Apêndice

Tab. 1. Valores da Função de Distribuição Normal Reduzida*

$$\Phi(z) = \int_{-\infty}^{z} \frac{1}{\sqrt{2\pi}}\, e^{-u^2/2}\, du = P(Z \leq z)$$

z	0	1	2	3	4	5	6	7	8	9
−3,0	0,001 3	0,001 0	0,000 7	0,000 5	0,000 3	0,000 2	0,000 2	0,000 1	0,000 1	0,000 0
−2,9	0,001 9	0,001 8	0,001 7	0,001 7	0,001 6	0,001 6	0,001 5	0,001 5	0,001 4	0,001 4
−2,8	0,002 6	0,002 5	0,002 4	0,002 3	0,002 3	0,002 2	0,002 1	0,002 1	0,002 0	0,001 9
−2,7	0,003 5	0,003 4	0,003 3	0,003 2	0,003 1	0,003 0	0,002 9	0,002 8	0,002 7	0,002 6
−2,6	0,004 7	0,004 5	0,004 4	0,004 3	0,004 1	0,004 0	0,003 9	0,003 8	0,003 7	0,003 6
−2,5	0,006 2	0,006 0	0,005 9	0,005 7	0,005 5	0,005 4	0,005 2	0,005 1	0,004 9	0,004 8
−2,4	0,008 2	0,008 0	0,007 8	0,007 5	0,007 3	0,007 1	0,006 9	0,006 8	0,006 6	0,006 4
−2,3	0,010 7	0,010 4	0,010 2	0,009 9	0,009 6	0,009 4	0,009 1	0,008 9	0,008 7	0,008 4
−2,2	0,013 9	0,013 6	0,013 2	0,012 9	0,012 6	0,012 2	0,011 9	0,011 6	0,011 3	0,011 0
−2,1	0,017 9	0,017 4	0,017 0	0,016 6	0,016 2	0,015 8	0,015 4	0,015 0	0,014 6	0,014 3
−2,0	0,022 8	0,022 2	0,021 7	0,021 2	0,020 7	0,020 2	0,019 7	0,019 2	0,018 8	0,018 3
−1,9	0,028 7	0,028 1	0,027 4	0,026 8	0,026 2	0,025 6	0,025 0	0,024 4	0,023 8	0,023 3
−1,8	0,035 9	0,035 2	0,034 4	0,033 6	0,032 9	0,032 2	0,031 4	0,030 7	0,030 0	0,029 4
−1,7	0,044 6	0,043 6	0,042 7	0,041 8	0,040 9	0,040 1	0,039 2	0,038 4	0,037 5	0,036 7
−1,6	0,054 8	0,053 7	0,052 6	0,051 6	0,050 5	0,049 5	0,048 5	0,047 5	0,046 5	0,045 5
−1,5	0,066 8	0,065 5	0,064 3	0,063 0	0,061 8	0,060 6	0,059 4	0,058 2	0,057 0	0,055 9
−1,4	0,080 8	0,079 3	0,077 8	0,076 4	0,074 9	0,073 5	0,072 2	0,070 8	0,069 4	0,068 1
−1,3	0,096 8	0,095 1	0,093 4	0,091 8	0,090 1	0,088 5	0,086 9	0,085 3	0,083 8	0,082 3
−1,2	0,115 1	0,113 1	0,111 2	0,109 3	0,107 5	0,105 6	0,103 8	0,102 0	0,100 3	0,098 5
−1,1	0,135 7	0,133 5	0,131 4	0,129 2	0,127 1	0,125 1	0,123 0	0,121 0	0,119 0	0,117 0
−1,0	0,158 7	0,156 2	0,153 9	0,151 5	0,149 2	0,146 9	0,144 6	0,142 3	0,140 1	0,137 9
−0,9	0,184 1	0,181 4	0,178 8	0,176 2	0,173 6	0,171 1	0,168 5	0,166 0	0,163 5	0,161 1
−0,8	0,211 9	0,209 0	0,206 1	0,203 3	0,200 5	0,197 7	0,194 9	0,192 2	0,189 4	0,186 7
−0,7	0,242 0	0,238 9	0,235 8	0,232 7	0,229 7	0,226 6	0,223 6	0,220 6	0,217 7	0,214 8
−0,6	0,274 3	0,270 9	0,267 6	0,264 3	0,261 1	0,257 8	0,254 6	0,251 4	0,248 3	0,245 1
−0,5	0,308 5	0,305 0	0,301 5	0,298 1	0,294 6	0,291 2	0,287 7	0,284 3	0,281 0	0,277 6
−0,4	0,344 6	0,340 9	0,337 2	0,333 6	0,330 0	0,326 4	0,322 8	0,319 2	0,315 6	0,312 1
−0,3	0,382 1	0,378 3	0,374 5	0,370 7	0,366 9	0,363 2	0,359 4	0,355 7	0,352 0	0,348 3
−0,2	0,420 7	0,416 8	0,412 9	0,409 0	0,405 2	0,401 3	0,397 4	0,393 6	0,389 7	0,385 9
−0,1	0,460 2	0,456 2	0,452 2	0,448 3	0,444 3	0,440 4	0,436 4	0,432 5	0,428 6	0,424 7
−0,0	0,500 0	0,496 0	0,492 0	0,488 0	0,484 0	0,480 1	0,476 1	0,472 1	0,468 1	0,464 1

* B. W. Lindgren, *Statistical Theory*, The Macmillan Company, 1960.

Tab. 1. (Continuação)

$$\Phi(z) = \int_{-\infty}^{z} \frac{1}{\sqrt{2\pi}} \, e^{-u^2/2} \, du = P(Z \le z)$$

z	0	1	2	3	4	5	6	7	8	9
0,0	0,500 0	0,504 0	0,508 0	0,512 0	0,516 0	0,519 9	0,523 9	0,527 9	0531 9	0,535 9
0,1	0,539 8	0,543 8	0,547 8	0,551 7	0,555 7	0,559 6	0,563 6	0,567 5	0,571 4	0,575 3
0,2	0,579 3	0,583 2	0,587 1	0,591 0	0,594 8	0,598 7	0,602 6	0,606 4	0,610 3	0,614 1
0,3	0,617 9	0,621 7	0,625 5	0,629 3	0,633 1	0,636 8	0,640 6	0,644 3	0,648 0	0,651 7
0,4	0,655 4	0,659 1	0,662 8	0,666 4	0,670 0	0,673 6	0,677 2	0,680 8	0,684 4	0,687 9
0,5	0,691 5	0,695 0	0,698 5	0,701 9	0,705 4	0,708 8	0,712 3	0,715 7	0,719 0	0,722 4
0,6	0,725 7	0,729 1	0,732 4	0,735 7	0,738 9	0,742 2	0,745 4	0,748 6	0,751 7	0,754 9
0,7	0,758 0	0,761 1	0,764 2	0,767 3	0,770 3	0,773 4	0,776 4	0,779 4	0,782 3	0,785 2
0,8	0,788 1	0,791 0	0,793 9	0,796 7	0,799 5	0,802 3	0,805 1	0,807 8	0,810 6	0,813 3
0,9	0,815 9	0,818 6	0,821 2	0,823 8	0,826 4	0,828 9	0,831 5	0,834 0	0,836 5	0,838 9
1,0	0,841 3	0,843 8	0,846 1	0,848 5	0,850 8	0,853 1	0,855 4	0,857 7	0,859 9	0,862 1
1,1	0,864 3	0,866 5	0,868 6	0,870 8	0,872 9	0,874 9	0,877 0	0,879 0	0,881 0	0,883 0
1,2	0,884 9	0,886 9	0,888 8	0,890 7	0,892 5	0,894 4	0,896 2	0,898 0	0,899 7	0,901 5
1,3	0,903 2	0,904 9	0,906 6	0,908 2	0,909 9	0,911 5	0,913 1	0,914 7	0,916 2	0,917 7
1,4	0,919 2	0,920 7	0,922 2	0,923 6	0,925 1	0,926 5	0,927 8	0,929 2	0,930 6	0,931 9
1,5	0,933 2	0,934 5	0,935 7	0,937 0	0,938 2	0,939 4	0,940 6	0,941 8	0,943 0	0,944 1
1,6	0,945 2	0,946 3	0,947 4	0,948 4	0,949 5	0,950 5	0,951 5	0,952 5	0,953 5	0,954 5
1,7	0,955 4	0,956 4	0,957 3	0,958 2	0,959 1	0,959 9	0,960 8	0,961 6	0,962 5	0,963 3
1,8	0,964 1	0,964 8	0,965 6	0,966 4	0,967 1	0,967 8	0,968 6	0,969 3	0,970 0	0,970 6
1,9	0,971 3	0,971 9	0,972 6	0,973 2	0,973 8	0,974 4	0,975 0	0,975 6	0,976 2	0,976 7
2,0	0,977 2	0,977 8	0,978 3	0,978 8	0,979 3	0,979 8	0,980 3	0,980 8	0,981 2	0,981 7
2,1	0,982 1	0,982 6	0,983 0	0,983 4	0,983 8	0,984 2	0,984 6	0,985 0	0,985 4	0,985 7
2,2	0,986 1	0,986 4	0,986 8	0,987 1	0,987 4	0,987 8	0,988 1	0,988 4	0,988 7	0,989 0
2,3	0,989 3	0,989 6	0,989 8	0,990 1	0,990 4	0,990 6	0,990 9	0,991 1	0,991 3	0,991 6
2,4	0,991 8	0,992 0	0,992 2	0,992 5	0,992 7	0,992 9	0,993 1	0,993 2	0,993 4	0,993 6
2,5	0,993 8	0,994 0	0,994 1	0,994 3	0,994 5	0,994 6	0,994 8	0,994 9	0,995 1	0,995 2
2,6	0,995 3	0,995 5	0,995 6	0,995 7	0,995 9	0,996 0	0,996 1	0,996 2	0,996 3	0,996 4
2,7	0,996 5	0,996 6	0,996 7	0,996 8	0,996 9	0,997 0	0,997 1	0,997 2	0,997 3	0,997 4
2,8	0,997 4	0,997 5	0,997 6	0,997 7	0,997 7	0,997 8	0,997 9	0,997 9	0,998 0	0,998 1
2,9	0,998 1	0,998 2	0,998 2	0,998 3	0,998 4	0,998 4	0,998 5	0,998 5	0,998 6	0,998 6
3,0	0,998 7	0,999 0	0,999 3	0,999 5	0,999 7	0,999 8	0,999 8	0,999 9	0,999 9	1,000 0

Tab. 2. Função de Distribuição Binomial

$$1 - F(x-1) = \sum_{r=x}^{r=n} C_r^n p^r q^{n-r}$$

$n = 10$ $x = 10$	$n = 10$ $x = 9$	$n = 10$ $x = 8$	$n = 10$ $x = 7$	p
0,000 000 0	0,000 000 0	0,000 000 0	0,000 000 0	0,01
0,000 000 0	0,000 000 0	0,000 000 0	0,000 000 0	0,02
0,000 000 0	0,000 000 0	0,000 000 0	0,000 000 0	0,03
0,000 000 0	0,000 000 0	0,000 000 0	0,000 000 0	0,04
0,000 000 0	0,000 000 0	0,000 000 0	0,000 000 1	0,05
0,000 000 0	0,000 000 0	0,000 000 0	0,000 000 3	0,06
0,000 000 0	0,000 000 0	0,000 000 0	0,000 000 8	0,07
0,000 000 0	0,000 000 0	0,000 000 1	0,000 002 0	0,08
0,000 000 0	0,000 000 0	0,000 000 2	0,000 004 5	0,09
0,000 000 0	0,000 000 0	0,000 000 4	0,000 009 1	0,10
0,000 000 0	0,000 000 0	0,000 000 8	0,000 017 3	0,11
0,000 000 0	0,000 000 0	0,000 001 5	0,000 030 8	0,12
0,000 000 0	0,000 000 1	0,000 002 9	0,000 052 5	0,13
0,000 000 0	0,000 000 2	0,000 005 1	0,000 085 6	0,14
0,000 000 0	0,000 000 3	0,000 008 7	0,000 134 6	0,15
0,000 000 0	0,000 000 6	0,000 014 2	0,000 205 1	0,16
0,000 000 0	0,000 001 0	0,000 022 6	0,000 304 2	0,17
0,000 000 0	0,000 001 7	0,000 035 0	0,000 440 1	0,18
0,000 000 1	0,000 002 7	0,000 052 8	0,000 622 9	0,19
0,000 000 1	0,000 004 2	0,000 077 9	0,000 864 4	0,20
0,000 000 2	0,000 006 4	0,000 112 7	0,001 178 3	0,21
0,000 000 3	0,000 009 7	0,000 159 9	0,001 580 4	0,22
0,000 000 4	0,000 014 3	0,000 223 2	0,002 088 5	0,23
0,000 000 6	0,000 020 7	0,000 306 8	0,002 722 8	0,24
0,000 001 0	0,000 029 6	0,000 415 8	0,003 505 7	0,25
0,000 001 4	0,000 041 6	0,000 536 2	0,004 461 8	0,26
0,000 002 1	0,000 057 7	0,000 735 0	0,005 618 1	0,27
0,000 003 0	0,000 079 1	0,000 960 5	0,007 003 9	0,28
0,000 004 2	0,000 107 2	0,001 242 0	0,008 650 7	0,29
0,000 005 9	0,000 143 7	0,001 590 4	0,010 592 1	0,30
0,000 008 2	0,000 190 6	0,002 017 9	0,012 863 7	0,31
0,000 011 3	0,000 250 5	0,002 538 4	0,015 502 9	0,32
0,000 015 3	0,000 326 3	0,003 167 3	0,018 548 9	0,33
0,000 020 6	0,000 421 4	0,003 921 9	0,022 042 2	0,34
0,000 027 6	0,000 539 9	0,004 821 3	0,026 024 3	0,35
0,000 036 6	0,000 686 5	0,005 886 4	0,030 537 6	0,36
0,000 048 1	0,000 866 8	0,007 140 3	0,035 625 2	0,37
0,000 062 8	0,001 087 1	0,008 607 9	0,041 330 1	0,38
0,000 081 4	0,001 354 6	0,010 316 3	0,047 694 9	0,39
0,000 104 9	0,001 677 7	0,012 294 6	0,054 761 9	0,40
0,000 134 2	0,002 065 8	0,014 573 8	0,062 571 9	0,41
0,000 170 8	0,002 529 5	0,017 187 1	0,071 164 3	0,42
0,000 216 1	0,003 080 9	0,020 169 6	0,080 576 3	0,43
0,000 272 0	0,003 733 5	0,023 558 3	0,090 842 7	0,44
0,000 340 5	0,004 502 2	0,027 391 8	0,101 994 9	0,45
0,000 424 2	0,005 404 0	0,031 710 5	0,114 061 2	0,46
0,000 526 0	0,006 457 4	0,036 556 0	0,127 065 5	0,47
0,000 649 3	0,007 682 8	0,041 971 3	0,141 027 2	0,48
0,000 797 9	0,009 102 8	0,048 000 3	0,155 960 7	0,49
0,000 976 6	0,010 742 2	0,054 687 5	0,171 875 0	0,50

Tab. 2. (Continuação)

$$1 - F(x-1) = \sum_{r=x}^{r=n} C_r^n p^r q^{n-r}$$

$n = 10$ $x = 6$	$n = 10$ $x = 5$	$n = 10$ $x = 4$	$n = 10$ $x = 3$	$n = 10$ $x = 2$	$n = 10$ $n = 1$	p
0,000 000 0	0,000 000 0	0,000 002 0	0,000 113 8	0,004 266 2	0,095 617 9	0,01
0,000 000 0	0,000 000 7	0,000 030 5	0,000 863 9	0,016 177 6	0,182 927 2	0,02
0,000 000 1	0,000 005 4	0,000 147 1	0,002 765 0	0,034 506 6	0,262 575 9	0,03
0,000 000 7	0,000 021 8	0,000 442 6	0,006 213 7	0,058 153 8	0,335 167 4	0,04
0,000 002 8	0,000 063 7	0,001 028 5	0,011 503 6	0,086 138 4	0,401 263 1	0,05
0,000 007 9	0,000 151 7	0,002 029 3	0,018 837 8	0,117 588 0	0,461 384 9	0,06
0,000 019 3	0,000 313 9	0,003 576 1	0,028 342 1	0,151 729 9	0,516 017 7	0,07
0,000 041 5	0,000 585 7	0,005 801 3	0,040 075 4	0,187 882 5	0,565 611 5	0,08
0,000 081 0	0,001 009 6	0,008 833 8	0,054 040 0	0,225 447 1	0,610 583 9	0,09
0,000 146 9	0,001 634 9	0,012 795 2	0,070 190 8	0,263 901 1	0,651 321 6	0,10
0,000 250 7	0,002 517 0	0,017 797 2	0,088 443 5	0,302 790 8	0,688 182 8	0,11
0,000 406 9	0,003 716 1	0,023 938 8	0,108 681 8	0,341 725 0	0,721 499 0	0,12
0,000 633 2	0,005 296 7	0,031 304 8	0,130 764 2	0,380 369 2	0,751 576 6	0,13
0,000 950 5	0,007 326 3	0,039 964 2	0,154 529 8	0,418 440 0	0,778 698 4	0,14
0,001 383 2	0,009 874 1	0,049 969 8	0,179 803 5	0,455 700 2	0,803 125 6	0,15
0,001 959 3	0,013 010 1	0,061 357 7	0,206 400 5	0,491 953 6	0,825 098 8	0,16
0,002 709 8	0,016 803 8	0,074 147 2	0,234 130 5	0,527 041 2	0,844 839 6	0,17
0,003 669 4	0,021 322 9	0,088 341 1	0,262 801 0	0,560 836 8	0,862 552 0	0,18
0,004 875 7	0,026 632 5	0,103 926 1	0,292 220 4	0,593 243 5	0,878 423 3	0,19
0,006 369 4	0,032 793 5	0,120 873 9	0,322 200 5	0,624 190 4	0,892 625 8	0,20
0,008 193 5	0,039 862 4	0,139 141 8	0,352 558 6	0,653 628 9	0,905 317 2	0,21
0,010 393 6	0,047 889 7	0,158 673 9	0,383 119 7	0,681 530 6	0,916 642 2	0,22
0,013 016 7	0,056 919 6	0,179 402 4	0,413 717 3	0,707 884 3	0,926 733 2	0,23
0,016 111 6	0,066 989 0	0,201 248 7	0,444 194 9	0,732 693 6	0,935 711 1	0,24
0,019 727 7	0,078 126 9	0,224 124 9	0,474 407 2	0,755 974 8	0,943 686 5	0,25
0,023 914 8	0,090 354 2	0,247 934 9	0,504 220 0	0,777 755 0	0,950 760 1	0,26
0,028 722 4	0,103 683 1	0,272 576 1	0,533 511 2	0,798 070 5	0,957 023 7	0,27
0,034 199 4	0,118 117 1	0,297 940 5	0,562 171 0	0,816 964 6	0,962 560 9	0,28
0,040 393 2	0,133 650 3	0,323 916 4	0,590 101 5	0,834 486 9	0,967 447 6	0,29
0,047 349 0	0,150 268 3	0,350 389 3	0,617 217 2	0,850 691 7	0,971 752 5	0,30
0,055 109 7	0,167 947 5	0,377 243 3	0,643 444 5	0,865 636 6	0,975 538 1	0,31
0,063 714 9	0,186 655 4	0,404 362 6	0,668 721 2	0,879 382 1	0,978 860 8	0,32
0,073 200 5	0,206 351 4	0,431 632 0	0,692 996 6	0,891 990 1	0,981 771 6	0,33
0,083 597 9	0,226 986 6	0,458 938 8	0,716 230 4	0,903 523 5	0,984 316 6	0,34
0,094 934 1	0,248 504 5	0,486 173 0	0,738 392 6	0,914 045 6	0,986 537 3	0,35
0,107 230 4	0,270 841 5	0,513 228 4	0,759 462 7	0,923 619 0	0,988 470 8	0,36
0,120 502 6	0,293 927 7	0,540 003 8	0,779 429 2	0,932 305 6	0,990 150 7	0,37
0,134 760 6	0,317 687 0	0,566 403 0	0,798 288 7	0,940 166 1	0,991 607 0	0,38
0,150 006 8	0,342 038 5	0,592 336 1	0,816 045 3	0,947 259 4	0,992 866 6	0,39
0,166 238 6	0,366 896 7	0,617 719 4	0,832 710 2	0,953 642 6	0,993 953 4	0,40
0,183 445 2	0,392 172 8	0,642 476 2	0,848 300 7	0,959 370 5	0,994 888 8	0,41
0,201 609 2	0,417 774 9	0,666 537 2	0,862 839 3	0,964 495 8	0,995 692 0	0,42
0,220 705 8	0,443 609 4	0,689 840 1	0,876 353 8	0,969 068 4	0,996 379 7	0,43
0,240 703 3	0,469 581 3	0,712 330 7	0,888 875 7	0,973 135 8	0,996 966 9	0,44
0,261 562 7	0,495 595 4	0,733 962 1	0,900 440 3	0,976 742 9	0,997 467 0	0,45
0,283 238 2	0,521 557 1	0,754 695 2	0,911 085 9	0,979 931 9	0,997 891 7	0,46
0,305 677 2	0,547 373 0	0,774 498 5	0,920 853 0	0,982 742 2	0,998 251 1	0,47
0,328 820 5	0,572 951 7	0,793 348 0	0,929 783 9	0,985 210 9	0,998 554 4	0,48
0,352 602 8	0,598 204 7	0,811 226 8	0,937 922 2	0,987 372 2	0,998 809 6	0,49
0,376 953 1	0,623 046 9	0,828 125 0	0,945 312 5	0,989 357 8	0,999 023 4	0,50

Tab. 3. Função de Distribuição de Poisson*

$$1-F(x-1)=\sum_{r=x}^{r=\infty}\frac{e^{-a}a^r}{r!}$$

x	a = 0,2	a = 0,3	a = 0,4	a = 0,5	a = 0,6
0	1,000 000 0	1,000 000 0	1,000 000 0	1,000 000 0	1,000 000 0
1	1,181 269 2	1,259 181 8	1,329 680 0	1,393 469	1,451 188
2	1,017 523 1	1,036 936 3	1,061 551 9	1,090 204	1,121 901
3	1,001 148 5	1,003 599 5	1,007 926 3	1,014 388	1,023 115
4	1,000 056 8	1,000 265 8	1,000 776 3	1,001 752	1,003 358
5	1,000 002 3	1,000 015 8	1,000 061 2	1,000 172	1,000 394
6	1,000 000 1	1,000 000 8	1,000 004 0	1,000 014	1,000 039
7			1,000 000 2	1,000 001	1,000 003

x	a = 0,7	a = 0,8	a = 0,9	a = 1,0	a = 1,2
0	1,000 000 0	1,000 000 0	1,000 000 0	1,000 000 0	1,000 000 0
1	1,503 415	1,550 671	1,593 430	1,632 121	1,698 806
2	1,155 805	1,191 208	1,227 518	1,264 241	1,337 373
3	1,034 142	1,047 423	1,062 857	1,080 301	1,120 513
4	1,005 753	1,009 080	1,013 459	1,018 988	1,033 769
					1,007 746
5	1,000 786	1,001 411	1,002 344	1,003 660	
6	1,000 090	1,000 184	1,000 343	1,000 594	1,001 500
7	1,000 009	1,000 021	1,000 043	1,000 083	1,000 251
8	1,000 001	1,000 002	1,000 005	1,000 010	1,000 031
9				1,000 001	1,000 005
					1,000 001
10					

x	a = 1,4	a = 1,6	a = 1,8	a = 1,9	a = 2,0
0	1,000 000	1,000 000	1,000 000	1,000 000	1,000 000
1	1,753 403	1,798 103	1,834 701	1,850 431	1,864 665
2	1,408 167	1,475 069	1,537 163	1,566 251	1,593 994
3	1,166 502	1,216 642	1,269 379	1,296 280	1,323 324
4	1,053 725	1,078 813	1,108 708	1,125 298	1,142 877
5	1,014 253	1,023 682	1,036 407	1,044 081	1,052 653
6	1,003 201	1,006 040	1,010 378	1,013 219	1,016 564
7	1,000 622	1,001 336	1,002 569	1,003 446	1,004 534
8	1,000 107	1,002 60	1,000 562	1,000 793	1,001 097
9	1,000 016	1,000 045	1,001 110	1,000 163	1,000 237
10	1,000 002	1,000 007	1,000 019	1,000 030	1,000 046
11		1,000 001	1,000 003	1,000 005	1,000 008

* E. C. Molina, *Poisson's Exponential Binomial Limit*, D. Van Nostrand, Inc. 1947.

Tab. 3. (Continuação)

$$1 - F(x-1) = \sum_{r=x}^{r=\infty} \frac{e^{-a} a^r}{r!}$$

x	a = 2,5	a = 3,0	a = 3,5	a = 4,0	a = 4,5	a = 5,0
0	1,000 000	1,000 000	1,000 000	1,000 000	1,000 000	1,000 000
1	1,917 915	1,950 213	1,969 803	1,981 684	1,988 891	1,993 262
2	1,712 703	1,800 852	1,864 112	1,908 422	1,938 901	1,959 572
3	1,456 187	1,576 810	1,679 153	1,761 897	1,826 422	1,875 348
4	1,242 424	1,352 768	1,463 367	1,566 530	1,657 704	1,734 974
5	1,108 822	1,184 737	1,274 555	1,371 163	1,467 896	1,559 507
6	1,042 021	1,083 918	1,142 386	1,214 870	1,297 070	1,384 039
7	1,014 187	1,033 509	1,065 288	1,110 674	1,168 949	1,237 817
8	1,004 247	1,011 905	1,026 739	1,051 134	1,086 586	1,133 372
9	1,001 140	1,003 803	1,009 874	1,021 363	1,040 257	1,068 094
10	1,000 277	1,001 102	1,003 315	1,008 132	1,017 093	1,031 828
11	1,000 062	1,000 292	1,001 019	1,002 840	1,006 669	1,013 695
12	1,000 013	1,000 071	1,000 289	1,000 915	1,002 404	1,005 453
13	1,000 002	1,000 016	1,000 076	1,000 274	1,000 805	1,002 019
14		1,000 003	1,000 019	1,000 076	1,000 252	1,000 698
15		1,000 001	1,000 004	1,000 020	1,000 074	1,000 226
16			1,000 001	1,000 005	1,000 020	1,000 069
17				1,000 001	1,000 005	1,000 020
18					1,000 001	1,000 005
19						1,000 001

Tab. 4. Valores Críticos da Distribuição t de Student*

Pr $\{t$ de Student $\leq$ valor tabelado$\} = \gamma$

f	0,75	0,90	0,95	0,975	0,99	0,995
1	1,000 0	3,077 7	6,313 8	12,706 2	31,820 7	63,657 4
2	0,816 5	1,885 6	2,920 0	4,302 7	6,964 6	9,924 8
3	0,764 9	1,637 7	2,353 4	3,182 4	4,540 7	5,840 9
4	0,740 7	1,533 2	2,131 8	2,776 4	3,746 9	4,604 1
5	0,726 7	1,475 9	2,015 0	2,570 6	3,364 9	4,032 2
6	0,717 6	1,439 8	1,943 2	2,446 9	3,142 7	3,707 4
7	0,711 1	1,414 9	1,894 6	2,364 6	2,998 0	3,499 5
8	0,706 4	1,396 8	1,859 5	2,306 0	2,896 5	3,355 4
9	0,702 7	1,383 0	1,833 1	2,262 2	2,821 4	3,249 8
10	0,699 8	1,372 2	1,812 5	2,228 1	2,763 8	3,169 3
11	0,697 4	1,363 4	1,795 9	2,201 0	2,718 1	3,105 8
12	0,695 5	1,356 2	1,782 3	2,178 8	2,681 0	3,054 5
13	0,693 8	1,350 2	1,770 9	2,160 4	2,650 3	3,012 3
14	0,692 4	1,345 0	1,761 3	2,144 8	2,624 5	2,976 8
15	0,691 2	1,340 6	1,753 1	2,131 5	2,602 5	2,946 7
16	0,690 1	1,336 8	1,745 9	2,119 9	2,583 5	2,920 8
17	0,689 2	1,333 4	1,739 6	2,109 8	2,566 9	2,898 2
18	0,688 4	1,330 4	1,734 1	2,100 9	2,552 4	2,878 4
19	0,687 6	1,327 7	1,729 1	2,093 0	2,539 5	2,860 9
20	0,687 0	1,325 3	1,724 7	2,086 0	2,528 0	2,845 3
21	0,686 4	1,323 2	1,720 7	2,079 6	2,517 7	2,831 4
22	0,685 8	1,321 2	1,717 1	2,073 9	2,508 3	2,818 8
23	0,685 3	1,319 5	1,713 9	2,068 7	2,499 9	2,807 3
24	0,684 8	1,317 8	1,710 9	2,063 9	2,492 2	2,796 9
25	0,684 4	1,316 3	1,708 1	2,059 5	2,485 1	2,787 4
26	0,684 0	1,315 0	1,705 6	2,055 5	2,478 6	2,778 7
27	0,683 7	1,313 7	1,703 3	2,051 8	2,472 7	2,770 7
28	0,683 4	1,312 5	1,701 1	2,048 4	2,467 1	2,763 3
29	0,683 0	1,311 4	1,699 1	2,045 2	2,462 0	2,756 4
30	0,682 8	1,310 4	1,697 3	2,042 3	2,457 3	2,750 0
31	0,682 5	1,309 5	1,695 5	2,039 5	2,452 8	2,744 0
32	0,682 2	1,308 6	1,693 9	2,036 9	2,448 7	2,738 5
33	0,682 0	1,307 7	1,692 4	2,034 5	2,444 8	2,733 3
34	0,681 8	1,307 0	1,690 9	2,032 2	2,441 1	2,728 4
35	0,681 6	1,306 2	1,689 6	2,030 1	2,437 7	2,723 8
36	0,681 4	1,305 5	1,688 3	2,028 1	2,434 5	2,719 5
37	0,681 2	1,304 9	1,687 1	2,026 2	2,431 4	2,715 4
38	0,681 0	1,304 2	1,686 0	2,024 4	2,428 6	2,711 6
39	0,680 8	1,303 6	1,684 9	2,022 7	2,425 8	2,707 9
40	0,680 7	1,303 1	1,683 9	2,021 1	2,423 3	2,704 5
41	0,680 5	1,302 5	1,682 9	2,019 5	2,420 8	2,701 2
42	0,680 4	1,302 0	1,682 0	2,018 1	2,418 5	2,698 1
43	0,680 2	1,301 6	1,681 1	2,016 7	2,416 3	2,695 1
44	0,680 1	1,301 1	1,680 2	2,015 4	2,414 1	2,692 3
45	0,680 0	1,300 6	1,679 4	2,014 1	2,412 1	2,689 6

*D. B. Owen, *Handbook of Statistical Tables*, Addison-Wesley Publishing Co., 1962. (Cortesia de Atomic Energy Commission, Washington, D.C.)

Tab. 4. (Continuação)

Pr {t de Student $\leq$ valor tabelado} = γ

f	0,75	0,90	0,95	0,975	0,99	0,995
46	0,679 9	1,300 2	1,678 7	2,012 9	2,410 2	2,687 0
47	0,679 7	1,299 8	1,677 9	2,011 7	2,408 3	2,684 6
48	0,679 6	1,299 4	1,677 2	2,010 6	2,406 6	2,682 2
49	0,679 5	1,299 1	1,676 6	2,009 6	2,404 9	2,680 0
50	0,679 4	1,298 7	1,675 9	2,008 6	2,403 3	2,677 8
51	0,679 3	1,298 4	1,675 3	2,007 6	2,401 7	2,675 7
52	0,679 2	1,298 0	1,674 7	2,006 6	2,400 2	2,673 7
53	0,679 1	1,297 7	1,674 1	2,005 7	2,398 8	2,671 8
54	0,679 1	1,297 4	1,673 6	2,004 9	2,397 4	2,670 0
55	0,679 0	1,297 1	1,673 0	2,004 0	2,396 1	2,668 2
56	0,678 9	1,296 9	1,672 5	2,003 2	2,394 8	2,666 5
57	0,678 8	1,296 6	1,672 0	2,002 5	2,393 6	2,664 9
58	0,678 7	1,296 3	1,671 6	2,001 7	2,392 4	2,663 3
59	0,678 7	1,296 1	1,671 1	2,001 0	2,391 2	2,661 8
60	0,678 6	1,295 8	1,670 6	2,000 3	2,390 1	2,660 3
61	0,678 5	1,295 6	1,670 2	1,999 6	2,389 0	2,658 9
62	0,678 5	1,295 4	1,669 8	1,999 0	2,388 0	2,657 5
63	0,678 4	1,295 1	1,669 4	1,998 3	2,387 0	2,656 1
64	0,678 3	1,294 9	1,669 0	1,997 7	2,386 0	2,654 9
65	0,678 3	1,294 7	1,668 6	1,997 1	2,385 1	2,653 6
66	0,678 2	1,294 5	1,668 3	1,996 6	2,384 2	2,652 4
67	0,678 2	1,294 3	1,667 9	1,996 0	2,383 3	2,651 2
68	0,678 1	1,294 1	1,667 6	1,995 5	2,382 4	2,650 1
69	0,678 1	1,293 9	1,667 2	1,994 9	2,381 6	2,649 0
70	0,678 0	1,293 8	1,666 9	1,994 4	2,380 8	2,647 9
71	0,678 0	1,293 6	1,666 6	1,993 9	2,380 0	2,646 9
72	0,677 9	1,293 4	1,666 3	1,993 5	2,379 3	2,645 9
73	0,677 9	1,293 3	1,666 0	1,993 0	2,378 5	2,644 9
74	0,677 8	1,293 1	1,665 7	1,992 5	2,377 8	2,643 9
75	0,677 8	1,292 9	1,665 4	1,992 1	2,377 1	2,643 0
76	0,677 7	1,292 8	1,665 2	1,991 7	2,376 4	2,642 1
77	0,677 7	1,292 6	1,664 9	1,991 3	2,375 8	2,641 2
78	0,677 6	1,292 5	1,664 6	1,990 8	2,375 1	2,640 3
79	0,677 6	1,292 4	1,664 4	1,990 5	2,374 5	2,639 5
80	0,677 6	1,292 2	1,664 1	1,990 1	2,373 9	2,638 7
81	0,677 5	1,292 1	1,663 9	1,989 7	2,373 3	2,637 9
82	0,677 5	1,292 0	1,663 6	1,989 3	2,372 7	2,637 1
83	0,677 5	1,291 8	1,663 4	1,989 0	2,372 1	2,636 4
84	0,677 4	1,291 7	1,663 2	1,988 6	2,371 6	2,635 6
85	0,677 4	1,291 6	1,663 0	1,988 3	2,371 0	2,634 9
86	0,677 4	1,291 5	1,662 8	1,987 9	2,370 5	2,634 2
87	0,677 3	1,291 4	1,662 6	1,987 6	2,370 0	2,633 5
88	0,677 3	1,291 2	1,662 4	1,987 3	2,369 5	2,632 9
89	0,677 3	1,291 1	1,662 2	1,987 0	2,369 0	2,632 2
90	0,677 2	1,291 0	1,662 0	1,986 7	2,368 5	2,631 6

Tab. 5. Valores Críticos da Distribuição Qui-Quadrado*

Pr $\{\chi^2$ com f graus de liberdade $\leq$ valor tabelado$\} = \gamma$

f	0,005	0,01	0,025	0,05	0,10	0,25
1	—	—	0,001	0,004	0,016	0,102
2	0,010	0,020	0,051	0,103	0,211	0,575
3	0,072	0,115	0,216	0,352	0,584	1,213
4	0,207	0,297	0,484	0,711	1,064	1,923
5	0,412	0,554	0,831	1,145	1,610	2,675
6	0,676	0,872	1,237	1,635	2,204	3,455
7	0,989	1,239	1,690	2,167	2,833	4,255
8	1,344	1,646	2,180	2,733	3,490	5,071
9	1,735	2,088	2,700	3,325	4,168	5,899
10	2,156	2,558	3,247	3,940	4,865	6,737
11	2,603	3,053	3,816	4,575	5,578	7,584
12	3,074	3,571	4,404	5,226	6,304	8,438
13	3,565	4,107	5,009	5,892	7,042	9,299
14	4,075	4,660	5,629	6,571	7,790	10,165
15	4,601	5,229	6,262	7,261	8,547	11,037
16	5,142	5,812	6,908	7,962	9,312	11,912
17	5,697	6,408	7,564	8,672	10,085	12,792
18	6,265	7,015	8,231	9,390	10,865	13,675
19	6,844	7,633	8,907	10,117	11,651	14,562
20	7,434	8,260	9,591	10,851	12,443	15,452
21	8,034	8,897	10,283	11,591	13,240	16,344
22	8,643	9,542	10,982	12,338	14,042	17,240
23	9,260	10,196	11,689	13,091	14,848	18,137
24	9,886	10,856	12,401	13,848	15,659	19,037
25	10,520	11,524	13,120	14,611	16,473	19,939
26	11,160	12,198	13,844	15,379	17,292	20,843
27	11,808	12,879	14,573	16,151	18,114	21,749
28	12,461	13,565	15,008	16,928	18,939	22,657
29	13,121	14,257	16,047	17,708	19,768	23,567
30	13,787	14,954	16,791	18,493	20,599	24,478
31	14,458	15,655	17,539	19,281	21,434	25,390
32	15,134	16,362	18,291	20,072	22,271	26,304
33	15,815	17,074	19,047	20,867	23,110	27,219
34	16,501	17,789	19,806	21,664	23,952	28,136
35	17,192	18,509	20,569	22,465	24,797	29,054
36	17,887	19,233	21,336	23,269	25,643	29,973
37	18,586	19,960	22,106	24,075	26,492	30,893
38	19,289	20,691	22,878	24,884	27,343	31,815
39	19,996	21,426	23,654	25,695	28,196	32,737
40	20,707	22,164	24,433	26,509	29,051	33,660
41	21,421	22,906	25,215	27,326	29,907	34,585
42	22,138	23,650	25,999	28,144	30,765	35,510
43	22,859	24,398	26,785	28,965	31,625	36,436
44	23,584	25,148	27,575	29,787	32,487	37,363
45	24,311	25,901	28,366	30,612	33,350	38,291

*D. B. Owen, *Handbook of Statistical Tables,* Addison-Wesley Publishing Co., 1962. (Cortesia de Atomic Energy Commission, Washington, D. C.)

Tab. 5. (Continuação)

Pr $\{\chi^2$ com f graus de liberdade $\leq$ valor tabelado$\} = \gamma$

f	0,75	0,90	0,95	0,975	0,99	0,995
1	1,323	2,706	3,841	5,024	6,635	7,879
2	2,773	4,605	5,991	7,378	9,210	10,597
3	4,108	6,251	7,815	9,348	11,345	12,838
4	5,385	7,779	9,488	11,143	13,277	14,860
5	6,626	9,236	11,071	12,833	15,086	16,750
6	7,841	10,645	12,592	14,449	16,812	18,548
7	9,037	12,017	14,067	16,013	18,475	20,278
8	10,219	13,362	15,507	17,535	20,090	21,955
9	11,389	14,684	16,919	19,023	21,666	23,589
10	12,549	15,987	18,307	20,483	23,209	25,188
11	13,701	17,275	19,675	21,920	24,725	26,757
12	14,845	18,549	21,026	23,337	26,217	28,299
13	15,984	19,812	22,362	24,736	27,688	29,819
14	17,117	21,064	23,685	26,119	29,141	31,319
15	18,245	22,307	24,996	27,488	30,578	32,801
16	19,369	23,542	26,296	28,845	32,000	34,267
17	20,489	24,769	27,587	30,191	33,409	35,718
18	21,605	25,989	28,869	31,526	34,805	37,156
19	22,718	27,204	30,144	32,852	36,191	38,582
20	23,828	28,412	31,410	34,170	37,566	39,997
21	24,935	29,615	32,671	35,479	38,932	41,401
22	26,039	30,813	33,924	36,781	40,289	42,796
23	27,141	32,007	35,172	38,076	41,638	44,181
24	28,241	33,196	36,415	39,364	42,980	45,559
25	29,339	34,382	37,652	40,646	44,314	46,928
26	30,435	35,563	38,885	41,923	45,642	48,290
27	31,528	36,741	40,113	43,194	46,963	49,645
28	32,620	37,916	41,337	44,461	48,278	50,993
29	33,711	39,087	42,557	45,722	49,588	52,336
30	34,800	40,256	43,773	46,979	50,892	53,672
31	35,887	41,422	44,985	48,232	52,191	55,003
32	36,973	42,585	46,194	49,480	53,486	56,328
33	38,058	43,745	47,400	50,725	54,776	57,648
34	39,141	44,903	48,602	51,966	56,061	58,964
35	40,223	46,059	49,802	53,203	57,342	60,275
36	41,304	47,212	50,998	54,437	58,619	61,581
37	42,383	48,363	52,192	55,668	59,892	62,883
38	43,462	49,513	53,384	56,896	61,162	64,181
39	44,539	50,660	54,572	58,120	62,428	65,476
40	45,616	51,805	55,758	59,342	63,691	66,766
41	46,692	52,949	56,942	60,561	64,950	68,053
42	47,766	54,090	58,124	61,777	66,206	69,336
43	48,840	55,230	59,304	62,990	67,459	70,616
44	49,913	56,369	60,481	64,201	68,710	71,893
45	50,985	57,505	61,656	65,410	69,957	73,166

Tab. 6. Números Aleatórios*

07018	31172	12572	23968	55216	85366	56223	09300	94564	18172
52444	65625	97918	46794	62370	59344	20149	17596	51669	47429
72161	57299	87521	44351	99981	55008	93371	60620	66662	27036
17918	75071	91057	46829	47992	26797	64423	42379	91676	75127
13623	76165	43195	50205	75736	77473	07268	31330	07337	55901
27426	97534	89707	97453	90836	78967	00704	85734	21776	85764
96039	21338	88169	69530	53300	29895	71507	28517	77761	17244
68282	98888	25545	69406	29470	46476	54562	79373	72993	98998
54262	21477	33097	48125	92982	98382	11265	25366	06636	25349
66290	27544	72780	91384	47296	54892	59168	83951	91075	04724
53348	39044	04072	62210	01209	43999	54952	68699	31912	09317
34482	42758	40128	48436	30254	50029	19016	56837	05206	33851
99268	98715	07545	27317	52459	75366	43688	27460	65145	65429
95342	97178	10401	31615	95784	77026	33087	65961	10056	72834
38556	60373	77935	64608	28949	94764	45312	71171	15400	72182
39159	04795	51163	84475	60722	35268	05044	56420	39214	89822
41786	18169	96649	92406	42773	23672	37333	85734	99886	81200
95627	30768	30607	89023	60730	31519	53462	90489	81693	17849
98738	15548	42263	79489	85118	97073	01574	57310	59375	54417
75214	61575	27805	21930	94726	39454	19616	72239	93791	22610
73904	89123	19271	15792	72675	62175	48746	56084	54029	22296
33329	08896	94662	05781	59187	53284	28024	45421	37956	14252
66364	94799	62211	37539	80172	43269	91133	05562	82385	91760
68349	16984	86532	96186	53893	48268	82821	19526	63257	14288
19193	99621	66899	12351	72438	99839	24228	32079	53517	18558
49017	23489	19172	80439	76263	98918	59330	20121	89779	58862
76941	77008	27646	82072	28048	41589	70883	72035	81800	50296
55430	25875	26446	25738	32962	24266	26814	01194	48587	93319
33023	26895	65304	34978	43053	28951	22676	05303	39725	60054
87337	74487	83196	61939	05045	20405	69324	80823	20905	68727
81773	36773	21247	54735	68996	16937	18134	51873	10973	77090
74279	85087	94186	67793	18178	82224	17069	87880	54945	73489
34968	76028	54285	90845	35464	68076	15868	70063	26794	81386
99696	78454	21700	12301	88832	96796	59341	16136	01803	17537
55282	61051	97260	89829	69121	86547	62195	72492	33536	60137
31337	83886	72886	42598	05464	88071	92209	50728	67442	47529
94128	97990	58609	20002	76530	81981	30999	50147	93941	80754
06511	48241	49521	64568	69459	95079	42588	98590	12829	64366
69981	03469	56128	80405	97485	88251	76708	09558	86759	15065
23701	56612	86307	02364	88677	17192	23082	00728	78660	74196
09237	24607	12817	98120	30937	70666	76059	44446	94188	14060
11007	45461	24725	02877	74667	18427	45658	40044	59484	59966
60622	78444	39582	91930	97948	13221	99234	99629	22430	49247
79973	43668	19599	30021	68572	31816	63033	14597	28953	21162
71080	71367	23485	82364	30321	42982	74427	25625	74309	15855
09923	26729	74573	16583	37689	06703	21846	78329	98578	25447
63094	72826	65558	22616	33472	67515	75585	90005	19747	08865
19806	42212	41268	84923	21002	30588	40676	94961	31154	83133
17295	74244	43088	27056	86338	47331	09737	83735	84058	12382
59338	27190	99302	84020	15425	14748	42380	99376	30496	84523

*The Rand Corporation, *A Million Random Digits with 100,000 Normal Deviates,* The Free Press, 1955.

Tab. 6. (Continuação)

96124	73355	01925	17210	81719	74603	30305	29383	69753	61156
31283	54371	20985	00299	71681	22496	71241	35347	37285	02028
49988	48558	20397	60384	24574	14852	26414	10767	60334	36911
82790	45529	48792	31384	55649	08779	94194	62843	11182	49766
51473	13821	75776	24401	00445	61570	80687	39454	07628	94806
07785	02854	91971	63537	84671	03517	28914	48762	76952	96837
16624	68335	46052	07442	41667	62897	40326	75187	36639	21396
28118	92405	07123	22008	83082	28526	49117	96627	38470	78905
33373	90330	67545	74667	20398	58239	22772	34500	34392	92989
36535	48606	11139	82646	18600	53898	70267	74970	35100	01291
47408	62155	47467	14813	56684	56681	31779	30441	19883	17044
56129	36513	41292	82142	13717	49966	35367	43255	06993	17418
35459	10460	33925	75946	26708	63004	89286	24880	38838	76022
61955	55992	36520	08005	48783	08773	45424	44359	25248	75881
85374	69791	18857	92948	90933	90290	97232	61348	22204	43440
15556	39555	09325	16717	74724	79343	26313	39585	56285	22525
75454	90681	73339	08810	89716	99234	36613	43440	60269	90899
27582	90856	04254	23715	00086	12164	16943	62099	32132	93031
89658	47708	01691	22284	50446	05451	68947	34932	81628	22716
57194	77203	26072	92538	85097	58178	46391	58980	12207	94901
64219	53416	03811	11439	80876	38314	77078	85171	06316	29523
53166	78592	80640	58248	68818	78915	57288	85310	43287	89223
58112	88451	22892	29765	20908	49267	18968	39165	03332	94932
14548	36314	05831	01921	97159	55540	00867	84294	54653	81281
21251	15618	40764	99303	38995	97879	98178	03701	70069	80463
30953	63369	05445	20240	35362	82072	29280	72468	94845	97004
12764	79194	36992	74905	85867	18672	28716	17995	63510	67901
72393	71563	42596	87366	80039	75647	66121	17083	07327	39209
11031	40757	10904	22385	39813	63111	33237	95008	09057	50820
91948	69586	45045	67557	86629	67943	23405	86552	17393	24221
18537	07384	13059	47389	97265	11379	24426	09528	36035	02501
66885	11985	38553	97029	88433	78988	88864	03876	48791	72613
96177	71237	08744	38483	16602	94343	18593	84747	57469	08334
37321	96867	64979	89159	33269	06367	09234	77201	92195	89547
77905	69703	77702	90176	04883	84487	88688	09360	42803	88379
53814	14560	43698	86631	87561	90731	59632	52672	24519	10966
16963	37320	40740	79330	04318	56078	23196	49668	80418	73842
87558	58885	65475	25295	59946	47877	81764	85986	61687	04373
84269	55068	10532	43324	39407	65004	35041	20714	20880	19385
94907	08019	05159	64613	26962	30688	51677	05111	51215	53285
45735	14319	78439	18033	72250	87674	67405	94163	16622	54994
11755	40589	83489	95820	70913	87328	04636	42466	68427	79135
51242	05075	80028	35144	70599	92270	62912	08859	87405	08266
00281	25893	94848	74342	45848	10404	28635	92136	42852	40812
12233	65661	10625	93343	21834	95563	15070	99901	09382	01498
88817	57827	02940	66788	76246	85094	44885	72542	31695	83843
75548	53699	90888	94921	04949	80725	72120	80838	38409	72270
42860	40656	33282	45677	06003	46597	67666	70858	41314	71100
71208	72822	17662	50330	32576	95030	87874	25965	05261	95727
44319	22313	89649	47415	21065	42846	78055	64776	64993	48051

Tab. 7. Desvios Normais Reduzidos Aleatórios

	00	01	02	03	04	05	06	07	08	09
00	0,31	− 0,51	− 1,45	− 0,35	0,18	0,09	0,00	0,11	− 1,91	− 1,07
01	0,90	− 0,36	0,33	− 0,28	0,30	− 2,62	− 1,43	− 1,79	− 0,99	− 0,35
02	0,22	0,58	0,87	− 0,02	0,04	0,12	− 0,17	0,78	− 1,31	0,95
03	− 1,00	0,53	− 1,90	− 0,77	0,67	0,56	− 0,94	0,16	2,22	− 0,08
04	− 0,12	− 0,43	0,69	0,75	− 0,32	− 0,71	− 1,13	− 0,79	− 0,26	− 0,86
05	0,01	0,37	− 0,36	0,68	0,44	0,43	1,18	− 0,68	− 0,13	− 0,41
06	0,16	− 0,83	− 1,88	0,89	− 0,39	0,93	− 0,76	− 0,12	0,66	2,06
07	1,31	− 0,82	− 0,36	0,36	0,24	− 0,95	0,41	− 0,77	0,78	− 0,27
08	− 0,38	− 0,26	− 1,73	0,06	− 0,14	1,59	0,96	− 1,39	0,51	− 0,05
09	0,38	0,42	− 1,39	− 0,22	− 0,28	− 0,03	2,48	1,11	− 1,10	0,40
10	1,07	2,26	− 1,68	− 0,04	0,19	1,38	− 1,53	− 1,41	0,09	− 1,91
11	− 1,65	− 1,29	− 1,03	0,06	2,18	− 0,55	− 0,34	− 1,07	0,80	1,77
12	1,02	− 0,67	− 1,11	0,08	− 1,92	− 0,97	− 0,70	− 0,04	− 0,72	− 0,47
13	0,06	1,43	− 0,46	− 0,62	− 0,11	0,36	0,64	− 0,27	0,72	0,68
14	0,47	− 1,84	0,69	− 1,07	0,83	− 0,25	− 0,91	− 1,94	0,96	0,75
15	0,10	1,00	− 0,54	0,61	− 1,04	− 0,33	0,94	0,56	0,62	0,07
16	− 0,71	0,04	0,63	− 0,26	− 1,35	− 1,20	1,52	0,63	− 1,29	1,16
17	− 0,94	− 0,94	0,56	− 0,09	0,63	− 0,36	0,20	− 0,60	− 0,29	0,94
18	0,29	0,62	− 1,09	1,84	− 0,11	0,19	− 0,45	0,23	− 0,63	− 0,06
19	0,57	0,54	− 0,21	0,09	− 0,57	− 0,10	− 1,25	− 0,26	0,88	− 0,26
20	0,24	0,19	− 0,67	3,04	1,26	− 1,21	0,52	− 0,05	0,76	− 0,09
21	− 1,47	1,20	0,70	− 1,80	− 1,07	0,29	1,18	0,34	− 0,74	1,75
22	− 0,01	0,49	1,16	0,17	− 0,48	0,81	1,40	− 0,17	0,57	0,64
23	− 0,63	− 0,26	0,55	− 0,21	− 0,07	− 0,37	0,47	− 1,69	0,05	− 0,96
24	0,85	− 0,65	− 0,94	0,12	− 1,67	0,28	− 0,42	0,14	− 1,15	− 0,41
25	1,07	− 0,36	1,10	0,83	0,37	− 0,20	− 0,75	− 0,50	0,18	1,31
26	1,18	− 2,09	− 0,61	0,44	0,40	0,42	− 0,61	− 2,55	− 0,09	− 1,33
27	0,47	0,88	0,71	0,31	0,41	− 1,96	0,34	− 0,17	1,73	− 0,33
28	0,26	0,90	0,11	0,28	0,76	− 0,12	− 1,01	1,29	− 0,71	2,15
29	0,39	− 0,88	− 0,15	− 0,38	0,55	− 0,41	− 0,02	− 0,74	− 0,48	0,46
30	− 1,01	− 0,89	− 1,23	0,07	− 0,07	− 0,08	− 0,08	− 1,95	− 0,34	− 0,29
31	1,36	0,18	0,85	0,55	0,00	− 0,43	0,27	− 0,39	0,25	0,69
32	1,02	− 2,49	1,79	0,04	− 0,03	0,85	− 0,29	− 0,77	0,28	− 0,33
33	0,53	− 1,13	0,75	− 0,39	0,43	0,10	− 2,17	0,37	− 1,85	0,96
34	0,76	1,21	− 0,68	0,26	0,93	0,99	1,12	− 1,72	− 0,04	− 0,73
35	0,07	− 0,23	− 0,88	− 0,23	0,68	0,24	1,38	− 2,10	− 0,79	− 0,27
36	0,27	0,61	0,43	− 0,38	0,68	− 0,72	0,90	− 0,14	− 1,61	− 0,88
37	0,93	0,72	− 0,45	2,80	− 0,12	0,74	− 1,47	0,39	− 0,61	− 2,77
38	1,03	− 0,43	0,95	− 1,49	− 0,63	0,22	0,79	− 2,80	− 0,41	0,61
39	− 0,32	1,41	− 0,23	− 0,36	0,60	− 0,59	0,36	0,63	0,73	0,81
40	1,41	0,64	0,06	0,25	− 1,75	0,39	1,84	− 1,23	− 1,27	− 0,75
41	0,25	− 0,70	0,33	0,12	0,04	1,03	− 0,64	0,08	1,63	0,34
42	− 1,15	0,57	0,34	− 0,32	2,31	0,74	0,85	− 1,25	− 0,17	0,14
43	0,72	0,01	0,50	− 1,42	0,26	− 0,74	− 0,55	1,86	− 0,17	− 0,10
44	− 0,92	0,15	− 0,66	0,83	0,50	0,24	− 0,40	1,90	0,35	0,69
45	− 0,42	0,62	0,24	0,55	− 0,06	0,14	− 1,09	− 1,53	0,30	− 1,56
46	− 0,54	1,21	− 0,53	0,29	1,04	− 0,32	− 1,20	0,01	0,05	0,20
47	− 0,13	− 0,70	0,07	0,69	0,88	1,18	0,61	− 0,46	− 1,54	0,50
48	− 0,29	0,36	1,44	− 0,44	0,53	− 0,14	0,66	0,00	0,33	− 0,36
49	1,90	− 1,21	− 1,87	− 0,27	− 1,86	− 0,49	0,25	0,25	0,14	1,73

Tab. 7. (Continuação)

	10	11	12	13	14	15	16	17	18	19
00	− 0,73	0,25	− 2,08	0,17	− 1,04	− 0,23	0,74	0,23	0,70	− 0,79
01	− 0,87	− 0,74	1,44	− 0,79	− 0,76	− 0,42	1,93	0,88	0,80	− 0,53
02	1,18	0,05	0,10	− 0,15	0,05	1,06	0,82	0,90	− 1,38	0,51
03	− 2,09	1,13	− 0,50	0,37	− 0,18	− 0,16	− 1,85	− 0,90	1,32	− 0,83
04	− 0,32	1,06	1,14	− 0,23	0,49	1,10	− 0,27	− 0,64	0,47	− 0,05
05	0,90	− 0,86	0,63	− 1,62	− 0,52	− 1,55	0,78	− 0,54	− 0,29	0,19
06	− 0,16	− 0,22	− 0,17	− 0,81	0,49	0,96	0,53	1,73	0,14	1,21
07	0,15	− 1,12	0,80	− 0,30	− 0,77	− 0,91	0,00	0,94	− 1,16	0,44
08	− 1,87	0,72	− 1,17	− 0,36	− 1,42	− 0,46	− 0,58	0,03	2,08	1,11
09	0,87	0,95	0,05	0,46	− 0,01	0,85	1,19	− 1,61	− 0,10	− 0,87
10	0,52	0,12	− 1,04	− 0,56	− 0,91	− 0,13	0,17	1,17	− 1,24	− 0,84
11	− 1,39	− 1,18	1,67	2,88	− 2,06	0,10	0,05	− 0,55	0,74	0,33
12	− 0,94	− 0,46	− 0,85	− 0,29	0,54	0,71	0,90	− 0,42	− 1,30	0,50
13	− 0,51	0,04	− 0,44	− 1,87	− 1,06	1,18	− 0,39	0,22	− 0,55	− 0,54
14	− 1,50	− 0,21	− 0,89	0,43	− 1,81	− 0,07	− 0,66	− 0,02	1,77	− 1,54
15	− 0,48	1,54	1,88	0,66	− 0,62	0,28	− 0,34	2,42	− 1,65	2,06
16	0,89	− 0,23	0,57	0,23	1,81	1,02	0,33	1,23	1,31	0,06
17	0,38	1,52	− 1,32	2,13	− 0,14	0,28	− 0,46	0,25	0,65	1,18
18	− 0,53	0,37	0,19	− 2,41	0,16	0,36	− 0,15	0,14	− 0,15	− 0,73
19	0,15	0,62	− 1,29	1,84	0,80	− 0,65	10,72	− 1,77	0,07	0,46
20	− 0,81	− 0,22	1,16	1,09	− 0,73	− 0,15	0,87	− 0,88	0,92	− 0,04
21	− 1,61	2,51	− 2,17	0,49	− 1,24	1,16	0,97	0,15	0,37	0,18
22	0,26	− 0,48	− 0,43	− 2,08	0,75	1,59	1,78	− 0,55	0,85	− 1,87
23	− 0,32	0,75	− 0,35	2,10	− 0,70	1,29	0,94	0,20	− 1,16	0,89
24	− 1,00	1,37	0,68	0,00	1,87	− 0,14	0,77	− 0,12	0,89	− 0,73
25	0,66	0,04	− 1,73	0,25	0,26	1,46	− 0,77	− 1,67	0,18	− 0,92
26	− 0,20	− 1,53	0,59	− 0,15	− 0,15	− 0,11	0,68	− 0,14	− 0,42	− 1,51
27	1,01	− 0,44	− 0,20	− 2,05	− 0,27	− 0,50	− 0,27	− 0,45	0,83	0,49
28	− 1,81	0,45	0,27	0,67	− 0,74	− 0,17	− 1,11	0,13	− 1,18	− 1,41
29	− 0,40	1,34	1,50	0,57	− 1,78	0,08	0,95	0,69	0,38	0,71
30	− 0,01	0,15	− 1,83	1,18	0,11	0,62	1,86	0,42	0,03	− 0,14
31	− 0,23	− 0,19	− 1,08	0,44	− 0,41	− 1,32	0,14	0,65	− 0,76	0,76
32	− 1,27	0,13	− 0,17	− 0,74	− 0,44	1,67	− 0,07	− 0,99	0,51	0,76
33	− 1,72	1,70	− 0,61	0,18	0,48	− 0,26	− 0,12	− 2,83	2,35	1,25
34	0,78	1,55	− 0,19	0,43	− 1,53	− 0,76	0,83	− 0,46	0,48	− 0,43
35	1,86	1,12	− 2,09	1,82	− 0,71	− 1,76	− 0,20	− 0,38	0,82	− 1,08
36	− 0,50	− 0,93	− 0,68	− 1,62	− 0,88	0,05	− 0,27	0,23	− 0,58	− 0,24
37	1,02	− 0,81	− 0,62	1,46	− 0,31	− 0,37	0,08	0,59	− 0,27	0,37
38	− 1,57	0,10	0,11	− 1,48	1,02	2,35	0,27	− 1,22	− 1,26	2,22
39	2,27	− 0,61	0,61	− 0,28	− 0,39	− 0,45	− 0,89	1,43	− 1,03	− 0,01
40	− 2,17	− 0,69	1,33	− 0,26	0,15	− 0,10	− 0,78	0,64	− 0,70	0,14
41	0,05	− 1,71	0,21	0,55	− 0,60	− 0,74	− 0,90	2,52	− 0,07	− 1,11
42	− 0,38	1,75	0,93	− 1,36	− 0,60	− 1,76	− 1,10	0,42	1,44	− 0,58
43	0,40	− 1,50	0,24	− 0,66	0,83	0,37	− 0,35	0,16	0,96	0,79
44	0,39	0,66	0,19	− 2,08	0,32	− 0,42	− 0,53	0,92	0,69	− 0,03
45	− 0,12	1,18	− 0,08	0,30	− 0,21	0,45	− 1,84	0,26	0,90	0,85
46	1,20	− 0,91	− 1,08	− 0,99	1,76	− 0,80	0,51	0,25	− 0,11	− 0,58
47	− 1,04	1,28	2,50	1,56	− 0,95	− 1,02	0,45	− 1,90	− 0,02	− 0,73
48	− 0,32	0,56	− 1,03	0,11	− 0,72	0,53	− 0,27	− 0,17	1,40	1,61
49	1,08	0,56	0,34	− 0,28	− 0,37	0,46	0,03	− 1,13	0,34	− 1,08

Respostas a Problemas Selecionados

Capítulo 1

1.1. (a) {5}, (b) {1, 3, 4, 5, 6, 7, 8, 9, 10}, (c) {2, 3, 4, 5},
(d) {1, 5, 6, 7, 8, 9, 10}, (e) {1, 2, 5, 6, 7, 8, 9, 10}.

1.2. (a) $\left\{x \mid 0 \le x < \frac{1}{4}\right\} \cup \left\{x \mid \frac{3}{2} \le x \le 2\right\}$,

(b) $\left\{x \mid 0 \le x < \frac{1}{4}\right\} \cup \left\{x \mid \frac{1}{2} < x \le 1\right\} \cup \left\{x \mid \frac{3}{2} \le x \le 2\right\}$,

(c) $\left\{x \mid 0 \le x \le \frac{1}{2}\right\} \cup \{x \mid 1 < x \le 2\}$,

(d) $\left\{x \mid \frac{1}{4} \le x \le \frac{1}{2}\right\} \cup \left\{x \mid 1 < x < \frac{3}{2}\right\}$.

1.3. (a) Verdadeira, (b) Verdadeira, (c) Falsa, (d) Falsa, (e) Verdadeira.

1.4. (a) A = {(0, 0), (1, 0), (2, 0), (0, 1), (1, 1), (2, 1), (0, 2), (1, 2)},

(b) B = {(0, 0), (1, 0), (2, 0), (3, 0), (4, 0), (5, 0), (6, 0), (1, 1), (2, 1),
(3, 1), (4, 1), (5, 1), (6, 1), (2, 2), (3, 2), (4, 2), (5, 2), (6, 2), (2, 3),
(3, 3), (4, 3), (5, 3), (6, 3), (2, 4), (3, 4), (4, 4), (5, 4), (6, 4), (3, 5),
(4, 5), (5, 5), (6, 5), (3, 6), (4, 6), (5, 6), (6, 6)}.

1.6. {DD, NDD, DNDD, DNDN, DNND, DNNN, NDND, NDNN, NNDD,
NNDN, NNND, NNNN}.

1.10. (a) $\{(x, y) \mid 0 \le x < y \le 24\}$.

1.11. (a) $A \cup B \cup C$, (b) $[A \cap \bar{B} \cap \bar{C}] \cup [\bar{A} \cap B \cap \bar{C}] \cup [\bar{A} \cap \bar{B} \cap C]$,
(d) $\overline{A \cap B \cap C}$.

1.15. $\frac{1}{13}, \frac{4}{13}, \frac{8}{13}$.   **1.16.** (a) $1 - z$, (b) $y - z$.   **1.17.** $\frac{5}{8}$.

Capítulo 2

2.1. (a) $\frac{13}{18}$, (b) $\frac{1}{6}$.   **2.2.** (a) $\frac{1}{12}$, (b) $\frac{1}{20}$.   **2.3.** (a) $\frac{2}{3}$, (b) $\frac{5}{8}$.

2.4. (a) $\dfrac{\dbinom{400}{90}\dbinom{1.100}{110}}{\dbinom{1.500}{200}}$, (b) $1-\left[\dfrac{\dbinom{400}{0}\dbinom{1.100}{200}+\dbinom{400}{1}\dbinom{1.100}{199}}{\dbinom{1.500}{200}}\right]$.

2.5. $\dfrac{4}{45}$.

2.6. (a) $\dfrac{5}{8}$, (b) $\dfrac{7}{8}$, (c) $\dfrac{3}{4}$.

2.7. (a) $\dfrac{3}{8}$, (b) $\dfrac{1}{120}$, (c) $\dfrac{7}{8}$, (d) $\dfrac{5}{8}$, (e) $\dfrac{1}{2}$, (f) $\dfrac{91}{120}$, (g) $\dfrac{1}{8}$.

2.8. 120.

2.9. 720.

2.10. 455.

2.11. (a) 120, (b) 2.970.

2.12. (a) 4^8, (b) $4 \cdot 3^7$, (c) 70, (d) 336.

2.13. $(N-1)!/(N-n)!N^{n-1}$.

2.14. (a) 360, (b) 1.296.

2.15. $a + b$.

2.16. (a) $2/n$, (b) $2(n-1)/n^2$.

2.18. 0,24.

2.20. 120.

2.21. $\dfrac{\dbinom{r}{r-1}\dbinom{n-r}{k-1}}{\dbinom{n}{k-1}} \cdot \dfrac{1}{n-k+1}$.

2.22. $\dfrac{10!}{10^r(10-r)!}$.

Capítulo 3

3.1. $\left(\dfrac{x}{x+y}\right)\left(\dfrac{z+1}{z+v+1}\right)+\left(\dfrac{y}{x+y}\right)\left(\dfrac{z}{z+v+1}\right)$.

3.2. (a) $\dfrac{1}{6}$, (b) $\dfrac{1}{3}$, (c) $\dfrac{1}{2}$.

3.3. $\dfrac{5}{9}$.

3.4. (a) $\dfrac{2}{105}$, (b) $\dfrac{2}{5}$.

3.6. (a) $\dfrac{33}{95}$, (b) $\dfrac{14}{95}$, (c) $\dfrac{48}{95}$.

3.7. $\dfrac{2}{3}$.

3.9. 0,362, 0,406, 0,232.

3.12. (a) $\dfrac{1}{4}$, (b) $\dfrac{3}{4}$.

3.13. $1 - (1 - p)^n$.

3.15. $\dfrac{5}{16}$.

3.17. (a) 0,995, (b) 0,145.

3.20. (a) $2p^2 + 2p^3 - 5p^4 + 2p^5$, (b) $p + 3p^2 - 4p^3 - p^4 + 3p^5 - p^6$.

3.23. $\dfrac{3}{16}$.

3.25. (a) 0,50, (b) 0,05.

3.34. $\beta_n = \dfrac{1}{2} + (2p-1)^n\left(\beta - \dfrac{1}{2}\right)$.

3.35. (a) 0,65 (b) 0,22 (c) 8/35.

3.37. $P_n = \dfrac{\alpha}{\alpha + \beta} + \dfrac{\beta}{(\alpha + \beta)(\alpha + \beta + 1)^{n-1}}$.

3.39. $(n - 1)\, p^2 / (1 - 2p + np^2)$.

Capítulo 4

4.1. $P(X = 0) = \dfrac{1}{64}$, $P(X = 1) = \dfrac{9}{64}$, $P(X = 2) = \dfrac{27}{64}$, $P(X = 3) = \dfrac{27}{64}$.

4.2. $(a)\ \dbinom{4}{x}\left(\dfrac{1}{5}\right)^x\left(\dfrac{4}{5}\right)^{4-x}$, $(b)\ \dbinom{5}{x}\dbinom{20}{4-x} \Big/ \dbinom{25}{4}$.

4.3. $(a)\ \dfrac{1}{3}$, $(b)\ \dfrac{1}{16}$, $(c)\ \dfrac{1}{7}$.
4.9. $\dfrac{27}{64}$.

4.10. $a = e^{-b}$.

4.11. $P(X > b \mid X < b/2) = -\,7b^3/(b^3 + 8)$.

4.13. $(a)\ a = (2/b) - b$.
4.14. $(a)\ F(t) = 5t^4 - 4t^5$.

4.15. $(a)\ a = \dfrac{1}{2}$, $(c)\ \dfrac{3}{8}$.
4.16. $(b)\ F(x) = 3x^2 - 2x^3$.

4.17. $(a)\ f(x) = \dfrac{1}{5}$, $0 < x < 5$, $(b)\ f(x) = (1/\pi)(x - x^2)^{-1/2}$, $0 < x < 1$.

$(c)\ f(x) = 3e^{3x}$, $x < 0$.

4.20. $(a)\ \alpha = 3$, $(b)\ \alpha = \dfrac{5}{4}$.

4.23. $(b)\ P(X = k) = \dbinom{10}{k}(0{,}09)^k(0{,}91)^{10-k}$.

4.25. $(a)\ \dfrac{1}{4}$.
4.28. $\dfrac{3}{5}$.

4.29. $(a)\ k = \beta$, $(b)\ r = 1$.
4.30. $-\dfrac{1}{3} \le x \le \dfrac{1}{4}$.

Capítulo 5

5.1. $g(y) = \dfrac{1}{2}(4 - y)^{-1/2}$, $3 < y < 4$.

5.2. $(a)\ g(y) = \dfrac{1}{6}$, $7 < y < 13$, $(b)\ h(z) = 1/2z$, $e < z < e^3$.

5.3. $(a)\ g(y) = \dfrac{1}{3}\, y^{-2/3} e^{-y^{1/3}}$, $y > 0$.

5.6. $(a)\ g(y) = (1/\pi)(1 - y^2)^{-1/2}$, $-1 < y < 1$,

$(b)\ h(z) = (2/\pi)(1 - z^2)^{-1/2}$, $0 < z < 1$, $(c)\ f(w) = 1$, $0 < w < 1$.

5.7. (a) $g(v) = (3/2\pi)[(3v/4\pi)^{-1/3} - 1]$, $0 < v < 4\pi/3$,

(b) $h(s) = (3/4\pi)[1 - (s/4\pi)^{1/2}]$, $0 < s < 4\pi$.

5.8. $g(p) = \dfrac{1}{8} (2/p)^{1/2}$, $162 < p < 242$.

5.10. (a) $g(0) = 1$; $g(y) = 0$, $y \neq 0$.

(b) $g(0) = a/k$; $g(y) = (x_0 - a)/ky_0$, $0 < y < y_0[(k - a)/(x_0 - a)]$,

(c) $g(0) = a/k$; $g(y) = (x_0 - a)/ky_0$, $0 < y < y_0$; $g(y_0) = 1 - x_0/k$.

5.13. $0,71$.

Capítulo 6

6.2. (a) $k = \dfrac{1}{8}$, (b) $h(x) = x^3/4$, $0 < x < 2$,

(c) $g(y) = \begin{cases} \dfrac{1}{3} - y/4 + y^3/48, 0 \le y \le 2 \\ \dfrac{1}{3} - y/4 + 5/48y^3, -2 \le y \le 0. \end{cases}$

6.3. (a) $\dfrac{5}{6}$, (b) $\dfrac{7}{24}$, (c) $\dfrac{5}{32}$. **6.5.** $k = 1/(1 - e^{-1})^2$.

6.6. (a) $k = \dfrac{1}{2}$, (b) $h(x) = 1 - |x|$, $-1 < x < 1$,

(c) $g(y) = 1 - |y|$, $-1 < y < 1$.

6.8. $h(z) = 1/2z^2$, $z \ge 1$.

$= 1/2$, $0 < z < 1$.

6.11. $g(h) = (1.600 - 9h^2)/80h^2$, $S < h < \dfrac{40}{3}$

$= \dfrac{1}{5}, \dfrac{20}{3} < h \le 8$

$= (5h^2 - 80)/16h^2$, $4 \le h \le \dfrac{20}{3}$.

6.12. $h(i) = e^{-(2/i)^{1/2}}[-(2/i) - 2(2/i)^{1/2} - 2] + e^{-(1/i)^{1/2}}[(1/i) + 2(1/i)^{1/2} + 2]$, $i > 0$.

6.13. $h(w) = 6 + 6w - 12w^{1/2}$, $0 < w < 1$.

6.14. (a) $g(x) = e^{-x}$, $x > 0$, (b) $h(y) = ye^{-y}$, $y > 0$.

Capítulo 7

7.3. $3,4$. **7.4.** $\dfrac{1}{3}(2C_3 + C_2 - 3C_1)$.

7.6. US$ 0,03. **7.8.** $7\dfrac{2}{15}$.

7.9. US$ 50.

7.10. (a) $C = \dfrac{1}{6}$, (b) $E(D) = \dfrac{19}{9}$.

7.12. (b) $E(Z) = \dfrac{8}{3}$.

7.13. (b) $E(W) = \dfrac{4}{3}$.

7.14. 154.

7.15. $E(Y) = 10$, $V(Y) = 3$, $E(Z) = (e/2)(e^2 - 1)$, $V(Z) = (e^2/2)(e^2 - 1)$.

7.18. $E(Y) = 0$, $V(Y) = \dfrac{1}{2}$, $E(Z) = 2/\pi$, $V(Z) = (\pi^2 - 8)/2\pi^2$, $E(W) = \dfrac{1}{2}$,

$V(W) = \dfrac{1}{12}$.

7.20. Caso 2: $E(Y) = (y_0/2k)(x_0 - a)$, $V(Y) = \dfrac{(x_0 - a)y_0^{\,2}}{k}\left[\dfrac{1}{3} - \dfrac{x_0 - a}{4k}\right]$.

7.24. $a = \dfrac{1}{5}$, $b = 2$.

7.25. (a) $E(V) = \dfrac{3}{2}$, (b) $E(P) = \dfrac{4}{3}$.

7.26. $V(X) = \dfrac{4}{3}a^2$.

7.27. $E(S) = \dfrac{65}{6}$.

7.30. (a) $g(x) = x/2$, $0 < x < 2$; $h(y) = 1/2 - y/8$, $0 < y < 4$,

(b) $V(X) = \dfrac{2}{9}$.

7.31. $E(Z) \simeq \mu_x/\mu_y + 2(\mu_x/\mu_y^{\,3})\sigma_y^{\,2}$; $V(Z) \simeq (1/\mu_y^{\,2})\,\sigma_x^{\,2} + (\mu_x^{\,2}/\mu_y^{\,4})\,\sigma_y^{\,2}$.

7.32. $E(Z) \simeq \dfrac{29}{27}$; $V(Z) \simeq \dfrac{3}{27}$.

7.35. $\dfrac{1}{4}$; 0.

7.46. $\dfrac{48}{65}$.

7.48. $P(X_i = 1) = p(r/n) + q[(n-r)/n]$.

Capítulo 8

8.1. 0,219.

8.3. (a) 0,145, (b) 4, (c) 2, (d) 1 ou 2, (e) 1,785, (f) 0,215.

8.4. 0,375 8 (binomial); 0,405 (Poisson).

8.5. 0,067.

8.6. $P(X = 0) = 0,264$.

8.7. $E(P) = $ US$ 45,74.

8.9. (b) 0,027.

8.10. 0,215.

8.12. (a) $(0,735)^7$, (b) $1 - (0,265)^7$.

8.16. (a) $(1 - p_1)(1 - p_2)(1 - p_3)(1 - p_4)$, (b) 0,13. (c) 0,096 4.

8.17. (a) 0,064.

8.20. $(2 - \ln 3)/3$.

8.24. US$ 19.125.

Capítulo 9

9.1. (a) 0,226 6, (b) 0,290 2.

9.2. 0,308 5.

9.3. 0,21.   **9.5.** (*a*) D_2, (*b*) D_2.

9.6. $E(Y) = 2^{1/2}/\pi$, $V(Y) = (\pi - 2)/\pi$.

9.10. $C = 0{,}433\sigma + \mu$.   **9.11.** 0,7745.

9.12. $E(L) = US\$ 0{,}528$.

9.13. (*a*) $\dfrac{1}{4}$; 0,044 5, (*b*) $\dfrac{1}{4}$; 0,069, (*c*) $\dfrac{1}{4}$; 0,049.

9.15. US\$ 23,40.   **9.17.** (*a*) US\$ 0,077.

9.24. 0,10; 0,80.

9.25. $E(Y) \simeq \ln \mu - (1/2\mu^2)\sigma^2$; $V(Y) \simeq (1/\mu^2)\,\sigma^2$.

9.28. (*b*) $E(X) = np[(1 - p^{n-1})/(1 - p^n)]$.

9.32. 0,15.

Capítulo 10

10.1. (*a*) $M_x(t) = (2/t^2)[e^t(t - 1) + 1]$, (*b*) $E(X) = \dfrac{2}{3}$, $V(X)\dfrac{1}{18}$.

10.3. (*a*) $M_x(t) = \lambda e^{ta}/(\lambda - t)$, (*b*) $E(X) = (a\lambda + 1)/\lambda$, $V(X) = 1/\lambda^2$.

10.4. (*a*) $M_x(t) = \dfrac{1}{6}(e^t + e^{2t} + e^{3t} + e^{4t} + e^{5t} + e^{6t})$.

10.6. (*a*) $(1 - t^2)^{-1}$.   **10.8.** (*b*) $E(X) = 3{,}2$.

10.9. (*a*) 0,8686.   **10.12.** 0,30.

10.13. 0,75.   **10.14.** 0,579.

10.18. $\dfrac{1}{3}$.   **10.19.** $(e^{3t} - 1)/3te^t$.

Capítulo 11

11.1. 83,55 horas; 81,77 horas; 78,35 horas.

11.2. 48,6 horas.

11.3. $f(t) = C_0 \exp[-C_0 t]$, $0 \le t \le t_0$

   $= C_1 \exp[-C_0 t_0 + C_1(t_0 - t_1)]$, $t > t_0$.

11.4. (*a*) $f(t) = Ce^{-C(t-A)}$, $t \ge A$.   **11.5.** (*b*) $R(t) = [A/(A + t)]^{r+1}$.

11.7. (*a*) Aproximadamente $(0{,}5)^6$.   **11.9.** 0,007.

11.10. $R(t) = 2e^{-0{,}06t} - e^{-0{,}09t}$.   **11.11.** (*a*) 0,014.

11.12. (*a*) $m = \ln(\sqrt{2})$, (*b*) $m = 0{,}01$, (*c*) $+\infty$.

11.13. $R(t) = \exp(-C_0 t)$, $0 < t < t_0$.

   $= \exp[t(C_1 t_0 - C_0)\,(C_1/2)(t^2 + t_0^2)]$, $t > t_0$.

11.14. (*a*) $R(t) = e^{-\beta_1 t} + e^{-\beta_2 t} + e^{-\beta_3 t} - e^{-(\beta_1 + \beta_2)t} - e^{-(\beta_1 + \beta_3)t} - e^{-(\beta_2 + \beta_3)t} + e^{-(\beta_1 + \beta_2 + \beta_3)t}$.

11.15. (*a*) $R_S = 1 - (1 - R^n)^k$.   **11.16.** (*a*) $R_S = [1 - (1 - R)^k]^n$.

11.18. (*a*) 0,999 926, (*b*) 0,99, (*c*) 0,68.

11.19. (a) $R_S = [1 - (1 - R_A)(1 - R_B)(1 - R_C)][1 - (1 - R_{A'})(1 - R_{B'})]$.

    (b) $R_S = 1 - R_C(1 - R_{A'})(1 - R_{B'})$

$$- (1 - R_C)(1 - R_A R_{A'})(1 - R_B R_{B'}).$$

11.22. $M_X(t) = -2\lambda[1/(t - \lambda) - 1/(t - 2\lambda)]$.

Capítulo 12

12.1. (a) $n = 392$,   (b) $n = 5.000$.   **12.2.** (a) 0,083.

12.3. (a) 0,966 2,   (b) $n = 24$.   **12.4.** 0,181 4.

12.5. (a) 0,180 2,   (b) $n = 374$.   **12.6.** (a) 0,111 2,   (b) 0,191 5.

12.7. $g(r) = (15.000)^{-1}(r^3 - 60r^2 + 600r)$, $0 \le r \le 10$

$$= (15.000)^{-1}(-r^3 + 60r^2 - 1.200r + 8.000), \ 10 \le r \le 20.$$

12.9. (a) $g(s) = 50[1 - e^{-0,2(s + 0,01)}]$, se $-0,01 \le s \le 0,01$

$$= 50[e^{-0,2(s - 0,01)} - e^{-0,2(s + 0,01)}], \ \text{se} \ s > 0,01.$$

12.12. $f(s) = \dfrac{1}{2}\left[\Phi\left(\dfrac{s - 99}{2}\right) - \Phi\left(\dfrac{s - 101}{2}\right)\right]$.

12.13. (a) $\dfrac{p_1 p_2 (1 - p_1)^{k-1}}{p_2 - p_1}\left[1 - \left(\dfrac{1 - p_2}{1 - p_1}\right)^{k-1}\right]$,   (b) 0,055.

Capítulo 13

13.3. $P(M = m) = [1 - (1 - p)^m]^n - [1 - (1 - p)^{m-1}]^n$.

13.4. (a) 0,13,   (b) 0,58.   **13.5.** (a) 0,018, (b) 0,77.

13.6. 0,89.   **13.8.** (a) $(1 - 2t)^{-1}$.

Capítulo 14

14.1. $\dfrac{V(L_2)}{V(L_2) + V(L_2)}$.   **14.2.** $C = 1/2(n - 1)$.

14.3. 16,1.   **14.4.** $-1 - n/\sum_{i-1}^{n} \ln X_i$.

14.6. (a) $1/(\overline{T} - t_0)$.   **14.7.** (a) $\dfrac{1}{T_0 - t_\theta}\ln\left(\dfrac{n}{n - k}\right)$.

14.9. (a) $k/\sum_{i=1}^{k} n_i$.   **14.13.** 0,034.

14.14. $-0,52$.   **14.15.** $r/\overline{X}$.

14.16. $n/\sum_{i=1}^{n} X_i^\alpha$.

14.29. Distribuição de F, com $(1, 1)$ graus de liberdade.

14.31. $(-4/5)$.   **14.32.** 8,6.

Capítulo 15

15.1. $(a)\ 1-\Phi\left(\dfrac{C-\mu}{\sigma}\sqrt{n}\right),\quad (b)\ C=-2{,}33\dfrac{\sigma}{\sqrt{n}}+\mu.$

15.2. $(a)\ 1-\Phi\left[\dfrac{C+\mu_0-\mu}{\sigma}\sqrt{n}\right]+\Phi\left[\dfrac{-C+\mu_0-\mu}{\sigma}\sqrt{n}\right],$

$(b)\ C=2{,}575\sigma n^{-1/2}.$

15.3. $(a)\ \displaystyle\sum_{k=0}^{[nC]}\dfrac{e^{-n\lambda}(n\lambda)^k}{k!}$, na qual $[nC]$ = maior inteiro $\le nC$, $(c)\ 0{,}323\ 3.$

15.7. $(a)\ (1-p)^4\ [5p+(1+25p^5)(1-p)+$
$+\ 55p^4\ (1-p)^2+60p^3\ (1-p)^3+10p^2\ (1-p)^3].$

15.8. 15.

15.9. $(a)\ (k-1)$, (b) Iguais.

15.12. $(a)\ \operatorname{sen}\alpha/\operatorname{sen}\left(\dfrac{\pi}{2}\alpha\right).$

Bibliografia

As seguintes indicações bibliográficas, que de modo algum constituem uma lista completa, darão ao leitor interessado a oportunidade de encontrar uma grande quantidade de leituras suplementares e complementares de muitos dos assuntos que foram examinados no livro. Além de encontrar alguns assuntos explanados, os quais não foram incluídos nesta exposição, o leitor encontrará certos temas estudados ou em mais detalhe ou de um ângulo um tanto diferente.

Além de registrar os manuais arrolados abaixo, o leitor deverá também conhecer determinadas revistas especializadas, nas quais são feitas contribuições importantes. Muitas dessas revistas são, naturalmente, escritas para pessoas que tenham base bastante maior e um conhecimento deste domínio além daquele que pode ser alcançado com o estudo de um semestre. No entanto, há algumas revistas que ocasionalmente contêm artigos muito claros, que estão ao alcance de um estudante que tenha dominado o assunto deste livro. Dentre essas estão o *Journal of the American Statistical Association* e a *Technometrics*. A última apresenta, na verdade, o subtítulo "A Journal of Statistics for the Physical, Chemical and Engineering Sciences", e, por isso, deve ser de particular interesse para o estudante a quem este livro é principalmente destinado.

Muitos dos livros relacionados contêm explanações da maioria dos assuntos tratados neste livro. Contudo, algumas indicações são um pouco mais especializadas e são particularmente pertinentes a alguns capítulos apenas. Nesse caso, os capítulos específicos estão mencionados após a indicação da obra.

BAZOVSKY, I. *Reliability theory and practice,* Englewood Cliffs, New Jersey, Prentice-Hall, Inc., 1961 (11).

BERMAN, Simeon M. *The elements of probability,* Reading, Mass., Addison-Wesley Publishing Co., Inc., 1969.

BOWKER, A. H. e LIEBERMAN, G. J. *Engineering statistics.* Englewood Cliffs, New Jersey, Prentice-Hall, Inc., 1959.

DERMAN, C. e KLEIN, M. *Probability and statistical inference for engineers.* New York, Oxford University Press, 1959.

EHRENFELD, S. e LITTAUER, S. B. *Introduction to statistical method.* New York, McGraw-Hill Book Company, 1964.

FELLER, W. *An introduction to probability theory and its applications*. 3 ed. New York, John Wiley and Sons, Inc., 1968 (1, 2, 3).

FREUND, J. E. *Mathematical statistics*. Englewood Cliffs, New Jersey, Prentice-Hall, Inc., 1962.

FRY, T. C. *Probability and its engineering uses*. 2 ed. New Jersey, D. Van Nostrand, Princeton, 1964.

GNEDENKO, B. V. *The theory of probability*. (Tradução do russo.) New York, Chelsea Publishing Company, Inc., 1962.

GUTTMAN, I. e WILKS, S. S. *Introductory engineering statistics*. New York, John Wiley and Sons, Inc., 1965.

LINDGREN, B. W. *Statistical theory*. 2 ed. New York, The Macmillan Company, 1968.

LINDGREN, B. W. e McELRATH, G. W. *Introduction to probability and statistics*. 3 ed. New York, The Macmillan Company, 1969 (13, 14, 15).

LLOYD, D. K. e LIPOW, M. *Reliability*: management, methods, and mathematics. Englewood Cliffs, New Jersey, Prentice-Hall, Inc., 1962 (11).

McCORD, J. R., III e MORONEY, Jr., R. M. *Introduction to probability theory*. New York, The Macmillan Company, 1964.

MILLER, I. e FREUND, J. E. *Probability and statistics for engineers*. New Jersey, Prentice-Hall, Inc., Englewood Cliffs, 1965.

MOOD, A. M. e GRAYBILL, F. A. *Introduction to the theory of statistics*. 2 ed. New York, McGraw-Hill Book Company, 1963.

PARZEN, E. *Modern probability theory and its applications*. New York, John Wiley and Sons, Inc., 1960.

WADSWORTH, B. P. e BRYAN, J. G. *Introduction to probability and random variables*. New York, McGraw-Hill Book Company, Inc., 1960.

Índice

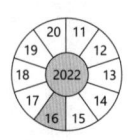